"十四五"职业教育新形态教材

桥涵结构施工

CONSTRUCTION OF
BRIDGES AND CULVERTS

主编　李　振　曹守江　刘　昀
主审　郭昌凯　彭富强

中南大学出版社
www.csupress.com.cn
·长沙·

出版说明 INSTRUCTIONS

　　为了深入贯彻党的二十大精神和全国教育大会精神，落实《国家职业教育改革实施方案》（国发〔2019〕4号）和《职业院校教材管理办法》（教材〔2019〕3号）有关要求，深化职业教育"三教"改革，全面推进高等职业院校土建类专业教育教学改革，促进高端技术技能型人才的培养，依据教育部高职高专教育土建类专业教学指导委员会《高职高专土建类专业教学基本要求》和国家教学标准及职业标准要求，通过充分的调研，在总结吸收国内优秀高职高专教材建设经验的基础上，我们组织编写和出版了这套高职高专土建类专业新形态教材。

　　高职高专教学改革不断深入，土建行业工程技术日新月异，相应国家标准、规范，行业、企业标准、规范不断更新，作为课程内容载体的教材也必然要顺应教学改革和新形势，适应行业的发展变化。教材建设应该按照最新的职业教育教学改革理念构建教材体系，探索新的编写思路，编写出版一套全新的、高等职业院校普遍认同的、能引导土建专业教学改革的系列教材。为此，我们成立了教材编审委员会。教材编审委员会由全国30多所高职院校的权威教授、专家、院长、教学负责人、专业带头人及企业专家组成。编审委员会通过推荐、遴选，聘请了一批学术水平高、教学经验丰富、工程实践能力强的骨干教师及企业专家组成编写队伍。

　　本套教材具有以下特色：

　　1. 教材遵循《"十四五"职业教育规划教材建设实施方案》的要求，以习近平新时代中国特色社会主义思想为指导，注重立德树人，在教材中有机融入中国优秀传统文化、"四个自信"、爱国主义、法治意识、工匠精神、职业素养等思政元素。

　　2. 教材依据教育部高职高专教育土建类专业教学指导委员会《高职高专土建类专业教学基本要求》及国家教学标准和职业标准（规范）编写，体现科学性、综合性、实践性、时效性等特点。

　　3. 体现"三教"改革精神，适应高职高专教学改革的要求，以职业能力为主线，采用行动导向、任务驱动、项目载体，教、学、做一体化模式编写，按实际岗位所需的知识能力来选取教材内容，实现教材与工程实际的零距离"无缝对接"。

4. 体现先进性特点，将土建学科发展的新成果、新技术、新工艺、新材料、新知识纳入教材，结合最新国家标准、行业标准、规范编写。

5. 产教融合，校企双元开发，教材内容与工程实际紧密联系。教材案例选择符合或接近真实工程实际，有利于培养学生的工程实践能力。

6. 以社会需求为基本依据，以就业为导向，有机融入"1+X"证书内容，融入建筑企业岗位(八大员)职业资格考试、国家职业技能鉴定标准的相关内容，实现学历教育与职业资格认证的衔接。

7. 教材体系立体化。为了方便教师教学和学生学习，本套教材建立了多媒体教学电子课件、电子图集、教学指导、教学大纲、案例素材等教学资源支持服务平台；部分教材采用了"互联网+"的形式出版，读者扫描书中的二维码，即可阅读丰富的工程图片、演示动画、操作视频、工程案例、拓展知识等。

高职高专土建类专业新形态教材

编 审 委 员 会

前言 PREFACE.

本书是根据教育部高职高专工学学科教学基本要求并结合人才培养模式的要求，引入行业标准，在广泛征求现场专家意见的基础上编写的。本书主要适用于交通运输类道路桥梁工程技术专业群的教学。全书划分为 5 个情境 13 章。

情境一：走近桥梁施工

第 1 章主要介绍中国桥梁发展的历史、与桥梁相关的历史典故与传说、茅以升先生的主要贡献和他在中国交通史上的重要地位、诗词里蕴含的桥梁知识。

第 2 章主要介绍桥梁结构组成、桥梁结构有关名词、各种分类方式下的不同结构、不同跨度的桥梁在功能经济等方面的特征、不同结构形式的桥梁结构所采用的施工方法。

第 3 章主要介绍常用主要施工设备，如桥梁施工常用的起重机具设备、预应力张拉及锚固设备、混凝土施工设备。

情境二：岗位基础知识

第 4 章主要介绍桥梁施工场地布置要素；模板工程、钢筋工程、混凝土工程施工要点；不同环境下混凝土运输、浇筑、养护的施工要求。

第 5 章主要介绍识读桥梁施工图的基本方法；确定桥梁名称、种类、主要技术指标、施工措施、比例、尺寸单位等；了解桥梁各部分所使用的建筑材料，并阅读工程数量表、钢筋明细表及说明等。

情境三：简支梁桥施工

第 6 章主要介绍明挖基础施工的开挖方法，桩基础施工方法的分类及其施工注意事项，还涉及沉井基础的施工技术。

第 7 章主要介绍墩台施工模板的类型、构造、设计及多种墩台施工技术。

第 8 章主要介绍钢筋混凝土简支梁和预应力混凝土简支梁的施工工艺，重点介绍先张法及后张法的张拉要点。

情境四：连续梁桥施工

第9章主要介绍连续梁桥中逐孔架设法、移动模架法、顶推法和悬臂施工法等方法。

第10章主要介绍桥面系的组成，桥面铺装层的类型，伸缩缝和梁间铰接缝的类型及施工工序，桥梁防水和排水措施及其他附属工程的施工。

情境五：其他结构施工

第11章主要对拱桥的有支架施工、悬臂浇筑施工、装配式拱桥安装施工、转体法施工、钢管混凝土拱桥施工等进行了介绍，其中包括各种施工方法的基本原理、适用条件、技术要求、施工组织及过程控制等。

第12章主要介绍斜拉桥与悬索桥的分类、构造和施工方法。

第13章主要介绍圆管涵、盖板涵、拱涵、箱涵、倒虹吸管的施工方法及其注意事项。

本书第1章由湖北大学文学院颜慧贤编写；第2章由长沙市轨道交通集团有限公司曹守江编写；第3章由湖南交通职业技术学院李振和河北交投路桥建设开发有限公司程学丽合编；第4章由长沙市轨道交通集团有限公司曹守江编写；第5章由湖南交通职业技术学院刘昀编写；第6章由长沙市轨道交通集团有限公司曹守江和湖南交通职业技术学院李振合编；第7章由河北通华公路材料有限公司程学志编写；第8章由湖南交通职业技术学院李振和湖南省交通科学研究院有限公司马衡合编；第9章由湖南省交通科学研究院有限公司马衡编写；第10章由湖南交通职业技术学院刘昀编写；第11章由湖南交通职业技术学院李振编写。全书由湖南交通职业技术学院李振、曹守江、刘昀主编，郭昌凯、彭富强主审。

全书的校对工作由李航、刘俊、马晶、杨一希、何佳等同志负责，在此，对他们表示衷心的感谢！

本书编写过程中，参考了有关书籍和资料，在此谨向其作者深表谢意。同时，由于编写水平有限，错误之处在所难免，敬请读者批评指正。

编者

2023 年 8 月

CONTENTS. 目录

情境一　走近桥梁施工

情境二　岗位基础知识

情境三 简支梁桥施工

情境一

走近桥梁施工

第1章
桥梁文化与创新

【知识目标】

1. 了解中国桥梁发展的历史；
2. 了解和桥梁相关的历史典故与传说；
3. 了解茅以升先生的主要贡献和他在中国交通史上的重要地位；
4. 理解诗词里蕴含的桥梁知识。

【能力目标】

1. 培养学生善于发现、敢于创新的思维能力和善于协作、和谐统一的团队精神；
2. 提升学生的审美素养，体会古诗词之中蕴含的韵律之美、内容之美、哲理之美；
3. 培养学生在面对人生挫折时，处变不惊、稳重从容、沉潜蓄势、厚积薄发的态度。

【素养目标】

1. 增强学生对桥梁文化价值的肯定和职业自信；
2. 传承并发扬敬业、精益、专注、创新的工匠精神；
3. 厚植学生的职业理想和家国情怀。

1.1 桥之史：人世变更仙迹在

1.1.1 桥的来生今世

原始社会时期，人类处于游猎状态之中，需要外出狩猎和采集果实来维持生存。在这个过程中，他们会遭遇到困难，比如会遇到跨度太大而跳不过去的峡谷、水流太急而游不过去的溪流。于是他们会观察自然环境中倒卧在溪流上的树木，或者是森林中悬挂的藤蔓，以及一些受自然环境长期侵蚀而形成的拱状山体。他们还发现其他的动物会利用这些物体过河或者攀缘。这些现象启发了原始人类在还不知道如何造桥，或者说还没有桥的概念的时候，利用这些物体来帮助他们跨越溪流、山涧和沟谷。这样的物体，统称为天生桥。

但这些天生桥并不牢固，也并非随处可见。大风可以将它们掀翻，激流可以将它们冲走。需要它们的时候，它们可能并不在视野所及范围之内。于是人类天然的生存需求、学习和创造能力，促使他们在遭遇行进障碍时，模仿并动手造桥，这就是原始桥。

原始桥十分简陋，材料无须加工。比如，原始人有意识地将附近的大树砍倒，把它横架在要跨越的深沟或溪流之上。这样的原始桥，我们把它叫作圆木桥或者独木桥。但俗话说，独木难行，独木桥虽然给人们交通提供了方便，行走起来却很不容易。随着人们经验的积累，他们开始将两根圆木并排放在一起，在两根分开的圆木上放上横向的圆木，上边铺上树枝或木板，于是独木桥有了进一步的发展。再往后，人们将圆木打进河床做墩，来支撑桥面，增强它的稳定性。于是，木梁桥出现了。用圆木来做墩，这大概是最早意义上的桥墩，也大概是建造桥梁的开端。

另一类原始桥，叫作汀步桥（图1-1）。枯水季节，我们常常可以看到河中有裸露的石块，借助这些石块，人们可以一步一跳地跨过河流。这种自然现象，启发了原始人类的创造智慧，于是他们在要渡过的河流中摆放一些石头，然后踏石过河，这就是石桥的雏形。但是当雨季到来时，人们发现这些石头很快就会被水淹没。于是他们把建造圆木桥的大树架到石头之上，这样，出现了最早意义上的石墩桥。它的出现，弥补了木墩桥容易腐蚀、耐久性差的缺点。

第三类原始桥，是藤蔓索桥。索桥起源于中国，在中国古代的西南地区，植物茂盛，藤蔓密布。原始人类注意到，猴子们经常利用这些藤蔓植物在树林中穿行荡漾。这些现象给了他们启发，于是，他们将藤蔓植物或竹子等加工成索，把它们捆绑到两岸的大树上，来跨越险峻地区的峡谷和河流。但靠索过河很不舒服，也不方便，甚至有一定的危险。悬在半空中的索桥，随风摇晃，难免让人心惊胆战。于是，聪明的人类想到了一些改进的办法，他们把几根索串在一起，在索与索之间，用藤蔓或其他材料连接呈网状，或者直接用藤蔓编织成网，这就是后来的索网桥（图1-2）或藤网桥。再后来，人们造桥的时候，把一部分索平铺在下面，上面铺板形成桥面，然后将一部分索放在两侧，做扶手与护栏。这样的索桥，既可以行人，也可以运送货物等，这就是古代的索桥了。再后来，随着铁的出现，人们发现，用铁来替代藤蔓等天然纤维，有令人惊叹的强度和寿命。于是，铁索桥出现了。

图1-1　汀步桥

图1-2　索网桥

还有一类原始桥，是拱桥（图1-3）。大自然的鬼斧神工，让很多岩石有了特殊的形状。其中，有一种天然拱桥，或伫立于大地之上，或横跨激流，或连通天堑，如同一道道彩虹，颇为壮观。壮观之美也许激发了人类建造拱桥的灵感，李白就有"安得五彩虹，驾天作长桥"的浪漫诗句。拱桥结构最早出现在两河流域苏美尔文明中。它在中国出现得较晚，一般认为汉代出现了我国最早的拱桥形式。古罗马时期欧洲和地中海的周边地区出现了大量的石拱桥。石拱桥(图 1-4)在我国也出现得较晚,中国现存最早的石拱桥,建造于隋朝,即举世闻名的赵州桥。石拱桥一经出现,便获得了非常迅猛的发展,即使在现代社会,它仍然以旺盛的生命力,结合现代的工程理论和新的建筑材料,取得了相对稳定的发展。

图 1-3　拱桥

图 1-4　石拱桥

随着时间的推移,工业革命来临,钢铁得到广泛的推广应用,混凝土产生,桥的结构设计理念日趋完善,铁桥、钢桥、混凝土桥相继出现,现代桥梁建设的序幕正式拉开了。

从天生桥到原始桥,再到古代桥梁和现代桥梁,人类从观察自然到模仿自然,逢山开路、遇水架桥,并不断创新,在这当中启迪了智慧,开发了创造力。

1.1.2　古代桥梁的发展阶段

中国桥梁的历史可以上溯至 6000 年前的氏族公社时代,到 1000 多年前的隋、唐、宋三代,古代桥梁发展到了巅峰时期。而之后,中国的桥梁技术全面落后于世界的脚步。自 20 世纪 90 年代以来,中国桥梁的成就才重新无愧于祖先地站到了世界前列,开始了中国桥梁建设的伟大复兴时代。

1. 创始时期

这一时期所对应的历史阶段主要为西周至春秋。这一阶段桥梁的建造多是对天然桥梁的仿照,主要的形式有汀步桥、独木桥、浮桥及索桥。

《诗经》里就提到"造舟为梁"的浮桥。《孟子》中也提道:"惠而不知为政。岁十一月,徒杠成,十二月,舆梁成,民未病涉也……"其意是当时主持郑国国政的国相子产,是个肯施小恩惠于民众的人,却并不懂治国理政。如果十一月修成走人的桥,十二月修成走车的桥,百姓就不会为渡河发愁了。

由此可见,当时人们已经把执政者对桥梁修建的态度和认识,纳入执政者的政绩之中。

《国语》中记载:"(周)定王使单襄公聘于宋,遂假道于陈,以聘于楚……道茀(路上长草)不可行也。候不在疆,司空不视涂,泽不陂,川不梁……单子归,告王曰:陈侯不有大咎,国必亡。……故先王之教曰:雨毕而除道,水涸而成梁。……故《夏令》曰:九月除道,十月成梁。……今陈国……泽不陂障,川无舟梁,是废先王之教也。"这段话的大概意思是,周定王派单襄公出使宋国,此后又借道陈国去访问楚国。……陈国的道路杂草丛生无法通行,负

5

责接待宾客的官员不在边境迎候，司空不巡视道路，湖泽不筑堤坝，河流不架桥梁。……单襄公回朝后告诉周定王说："陈侯如果不遭凶灾，国家也一定要灭亡。"……先王的教诲说："雨季结束便修整道路，河流干枯便修造桥梁。"……《夏令》说："九月修路，十月架桥。"现在陈国……湖泊不筑堤坝，河流不备舟桥，这是荒废了先王的遗教。

由此可见，在我国桥梁建设的创始阶段，我们的祖先就充分表达了对桥梁修建的态度和认识，充分关注桥梁修建，并将其和国家兴亡联系起来。这也从一定程度上使得桥梁修建成为执政者的必要行为，为我国古代桥梁的繁荣奠定了坚实的基础。

2. 发展时期

这一时期对应的历史阶段，为战国至三国时期，以秦、汉为主。

战国初期，桥梁的发展主要有两个方面的原因：一是冶炼技术的进步，出现了铁，从而快速推进了石料在建筑方面的利用，为大规模建造石桥提供了物质条件。比如在木柱梁桥的基础上，增添了石柱、石梁、石桥等新的建筑构件。石拱桥也应运而生，成为建筑史上划时代的标志。二是这一时期战火纷飞，桥梁作为交通咽喉，具有重要的战略地位。《史记·秦本纪》就记载了秦昭襄王十八年(公元前289年)，秦国与魏国交战，秦国名将司马错就采用了截断桥梁的办法，夺得了这一战的胜利。这一时期，造桥工程已成规模。《史记·滑稽列传》就记载了战国时期魏国人西门豹征发百姓开凿了十二条水渠并修建了十二座桥，且一直被使用到汉朝的事迹。

秦汉时期，大兴土木，建造了不少巍峨壮丽的建筑，不管是在建筑群的总体设计还是在个体建筑如桥梁的设计史上，都留下了浓墨重彩的一笔。比如渭桥、灞桥，就不仅宽广大气，而且注重装饰，其四周植下柳树，并饰以雕栏，绿荫环绕，实现了桥梁功能性和审美性的统一。这一时期，还有秦始皇在海中立柱建桥，以及汉朝薛广德谏阻文帝御楼船，称"乘船危，就桥安"的故事广为流传。汉武帝时，还曾派司马相如联系西南少数民族，为打通民族间的关塞，遂凿出灵山(今广西灵山县)隧道，在孙水(今安宁河)之上架桥。同时，这一时期，波涛汹涌的黄河之上，架起了第一座蒲津渡浮桥(图1-5)；四川的产竹之乡，出现了竹索筥桥(图1-6)。以上内容，既说明在这一时期人们的心目中，桥给了他们安全可靠之感；还说明这一时期，无论是统治者还是大臣，都非常重视桥的军事价值；同时，蒲津渡浮桥和竹索筥桥的出现，也意味着秦汉时期，梁、拱、吊桥梁的三大基本体系已在我国形成。

图1-5　蒲津渡浮桥遗址

图1-6　竹索筥桥

3. 全盛时期

这一时期对应的主要历史阶段，为两晋南北朝至宋代，以唐、宋两朝为主。

这一时期，国力较之秦汉更为强盛，与此相对应，中国在经济、文化、艺术以及建筑上都到了鼎盛时期。单就桥梁建筑而言，这一时期所取得的成就可谓是举世瞩目。

究其原因，主要有两点：一是经济的愈加繁荣，建筑技术的愈加精进，加之前朝在桥梁修建方面所打下的良好基础，使政府和民间更有能力组织和修建质量优良、技术高超、富有美感的桥梁。二是经济重心南移产生的附加影响。在南方水乡之地，伴随着经济的繁荣，人口的增多，建造桥梁的需求也日益增多。

这一时期建造的著名古桥，有隋匠李春设计建造的石拱桥赵州桥，北宋牢城废卒发明的叠梁拱虹桥，还有泉州万安桥（现名洛阳桥，图1-7）、潮州广济桥（图1-8）等，都在世界桥梁史上享有盛誉。在这一时期，石桥墩砌筑工艺不断改进，日臻完善，为日后长大桥梁的兴建奠定了良好的基础。从此之后，中国石桥建设飞跃发展，无论在数量上还是在质量上，都达到了历史的高峰。

这一时期，还有两部建筑学著作，一部是北宋木工喻皓写就的《木经》三卷，一部是李诫编写的《营造法式》。其内容涵盖土木工程技术、建筑设计规范和估工算价的规定，总结了古代劳动人民长期积累的丰富经验。虽然它们不属于桥梁建筑专著，但由此可窥得工程技术的一般法则，也可算是桥梁方面珍贵的技术文献。

图1-7　泉州万安桥

图1-8　潮州广济桥

4. 建造及修缮时期

这一时期对应的是元、明、清三代。这一时期，由于驿路和漕运的发展，中国古代桥梁在建造和修缮方面都有突出表现。

《马可·波罗游记》中就有记载，位于永定河上始建于金代的卢沟桥，在元代时被修整一新。游记还以杭州和泉州为例，展现出这个时期中国古代桥梁不仅多而且美观的壮丽画面。从桥梁主要聚集地区、桥梁形式和技术可以看出，元代桥梁建造还是深受宋代桥梁的影响。

比起宋、元时期，明代的桥梁略显逊色，不复前朝的繁盛景象，但也出现了诸如江西南城县的万年桥、贵州盘江铁桥等艰巨的桥梁工程。

到了清代，桥梁建筑业出现了新气象。一是有别于前朝偏重新建桥梁的做法，清代重视桥梁修缮工程，对一批古桥进行了修缮和改造，从而延长了古桥的使用寿命。二是索桥技术有了大幅度提高，在川滇一带兴建了不少索桥，例如泸定桥。三是桥梁艺术有跨越式发展，尤其是园林桥梁的艺术性，达到了前所未有的高度。四是在此期间修建的桥梁，也许是受到了《木经》和《营造法式》的影响，会留下施工说明，例如灞桥、文昌桥、万年桥等都有完整的建筑过程和施工方法记述。

元、明、清三代既继承了唐、宋桥梁建造历史的辉煌，又步入了中国桥梁技术革命的道路。清代末期，我国桥梁历史上发生了一次技术革命。从此，更加适应近代交通发展的铁路桥和公路桥开始走上中国桥梁的历史舞台。

在中国古代桥梁发展的历史中，我们可以看到古代的劳动人民既有坚韧不拔的毅力，又有勇敢创新的智慧，他们在反复实践和创新之中，摸索出适应时代发展的造桥技术，创造出形式多样且富有中华民族文化特征的桥梁。它们是极为珍贵的物质文化遗产，也是极为珍贵的精神文化遗产，更是我们今天古为今用的研究对象。

1.1.3 桥与民间传说

桥梁本无情。但当一座桥梁，经历了人间故事，见证了人类品格，它便不再是一座冰冷的建筑，而有了温度与内涵。

1. 豫让与豫让桥

明《顺德府志》记载，"豫让桥在城北五里"，即位于现在的邢台桥东区翟村西南角，据传这里是战国时期义士豫让刺杀赵襄子的地方。《史记·刺客列传》记载了这段故事：

春秋时期，晋国智伯被赵襄子杀死，其家臣豫让立志为智伯报仇，发誓刺杀赵襄子。当时，邢台是晋国大夫赵襄子的封地，邢台城以北五里建有一座石桥，名曰五里桥。豫让为替主报仇，数次刺杀赵襄子未遂，而赵襄子有感于豫让肯为故主报仇，是有义之人，而释放他。但豫让报仇之心不改，以油漆涂面、火炭哑喉，化装为乞丐伏于板桥之下，准备伺机再次刺杀赵襄子。一天，赵襄子骑马过桥，座下马忽然惊鸣，军士从桥下搜出豫让。豫让陈述报仇理由，并提出鞭抽赵的袍服以报智伯知遇之恩。赵襄子感其对故主忠心，满足了豫让的要求。豫让挥剑砍袍后自刎而死。传说赵襄子下桥时袍服浸血，车毂断裂，而后大病一场。

后人为了纪念豫让侠义之风，把五里桥改称"豫让桥"（图1-9），也曾称之为"国士桥"。

图1-9　豫让桥遗址

这个故事也留下了"士为知己者死，女为悦己者容"这句千古名言。

明代诗人张孟兼曾作诗怀念豫让：

豫让桥

明·张孟兼

豫让桥边杨柳树，春至年年青一度。

行人但见柳青青，不问当时豫让名。

斯人已往竟千载，遗事不随尘世改。

断碑零落野苔深，谁识孤臣不二心。

豫让桥，路千里，桥下滔滔东逝水。

君看世上二心人，遇此多应羞愧死。

豫让桥，是一座"义"之桥。

2. 张飞与当阳桥

当阳桥又名长坂桥，因在当阳市北郊并西连长坂坡而得名，原名官桥。传说三国时蜀将张飞曾在这里横矛独退曹兵。

据传，东汉建安十三年（208 年），曹操统率五十万大军杀气腾腾地直奔刘备驻地新野。当时，刘备手下的战将只有关羽、张飞和赵云等，士兵不过三千人，难敌曹操大军。曹军追兵日行三百里，终在当阳追上刘军。刘备眷属失散，赵云几进曹军救出阿斗，但至当阳桥时却无力对付敌兵，幸好张飞出现。张飞横矛立马于桥上，大喝曰："燕人张翼德在此，谁敢来决一死战?"声如巨雷，夏侯杰吓得当场毙命，众将弃枪丢盔一起往西奔逃。有诗云："长坂桥头杀气生，横枪立马眼圆睁。一声好似轰雷震，独退曹家百万兵。"现当阳桥遗址尚有清雍正九年（1731 年）所立石碑，上刻"张翼德横矛处"，以记其事。

京剧里有唱词"当阳桥头一声吼，喝断桥梁水倒流"，用这种夸张的手法，来表现当时张飞的威猛。

当阳桥，是一座"勇"之桥。

3. 尾生与蓝桥

《庄子》中有这样的记述："尾生与女子期于梁（桥）下，女子不来，水至不去，抱梁柱而死。"据考证，这座桥在陕西蓝田县的兰峪水上，称为蓝桥。

据传，春秋时，鲁国曲阜有个年轻人名叫尾生，与圣人孔子是同乡。尾生为人正直，乐于助人，和朋友交往很守信用，受到四乡八邻的普遍赞誉。

后来，尾生迁居梁地（今陕西韩城南），并在此地认识了一位姑娘。两人一见钟情，私订终身。但是姑娘的父母嫌弃尾生家境贫寒，坚决反对。最后，姑娘决定与尾生私奔，回曲阜老家。两人约定在韩城外的蓝桥下会面。黄昏时分，尾生提前来到桥下等候。不料，突然乌云密布，狂风怒吼，雷鸣电闪，滂沱大雨倾盆而下。滚滚河水裹挟泥沙席卷而来，淹没了桥面，没过了尾生的膝盖。但由于有约在先，尾生寸步不离，死死抱着桥柱，最终被水淹死。

这本是一个悲伤的故事。但在中国古代，人们非常重视追求人格的圆满，在期待中被洪水淹没的尾生，是信守承诺的贤者。尾生所抱的梁柱，也和他一道成为守信的标志。

历代文人对尾生多有褒扬之语。三国时嵇康在《琴赋》中写道："比干以之忠，尾生以之信。"《史记·苏秦列传》有语："孝如曾参，廉如伯夷，信如尾生。"李白在《长干行》中慨叹："常存抱柱信，岂上望夫台。"

"尾生之信""尾生抱柱"这两个成语,也因此流传于世,喻指人坚守信用,不违约定之意。

尾生抱柱之蓝桥,是一座"信"之桥。

4. 刘秀与卧龙桥

卧龙桥遗址位于河南省商丘市宁陵县张弓镇。

据载,西汉末期,外戚王莽专权,毒死了小皇帝,又扶了两岁的孺子婴做太子,自己便做起"假皇帝",觉得不过瘾,后来又废了太子,自立为帝。王莽的这番倒行逆施,使得天下反对,各地起义风起云涌。刘秀以"中兴汉室"为旗号,起兵反对王莽,却不幸被王莽军包围。刘秀带着十二勇士冲出重围,莽军紧追不舍,最后被追杀到张弓村西的小桥附近。他环顾四周,见河两岸杂树葳蕤,桥旁河坡上水草茂密。于是,他命令手下散开隐蔽,自己钻进桥洞,趴在里面躲过一劫。此时,水中蛙鸣戛然而止,苍蝇蚊子全部飞出。莽军兵马四蹄生烟,飞驰而过。刘秀搬来救兵,解了兵困之危,之后节节胜利,取了长安,杀了王莽,定天下。这就是"光武兴,为东汉"。

刘秀登基后,人们就把这桥叫作卧龙桥。

当年,刘秀于桥洞藏身,逃过一劫。今天,我们回溯历史,可能再次生发感慨:王莽为逆贼,刘秀合天道。历史的走向,向"道"而生。

卧龙桥,是一座"道"之桥。

桥梁里,有美丽的传说,更有"义""勇""信""道"这些中华优秀传统文化的传承与赓续。

1.1.4 名桥与桥名

中国的名桥,每一座,都有着自己的名字;每个名字,几乎都有一番由来。

1. 与桥梁特征相关

有不少的桥,以其本身特征而命名。比如江苏吴江的垂虹桥(图1-10),就因其桥身"环如半月,长若垂虹"而得名。王安石曾写诗称赞它"颇夸九州物,壮丽此无敌"。

图1-10 江苏吴江垂虹桥

"二十四桥明月夜，玉人何处教吹箫"中的二十四桥(图 1-11)，桥长 24 m，宽 2.4 m，栏柱 24 根，台阶 24 级，处处都与"二十四"对应，相传隋炀帝时，曾有 24 个美人月夜在此吹箫，因而得名。

还有著名的十七孔桥(图 1-12)，则因为有 17 个桥孔而得名。二十四桥也好，十七孔桥也罢，读起来都寻常不过，似无美感。但桥本身却是极美的。如二十四桥，周围山清水秀，风光旖旎，桥与水衔接处湖石堆叠，周围遍植馥郁丹桂，花开时节，芳香绕遍。若是月夜来此，则花与水与月相互交融，月色朦胧、清辉笼罩之下，犹如人间仙境。除杜牧写诗称道之外，姜夔也在《扬州慢》中写道："二十四桥仍在，波心荡，冷月无声。念桥边红药，年年知为谁生？"十七孔桥皆以汉白玉石精工砌成，拦河望柱上雕有多只石狮子，神态各异，兼得赵州和卢沟两桥的风韵。从远处看，桥身似一条玉带，桥孔像一串珍珠，浮于碧波之上，璀璨夺目，美不胜收。

图 1-11　二十四桥

图 1-12　十七孔桥

2. 与生活愿景相关

有一些名桥，在修建之初，本只是出于交通需要，为了解决民生问题，后却因其技术之先进、留存之长久而闻名于世，比如赵州桥。赵州桥的建造，本是因为赵州在隋朝时为南北官道所经，交通位置极其重要，因此赵州洨河之上，如果无桥，交通将极为不便。而洨河一带，原又洪水、地震频发，因此赵州桥最初取名安济桥，多有吉祥平安之意。

除此之外，像福建泉州的万安桥(即洛阳桥)，建造之初，是为渡海所用。宋朝蔡襄的《万安渡石桥记》里这样写道："渡实支海金舟而徙，易危以安，民莫不利。"它体现了其造福民众的愿景和功用。此外，湖南湘乡的万福桥、福建晋江的安平桥、广东潮州的广济桥等桥，其中的"福""安""广""济"等字，也多是表达平安、布善之意。即便是诗情画意的江南，所建之桥，也诸多表达现实愿望，比如古镇周庄有富安桥。同里有太平桥、吉利桥、长庆桥、普安桥、富观桥等，西塘有安仁桥、安境桥、安善桥、五福桥等，皆表达了造福大众这一真实而美好的愿望。"济""平""安""福""广""普"等字眼，表现了人们对家国天下和现实生活的愿望，富有丰厚的文化意蕴。

3. 与文学艺术相关

诸多名山之有名，除了山本身的原因，更多是文人来此游历，留下著名诗文而成。我们因李白的《关山月》而知天山，因杜甫的《望岳》而知泰山，因苏轼的《题西林壁》而知庐山……文学里的诗情、典故、传说等，也同样为桥闻名作出不少贡献。比如，江苏苏州的枫桥（图 1-13），就因唐朝诗人张继的《枫桥夜泊》而闻名于世；西安的灞桥，在《开元天宝遗事》里有记载，"长安东灞陵有桥，来迎去送皆至此桥，为离别之地，故人呼之为销魂桥"；鹊桥，则是神话传说中牛郎织女在银河上的相会处，《风俗记》中就有这样的记载："七夕，织女当渡河，使鹊为桥。"

图 1-13　枫桥

有一些桥的修建，本身就以观赏性为主。因此念其名字，再观其周围之景，就极富文学意味，耐人咀嚼，令人沉醉。如西湖著名的六桥：映波桥，左有"花港观鱼"，右有"雷峰夕照"；锁澜桥，前有"三潭印月"，后有"柳浪闻莺"；望山桥，可近看丁家山及远观"双峰插云"；压堤桥，可尽收湖光山色于眼底，故称"压堤"，与"压轴"近意；东浦桥，前有"曲院风荷"，后有孤山；跨虹桥，常见雨后长空挂彩虹。文学，赋予了这些桥与景以极美之名，名桥与美景在此相得益彰，诗情荡漾。古今文人在此徜徉徘徊，流连忘返。美桥美景，引发他们各种美丽的幻想，勾起他们各种离合悲欢的情绪，文人们把这一切糅入文字，又留下诸多动人的诗篇。苏轼就有诗句"东风第六桥边柳，不见黄鹂见杜鹃"，连民谣都有"西湖景致六座桥，一枝杨柳一枝桃"之句。

名桥和桥名里，有现实的愿景，有理想的观照，有文学的表达，更显我国丰厚的文化意蕴。

1.2　桥之诗：半烟半雨溪桥畔

1.2.1　诗词里的桥梁之美

桥，越过沟壑，跨水行空，使天堑变通途。在文人的诗词里，桥，还承载着过去与未来，悲欢与离合，梦想与希望……

在我国，最早描述桥梁的诗出现在《诗经》之中。《诗经·大雅·大明》中这样写道：

文王嘉止，大邦有子。

大邦有子，伣天之妹。

文定厥祥，亲迎于渭。

造舟为梁，丕显其光。

　　这首诗里所说的"造舟为梁"，就是把船联结起来，在河水之上搭建成一座浮桥。这首诗记载了周文王娶亲的往事，写出了迎娶时的隆重。它也是我国最早关于桥梁建筑文化的文字记录。它体现了桥梁的功能之美。

　　随着时间的推移，关于桥梁的诗词大量涌现，其中又以唐宋最为集中。一些名桥，因为名诗词的加持，被赋予了更多的意义与情感，广为传诵，为人熟知。有时甚至是，桥本无名，因诗词而名。

　　比如宋代词人秦观所作的《鹊桥仙》：

　　　　纤云弄巧，飞星传恨，银汉迢迢暗度。金风玉露一相逢，便胜却人间无数。

　　　　柔情似水，佳期如梦，忍顾鹊桥归路。两情若是久长时，又岂在朝朝暮暮。

　　秦观的这首词里，写了传说之桥——鹊桥，承载着经久不衰的美丽传说——牛郎织女的故事。鹊桥，在秦观的词里，是一座爱情之桥，展现了相思之痛，更呈现了久经离别后的相逢之美。

　　秦观除了写传说之桥鹊桥外，还写了一座很有名的石柱木梁桥——灞桥。

　　他在《念奴娇·咏柳》中写道："闻说灞水桥边，年年春暮，满地飘香絮。掩映夕阳千万树，不道离情正苦。"

　　灞桥（图1-14），本称霸桥，也称灞水桥、灞陵桥，在今天的西安城东南灞水上。《开元天宝遗事》写汉人"来迎去送皆至此桥，为离别之地，故人呼之为销魂桥"。秦观在这首词里，写出了暮春时节的灞桥之美。当暮春来临，满地落花，行走于灞桥之上，观桥面落花绕遍，桥下落红朵朵，很容易生发出"流水落花春去也，天上人间"的感慨。而若是刚好遇上夕阳西下，夕阳的余晖里，落花的飘香中，又要在此送别好友或是恋人，此去经年，相见何时？景色愈美，离别愈痛。因为此后，良辰美景应是虚设，"便纵有千种风情，更与何人说"啊。秦观笔下的灞桥，有暮春之美，更有离别之苦。

图 1-14　灞桥

　　关于离别之苦，不得不提的一座桥是断桥。传说白娘子与许仙在水漫金山之后，经历漫长的离别，后来终于在断桥邂逅重逢，再续前缘，于是断桥由此而被笼罩上了一层浪漫色彩。他们再次相逢之前的断桥，一定孤独而空寂。唐代诗人张祜有诗《题杭州孤山寺》："断桥荒藓涩，空院落花深。犹忆西窗月，钟声在北林。"在张祜的笔下，断桥上苔藓斑驳，幽静的院落里积满了落花。断桥，在这里，有一种孤寂之美。

有一些桥，本是桥中杰作，又因名诗加持，因而有了双重的名气，比如二十四桥。二十四桥位于江苏省扬州市，为单孔拱桥，汉白玉栏杆，如玉带飘逸，似霓虹卧波，极为美观。唐朝诗人杜牧诗《寄扬州韩绰判官》云：

青山隐隐水迢迢，秋尽江南草未凋。

二十四桥明月夜，玉人何处教吹箫？

这首诗写于杜牧离开扬州之后，他思念友人，怀念当年两人一起逍遥自在的时光。在这首诗里，他调侃朋友，问他在自己离开后，是否还在明月夜里的二十四桥教美人吹箫？短短几句，却道尽了他们在二十四桥所度过的悠闲欢乐时光。如今再去到二十四桥，依旧可以看到洁白栏板上的彩云追月浮雕，桥与水衔接处的美丽湖石，以及周围的草木葱郁。这样的美景，可以让人回望时光，体会到"二十四桥明月夜"的妙境，遥想杜牧当年的风流佳话。二十四桥，在杜牧的笔下，有一种闲逸之美。

有一些桥，则本籍籍无名，却因诗闻名，比如枫桥。枫桥位于江苏苏州，本名封桥。唐朝安史之乱后，张继逃往相对安定的江南，夜宿封桥下时，江南水乡的美丽夜色映入眼帘，一时之间，羁旅之愁、家国之忧一齐涌上心间，他挥笔写下《枫桥夜泊》：

月落乌啼霜满天，江枫渔火对愁眠。

姑苏城外寒山寺，夜半钟声到客船。

这首意境清远的诗里，只字未提桥，但枫桥却从此闻名。《枫桥夜泊》问世后，人们把封桥改名为枫桥。枫桥，因为此诗，被赋予一种朦胧之美。

道不尽的古诗词，说不完的桥梁美。一座桥建成之后，它见证了岁月更迭，目睹了人间悲欢，已然不再是一座冰冷的建筑，而有了温度与灵魂。诗词，则将这一切进行了文学上的呈现。多少年来，诗词因桥而作，桥因诗词而愈美。

1.2.2 "古桥仙迹"话赵州

赵州桥（图1-15），又名安济桥、大石桥。它全长64.4 m，桥两端宽度为9.6 m，中部宽9 m，主桥孔净跨径长达37.02 m，是我国现存最古老的一座大跨径石拱桥，是中国古代"四大名桥"之一，被称为"天下第一桥"。

图1-15 赵州桥

　　传说，赵州桥为鲁班所造。据说大桥建成后，八仙之一的张果老倒骑着毛驴，连带着柴王爷，也兴冲冲地去赶热闹。他们来到桥头，正巧碰上鲁班，便问这座大桥是否经得起他俩走。鲁班心想，这座桥，骡马大车都能过，两个人算什么？于是请他俩上桥。谁知张果老带着装有太阳、月亮的褡裢，柴王爷推着载有五岳名山的小车，他们上桥后，桥竟被压得摇晃起来。鲁班见状不妙，急忙跳进水中，用手使劲撑住大桥东侧。由于鲁班使劲太大，大桥东侧下便留下了他的手印，桥上也留下了驴蹄印、车道沟印和膝盖印。这些印迹，被称为“古桥仙迹”。直至今天，这些依然是人们津津乐道的话题，来到赵州桥，都不免先要寻觅一番，看个究竟。

　　这个美丽的传说，饱含着人们对赵州桥建造者的肯定与赞许。

　　赵州桥得以建成并留存至今，得益于隋朝的一位普通工匠——李春。

　　为了让赵州桥具有独一无二的风格，李春将建桥经验与实际情况相结合，大胆突破旧传统进行设计。在此之前，在建造比较长的桥梁时，人们通常采用多孔形式，这样每个孔的跨径比较小，坡度比较平缓，也有利于施工；但缺点是桥墩多，不利于船只通行与洪水疏泄。李春在这一点上大胆创新，采用单孔长跨石拱的形式，在河心不设立桥墩，使石拱跨径可以长达 37.02 m。采用如此大的跨径造桥，李春是历史上第一人。

　　在拱的样式上，李春也进行了大胆创新。在此之前，桥拱的样式大多是半圆形。假如在 37 m 宽的河面上也采用半圆形拱的话，拱顶将达到近 20 m，这样一来，桥高坡陡，车马行人过桥就会十分不便。李春创造性地改用平拱样式，将桥造成了扁弧形，把石拱的高度降到了 7.23 m。如此一来，桥面平缓了，桥的稳定性增强了，不仅有利于车马行人的来往，而且节省了用料，加快了施工进程。

　　此外，为了加大泄洪能力，李春还在大拱肩上另外设置了两个小拱，即“敞肩式”。这样的形式，达到了建筑与艺术的完美统一。元代诗人称赞它“水从碧玉环中过，人在苍龙背上行”。

　　赵州桥建成后，直至 20 世纪 30 年代，上千年的时光里，它只是被人们看作一座普通石桥，在历史的光影里寂静伫立，直至梁思成出现。

　　1933 年，梁思成在考察中发现了这座精妙绝伦的桥梁。第一次见到赵州桥的梁思成，犹如见到了心仪已久的恋人。他欣喜地记录下了当时的感受：“我在那里得见这伟丽惊人的隋朝建筑原物，……几乎不敢相信自己的眼睛。实在赞叹景仰不能自己。”1938 年，梁思成将关于赵州桥考察的英文手稿寄往英国，并发表在国际权威的建筑杂志《笔尖》上。至此，赵州桥为全世界所知。它比欧洲兴建的同类石拱桥早了 10 个多世纪，可算是世界敞肩拱桥的始祖。

　　1991 年 10 月 24 日，赵州桥经受住了极其苛刻的评选标准，和埃及金字塔、伦敦塔桥、法国埃菲尔铁塔一起，作为世界历史上最辉煌的土木工程范例，被评为世界第 12 个“国际土木工程里程碑”。这也是中国唯一入选的土木工程建筑。

　　而今，1400 多年的时光过去，赵州桥经历了多次水灾、战乱，依然巍然屹立于洨河之上，一如清代杜英的诗所言：“人世变更仙迹在，水神畏避浪头低。”

　　世事更迭，逝者如斯，而赵州桥，见证了这一切。

1.2.3 至美卢沟桥

卢沟桥(图1-16),坐落在北京西南郊永定河上,在金朝建成,是中国四大古桥之一。它是联拱式石桥,桥身总长266.5 m,桥身总宽9.3 m,桥面宽7.5 m,共有11个桥孔。如果要用一个字来形容卢沟桥的话,那应当是"美"。世界著名旅行家马可·波罗在他的游记中,对卢沟桥造型之美赞叹不已,称赞它为"世界上最好的桥",卢沟桥也因此最早为西方人所知。

图1-16 卢沟桥

1. 卢沟晓月之美

"卢沟晓月"是著名的"燕京八景"之一。传说之中,五更夜其他处不见月,只有卢沟桥能见到,晓月波光,上下荡漾,极为美丽。乾隆皇帝曾在秋日路过卢沟桥,被此地的美景打动,赋诗"半钩留照三秋淡,一练分波平镜明"于此,并题"卢沟晓月",立碑于桥头。

卢沟桥距京城30余里,在交通不发达的古代,差不多是半天的路程。出京的旅人上午在京城吃罢饯别酒,启程上路,来到卢沟河畔已是夕阳西下。他们不得不找地投宿,准备来日早行。于是此处逐渐发展为京城西南的一个歇宿点。古时的卢沟河畔,也因此茶肆酒馆林立,供风尘仆仆的旅人临时歇脚,颇为繁华。留宿的旅人,一觉醒来,天空残月倒挂,卢沟桥上月色如霜,远处的京城若隐若现。这样的背景与色彩,带着旅人的羁旅之思,渲染出无尽的美感。明朝邹缉的《卢沟晓月》诗就生动地描写了这样的历史景象:

> 河桥残月晓苍苍,照见卢沟野水黄。
> 树入平郊分淡霭,天空断岸露微光。
> 北趋禁阙神京近,南去征车客路长。
> 多少行人此来往,马蹄踏尽五更霜。

由于北京的水资源匮乏,"卢沟晓月"这一美景因为晓月湖的干涸而消失20多年。直到2008年7月,晓月湖成功实现了蓄水,作为"燕京八景"之一的"卢沟晓月"景观才得以再现。

2. 卢沟石狮之美

卢沟桥做工精美,桥上的石刻比如莲花座、荷叶墩、石狮子等雕刻美观,是难得的艺术精品。尤其是其中的石狮子,以数目众多又灵动精美而闻名中外。

16

民间一直流传着"卢沟桥的狮子——数不清"的歇后语。但卢沟桥的石狮子其实并非真的数不清楚，1983 年经文物工作者核查，桥上石狮共计 498 只，1997 年政府对卢沟桥进行大规模修缮时，又修复了 3 只原来被雷电劈毁的石狮，现共有石狮 501 只。这些姿态各异、构思巧妙的石狮子分别雕刻自金、元、明、清、民国等不同历史时期，见证了历史的变迁。

这些石狮子，有的歪着头专注地看着脚下的绣球，好像生怕被别人抢走似的；有的温柔地注视着怀中正在玩耍的小狮子，舐犊情深；有的突胸张嘴作咆哮状，威风凛凛不可一世；还有的好像侧耳倾听桥下潺潺的水声，享受生命中惬意的时光。它们神态各异，生动优美，活灵活现，是石刻艺术史上不可多得的珍品。

3. 卢沟精神之美

"我站在卢沟桥上浏览过一幅开朗的美景，令人眷恋，北面正浮起一片辽阔的白云，衬托着永定河的原野，伟大的卢沟桥也许将成为伟大的民族解放战争的发祥地了！"这段文字，出自牺牲于抗日前线的战地记者方大曾的《卢沟桥抗战记》，写于 1937 年卢沟桥事变后的第三天。它既饱含深情，又充满担忧。

卢沟桥的炮火拉开了中国全民抗战的序幕，伟大的抗战精神自此孕育，掀开了可歌可泣、波澜壮阔的全民族抗日篇章。歌曲《卢沟桥歌》中这样唱道："卢沟桥！卢沟桥！男儿坟墓在此桥！……卢沟桥！卢沟桥！立功报国在此桥！"

卢沟桥，见证了烽火岁月。卢沟桥上中国军人的坚守和激战，体现了中国人民同仇敌忾、克服万难、实现民族复兴的抗战精神。

80 多年的时光过去，这一伟大的抗战精神，穿越时空，依然饱含着激励我们奋进的力量。

1.3 桥之时：一桥飞架惊世殊

1.3.1 滔滔长江，巍巍大桥——联合桥

联合桥是铁路与公路联合使用的桥，具有铁路桥和公路桥的双重作用，因而是一种很经济的桥梁结构。它的形式可分为两大类：单层式及双层式。单层式联合桥，铁路与公路同在一层桥面。双层式联合桥，铁路与公路各占一层桥面，一般是铁路在下而公路在上。总体说来，双层式优于单层式，杭州钱塘江大桥、武汉长江大桥及南京长江大桥都是双层式联合桥。

1. 时代的选择

武汉长江大桥(图 1-17)和南京长江大桥(图 1-18)，从起意到最终建设，都经历了漫长的历史时期。

清朝光绪年间，张之洞便首次提出了在长江中建一铁桥连接武汉至汉口的提议。此后，在清朝末年不同年间，不同人士均提出过建议，但最终都因资金匮乏而搁置。加之后来辛亥革命爆发，建桥念想随着清朝的灭亡而进入民国时期。

民国二年(1913 年)，在詹天佑的支持下，国立北京大学(现北京大学)工科德国籍教授乔治·米勒带领夏昌炽、李文骥等 13 名土木系学生，到武汉来对长江大桥桥址进行初步勘测和进行设计大桥的实习。孙中山先生在《建国方略》中也有这一规划，但最终搁浅。此后若干年，国民政府也数次启动武汉长江建桥事宜，但都因耗资巨大以及军阀战争频发而搁浅。

图1-17　武汉长江大桥

图1-18　南京长江大桥

直至1949年9月，中华人民共和国即将成立，63岁的桥梁专家李文骥联合茅以升等一批桥梁专家，向中央人民政府递交了《筹建武汉纪念桥建议书》，建议建造武汉长江大桥，作为新民主主义革命成功的纪念建筑。同月21日至30日，毛泽东在北平主持召开中国人民政治协商会议第一届全体会议，会议通过了建造武汉长江大桥的议案。

南京长江大桥的建设，是因为20世纪初开通的沪宁铁路和津浦铁路在南京被隔断在长江两岸无法贯通，过江客货都要乘船摆渡，严重影响了运输效率。民国之初开始，从北洋政府到国民政府，曾数次启动规划，但由于各种原因，尤其是后来战争爆发而搁置。

中华人民共和国成立后，铁路运量大增，轮渡的渡运能力已趋饱和，天堑长江成为京沪铁路建成的严重瓶颈。据此，国务院于第一个五年计划末期，即提出修建南京长江大桥的建设计划。1956年，武汉长江大桥还在建设之中，国家又做出了在南京建设长江大桥、贯通京沪铁路线的决定。

从数次起意，至最终动工，联合桥的建设，是时代的选择。

2. 长远的眼光

1955年9月，武汉长江大桥工程动工，1957年10月15日正式通车，武汉三镇连成一体，中国南北大动脉京广铁路打通。彼时，全城沸腾，举国欢庆。

作为我国首座公路、铁路两用跨长江钢梁桥，武汉长江大桥虽经历7次较大洪水、77次轮船撞击，但仍健康如初，被誉为"桥坚强"。

这样的"坚强"，源于当初造桥者的长远眼光。

创建伊始，建设者们便将大桥规划为公路、铁路两用桥，上层为公路，双向四车道，两侧有人行道；下层为复线铁路。桥身为三联连续桥梁，每联3孔，共8墩9孔。每孔跨径为128 m，为终年巨轮航行无阻起了很大的作用。

作为中华人民共和国桥梁史的"长子"，武汉长江大桥原计划4年1个月完工，但意气风发的建设者们仅用2年1个月时间，就完成了这一宏大的工程。大桥横跨于武昌蛇山和汉阳龟山之间，是我国在万里长江上修建的第一座铁路、公路两用桥。武汉铁路局武汉桥工段相关负责人表示，武汉长江大桥的设计寿命是100年。现在，它仍值"壮年"。

而作为中华人民共和国第一个五年计划的主要成就，武汉长江大桥图案入选 1962 年 4 月发行的第三套人民币，成为中华人民共和国建设的重要标志。大桥通车后，我国结束了不能修建深水基础和大跨径桥梁的历史，更为重要的是，培育了一支技术成熟、作风过硬、勇于创新的建桥大军。

南京长江大桥同样由于创建者们的长远眼光，最终克服了一系列困难，成就了长江之上第一座由中国自行设计和建造的双层式铁路、公路两用桥梁。

建设之初，南京长江大桥设计组便讨论决定：大桥的修建，按铁路、公路两用桥设计，并考虑桥下可通过万吨级海轮；且根据"多、快、好、省"方针进行，并同时考虑城市的需要及美观的要求。

此后，桥梁建设者们先后克服了大桥工程建设中遭遇的最大危机、三年困难时期经费开支不足、"文革"之中建桥职工分成两派相互武斗，以及国际紧张形势下物资再度紧缺、遭遇修桥成果是否会在可能的战争中被毁的质疑声等多重困难，以顽强的毅力、长远的眼光，确保了大桥施工持续进行。

1968 年 9 月 30 日，第一列火车拉着 7 节车厢从江岸南边开往浦口区。通车时，5 万多人挤上大桥，桥下的路上甚至树上都是人。同年 12 月 28 日，南京长江大桥公路桥也胜利通车。南京城里万人空巷。第一辆开过大桥的彩车上，有一尊高大的毛主席塑像。数十万人涌向桥头，据说，仅庆祝时挤掉的鞋子就装了两卡车。

3. 创新的理念

武汉长江大桥与南京长江大桥的最终建成，除了时代的选择、长远的眼光之外，还离不开创新的理念。

武汉长江大桥的初步设计是采用桥梁建设界惯用的气压沉箱基础。这种技术，工人得到深水作业，承受气压和水压的变化，在长江这样接近 40 m 深的江底，每个工人一天只能工作 2 h，而且呼吸困难，极易出现氮麻醉现象，得"沉箱病"。

苏联专家西林提出了大胆的建议：摒弃气压沉箱法，采用管桩钻孔法，就是将空心管柱打入河床岩面上，并在岩面上钻孔，往孔内灌注混凝土，使其牢牢插在岩石内，然后在上面修筑承台及墩身。这是一项完全创新的技术。两国技术人员紧密合作，经过一年多的地质勘测和艰苦的试验研究，最终决定使用这种技术。

因为使用了这一当时世界最先进的施工方法，解决了施工过程中的大难题，原计划 4 年 1 个月完工的武汉长江大桥，实际仅用 2 年 1 个月。

中苏关系破裂后，中国决定走"自力更生"的道路，依靠自身力量，完成南京长江大桥的建设。铁道部发动全国有关方面共同攻关。

在大桥建设过程中，建设者们以创新的理念，克服了技术、自然灾害等多方面的困难。比如，在浅水面覆盖层深厚墩址处，采用重型混凝土沉井，穿越深度达 54.87 m，创造了当时的中国纪录；在基岩好而覆盖层较厚的墩位处，选用钢板桩围堰管柱基础，并首次采用大直径 3.6 m 先张法预应力混凝土管柱等。

此外，1964 年 9 月，大桥建设者以先进的理念，解决了大桥工程建设中遭遇的最大危机：在秋汛洪水的冲击下，5 号和 4 号桥墩悬浮沉井的锚绳先后崩断，自重 6000 多 t 的沉井在激流中作最大幅度 60 m 的周期性摆动，大桥面临着沉井倾覆、桥址报废的巨大危险。建桥工人在洪水中冒着生命危险，连续抢险近两个月。林荫岳研究的"平衡重止摆船"方案，克服了沉并摆动，使大桥转危为安。

建设者们的拼搏精神、长远眼光及创新的理念，最终成就了这座中国最伟大的桥梁建筑之一的铁路、公路两用特大桥。它的建成，使火车过江时间由过去靠轮渡的 1.5 h 缩短为 2 min，南京长江大桥迅速成为中国南北交通的命脉之一。它的建成，也开创了中国"自力更生"建设大型桥梁的新纪元。它也因此被称为"争气桥"。

联合桥，在滔滔江水之上，巍然屹立。它承载了中国人民的光荣与梦想，见证了中华民族的奋斗与崛起。一如毛主席诗词所言："一桥飞架南北，天堑变通途。更立西江石壁，截断巫山云雨，高峡出平湖。神女应无恙，当惊世界殊。"

1.3.2 朴实的伟力——橘子洲大桥

半个世纪前，湘江长沙段飞跃起一道"长虹"。它东起五一路，横跨橘子洲，西连溁湾镇，结束了长沙河东、河西彼此割裂的历史。这道长虹，便是今日的橘子洲大桥。

橘子洲大桥(图 1-19)总长 1532 m，1972 年通车，经历了半个世纪的风风雨雨，如今依然是全国规模最大、保存最完好的双曲拱桥。

图 1-19 橘子洲大桥

1. 朴实的愿景

湖南省著名桥梁专家，已是耄耋高龄的上官兴，曾经回忆自已几十年前在长沙过河的奇特经历："当时人们过河要排队坐轮渡，花一个多小时才能过河。遇到大风、浓雾、洪水时，轮渡还会停开。"一天深夜，他错过了通往河西的最后一班行人轮渡，恰巧一辆货车正准备从汽车轮渡过河，司机好心，招呼上官兴坐到车厢货物上过河。上官兴爬上车才知道，那是一辆运送棺材的货车。他回忆道："当时大雨，也管不了那么多，只能躲进棺材，心惊胆战地过河。"

湘江北去，把长沙分割成河东、河西。湘江之上，建一座桥，是青年上官兴的愿景。

在湘桥之上修桥的愿景，由来已久。

早在 1876 年，曾先后在英、法等国担任驻外使节的郭嵩焘便有过这样的愿景。他深感英国泰晤士河和法国塞纳河上的大桥给人们带来的便利，在日记里流露出效仿英法建桥的想法。回湖南后，他提出在湘江上修建一座铁桥。据记载，他是在湘江上建大桥的最早提议者。

1912 年，黄兴在构想长沙城市规划时提出：如果在水陆洲（即橘子洲）、岳麓山、溁湾市一带，建一铁桥往来，则居民散布，得受空旷之气。

这些修桥的念想反映出来的，是人们渴望交通便利、生活方便的朴实愿景。

而这种朴实的愿景的真正付诸实践，已是中华人民共和国成立之后。

1965 年，时任中共中央中南局第一书记的陶铸来长沙视察，看到车辆和行人在五一路上排队等轮渡过河，队伍足足有两三公里。他深感人们过江的艰辛，当即承诺："应该修一座桥，中南局可以出一半钱。"湖南省交通规划勘察设计院随即启动方案设计。

1970 年 5 月，长沙湘江大桥工程指挥部成立；1971 年 9 月 6 日，在中共湖南省委及长沙市委直接领导下，橘子洲大桥（原名长沙湘江大桥）正式开工修建；1972 年国庆前夕建成通车。

至此，一江两岸，东西相连，长沙在湘江上修桥的朴实愿景终于实现。

2. 朴实的建设者们

橘子洲大桥从开工修建到正式通车，仅用了 1 年时间。工程之大，速度之快，质量之高，无不令人惊叹。

白天，吊装工上场，将拱肋吊起，初步完成合龙；随后，木工、混凝土工开始作业；晚上，电焊工登场，将拱肋接头上下缘伸出的钢筋焊牢。

4 个不同的工种连续流水作业，夜以继日。这还不包括以各种方式参与的义工。比如，当电焊工人手不够的时候，省建设部门在了解情况之后，几天内调来 1000 多名电焊工。

"不管什么时候，桥上永远挤满了正在作业的人，大家恨不得把一天掰成三四天来用。"上官兴说。橘子洲大桥的主桥一共有 17 个桥拱，1 个桥拱有 24 条拱肋，4 个工种配合，最快时，1 天便可以吊完 1 个桥拱。

修湘江大桥采取的是人海战术和义务劳动的办法，前后有 80 万人次参加了桥梁建设。工地上每天都是热火朝天的，一个桥墩建好了，广播就响个不停，把好消息传到所有干活人的耳朵里。人人都愿意为修桥出力，有的同志为把岩石缝隙中的沙石清除掉，没有合适的工具，就用手指抠，手指被泥沙磨出了血也不叫苦。

在这期间，缺少钢筋，便动员涟钢工人为修建大桥增产优质钢材；缺少资金，就号召长沙全市人民义务为修桥贡献力量。

如此一来，桥梁下部，18 个主桥桥墩，半年时间全部建成。桥梁上部，1900 多件质量近万吨的混凝土预制构件吊装任务，72 个工作日完工。

"橘子洲大桥创造了桥梁建设史上的奇迹。"上官兴说。而这一切，都离不开无数朴实无华、肯吃苦能耐劳、甘于全力投入的大桥建设者。

3. 朴实的建筑文化

1965 年，橘子洲大桥建造方案启动后，相关人员先后提出了大跨径石拱桥、中承式钢筋混凝土肋拱桥、双曲拱桥等多种方案。双曲拱桥方案最终胜出。这样的选择背后有着时代的原因。

20 世纪 70 年代，中国国民经济较为贫弱，这决定了各地修不起耗资巨大的桥梁的现实。而双曲拱桥，具有施工周期短、造价低廉、施工方便、承载能力强、外观又较为轻巧美观等优点，适合当时的中国国情，因而最终胜出。

为了确保橘子洲大桥的稳固，河东部分原本设计的 6 拱 100 m 跨径，改成 8 拱 76 m 跨径，每一个拱有 8 根拱肋，每根拱肋分为 3 节吊装，拱肋合龙后再盖上拱波，砌上拱板。如此，一个重达上千吨的桥拱，便化零为整力许多个几十吨的小块，像拼积木一样拼接而成。

因使用钢筋少，难以承受越来越多的重型车，当年全国修建的大部分双曲拱桥出现了开裂等诸多问题。湖南省交通史专家蒋响元说，自 20 世纪 80 年代开始，全国基本上停止继续修双曲拱桥。全国 4 万多座双曲拱桥中，有一半已经炸毁。这一中国人自己发明的桥型，已经在财政紧张时期完成了历史使命，正在逐渐退出历史舞台。

而橘子洲大桥，经过一次次提质改造，而今拥有平整的沥青路面、麻石铺成的人行道、涂刷一新的栏杆……大桥的颠簸、开裂等问题得到解决。桥上，往来河东、河西的行人和车辆，依然川流不息。

或许，正是为了铭记橘子洲大桥朴实中显现的伟力，1978 年，中国邮政专门为橘子洲大桥发行了 T.31 邮票（小型张）——"公路拱桥——长沙湘江大桥"。1980 年，橘子洲大桥获得第一届国家优秀设计金质奖。2017 年底，橘子洲大桥被列为第三批长沙市历史建筑。

而今，若是在晴朗的秋日，信步于橘子洲大桥，抬头蓝天如洗，低头江水滔滔，天与水与桥，相映生辉。俯瞰橘子洲头，一片生机；远看麓山，红枫尽染。一如毛主席的诗词：独立寒秋，湘江北去，橘子洲头。看万山红遍，层林尽染；漫江碧透，百舸争流。鹰击长空，鱼翔浅底，万类霜天竞自由……

而若是夜晚，桥拱的黄色灯光次第亮起，与优美的桥身一同倒映于江水之中，温暖绵长之感顿时发乎心底。橘子洲大桥之美，是它朴实无华的外形之美，也是它朴实无华的人文之美，更是它朴实无华的力量之美。

1.3.3 湖湘新歌——矮寨大桥

矮寨大桥（图 1-20）位于湖南湘西吉首市矮寨镇，是湖南吉首—茶峒高速公路上的一座特大悬索桥，横跨于德夯大峡谷两峰之间，使天堑从此变通途。因远望如同挂在天上的彩虹，当地苗族群众又称它为彩虹桥。

图 1-20　湘西矮寨大桥

22

1. 云端苗歌

横亘于峡谷之间的矮寨大桥，犹如一弯彩虹，凌空飞架于崇山峻岭之上。此处薄雾缥缈，青山环绕，深红色的桥身点缀其间，犹如天路。

矮寨大桥的建成，意味着湖南、重庆、贵州等省市的几大高速公路网从此贯通，制约湘西州发展的交通瓶颈从此被打破，湘西州从此纳入了湖南省 4 小时经济圈；也意味着，德夯，这一位于矮寨大桥下方的古老苗寨，从此不再是"养在深闺人未识"的羞答答的女子，而是向世人掀开了她的神秘面纱，展露出她的绝美容颜。所谓"百年路桥奇观，千年苗寨风情，万年峡谷风光"，即是如此。

矮寨大桥建成之前，这里极为闭塞。

"德夯"，在苗语中意为"美丽的大峡谷"，是中国苗寨中保持最完整、苗族习俗最浓郁的地方之一。这里地势险要，山高坡陡，奇石林立，森林茂密。清朝《乾州厅志》中，将此地形容为"盘旋盛梯，路绕羊肠，一将当关，万夫莫过"的矮寨天险。

1936 年，现矮寨大桥下，建成了著名的矮寨盘山公路。因地势陡峭，短短 6 km 的公路形成了 13 道锐角急弯，26 节几乎平行的路面，被称为"公路奇观"。70 多年来，这段公路一直是衔接粤汉、湘桂黔路通向西南的咽喉要道。在大桥建成前，它也是长沙通往重庆的唯一通道。堵车几个小时，是这里的交通常态。此外，这里弯道大，特别容易发生交通事故。

落后的交通状况，造成了这里居民生活的不易与闭塞。这一状况即使在 20 世纪 80 年代，德夯被开发为景点后依然没有得到改善。住在这里的居民回忆，小时候上学，每天早晨四五点就要起床，翻山越岭步行 4 km 才能到达镇上的学校。而住得更远的村民，每次到镇上赶个集，来回都要花去一天时间。

为改变湘西落后的交通状况，政府决定在这里架桥修高速。历经艰苦不懈的努力，矮寨特大悬索桥终于建成通车。

通车那天，村民们自发聚集，将苗鼓敲得震天响。他们说："大家从没想过，只有鸟能飞过的悬崖还能架桥。"兴奋之情，溢于言表。欢快的苗歌，传遍山谷，响彻云霄。它是一支欢乐之歌。

2. 技建夯歌

矮寨大桥的成功建设，谱写了一曲高亢的路桥人从施工技术到施工质量的技建夯歌。

矮寨大桥在设计上，创造了当时的 4 个"世界第一"：在 355 m 上空跨越大峡谷，大桥两索塔间跨径 1176 m，跨峡谷跨径创世界第一；在世界上第一次采用塔、梁完全分离的结构设计方案；在世界上第一次采用岩锚吊索结构，并用碳纤维作为预应力筋材料；在世界上第一次采用"轨索滑移法"架设钢桁梁。此外，大桥在建设的同时，重视环保，确保了不破坏德夯峡谷的原生态自然风貌，与环境实现了完美融合。

创造这样的 4 个"世界第一"，有多么不容易呢？极为不易！

由于湘西矮寨地处云贵高原山脉断层处，山高坡陡，地势陡峭，矮寨大桥需要跨越 1000 多米的德夯大峡谷，桥面距离峡谷底部高度达 355 m，施工难度在国际、国内建桥史上都十分罕见。因此，大桥建设者们在一开始就与世界级难题狭路相逢。第一，要面对的是险恶的地形。湘西矮寨地处奇峰峻岭间，是险绝的峡谷。第二，要面对复杂的地质条件。矮寨大桥地处云贵高原和沅麻盆地的交界处，地质条件极为复杂。第三，峡谷的气候多变。峡谷经常遭遇暴雨、大雾、雷电、冰冻、大风等恶劣天气，给施工带来极大不便。第四，吊装困难。矮寨大桥的架设，要在离地面 300~400 m 的高空中进行，单件吊装的最大质量达 120 t，施工起重和吊装十分困难，安全风险极大。第五，运输难。矮寨大桥土建工程运输量巨大，仅钢材、水泥、砂石等材料运输总量就达 18 万 t，绝大多数材料运输要经过素有"山高、坡陡、弯急、路窄、车多"之称的矮寨盘山公路。

"狭路相逢勇者胜。"面对困难，面对种种不利条件的制约，大桥建设者们用坚定的信念和开拓创新的精神，勇敢挑战天险，面对压力从未退缩。比如，从图纸设计到建成养护，作为矮寨大桥建设指挥部副总工程师的张永健，就与矮寨大桥相伴了 7 年多的时间。这 7 年多里，张永健吃住几乎都在工地上。连拍婚纱照，都是他的妻子自己带着婚纱来矮寨大桥拍的。

大桥建设者们把矮寨大桥建在了德夯大峡谷上，也把大桥永远放在了自己心上。交通人常说，干一个项目，树一座丰碑。矮寨大桥就如同一座丰碑，代表着中国的高速发展，代表着中国桥梁技术的进步，也代表着湖南人吃得苦、霸得蛮、耐得烦，敢打硬仗、敢为人先的拼搏精神。它也是一支力量之歌。

3. 盛世笙歌

作为盛世中国的标志性建筑，矮寨大桥在建成之后获得了多项国内荣誉：2012 年度湖南省建筑业协会湖南省优质工程；2013 年度湖南省住房和城乡建设厅湖南省优秀工程设计一等奖；2013 年度湖南省建筑业协会湖南省建设工程芙蓉奖；2014 年度中国公路勘察设计协会公路交通优秀勘察一等奖；2016—2017 年度李春奖（公路交通优质工程奖）；2018—2019 年度中国建设工程鲁班奖（国家优质工程）；2020 年第十八届中国土木工程詹天佑奖。此外，其还获得了"中国十大最美公路""新中国成立 70 年来湖南标志性工程"等称号。

与此同时，矮寨大桥也是盛世中国在国外的一张亮丽名片：2013 年，美国国家广播公司、NBC 旗下的"今日新闻"网站，推荐了 10 个非去不可的世界新地标，矮寨大桥与日本东京晴空塔、澳大利亚黄金海岸天际点眺望观景台、英国伦敦奥运瞭望塔、美国华盛顿州 LeMay 汽车博物馆、美国拉斯维加斯黑帮博物馆、美国纽约布鲁克林大桥公园泳池、美国堪萨斯城海洋生物水族馆、芬兰赫尔辛基静默教堂、挪威"拱门"文化中心一同登榜；2015 年度矮寨大桥获国际道路成就奖。

矮寨大桥不仅仅是盛世中国在技术维度的壮歌，更是盛世中国在文化维度的笙歌：2012 年 9 月，首届湘西矮寨大桥国际低空跳伞节在矮寨大桥举行，该次跳伞节有来自 13 个国家的 40 名运动员参与；2013 年 3 月，矮寨大桥架设观光电梯，该电梯采用贴山钢结构井架的方式修建，设 4 台 R 型观光电梯并列分体运行，采用曲面玻璃材质，具有视野宽广的特点，为游客提供了观览矮寨大桥景色的便捷通道；2016 年 10 月 15 日，在"天下鼓乡"矮寨景区，人们以蓝天为屏，青山作幕，雄伟壮观的矮寨大桥为景，举行"2016 吉首鼓文化节"，湘西苗族鼓舞与来自各地的多支鼓队互动交流，让人们寄情于山水间，欣赏了一场世界鼓文化争鸣的视听盛典。

矮寨大桥，是谱写在群山之间的传奇，是世界级人类工程的奇迹。现代工程技术与峡谷风光在此交相辉映、相映成趣。而它所创造的 4 个"世界第一"，更是让世界见证了"湖南精神""中国力量"。它让湘西插上了腾飞的翅膀，谱写了一首湖湘新歌，更是一曲盛世笙歌。

1.4　桥之师：青山着意化为桥

茅以升先生(图 1-21)是江苏镇江人,是著名的土木工程学家、桥梁专家、工程教育家,是中国科学院院士、美国工程院院士、中央研究院院士。他主持中国铁道科学研究院工作 30 余年,为铁道科学技术进步作出了卓越的贡献。他的一生,是造梦的一生。

图 1-21　青年茅以升

1. 梦起

1907 年端午节,江苏南京在文德桥一带举行龙舟赛。茅以升早早和小伙伴们约好要一起去观看比赛。不巧的是,这一天他生病了,只能待在家中。外边锣鼓声四起,而茅以升只能满腹怅然躺在床上。

然而刹那间,热闹的呐喊声消失了,变成了尖叫声、惊呼声,夹杂着仓皇奔跑的脚步声,还有物体的坍塌声。正在茅以升紧张却不知道发生了什么的时候,有一个小伙伴闯了进来,神色惶恐,满脸泪水。

茅以升才知道出了大事,文德桥坍塌了,几百人掉进了秦淮河,不少人被淹死,其中有几个就是此前和他约好一同去看比赛的小伙伴。转眼之间,阴阳两隔,前一天还活蹦乱跳的小伙伴,永远无法再见。这件事带给茅以升极大的冲击和痛苦。他在作文中含泪写下:"如果我将来造桥,一定是不会塌的好桥。"

11 岁的茅以升心中悄然埋下了一个桥梁梦。

2. 寻梦

1911 年,茅以升考入唐山路矿学堂,选择了桥梁专业,开始了他与桥为伴的人生旅途。但每个人的寻梦之旅,大概都会有些波澜,茅以升也不例外。入校后的一年里,学霸茅以升曾一度想放弃学习。当时的清朝政府,对外无法维护国家主权,对内横征暴敛,人民处于水深火热之中。1911 年，武昌起义爆发，清政府土崩瓦解，革命风暴席卷全国。作为一名热血爱国青年，茅以升急切地想为国家尽一份力。他想投笔从戎，加入革命的队伍。在母亲的劝告下，茅以升才暂时放弃了从军的念头。真正的转机出现在 1913 年。这一年，孙中山在唐山路矿学堂发表讲话，并重点提到国民革命军需要两支大军，一支是武装起义的大军，另一支是建设的大军，他要向西方学习先进的科学技术，彻底改变我国贫穷落后的面貌，采矿、筑路、造桥也是为革命。这让茅以升坚定了决心：一定要努力钻研，掌握最先进的造桥技术，学成报国。

1916 年，茅以升大学毕业，参加清华留美官费研究生考试，以第一名的成绩被美国康奈尔大学录取。21 岁，他获得桥梁专业硕士学位。23 岁时，茅以升获美国卡耐基梅隆大学工学院博士学位，是该校第一位工科博士。他关于桥梁建造的博士论文一经发表，立刻引起了国际土木工程界的轰动，其中的创见被称为茅氏定律。也是同一年，在美国有着大好前景的茅以升，谢绝了康奈尔大学和卡耐基梅隆大学的留校任教邀请，以及好几家桥梁公司的高薪邀约，毅然回国。他回到了自己的母校唐山路矿学堂，一边教书，一边寻找着建造现代化桥梁的机会。

3. 梦萦

掌握着最先进造桥技术的茅以升，渴望在中国的土地上建造出现代化的大桥，为当时贫弱的中国贡献一份现代的先进技术，走出只能由外国人来造中国现代桥梁的困境。

然而现实的崎岖坎坷远胜于想象。从 1919 年 12 月回国到 1933 年，漫长的 14 年里，由于种种原因，茅以升无桥可造。

这期间，他曾短暂地出任江苏镇江水利局局长，认为这样将离他的造桥梦更近一步。然天意弄人，他上任的那一年，江苏遭遇百年不遇的特大洪灾，茅以升恪守岗位，日夜巡视，彻夜难眠，然而洪水呼啸，堤坝坍塌。茅以升引咎辞职，饱受非议。

无桥可造的时光里，茅以升致力于培育桥梁建设人才。14 年里，他携家带口，辗转多地教书，传授先进的桥梁建造知识，并琢磨出一套特别的教学方式。比如，他要求学生每节课上课向自己提问，根据提问的水平给学生打分。这一方式，极大地激发了学生的学习兴趣。他们争先恐后，想尽办法学习桥梁知识，以便提出高质量的问题。同时，他要求桥梁专业的学生进入大学后，第一学期去桥梁工地实习，边做边学。他以渊博的学识、独特的育人方式，把造桥之梦的种子种到诸多学生的心中，培育出一大批桥梁建设人才，为后来的钱塘江大桥建设、修复，以及中华人民共和国成立后武汉长江大桥的建设贡献出巨大力量。

4. 造梦

1933 年，造桥的机会终于来了。正在天津北洋大学教书的茅以升接到建造钱塘江大桥的邀约。可是，造这样的大桥是极为不易的。

一是钱塘江的地质条件险恶。每年春夏之间，山洪暴发，江水猛涨，而下游则因潮汐而波浪大作。如果上下水势并发，江水就像不可驯服的野马，势不可当。万一遇到台风，更是凶险万分。二是钱塘江水底淤积的流沙，一遇水冲，即被冲走。这样，光是如何固定桥墩就是一个大问题。

他的妻子对此极为反对，此时茅以升出任镇江水利局长的往事再次浮现在眼前。茅以升的妻子辗转难眠，忧心不已，她不希望自己的丈夫再次陷入当年的困境。

思虑再三的茅以升最终答应了主持建造钱塘江大桥。钱塘江大桥的建设，对浙江的防务与经济有重大影响。他认为把桥建好，就是为国家做贡献。

从 1934 年到 1937 年 9 月，两年多的时间里，茅以升等人经受住了重重压力。比如，开工不久，就遇上山洪暴发，把已经筑的围堰全部冲毁，心血和汗水顷刻之间付诸东流。一时之间，质疑声四起，银行不愿再提供贷款。当年的建设厅厅长向他发出通牒："建桥只许成功不许失败，如若失败，你第一个跳钱塘江，我跟着跳。"

在重重压力下，茅以升等人日以继夜，终于克服了无数的艰难险阻，成功地建造了第一座由中国人自己设计的现代化大桥——钱塘江大桥。中国人不能造现代化大桥的历史在此刻宣布结束。

然而，这一年，日军开始全面侵华。3 个月后，杭州失守。为阻止敌军前进，茅以升于1937 年 12 月 23 日，满怀悲愤亲手炸掉了大桥。他满腔悲痛，挥笔写下"斗地风云突变色，炸桥挥泪断通途。五行缺火真来火，不复原桥不丈夫"之誓言。

5. 梦圆

抗日战争胜利后，自 1946 年开始，茅以升开始组织修复大桥。1947 年 3 月，大桥铁路和单行公路恢复临时通车，但由于损坏严重，修桥工作总体进展缓慢。杭州解放前夕，大桥又遭国民党撤退军队爆炸破坏。直到 1953 年 9 月，大桥全部修理工作才完成，并恢复到原设计状态。至此，茅以升终于组织成功修复了钱塘江大桥，回应了他当年含泪挥笔写下的"不复原桥不丈夫"。

中华人民共和国成立后，茅以升相继主持修建了武汉长江大桥和多座桥梁的设计。可以说，有中国现代化桥梁的地方，就有茅以升的汗水和脚印。

他曾说，人生之路崎岖多于平坦，忽似深谷忽似洪涛，幸赖桥梁以渡。

自 11 岁那年种下造桥梦的种子，茅以升先生这一生，与桥相伴，历经曲折不曾悔，搭建出中国通往现代化的桥梁，搭建出向世界证明中国的桥梁，搭建出向年轻一代播撒造桥之梦种子的桥梁。桥梁里，有他至深的家国情，有他不变的强国梦。

第2章
桥梁通识知识

【知识目标】

1. 识别桥梁结构组成；
2. 概述桥梁结构有关名词；
3. 分辨各种分类方式下的不同结构、不同跨度的桥梁在功能、经济等方面的特征；
4. 识别不同结构形式的桥梁结构所采用的施工方法。

【能力目标】

1. 绘制桥梁结构组成、结构类型分类简图；
2. 辨别桥梁施工相关的影响因素；
3. 联系桥梁结构与施工方法之间的关系；

【素养目标】

1. 培养爱岗敬业的职业道德和专业认同感；
2. 培育具有科技报国的家国情怀和使命担当；
3. 引导学生将个人梦融入中国梦，通过刻苦读书认真做事将来报效祖国奉献社会。

2.1 桥梁组成

2.1.1 桥梁结构组成

一般桥梁通常由上部结构、支座、下部结构以及附属设施组成。其中，桥梁上部结构为桥跨结构，而下部结构包括桥墩、桥台及其基础，如图2-1所示。

1. 上部结构

上部结构(即桥跨结构)是路线中断时，跨越障碍物的主要承载构造物，包括桥面板、桥面梁以及支承它们的结构构件，如梁(板)、拱、悬(拉、吊)索等，其作用是承受桥面上各种车辆、人群等荷载。除承受车辆和人群等荷载及恒载(即自重)外，上部结构还要安全地承受各种外来荷载的作用(如风、地震)。上部结构是桥梁结构的主要承重结构，当跨度较大时，不仅其结构比较复杂，施工也相当困难。

上部结构具体是指梁桥支座以上的总称，拱桥拱座以上的部分、拱桥拱座顶面以上的部分。

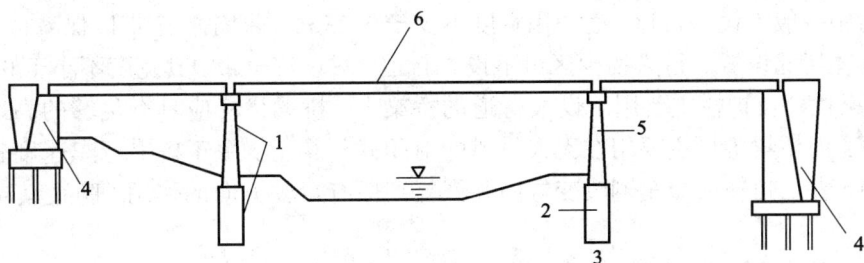

1—下部结构；2—墩台基础；3—地基；4—桥台；5—桥墩；6—上部结构。

图 2-1　桥梁结构各部位立面示意图

2. 支座

支座是在桥跨结构与桥墩或桥台的支承处所设置的传力装置，承受上部结构传来的荷载并将其传递给桥梁墩台，同时还应满足上部结构在荷载、温度变化或其他因素作用下所产生的位移的要求。

3. 下部结构

下部结构（即桥墩、桥台及基础）是支承上部结构的承重构件。桥台设在桥身两端，其作用除支承桥跨结构外还要与路堤衔接并防止路堤滑塌。桥墩设在两桥台之间，其作用是支承桥跨结构。墩台基础是桥墩、桥台埋入土中的延续部分，其作用是使桥上全部荷载传至地基。墩台基础在整个桥梁施工中是比较困难的部分，经常需要进行水上作业。

下部结构包括桥梁墩、台及其基础。桥墩及桥台具体指承台顶面至墩帽顶面或（梁）板底面的部分，斜拉桥、悬索桥梁的桥塔部分；桥梁墩台基础具体指承台、钻孔灌注桩或扩大基础顶面以下部分。

4. 附属设施

附属设施是直接与桥梁服务功能有关的部件，包括桥面铺装，防水及排水设施，桥面伸缩装置，人行道与安全带，栏杆与护栏，桥头引道，桥梁照明设施，桥梁防撞保护设施，桥梁防震抗震设施，桥梁标志、标线、视线导引，等等。

（1）桥面铺装的作用是防止车辆轮胎或履带直接磨耗行车道板，保护主梁免受雨水侵蚀，并对车辆轮重的集中荷载起分布作用，具有抗车辙、行车舒适、抗滑、不透水、刚度好的性能。桥面铺装的类型为：水泥混凝土（厚度 5~8 cm），强度等级不低于行车道板混凝土强度等级；沥青混凝土（单层式 5~8 cm）；防水混凝土（厚度 8~10 cm），为延长桥面寿命，在上面铺筑 2 cm 沥青表面处作为磨耗层。其中水泥混凝土和沥青混凝土必须设置防水层。防水层设置在行车道铺装层下边，透过铺装层渗下的雨水汇集到排水设备排出。排水系统是为了迅速排出桥面积水，防止雨水积滞于桥面和渗入梁体而设置的一定数量的排水管以及桥面上的纵横坡。

（2）防水与排水设施是为了迅速排除桥面积水，防止雨水积滞于桥面并渗入梁体而影响桥梁的耐久性。

（3）桥梁伸缩装置简称为伸缩缝，主要由传力支承体系和位移控制体系组成，以适应桥梁纵、横位移的变化和梁端翘曲发生的转角变化。伸缩缝包括对接式伸缩缝、钢制支承式伸缩缝、橡胶组合剪切式伸缩缝、模数支承式伸缩缝和无缝式伸缩缝等。

(4)人行道是专供(城镇)人群行走的桥面(边缘)部分，由人行道板、梁及缘石组成。高速公路桥梁中一般不设人行道，而采用宽度不少于 0.25 m 的护轮安全带以保障行车安全；一般公路视具体情况设置。行人稀少区可不设人行道，只设安全带，其宽度不小于 0.5 m。

(5)桥梁栏杆及护栏主要用于设人行道的桥梁上，桥梁栏杆应具有足够的高度，防止行人跌落桥下；而桥梁护栏主要用在无人行道的封闭式桥梁上，由于桥上行车速度较快，它具有吸收碰撞能量，迫使失控车辆改变方向并恢复到原有行驶方向的作用，防止其越出护栏而跌落桥下。

(6)桥头引道是桥梁两端与道路连接的路段，桥头引道的线形宜与桥的线形相适应。

(7)桥梁照明设施要求限制眩光，一是避免给正在桥头引道上或与桥位相邻近道路上的行车者造成眩光；二是当桥下有船只通航时避免给船上领航员造成眩光。一般在其灯具上安装专门的挡光板或格栅。其布置方式有灯杆分散照明、高杆集中照明、栏杆照明三种。

(8)防撞保护设施是为了保护桥梁本身免受船只或大冰块的撞击，防止桥梁受损而设置的一种装置。

(9)桥梁防震抗震设施为减少地震及其他因素带来的振动对桥梁自身造成损坏的保护措施。

(10)桥梁标志是一种用图案、符号或文字、数字对交通进行指示、导向、警告、控制和限定的交通管理措施。它有主标志和辅助标志之分。

2.1.2 桥梁结构有关名词

公路桥梁基本尺寸术语示意图如图 2-2 所示。

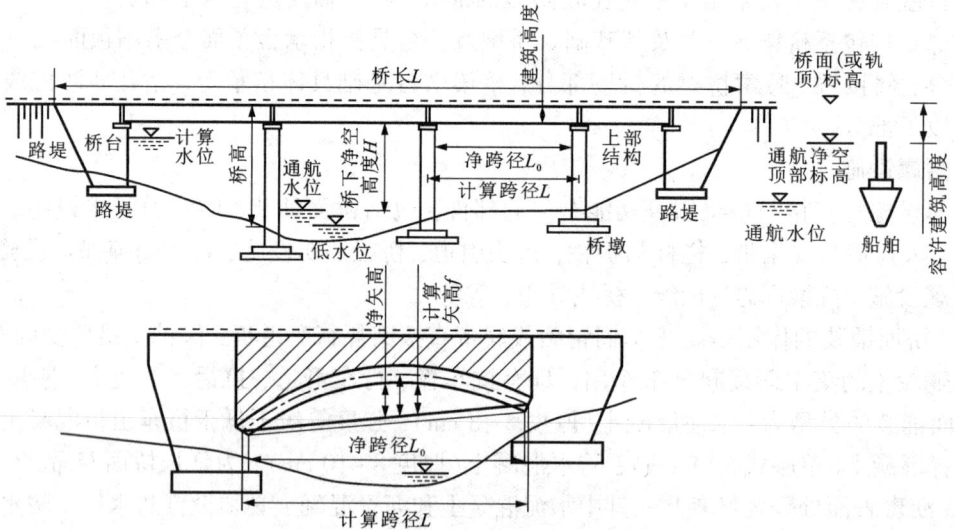

图 2-2 公路桥梁基本尺寸术语示意图

(1)净跨径：指相邻两个桥墩(或桥台)之间的净距。对于拱式桥，它是每孔拱跨两个拱脚截面最低点之间的水平距离。

(2)计算跨径：对于具有支座的桥梁，是指桥跨结构相邻两个支座中心之间的距离；对于拱式桥，是指两相邻拱脚截面形心点之间的水平距离，即拱轴线两端点之间的水平距离。

(3)拱轴线：指拱圈各截面形心点的连线。

(4)桥梁高度：指桥面与低水位之间的高差，或指桥面与桥下线路路面之间的距离，简称桥高。

(5)桥下净空高度：指设计洪水位、计算通航水位或桥下线路路面至桥跨结构最下缘之间的距离。

(6)建筑高度：指桥面(或轨顶)标高至桥跨结构最下缘之间的距离。

(7)容许建筑高度：指公路或铁路定线中所确定的桥面(或轨顶)标高与通航净空顶部标高之差。

(8)净矢高：指从拱顶截面下缘至相邻两拱脚截面下缘最低点之连线的垂直距离。

(9)计算矢高：指从拱顶截面形心至相邻两拱脚截面形心之连线的垂直距离。

(10)矢跨比：指计算矢高与计算跨径之比，也称拱矢度，它是反映拱桥受力特性的一个重要指标。

(11)涵洞：指用来宣泄路堤下水流的构造物。通常在建造涵洞处路堤不中断。凡是多孔跨径的全长不到 8 m 和单孔跨径不到 5 m 的泄水结构物，均称为涵洞。

2.2　桥梁结构类型

公路桥梁建设总体要求是安全可靠、适用耐久。其设计原则是根据不同公路等级及功能作用、性质和将来发展需要，按照经济美观和保护环境的原则进行因地制宜、就地取材、技术先进、经济合理、便于施工和养护等方面的研究。公路桥梁有各种不同分类方式，每一种分类方式均能够反映不同结构、不同跨度的桥梁在功能、经济等方面的特征。

(1)按工程规模分类。

桥梁按工程规模(即跨径)可分为特大桥、大桥、中桥与小桥。

(2)按受力分类。

桥梁由基本构件组成，在力学上可归类为拱式桥、梁式桥、悬吊式桥和它们之间的各种组合体系桥梁四大类。

(3)按承重结构的材料分类。

①石拱桥，即用石料建造的拱桥，外形美观，养护简便，并可就地取材，以降低造价。其缺点是自重大，跨越能力有限；石料的开采、加工及砌筑均需要较多人工，且工期长。其一般用于小跨径桥梁。

②混凝土桥梁，即用水泥混凝土建造的桥梁，包括钢筋混凝土和预应力混凝土两类。其优点是跨度大，可建造成拱式或梁式桥梁。

③钢桥，即上部结构用钢材建造的桥梁。其优点是跨越能力大，且自重轻；缺点是结构复杂，对地基承载要求高，造价高，维护费用多，一般适用于大跨度桥梁。

(4)按用途分类。

桥梁按用途可分为公路桥、公路铁路两用桥、农村道路桥、人行桥、管线桥和渡槽桥等。

(5)按跨越障碍性质分类。

桥梁按跨越障碍性质可分为跨河桥、跨线桥(立体交叉)、高架桥和栈桥。

(6)按上部结构行车道位置分类(特指拱桥)。

①桥面布置在主要承重结构之上的称为上承式拱桥，如图 2-3(a)所示。

②桥面布置在承重结构之下的称为下承式拱桥，如图2-3(b)所示。

③桥面布置在桥跨结构高度之间的称为中承式拱桥，如图2-3(c)所示。

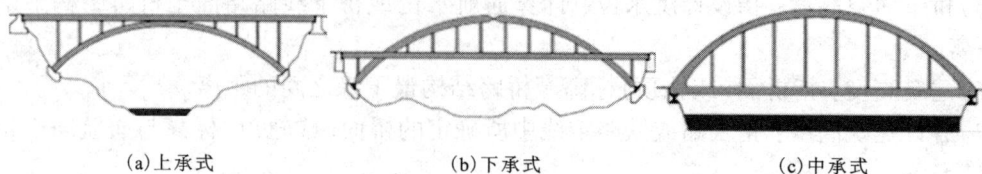

(a)上承式　　　　　　(b)下承式　　　　　　(c)中承式

图2-3　拱桥

(7)按桥面布置分类。

①双向车道布置桥梁是指行车道的上下行交通布置在同一桥面上，上下行交通根据画线分隔，没有明显的界线的桥梁。车辆在桥梁上行驶的速度只能是中速或者低速，交通量较大的道路，桥梁往往会形成交通滞留状态。

②分车道布置，即在桥面上设置分隔带，用以分隔上下行车辆，因而上下行交通互不干扰，可提高行车速度，便于交通管理。其在城市道路和高等级公路中常被采用。

③双层桥面布置是桥梁结构在空间上可以提供两个不在同一平面上的桥面构造。它可以使不同的交通严格分道行驶，提高了车辆和行人的通行能力，并便于交通管理。同时，可以充分利用桥梁净空，在满足同样交通要求的条件下，减小桥梁宽度，缩短引桥长度，达到较好的经济效益。公路铁路两用桥梁也常常采用将公路、铁路线路分别在两个平面中布置的形成，典型的有南京长江大桥、青马大桥等。

桥梁分类层次如图2-4所示。

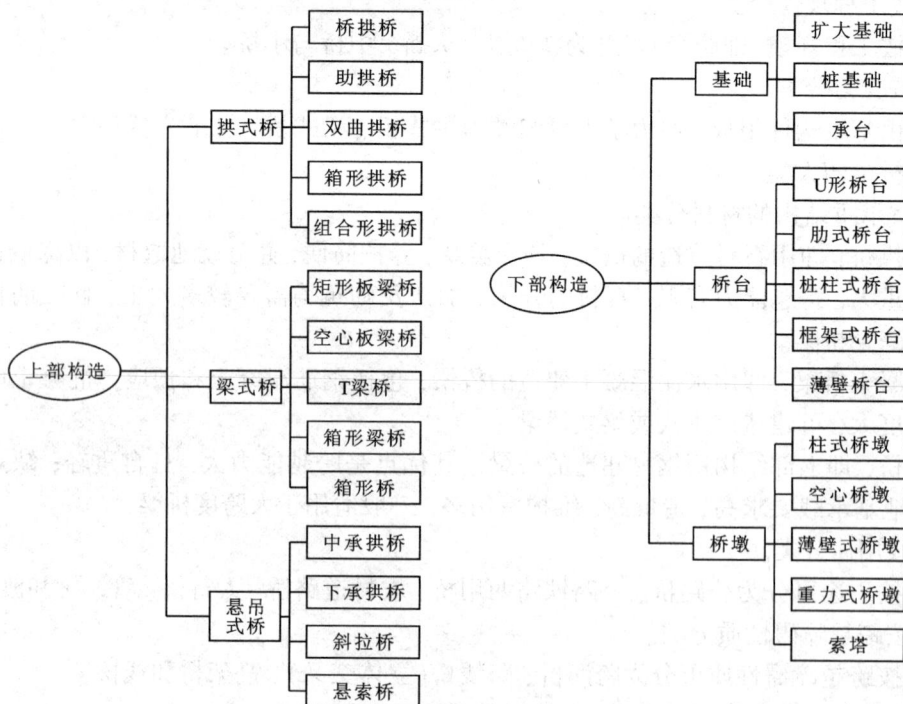

图2-4　桥梁分类层次

2.3 桥梁施工方法及选择

2.3.1 桥梁施工方法

桥梁的施工方法需要充分考虑桥位的地形、地质、环境、安装方法的安全性与经济性、施工速度等因素。同时，桥梁结构的施工与设计有着十分密切的关系。对不同结构形式的桥梁所采用的施工方法可不同，对同种结构形式也可采用不同的施工方法。结构运营阶段的受力状况取决于所选用的施工方法，因此桥梁设计往往预先假定施工方法，并在设计上考虑施工全过程的受力状态。设计与施工是相互配合、相互约束的。

（1）桥梁基础施工。

桥梁基础作为桥梁整体结构的组成部分，其结构的可靠性影响着整体结构的力学性能。基础施工形式和方法的选用要针对桥跨结构的特点和要求，并结合现场地形、地质条件、施工条件、技术设备、工期、季节、水利水文等因素统筹考虑。

桥梁基础施工形式大致可以归纳为扩大基础、桩和管柱基础、沉井基础、组合基础和地下连续墙基础几大类（图 2-5）。桥梁基础工程由于在地面以下或在水中，涉及水和岩土的问题，从而增加了复杂程度，就基础的施工方法而言，都是针对具体的结构形式，无统一的施工方法模式。

（2）桥梁墩台施工。

桥梁墩台按建筑材料可分为圬工、钢筋混凝土、预应力混凝土和钢结构等多种形式，按施工方法可分为石砌式墩台、就地浇筑式墩台和预制装配式墩台（图 2-5）。

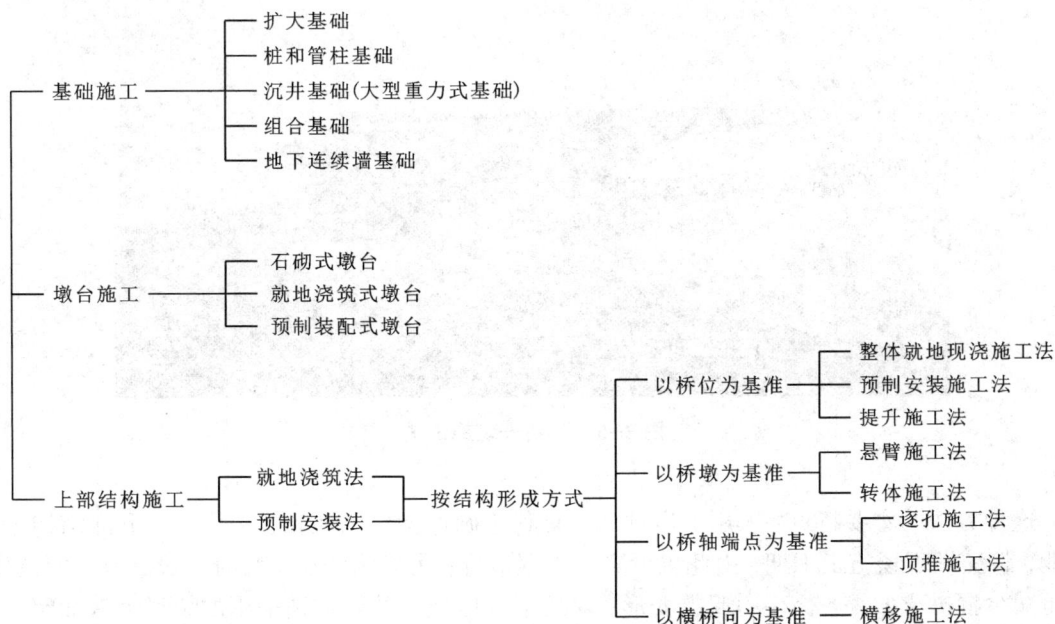

图 2-5 桥梁施工方法

(3)桥梁上部结构施工。

随着预应力混凝土的应用、桥梁类型与跨径幅度的增加、构件生产的预制化、结构设计方法的进步、机械设备的发展等，多方面促进了桥梁上部结构施工方法的进步和发展，形成了多种多样的施工方法(图2-5)。

桥梁施工方法总体上可分为就地浇筑法和预制安装法。具体而言，按照桥梁结构的形成方式可将施工方法划分如下：以桥位为基准的固定支架整体就地现浇施工法、预制安装施工法和提升施工法；以桥墩为基准的悬臂施工法和转体施工法；以桥轴端点为基准的逐孔施工法和顶推施工法；以桥横向为基准的横移施工法。针对某一桥梁结构，并不一定严格地按照某一施工方法和结构形式顺序进行，或许是多种施工方法的组合。

下面介绍几种主要施工方法及其施工特点。

(1)整体就地现浇施工法。

固定支架整体就地现浇施工法是在桥位处搭设支架，在支架上浇筑混凝土，待混凝土达到设计强度后拆除模板、支架。

就地浇筑施工无须预制场，而且不需要大型起吊、运输设备，桥跨结构整体性好，无须做梁间或节间的连接工作。它的缺点主要是工期长，施工质量易受季节性气候的影响、不容易控制；对预应力混凝土梁，因受混凝土收缩、徐变的影响，将产生较大的预应力损失；施工中的支架、模板耗用量大，施工费用高；搭设支架影响排洪、通航；施工期间可能受到洪水和漂流物的威胁。

(2)预制安装施工法。

预制安装施工法是在预制工厂或在运输方便的桥址附近设置预制场进行整孔主梁或大型主梁节段的预制工作，然后采用一定的架设方法进行安装、连接，完成桥体结构的施工(图2-6)。

图2-6　预制安装施工法

这种方法的主要特点：采用工厂预制，有利于确保构件的质量；采用上、下部结构平行作业，将缩短现场施工工期，由此也可降低工程造价；主梁构件在安装时一般已有一定龄期，故可减少混凝土收缩、徐变引起的变形；对桥下通航能力的影响视采用的架设方式而定。此施工方法对施工起吊设备有较高的要求。

（3）逐孔施工法。

逐孔施工法是一种中等跨径预应力混凝土简支梁和连续梁的施工方法。它使用一套设备从桥梁的一端逐孔施工，直到对岸。其根据施工设备、梁体构件制造等可分为使用移动支架逐孔组拼预制节段施工和移动模架逐孔现浇施工（图 2-7）。

图 2-7　移动模架施工法

逐孔施工法的主要特点：无须设置地面支架，不影响通航和桥下交通，施工安全、可靠；有良好的施工环境，保证施工质量，一套模架可多次使用，具有在预制场生产的优点；机械化、自动化程度高，节省劳动力，降低劳动强度；移动模架设备投资大，施工准备和操作都较复杂；移动模架逐孔施工法宜在桥梁跨径小于 50 m 的多跨长桥上使用。

（4）悬臂施工法。

悬臂施工法是从桥墩开始向跨中不断接长梁体构件（包括拼装与浇筑）的悬出架桥法（图2-8、图 2-9）。其有平衡悬臂施工和不平衡悬臂施工、悬臂浇筑施工和悬臂拼装施工之分。

图 2-8　悬臂拼装施工法

图 2-9　悬臂浇筑施工法

35

悬臂施工法的主要特点如下：

①桥梁在运用该方法施工的过程中，主梁或与桥墩固接，或在桥墩附近支承，在主梁上将产生负弯矩。因此，该施工法适用于运营状态下的结构受力与施工状态比较接近的桥梁，如连续梁、悬臂梁、刚构桥等。

②对非墩、梁固接的预应力混凝土梁桥，在施工时须采取措施，使墩、梁临时固接，保证施工期结构的稳定。对施工中墩、梁固接的桥墩，可能承受因施工而产生的弯矩。

悬臂浇筑施工简便，结构整体性好，施工中可不断调整位置；悬臂拼装施工速度快，桥梁上下部结构可平行作业，但施工精度要求比较高；悬臂施工法可不用或少用支架，施工不影响通航，节省施工费用，降低工程造价。

（5）转体施工法。

转体施工法是先将桥梁构件在桥位处岸边（或路边及适当位置）进行制作，待混凝土达到设计强度后旋转构件就位的施工方法（图2-10、图2-11）。在转体施工中，桥梁结构的支座位置一般设定为施工时的旋转支承和旋转轴，桥梁完工后，按设计要求改变支承情况。

图2-10　竖转施工法

图2-11　平转施工法

转体施工法的主要特点：可利用施工现场的地形安排构件制造的场地；施工期间不断航，不影响桥下交通；施工设备少，装置简单，容易制作和掌握；减少高空作业，施工工序简单，施工迅速。转体施工法适用于单跨、双跨和三跨桥梁，可在深水、峡谷中建桥时采用，同时也适用于平原区以及城市跨线桥。

（6）顶推施工法。

顶推施工法是在沿桥纵轴方向的后台设置预制场，分节段预制，并用纵向预应力筋将预制节段与施工完成的梁段连接成整体，然后通过顶推装置施力，将梁体向前顶推出预制场，之后在预制场连续进行下一节段的预制，循环操作直至施工完成（图2-12）。

顶推施工法的特点：可运用简易的施工设备建造长大桥梁，施工费用低，施工平稳无噪声，可在深水、山谷和高桥墩上采用，也可在曲率相同的弯桥和坡桥上使用；对变坡度、变高度的多跨连续梁桥和夹有平曲线或竖曲线较长的桥梁均难以适用；主梁在固定场地分段预制，连续作业，便于施工管理，避免了高空作业，结构整体性好；施工阶段梁的受力状态与运营时期的受力状态差别较大，因此在梁的截面设计和预应力钢束布置时为同时满足施工与运营的要求，将需要较大的用钢量。

图 2-12　顶推施工法

2.3.2　桥梁施工方法选择

桥梁施工方法的选定，可依据下列条件综合考虑：

(1)使用条件，包括桥梁的结构形式和规模、梁下空间的限制、平面场地的限制等。

(2)施工条件，包括工期要求、机械设备要求、施工管理能力、材料供应情况、架设施工经验、施工经济核算等。

(3)自然环境条件，包括山区或平原、地质条件及软弱层状况、对河道的影响、运输线路的限制等。

(4)社会环境影响，主要是指对施工现场环境的影响，包括公害、景观、污染、架设孔下的障碍、道路交通的阻碍、公共道路的使用及建筑限界等。

表 2-1 列出了典型桥梁上部结构可供选择的主要施工方法。实际桥梁施工中，根据可选用的施工设备，施工方法又可进行细分，详见本书第 5、第 6 章。

表 2-1　各种类型桥梁可选择的主要施工方法

施工方法	适用跨径/m	梁桥			刚架桥	拱桥			斜拉桥	悬索桥
		简支梁	悬臂梁	连续梁		圬工桥	标准及组合体系拱	桁架拱		
整体就地现浇施工法	20~60	√	√	√	√	√	√		√	
预制安装施工法	20~50	√	√	√	√	√	√	√	√	√
逐孔施工法	20~60	√	√	√	√		√			
悬臂施工法	50~320		√	√	√		√	√	√	
转体施工法	20~140		√	√	√		√	√	√	
顶推施工法	20~70			√	√		√			
横移施工法	30~100	√	√	√	√				√	
提升施工法	10~80	√	√	√			√			

注：拱桥的顶推施工是针对组合体系拱而言。

2.3.3 桥梁施工的相关影响因素

桥梁施工应包括施工方法选择，必要的施工验算，选择或设计制作施工机具设备，选购与运输建筑材料，安排水、电、动力、生活设施，以及施工计划、施工组织与管理等方面的事务。施工是一项复杂且涉及面很广的工作，上至天文、气象，下至工程地质、水文、地貌、机械、电子、管理等各领域，同时与人的因素、与地方政府的关系密切相关。因此，现代的大型工程施工，应由多种行业的技术人员和工人协力完成。

1. 施工与设计的关系

桥梁施工与设计有着十分密切、不可分割的关系。

对不同结构形式的桥梁，施工方法可不同；对同种结构形式，也可采用不同的施工方法。对体系复杂的桥梁，采用不同施工方法，因其施工过程的结构受力体系各不相同，结构的内力将随着结构体系的改变而变更，结构运营阶段的受力状况取决于所选用的施工方法。另外，绝大多数桥梁施工往往不是一次完成，其间常需经历若干次结构体系的转换。

因此，在考虑桥梁设计方案时，必须根据实际情况，考虑施工的可能性、经济性与合理性；施工方法的选用可视工程结构的跨径、孔数、桥梁总长、截面形式和尺寸、地形、设备能力、气候、运输条件、设备的重复使用等综合条件来选择。在技术设计中要计算施工各阶段结构的强度(应力)、变形和稳定性，桥梁设计要同时满足施工阶段与运营阶段的各项要求。

桥梁结构的施工应忠实地按设计要求完成。在施工前，须对设计图纸、说明书、工程预算、施工计划，以及主要施工阶段的强度(应力)、挠度、稳定性等有关文件和图纸进行详细的研究，掌握设计的内容与要求。同时，按照设计要求以及施工设备情况，精心安排、合理调整施工细节，编制施工组织设计。在整个施工期间，设计需与施工相互配合、协调，及时发现问题，及时变更设计，达到实际上的统一。

2. 施工技术与机械设备的关系

对于桥梁施工而言，一方面，施工机具设备的优劣往往决定了桥梁施工技术的先进与否，施工方法的确定在很大程度上取决于是否有与之相配套的施工机械设备，尤其是对一些大跨径、深水及结构形式较特殊的桥梁。另一方面，桥梁结构体系及施工技术的发展，要有大量的、先进的机械设备作为保证，要求各种施工设备和机具不断地更新和创造，以适应桥梁建造技术发展的需要，先进的施工技术发展的同时又促进了机械制造工业水平不断提高。

着眼于桥梁结构整个施工进程，根据使用目的的不同，桥梁施工设备和机具大致可以分为以下几类：测量设备；基础施工设备；混凝土施工设备；各种常备式结构；预应力施工设备；运输、安装和起重设备；专用施工设备；等等。

大型浮吊的研制利用，使桥梁上、下部结构的施工向着大快件组拼体系发展，适应了当前越来越多的跨海工程建设的需要。

总体上讲，桥梁施工设备的使用，应根据具体的施工对象、工期、劳动力及施工单位现有设备的情况，考虑对现场条件的适应性，以及整个工程的经济效益，经由施工组织设计而合理地加以选用和安排。

3. 施工与工程造价的关系

桥梁工程的总造价包括规划、工程可行性研究、勘察设计、征地拆迁、工程施工等费用，其中施工一般要占工程费用的60%以上。近年来，工程施工费用和劳动力的工资所占比例呈现上升趋势，特大跨径和结构比较复杂的桥梁更是如此。因此，施工费用对工程造价有着举足轻重的影响。

影响桥梁施工费用的主要因素是构件制作的费用、架设费用和工期。为在施工阶段降低工程造价、节省投资，除采取加强施工的组织管理、节约材料、提高机械设备的利用率等措施外，一条重要途径是在施工中应用新技术、新工艺来改善施工条件。施工方法和手段的不同，会影响施工所需的费用。科学合理的、先进的施工方法，既能保证工程的质量和进度，也能使施工费用处于最合理的水平。不合理的、落后的施工技术不仅无法保证施工质量和进度，而且可能造成极大的浪费，导致工程成本升高。合理地采用先进施工技术，对于降低工程造价的作用是显而易见的。

为此，桥梁施工的组织管理人员和工程技术人员必须高度重视施工技术的合理应用，加强施工的科学管理，提高施工机械化程度，组织专业化施工，使工程质量、施工期限、工程造价达到最优。

4. 桥梁施工与组织管理的关系

桥梁施工是一项庞大的系统工程，涉及大量的人力、资金、材料和机具设备，因此必须进行科学的管理。

施工组织管理的目的是要保证工程按设计要求的质量、计划进度和低于设计预算与合同承包价的成本，安全、顺利地完成施工任务。

桥梁工程施工的特点：有固定的场所；流动的劳动力、机具和材料；较长的施工周期；不断变化、调整的施工程序和工艺。复杂的管理工作要求所有参与施工的人员(建设方、施工方、监理方、设计方)必须相互协作、互相促进，在施工中随时掌握工程进展的实际情况和存在的问题，采用科学的管理方法，从计划、技术、质量、定额、成本、信息和企业规章制度等方面，切实有效地进行工作。

桥梁施工组织管理大致可分为以下几个方面：

①确认工程项目，进行现场布置和施工准备。在认真审查和熟悉有关协议、文件及设计资料、图纸后，施工单位要明确施工现场，了解现场地理位置、水电资源、工程地点的气象条件等，用以确定施工现场的生产场地和生活设施，并进行合理布局。

②制订工程进度计划。根据施工技术要求有关重要事项，依照完工期限和气象、水文等条件，制订分项工程进度计划和整体工程进度计划，它是施工组织管理的总纲领。

③安排人事劳务计划。根据各施工阶段的进度和施工内容，确定各阶段所需的技术人员、技工及劳务工的计划；同时确定工程管理机构和职能干部，负责各方面的事务。

④临时设施计划。拟订工程施工中所需的生产性和非生产性临时设施的类别、数量和使用时间，生产性临时设施包括构件预制场、栈桥、便道、运输线、临时墩等，非生产性临时设施包括办公室、仓库、宿舍等。

⑤机具设备使用计划。它包括确定各施工阶段所需机具设备的种类、数量、使用时间等，以便制订机具设备的购置、制作和调拨计划。

⑥材料及运输计划。根据计划编制材料供应计划，安排材料、设备和物资的运输计划。

⑦工程财务管理。它包括工程的预算、资金的使用概算、各种承包合同、施工定额、消耗定额等方面的管理。

⑧安全、质量与卫生管理。它包括各种作业的安全措施、安全检查与监督、工地现场保卫、施工质量验收制度、工程监理和环境卫生、生活区的卫生等。

桥梁的施工技术与组织管理内容上是有区别的，但在实际工作中关系是密切的。施工技术是工程能按设计要求进行施工的保证，而只有严格、科学的组织管理才能确保按照承包合同圆满地完成工程任务。

第 3 章
桥梁施工常用机械和设备

【知识目标】

1. 识别桥梁常用机械和设备;
2. 概述桥梁各机械和设备使用用途和方式。

【能力目标】

1. 列出桥梁常用机械和设备;
2. 举例常用机械和设备在桥梁结构施工中的用途;
3. 分辨常用机械和设备的使用范围。

【素养目标】

1. 激发学生的民族自尊心、自信心;
2. 培育学生的行业责任感。

随着我国国民经济的快速稳定持续发展,公路交通建设需求不断增加,大批公路桥梁工程陆续兴建,且建设规模逐年扩大,其发展速度之快,使得工程技术标准和质量要求不断提高,从而桥梁施工技术以及桥涵施工设备也得到长足的发展。在大量新建与扩建改造工程中,先进机械设备与机械化施工的推广,取得了一系列优质高效的成果,令世界瞩目。现代桥梁机械化施工确保了工程施工质量,加快了施工速度,降低了工程成本,最大限度地减轻了工人劳动强度。施工设备和机具的优劣往往决定了桥梁施工技术的先进与否;反过来,桥梁施工技术的发展,也要求各种施工设备和机具不断进行改造、更新,以适应施工技术的发展。

桥梁施工设备和机具分类标准不一,按功能分主要有常备式结构(装配式支架设备)、架设安装机具设备(起重、架桥设备)、混凝土施工设备、预应力张拉设备、钢筋加工设备、模板设备、桩工设备、钻孔设备、泥浆系统及其设备、挖泥(砂)设备、浮运设备、梁桥施工机械、拱桥施工机械、斜拉桥施工机械、悬索桥施工机械、桥梁检测机械和排水设备等。另外,桥梁施工可分为下部(桥梁基础)施工和上部施工,桥梁施工设备也可分为桥梁基础施工机械设备和桥梁上部结构施工机械设备。

桥梁施工用的设备和机具门类品种繁多,故在进行施工组织和规划时,常常要根据具体的施工对象、工期、劳动力分布等情况,合理地选用和安排各种机具设备,以使它们能够发挥最大的工效和经济效益,确保整个工程能够高质量和高效率地如期完成。此外,桥梁的施工实践证明,施工设备选用得正确与否,也是保证桥梁施工能否安全进行的一个重要条件。许多重大事故的发生,常常同施工设备陈旧或使用不当有关。

3.1 常备式结构及其应用

桥梁施工中常备式结构主要有万能杆件、贝雷梁、钢管支架等。

3.1.1 万能杆件

钢制万能杆件又称拼装式钢脚手架,是用角钢制成的可拼成节间距为 2 m×2 m 的桁架杆件。其通用性强,弦杆、腹杆及连接板等均为标准件,所以具有装拆方便、运输方便、利用率高等特点,可以拼装成桁架、墩架、塔架、龙门架等形式,以作为桥梁墩台、索塔施工的脚手架,或作为吊车主梁以安装各种预制构件,必要时还可作为临时桥梁的墩台和桁架。

1.万能杆件的构造

万能杆件的构件一般分为三大类,分别是杆件(在拼装时组成桁架的弦杆、腹杆、斜撑)、连接板(连接各种杆件成为需要的形状)、缀板(加强两肢、四肢角钢组合断面的整体性)。

万能杆件的类型有铁道部门生产的甲型(又称 M 型)、乙型(又称 N 型)和西安筑路机械生产的乙型(称为西乙型)。它们在结构、拼装形式上基本相同,仅弦杆角铁尺寸、部分缀板的大小和螺栓直径稍有差异。下面以西乙型为例,介绍万能杆件的构造。

西乙型万能杆件共有大小杆件 24 种,其中杆件及拼接用的角钢零件 9 种、节点板 9 种、缀板 2 种、填塞板 1 种、支承靴 1 种以及普通螺栓 2 种。各种构件的具体规格、尺寸详见表 3-1。

表 3-1 西乙型万能杆件规格、尺寸表

编号	名称	规格/mm	单位质量/kg	说明
1	长弦杆	∠100×100×12×3994	71.49	
2	短弦杆	∠100×100×12×1994	35.69	
3	斜杆	∠100×100×12×2350	42.07	
4	立杆	∠75×75×8×1770	15.98	
5	斜撑	∠75×75×8×5478	22.38	
6	联结角钢	∠90×90×10×580	8.20	用于 1 或 2
7	支承角钢	∠100×100×12×494	8.84	用于 1 或 2
	支承靴角钢	∠100×100×12×594	10.63	用于 1 或 2
8	节点板	□250×280×10	9.42	1、2 与 4、5 相连
11	节点板	□860×552×10, $A=33.89$ cm^2	35.98	1、2 与 3、4 相连
13	节点板	□580×552×10, $A=2492$ cm^2	19.56	1、2 与 4、16 相连
15	填塞板	□8×480×10	3.01	用于 1 或 2
16	长立杆	∠L75×75×8×3770	24.04	

续表3-1

编号	名称	规格/mm	单位质量/kg	说明
17	节点板	□626×350×10, $A = 2005$ cm²	15.74	4、16 与 4、5 相连
18	节点板	□305×314×10, $A = 606$ cm²	4.76	4、16 与 4、5 相连
19	缀板	□210×180×10	2.97	用于 1 或 2
20	缀板	□170×160×10	2.14	用于 3、4、5、16
	支承靴		24.01	
22	节点板	□580×392×10	17.85	1、2 与 4、5 相连
	节点板	□580×566×10	25.77	1、2 与 4、5 相连
23	节点板	□305×314×10, $A = 1334$ cm²	10.47	4、16 与 4、5 相连
24	普通螺栓	ϕ22×(40、50、60)		
25	普通螺栓	ϕ27×(40、50、60、70、80)		
28	大节点板	□860×886×10, $A = 7042$ cm²	73.84	1、2 与 3、4 相连

注：各种杆件除 19 号、20 号用 A3 钢制作外，其余均用 16 锰钢制作；表中 A 表示节点板面积。

2. 万能杆件的组拼

用万能杆件组拼成桁架时，其高度可为 2 m 及 2 m 的倍数。当高度为 2 m 时，腹杆为三角形；当高度和宽度为 4 m 时，腹杆为菱形；当高度超过 6 m 时，则可做成多斜杆的形式，如图 3-1 所示。

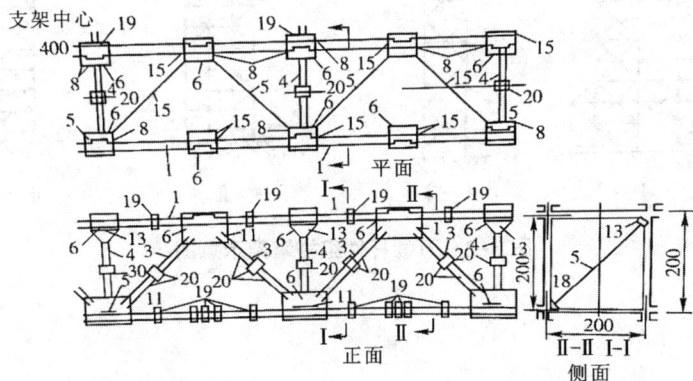

注：图中各杆件的型号见表 3-1。

图 3-1　万能杆件组拼桁架示意图

桁架承载能力，应根据荷载标准和跨径验算。可采用下列方法变更承载能力：①变更组成杆件的杆件数目；②变更杆件的自由长度；③变更桁架的高度；④变更桁架的数目；⑤变更杆件组拼的结构形式。

用万能杆件组拼成墩架、塔架时，其柱与柱之间距离可以与桁架相同，按 2 m 倍数变更。图 3-2 所示为万能杆件组拼浮式吊架示意图；图 3-3 所示为万能杆件组拼塔架示意图。

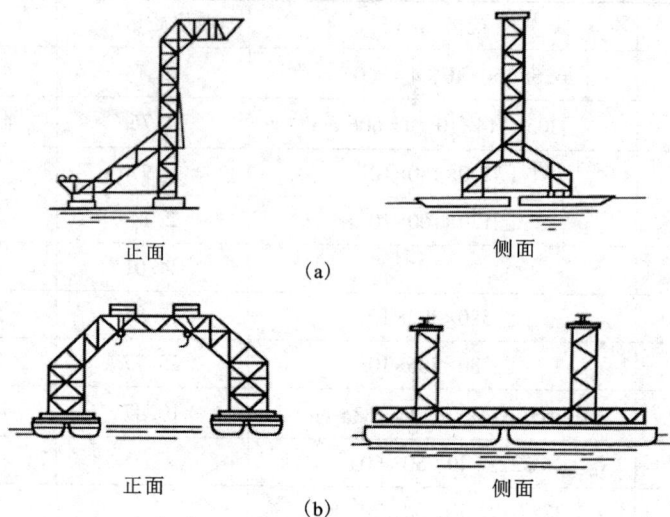

正面　　　　　　　　　　　(a)　　　　　　　　　侧面

正面　　　　　　　　　　　(b)　　　　　　　　　侧面

图3-2　万能杆件组拼浮式吊架示意图

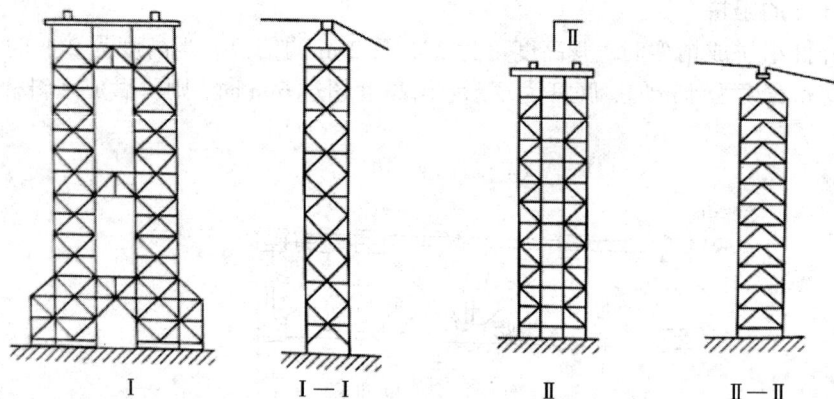

Ⅰ　　　　　　Ⅰ—Ⅰ　　　　　　Ⅱ　　　　　　Ⅱ—Ⅱ

图3-3　万能杆件组拼塔架示意图

3.1.2　贝雷梁

贝雷梁是一种由桁架拼装而成的钢桁架结构，可用于搭设便桥，组拼支架、拱架和施工钢梁，组装装配式公路钢桥等。图3-4所示为某大桥预制场中以贝雷梁组拼成龙门吊的应用实例。贝雷梁现有进口与国产两种。

贝雷梁主要由桁架、桁架销、加强弦杆、横梁、支撑连接构件等组成，现分别介绍如下。

1. 桁架

桁架结构如图3-5所示。它是由上弦杆、下弦杆、竖杆及斜撑焊接而成。弦杆上焊有多块带圆孔的钢板，其中，弦杆螺栓孔用在拼装双层或加强梁上，在拼装时将桁架螺栓或弦杆

44

图 3-4　贝雷梁拼装的龙门吊

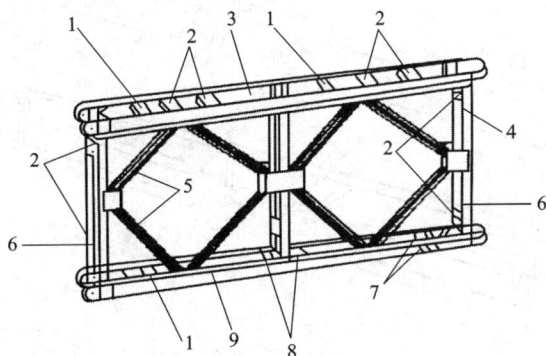

1—弦杆螺栓孔；2—支撑架孔；3—上弦杆；4—竖杆；5—斜撑；
6—横梁夹具孔；7—风构孔；8—横梁垫板；9—下弦杆。

图 3-5　桁架结构

螺栓插入此孔内，使双层桁架或桁架与加强弦杆连接起来；支撑架孔用来安装支撑架，以加固上、下节桁架；风构孔用来连接抗风拉杆；竖杆上的支撑架孔用来安装支撑架、斜撑和联板；横梁夹具孔用来安装横梁夹具。下弦杆上设有 4 块横梁垫板，垫板上有栓钉，用来固定横梁位置。

2. 桁架销 (销子)

桁架销 (图 3-6) 用于连接桁架，其端部有一小圆孔，用以插保险插销 (图 3-7)，防止销子脱落。销子头有一凹槽，其方向与小圆孔相同，安装时如看不见插销孔，可借凹槽方向确定插销孔方向，使插销顺利安装。

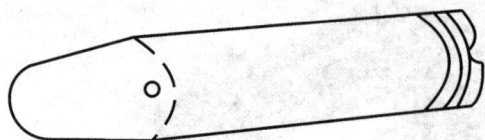

图 3-6　桁架销

图 3-7　保险插销

3. 加强弦杆

加强弦杆(图 3-8)是为了提高梁的抗弯能力、充分发挥桁架腹杆的抗剪作用而与桁架弦杆平行连接的特殊弦杆构件,一般不设于首、尾节桁架。加强弦杆中部设有支撑架孔和弦杆螺栓孔。

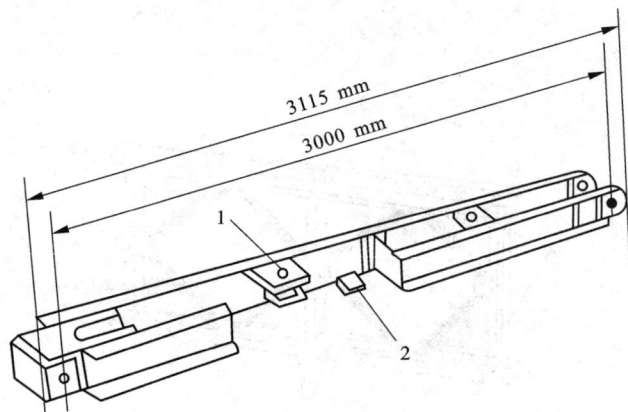

1—支撑架孔; 2—弦杆螺栓孔。

图 3-8　加强弦杆

4. 横梁

横梁结构如图 3-9 所示,中部 4 个卡子用以固定纵梁位置,两端设短柱以连接斜撑。安装横梁时,将栓钉孔套入桁架弦杆横梁垫板上的栓钉,使横梁在桁架上就位。栓钉孔的间距与桁架间距相同,横梁就位后,桁架间距即固定。

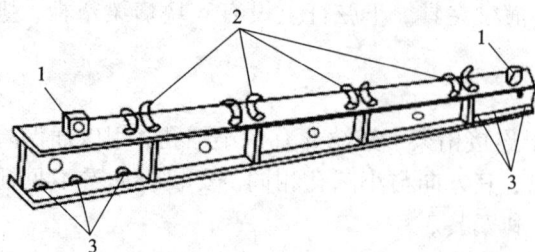

1—短柱; 2—卡子; 3—栓钉孔。

图 3-9　横梁结构

46

为了增加单片贝雷桁架的强度,主桁架可数排并列或双层叠置,贝雷桁架的组合形式多达十余种。

3.1.3　钢管支架(钢管脚手架)

桥梁施工中,常用的钢管支架有扣件式、螺栓式和承插式三种连接方式。扣件式钢管支架的特点是拆装方便,搭设灵活,能适应结构物平面、立面的变化。螺栓式钢管支架的基本构造形式与扣件式钢管支架大致相同,不同的是用螺栓连接代替扣件连接。承插式钢管支架是在立杆上焊承插短管,在横杆上焊插栓,用承插方式组装而成。现列举几种典型的钢管支架。

1. WDJ 碗扣式多功能钢支架

WDJ 碗扣式多功能钢支架是一种先进的扣件式钢管支架,因具有功能多、功效高、承载力大、安全可靠、便于管理、易改造等优点而被广泛应用于建筑、市政及交通的各个领域。WDJ 碗扣架构件主要有立杆、专用立杆、横杆、间横杆、斜杆、窄挑杆、宽调杆、脚手板、提升滑轮、斜道板、架梯、直角撑、立杆垫座、立杆可调底座、立杆可调托撑、立杆连接销,以及双可调早拆依托-Ⅰ型、双可调早拆依托-Ⅱ型、单可调早拆依托-Ⅰ型、单可调早拆依托-Ⅱ型等。WDJ 碗扣式多功能钢支架配有模板早拆支撑体系,有双可调和单可调两种模板早拆依托撑。应用模板早拆支撑体系可使模板周转速度加快 2~3 倍,模板投入量减少 1/3~2/3。

2. 轻型钢支架

轻型钢支架适用于桥下地面较平坦、有一定承载力的梁桥,并且可以达到节省木料的目的。轻型钢支架(图 3-10)的梁和柱以工字钢、槽钢为主要材料,斜撑、连接系等可采用角钢。构件规格应统一,排架应预先拼装成片或成组,并以混凝土、钢筋混凝土枕木或木枕木作支承基底。支撑基底常需要埋入地面以下适当深度以防冲刷;在排架下垫一定厚度的枕木或木楔来适应桥下高度;纵梁支点处设置木楔以便于支架和模板的拆卸等。

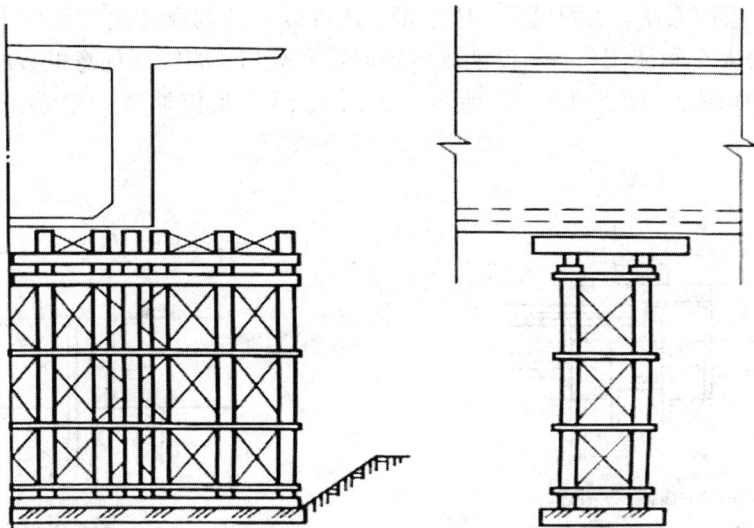

图 3-10　轻型钢支架

3. CKC 门式钢支架

CKC 门式钢支架因轻巧、灵活、使用简单方便,在桥梁建设中曾广泛应用。其品种规格多,适宜支撑各种形状的混凝土构造物,但因它轻巧而刚度小,采用插接和销接,连接间隙较大,虽本身配有小交叉杆,仍容易晃动,多层门架叠合使用时更为明显。因此,为保证支架的整体稳定性,一定要设置纵横大交叉杆将门架纵横交叉连接。

3.1.4 预应力张拉及锚固设备

1. 锚具类型

预应力锚具是后张法预应力工程中的核心元件。这种元件永久埋设在混凝土中,承受着长期的荷载。预应力筋所用夹具,是先张法预应力混凝土构件施工时为保持预应力筋拉力,而将其固定在张拉台座(设备)上的临时装置。

锚具按锚固原理不同可分为支承式锚具、楔紧式锚具、握裹式锚具和组合式锚具等体系。支承式锚(夹)具主要有螺杆锚具、镦头锚具。这种锚具在张拉后,依靠螺纹和垫板的支撑作用锚固。楔紧式锚(夹)具主要有锥形锚具、夹片锚具等。握裹式锚具是将预应力筋直接埋入或加工后(如把钢绞线压花、钢筋镦头)埋入混凝土中,或在预应力筋端头用挤压的办法固定一个钢套筒,利用混凝土和钢套筒的握裹锚固。锚(夹)具应具有可靠的锚固能力,其材料的优劣、热处理工艺的好坏,直接影响锚具的可靠性,影响操作人员及结构的安全。锚(夹)具是建立预应力值和保证结构安全的关键,要求锚具的尺寸形状准确,有足够的强度和刚度,受力后变形小,锚固可靠,不致产生预应力筋的滑移和断裂现象。对锚具的技术要求包括几个方面:静载锚固性能、动载锚固性能、疲劳荷载性能等。

2. 常用锚具

锚具的种类很多,以下仅选部分国内常见种类作简单介绍。

(1)镦头锚。

镦头锚具是一种利用钢丝(或热轧粗钢筋)两端的镦粗来锚固预应力钢丝的锚具。镦头锚具加工简单、张拉方便、锚固可靠、成本低,还可以节约两端伸出的预应力钢丝。这种锚具可根据张拉力大小和使用条件,设计成多种形式和规格,能锚固任意根数的钢丝。常用的DM 型镦头锚具如图 3-11、图 3-12 所示。DMA 型用于张拉端或固定端,DMB 型用于固定端。

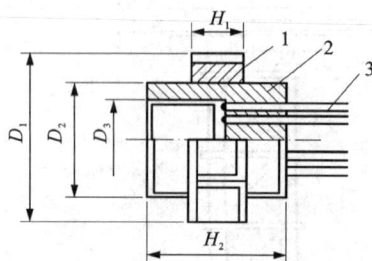

1—螺母;2—锚杯;3—钢丝。

图 3-11　DMA 型张拉锚具

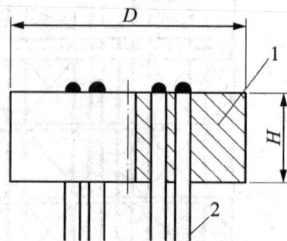

1—锚板;2—钢丝。

图 3-12　DMB 型张拉锚具

（2）JM 锚具。

JM 锚具见图 3-13。它不仅可以锚固直径 12 mm 的光圆冷拉热轧钢筋束，还能锚固直径 12 mm 的螺纹冷拉热轧钢筋束和钢丝线束及直径 15 mm 的钢绞线束。它是利用双重的楔紧式锚固作用原理来制造锚具的，其夹具和锚具相同。张拉千斤顶为兼张拉和顶紧夹片双重作用的千斤顶。这种锚固的优点是预应力筋（钢绞线）相互靠近，结构尺寸小，混凝土构件无须扩孔。缺点是如果一个楔块损坏，会导致整束预应力筋失效；没有锚固单根或大于 6 根预应力筋的能力；不能锚固钢丝。

（3）扁锚。

扁锚由扁锚头、垫板、扁形喇叭管及扁形管道等组成。扁锚的优点：张拉槽口扁小，可减小混凝土板厚，可以单根分束张拉，施工方便。因此，这种锚具特别适用于后张预应力简支梁、空心板、城市低箱梁等薄壁结构以及桥面横向预应力结构等。

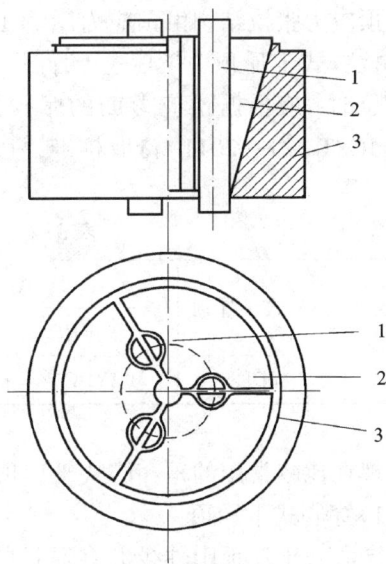

1—预应力筋；2—夹片；3—锚具。

图 3-13　JM 锚具

（4）楔片式锚具。

这类锚具有 XM、QM、YM、OVM 等品牌。一般也称这种锚具为群锚，它由多孔锚板与楔片组成。这类锚具是在每个锥形孔内装一副（2 片或 3 片）楔片，夹持一根钢绞线。这种锚具的优点是每束钢绞线的根数不受限制，且任何一根钢绞线锚固失效，都不会引起整束锚固失效。这种锚具可广泛应用于斜拉索以及体外预应力结构和构件，在动载和低频疲劳荷载条件下都可使用，也无须考虑有无黏结、有无地震力。

（5）锥形锚具。

锥形锚具如图 3-14 所示，是一种用于锚固直径 5 mm 钢丝的楔紧式锚具。它由钢锚环和锥形锚塞组成。其因构造简单、价格低廉，目前仍应用于张拉吨位较小的预应力结构中。锥形锚具是靠锚塞的楔紧作用对受拉钢丝进行楔紧式锚固，张拉后必须顶压锚塞。顶压锚塞的力为最大控制张拉力的 40%～60%。钢丝束张拉后，放松千斤顶时，锚塞随同受拉钢丝一起向锚孔小端回缩，使锚具内阻碍钢丝滑动的阻力增大到与钢丝的拉力相平衡为止。

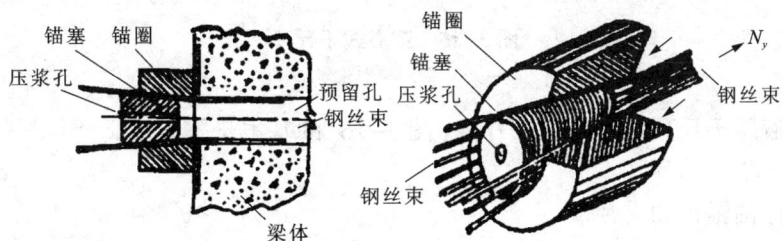

图 3-14　锥形锚具

3. 预应力用液压千斤顶

预应力张拉结构由预应力用液压千斤顶和供油的高压油泵组成。其中液压千斤顶常用的有拉杆式千斤顶、穿心式千斤顶、锥锚式千斤顶、台座式千斤顶四类。选用千斤顶型号与吨位时，应根据预应力筋的张拉力和所用的锚具形式确定。按照《预应力用液压千斤顶》(JG/T 321—2011)行业标准，其分类及代号见表3-2。

表3-2 预应力用液压千斤顶分类及代号

分类	拉杆式千斤顶	穿心式千斤顶			锥锚式千斤顶	台座式千斤顶
		双作用	单作用	拉杆式		
代号	YDL	2YDC	YDC	YDCL	YDZ	YDT

现在比较常用的是穿心式千斤顶和锥锚式千斤顶。下面对这两种作简单介绍。

1)穿心式千斤顶

穿心式千斤顶中轴线上有通长的穿心孔，可以穿入预应力筋或拉杆，如图3-15所示。此类千斤顶主要用于群锚及JM锚预应力张拉，还可配套拉杆、撑脚，用于镦头锚具及冷铸锚预应力张拉。穿心式千斤顶是一种适应性较强的千斤顶，能张拉钢绞线、钢丝束、螺纹钢、光圆钢，还能配套卡具等附件，用作顶推、起重、提升等。目前，国内厂家生产的牌号YCQ系列千斤顶，YC系列千斤顶，YCD及YCW、YDN等系列千斤顶均属于穿心式液压千斤顶。还有YCQ20型前卡式千斤顶，多用于单根钢绞线张拉及事故处理。

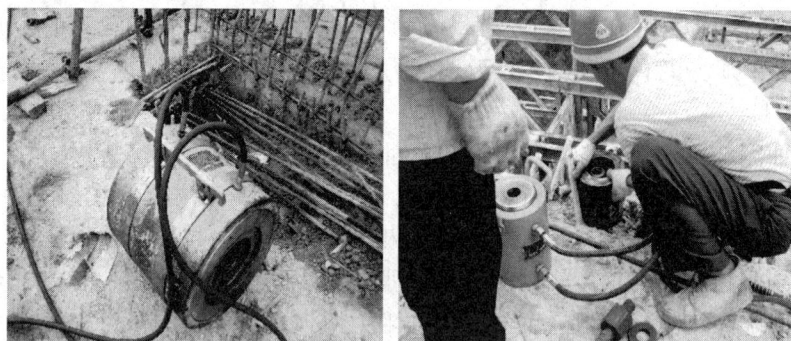

(a)水平张拉　　　　　　　　　　　　(b)竖向张拉

图3-15 穿心式千斤顶

用穿心式液压千斤顶进行后张法作业(图3-16)的基本步骤如下。

(1)锚固安装。

①安装工作锚锚板和夹片。

②安装限位板。

③安装千斤顶。

④穿入预应力筋。

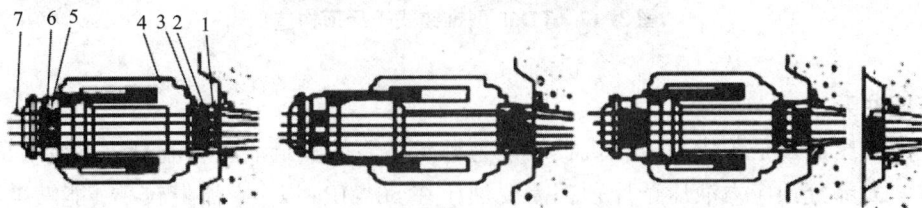

1—工作锚锚板；2—工作锚夹片；3—限位板；4—千斤顶；5—工具锚；6—工具锚夹片；7—钢绞线。

图 3-16 穿心式液压千斤顶后张法作业示意图

⑤安装工具锚组件。

（2）张拉、测量和记录。

①向张拉缸供油至初始张拉油压，持荷并测量油缸初始伸长值。

②继续向张拉缸供油至设计张拉油压，持荷并测量油缸最终伸长值。

③记录伸长值。

（3）放张、灌浆并封锚。

①张拉缸油嘴回油至油压为零。

②顶压缸油嘴进油，张拉缸液压回程。

（4）卸下工具锚组件、千斤顶、限位板。

（5）切除多余钢绞线。

（6）封住工作锚并灌浆。

（7）浇捣封端混凝土。

2）锥锚式千斤顶

后张法预制梁，尤其是跨度较小时，大量采用的是高强钢丝束、钢制锥形锚并配合锥锚式千斤顶的张拉工艺。TD60 型锥锚式千斤顶是一种具有张拉、顶压与退楔三种作用的千斤顶，见图 3-17。

由楔块夹住预应力钢丝，当向张拉缸供油时，分丝头顶住锚圈，张拉缸、楔块与预应力钢丝一起向后移动。张拉工序完成后，顶压缸进油顶紧锚塞。顶锚完毕后，张拉缸回油，退楔缸进油，张拉缸前移直至夹丝楔块顶住退楔翼板，使楔块顶松而退出楔块为止。当两个油缸均回油时，在弹簧力的作用下，顶压活塞杆后移复位。

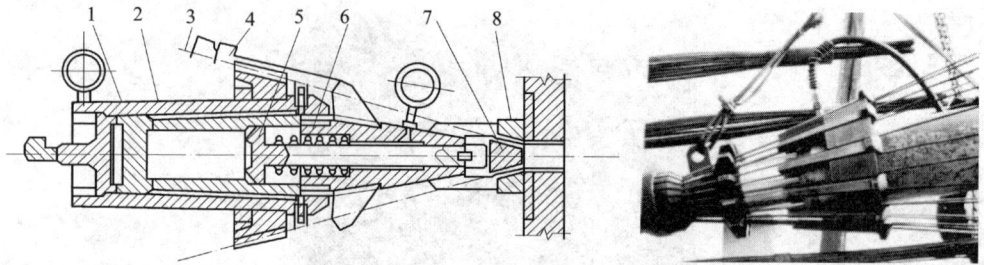

1—张拉缸；2—顶压缸；3—钢丝；4—楔块；5—活塞杆；6—弹簧；7—锚塞；8—锚环（圈）。

图 3-17　TD60 型锥锚式千斤顶构造

4. 高压油泵

预应力高压油泵是预应力液压机具的动力源。油泵的额定油压和流量，必须满足配套机具的要求。大部分预应力液压千斤顶都需要油压在 50 MPa 以上，流量较小，能够连续供油，供油稳定，操作方便。高压油泵按驱动方式，分为手动和电动两种。目前，国内生产的大部分为电动式高压油泵。预应力混凝土行业应用最广的是 ZB3/630 型和 2ZB4-50 型电动油泵。

3.1.5　混凝土施工设备及应用

混凝土工程是混凝土结构工程的一个重要组成部分，其质量直接关系到结构的承载能力和使用寿命，而混凝土施工设备对混凝土质量起着重要的作用。混凝土机械主要包括混凝土搅拌机、混凝土搅拌站（楼）、混凝土搅拌运输车、混凝土输送泵及泵车和振动机械等。

1. 混凝土搅拌机

混凝土搅拌机按照搅拌原理，可分为自落式和强制式两类。

自落式搅拌机指搅拌叶片和拌筒之间无相对运动。自落式按形状和出料方式，又可分为鼓筒式、锥形反转出料式、锥形倾翻出料式。自落式多用于搅拌塑性混凝土和低流动性混凝土，具有机件磨损小、易于清理、移动方便等优点，但动力消耗大、效率低，适用于施工现场。

强制式搅拌机指搅拌机搅拌叶片和拌筒之间有相对运动。强制式搅拌机主要用于搅拌干硬性混凝土和轻骨料混凝土，也可搅拌低流动性混凝土，具有搅拌质量好、生产率高、操作简便、安全等优点；但机件磨损大，适用于预制场使用。

2. 混凝土搅拌站（楼）

搅拌站（楼）的特点是制备混凝土的全过程机械化或自动化，生产量大、搅拌效率高、质量稳定、成本低、劳动强度减轻。搅拌站与搅拌楼的区别是：搅拌站（图 3-18）的生产能力较小，结构容易拆装，能组成集装箱转移地点，适用于施工现场；搅拌楼（图 3-19）体积大，生产效率高，只能作为固定式的搅拌装置，适用于产量大的预拌（商品）混凝土供应。

搅拌站（楼）主要由物料供给系统、称量系统、控制系统和搅拌主机四大部分组成。

物料供给系统，指组合成混凝土的砂子、石、水泥、水等几种物料的堆积和提升系统。砂和石料的提升，一般是以悬臂拉铲为主，另有少部分采用装载机上料，配以皮带输送机输送的方式。水泥则以压缩空气吹入散装的水泥筒仓，辅之以螺旋机和水泥秤供料。搅拌用水

52

一般用水泵实现压力供水。

图 3-18　搅拌站

图 3-19　搅拌楼

称量系统对砂石一般采用累计计量,水泥单独称量,搅拌用水一般采用定量水表计量。

控制系统一般有两种方式:一种是开关电路,继电器程序控制;另一种是采用运算放大器电路,增加了配比设定,落实调整容量变换等功能。近几年,微机控制技术开始应用于搅拌站(楼)控制系统,从而提高了控制系统的可靠性。

主机系统搅拌主机的选择,决定了搅拌站(楼)的生产率。自落式和强制式搅拌机均可作为搅拌站(楼)的搅拌机。

3. 混凝土搅拌运输车

混凝土运输机具设备的选择,应根据结构物特点、混凝土浇灌量、运距、现场道路情况以及现有机具设备等条件确定。

混凝土的水平运输,短距离多用双轮手推车、机动翻斗车、轻轨翻斗车,长距离则用自卸汽车、混凝土搅拌运输车等。

混凝土搅拌运输车,是一种用于长距离运输混凝土的施工机械。它是将运输的搅拌筒安装在汽车底盘上,把在预拌混凝土搅拌站生产的混凝土成品装入拌筒内,然后运至施工现场,在整个运输过程中,混凝土的搅拌筒始终在做慢速转动,从而使混凝土在长途运输后,仍不会出现离析现象,以保证混凝土的质量。混凝土搅拌运输车及其结构见图3-20、图3-21。

图 3-20　混凝土搅拌运输车

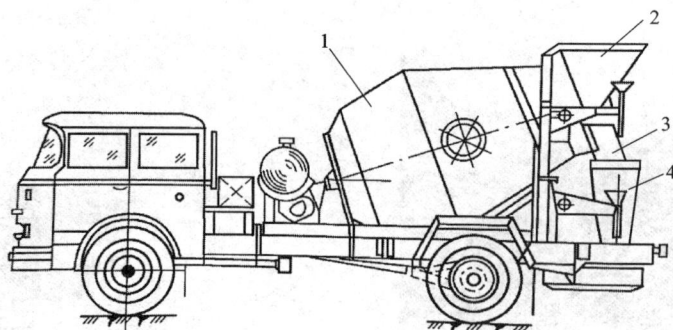

1—搅拌筒；2—进料斗；3—卸料斗；4—卸料溜槽。

图 3-21　混凝土搅拌运输车结构

4. 混凝土输送泵和混凝土泵车

混凝土输送泵(图 3-22)是利用水平或垂直管道，连续输送混凝土到浇筑点的机械，能同时完成水平和垂直输送混凝土，工作可靠。混凝土输送泵适用于混凝土用量大、作业周期长及泵送距离远和高度较大的场合。

混凝土泵车属于自行式混凝土泵，是把混凝土泵和布料装置直接安装在汽车的底盘上的混凝土输送设备，如图 3-23 所示。它的机动性好、布料灵活，工作时无须另外铺设混凝土管道，使用方便，适合大型基础工程和零星分散工程的混凝土输送。它的缺点是布料杆的长度受汽车底盘限制，泵送的高度较小、距离较短。混凝土泵根据驱动方式主要有两类：挤压泵和柱塞泵(活塞泵)。后者又可分为机械传动和液压(水压或油压)传动两种。我国主要发展柱塞泵(活塞泵)，此种泵自动化程度高，水平输送距离达到 $200 \sim 500$ m，垂直运距通常在 $50 \sim 100$ m，排出量为 $30 \sim 60$ m^3/h。挤压泵的输送距离较柱塞泵短，其水平运距在 200 m 内，垂直运距在 50 m 内。新型混凝土泵仍在不断问世，水平和垂直运距都有新的突破。

图 3-22　混凝土输送泵

图 3-23　混凝土泵车

54

5. 混凝土振动器

混凝土振动设备——混凝土振动器，是一种借助动力，通过一定装置作为振源产生频繁的振动，并使这种振动传给混凝土，以振动捣固混凝土的设备。合理选择和正确使用混凝土振动器，不但可以提高混凝土浇筑速度和质量，而且可以降低工程成本，改善劳动条件，是人工振捣无法达到的。

目前，经常使用的振动设备按振动传递方式分类，有插入式振动器、平板式振动器、附着式振动器和振动台等。

1）插入式振动器

插入式振动器又叫内部振动器，主要由振动棒、软轴和电动机 3 部分组成。振动棒工作部分长约500 mm，直径35~50 mm，内部装有振动子，电机开动后，振动子的振动使整个棒体产生高频微幅的振动。振动棒和混凝土接触时，便将振动能量传给混凝土，很快使混凝土密实成形。一般只需 20~30 s 的时间，即可把棒体周围 10 倍于棒体直径范围内的混凝土振捣密实。插入式振动器主要用于振动各种垂直方向尺寸较大的混凝土体，如桥梁墩台、基础、柱、梁、坝体、桩及预制构件等。

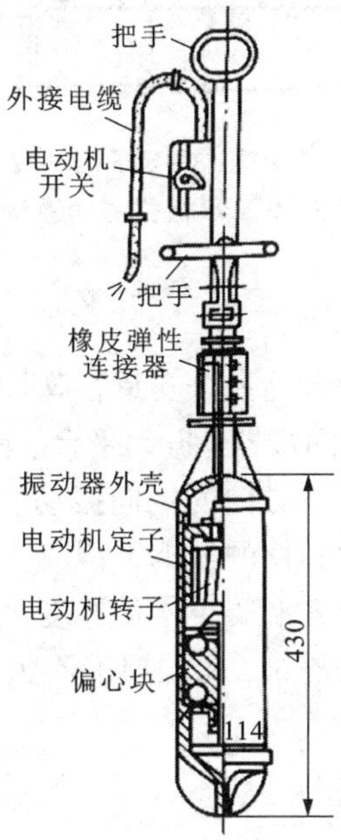

根据振动原理的不同，可把插入式振动器分为偏心式和行星式两种。偏心式是在振动棒中心安装具有偏心质量的转轴。偏心转轴在电机带动下，高速旋转时产生的离心力将振动传给振动棒外壳。而行星式是振动棒内部安有一带有滚锥的转轴，转轴在电机带动下，其滚锥沿滚道公转从而使棒体产生振动。电动硬轴插入式振动器结构如图 3-24 所示。

图 3-24　电动硬轴插入式振动器结构示意图（单位：mm）

2）平板式振动器

平板式振动器（图 3-25）属外部振动器。它是直接放在混凝土表面移动进行振捣工作，适用于坍落度不太大的塑性、半塑性、干硬性、半干硬性的混凝土，或浇筑层不厚、表面较宽敞的混凝土捣固，如水泥混凝土路面、平板、基础、拱面等。在水平混凝土表面振捣时，平板式振动器是利用电动机振子所产生的惯性水平力自行移动，操作者只需控制移动的方向即可。平板与混凝土接触，使振波有效地传给混凝土，使混凝土振实至表面出浆，不再下沉。

3）附着式振动器

附着式振动器（图 3-26）也属于外部振动器，其振动构造同于平板式振动器的工作部分。由于振动作业方式的不同，附着式振动器靠底部的螺栓或其他锁紧装置固定安装在模板外部（或滑槽料斗等）。振动器的能量是通过模板传给混凝土，从而使混凝土被振捣密实。附着式振动器的振动作用半径不大，仅适用于振捣钢筋较密、厚度较小等不宜使用插入式振动器的结构。

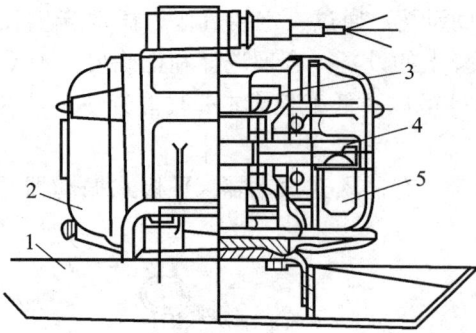

1—底板；2—外壳；3—定子；4—转子轴；5—偏心块。

图 3-25　平板式振动器构造示意图

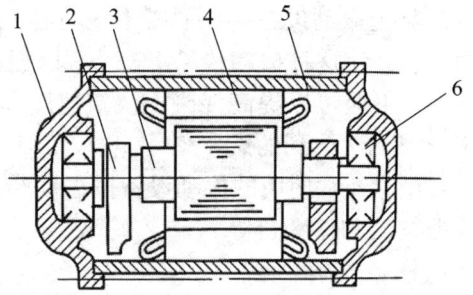

1—电动机密封端盖；2—偏心块振动子；3—转子轴；
4—电动机定子；5—机壳；6—轴承。

图 3-26　附着式振动器构造示意图

4）振动台

振动台为一个支承在弹性支座上的工作平台，平台下设有振动机构。混凝土振动台是由电动机、同步器、振动平台、固定框架、支承弹簧及偏振子等组成（图 3-27）。工作时，振动机构做上下方向的定向振动。振动台具有生产效率高、振捣效果好的优点，主要用于混凝土制品厂预制件的振捣。混凝土振动台需承受强力振动而使混凝土振实成形，故应安装在牢固的基础上。混凝土构件厚度小于 200 mm 时，可将混凝土一次装满振捣；如厚度大于 200 mm，则需分层浇筑，每层厚度不大于 200 mm 时，可随浇随振。

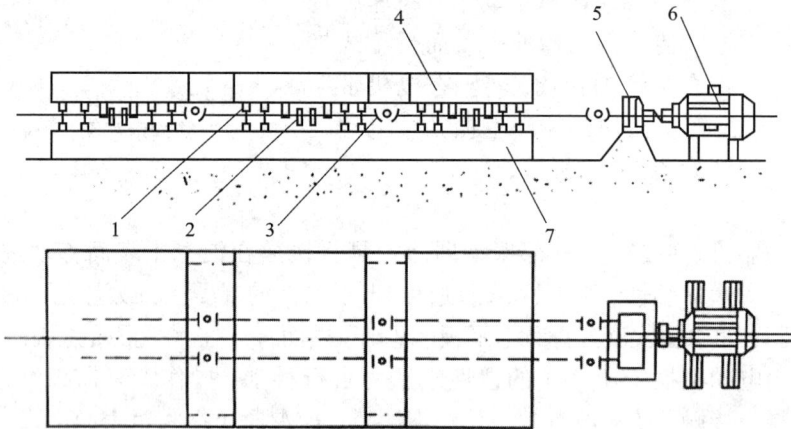

1—弹簧座；2—偏心振动子；3—联轴器；4—振动台面；
5—同步器；6—电动机；7—底座。

图 3-27　混凝土振动台的结构

56

3.2　施工常用机械设备

3.2.1　浮吊

在通航河流上建桥,浮吊是重要的工作船(图 3-28)。常用的浮吊有铁驳轮船浮吊和用木船、钢及人字扒杆等拼成的简易浮吊。在跨海桥梁工程项目中都采用预制安装法施工,如加拿大联邦大桥(Confederation Bridge),上部结构预制构件的最大重量就有 7500 t,这就需要用起吊能力大的专用浮吊。

图 3-28　浮吊

通常简易浮吊可以利用两只民用木船组拼成门船,用木料加固底舱,舱面上安装型钢组成底板构架,上铺木板,其上安装人字扒杆。对于起重动力,可使用双筒电动卷扬机一台,安装在门船后部中线上。制作人字扒杆的材料可以是钢管或圆木,并用两根钢丝绳分别固定在民船尾端两舷旁的钢构件上。吊物平面位置的变动由门船移动来调节。另外还需配备电动卷扬机绞车、钢丝绳、锚链、铁锚作移动及固定船位用。

3.2.2　缆索起重机

缆索起重机适用于高差较大的垂直吊装和架空纵向运输,吊运量几吨至几十吨,纵向运距几十米至几百米。缆索起重机是由主索、天线滑车、起重索、牵引索、起重及牵引绞车、主索地锚、塔架、风缆、主索平衡滑轮、电动卷扬机、手摇绞车、链滑车及各种滑轮等部件组成。在吊装拱桥时,缆索吊装系统除了上述各部件外,还有扣索、扣索排架、扣索地锚、扣案绞车等。其布置方式见图 3-29。

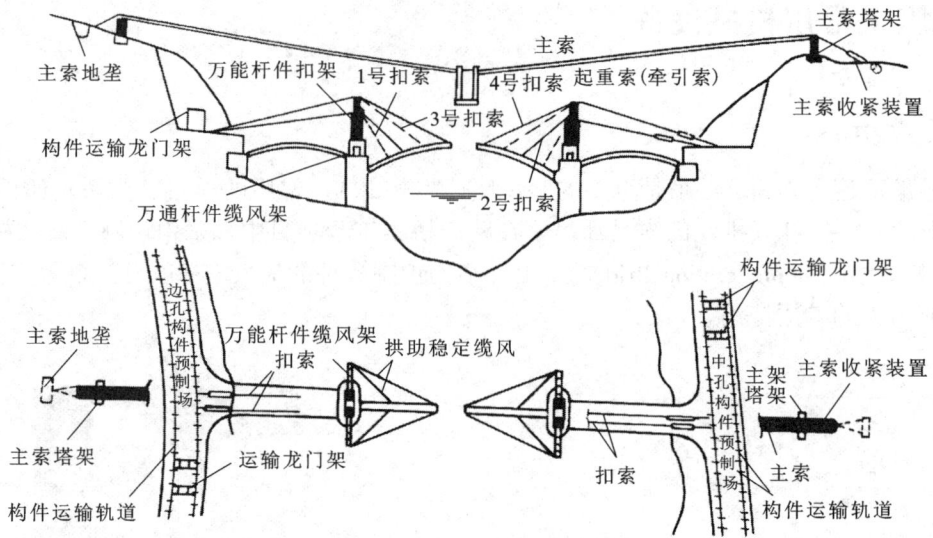

图 3-29 缆索吊装布置示例图

3.2.3 架桥机

目前我国使用的架桥机类型很多，其构造和性能也各不相同，最常用的有单梁式架桥机、双梁式架桥机、联合架桥机和吊运架一体式架桥机等类型。另外，结合逐孔施工方法的有上行式、下行式预制拼装架桥机和移动模架等。

1. 双梁式架桥机

双梁式架桥机(图 3-30)主要由导梁、台车、机臂、前端门架与前支柱、后端门架与后支柱、吊梁桁车及发电室等几部分组成。此架桥机的特点如下：

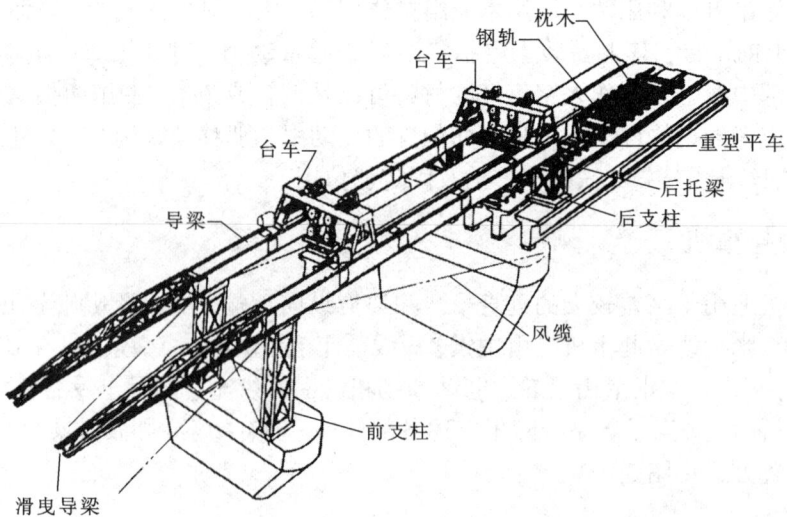

图 3-30 双梁式架桥机安装示意图

（1）架桥机吊梁行车可直接在运梁平车上起吊梁，不需换装。

（2）架梁时，由于吊梁行车可横向移动，因此每片梁均能一次就位，不需要人工在墩台上移梁。

（3）机臂能做水平转动，可在 250 m 半径的曲线线路上架桥。

（4）架桥机最大高度为 5.976 m，最大宽度（不包括人行道）为 3.82 m，因此，可在隧道口和隧道内架桥。

（5）机臂前后两端均能架梁，架桥机不需转向。此外，双梁式架桥机还自带发电设备，结构简单、操作方便，便于养护维修，适用于山区和地形复杂的铁路铺轨和架桥工作。

2. 吊运架一体式架桥机

吊运架一体式架桥机是一种具有吊梁、运梁、架梁多功能的架桥机，由运架梁机和下导梁组成，其结构见图 3-31。

图 3-31　吊运架一体式架桥机架梁

架桥机的主梁分为 4 个节段，通过高强度螺栓连接，主梁铰接支承于前后轮胎式台车上，整个架桥机共 24 对 48 轮（其中包括 4 对辅助轮对），每对轮胎可随轴在水平面内回转 90°，使整机既可纵行供梁到位，又可横行取梁，还可以靠液压联动转向系统在曲线上行进。此外，每对轮胎均装有液压升降装置、制动装置。架桥机的起升机构由卷扬机、钢丝绳、滑轮组实现三点起吊，使被吊梁体在吊、运和落梁时能保持最佳平衡。下导梁分为 6 个节段，由高强度螺栓连接。导梁支腿包括后支腿、主支腿、前支腿、辅助支腿，另有支腿吊装架和运行小车。

3. DP450 架桥机

DP450 架桥机（图 3-32）主要由主梁、支腿（前支腿、后支腿和辅助中支腿）、起吊天车、调梁小车、吊挂系统、电气控制系统、液压系统等组成。

DP450 架桥机的特点如下：

（1）采用单主梁结构，前端 2 节为空腹轻型"格构式"箱梁，后部 4 节为实腹加强型"Ⅱ"

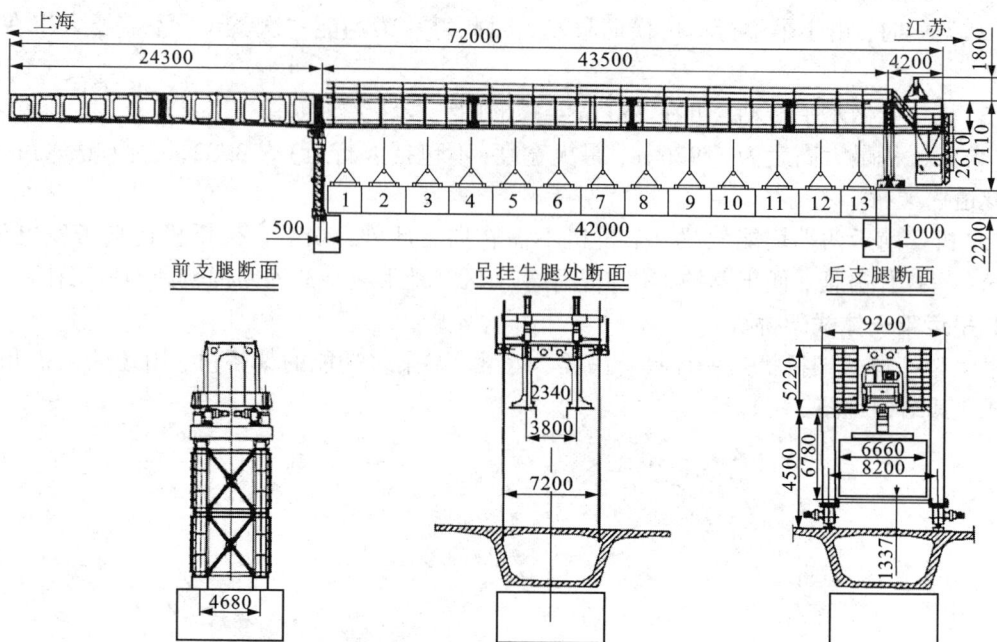

图 3-32　DP450 架桥机结构示意图(单位：mm)

形断面，起吊天车穿行腹内，调梁小车骑跨梁顶，结构新颖，受力明确。

（2）可实现变跨架设，通过调整前支腿、中支腿位置即可实现。

（3）全面采用变频技术。所有走行、移位均采用自动走行、变频调速，整机采用 PLC 程序控制技术，实现了平稳启动和制动，安全可靠。

（4）前、后支腿在工作时（架梁）与桥墩或桥面设有可靠的锚固机构，可确保稳定及安全。支腿上端设托辊机构和螺旋顶，过孔时托辊支承架桥机主梁，架梁时由螺旋顶支撑导梁。辅助中支腿为轮轨式台车形式，利用运梁道自动独立走行移位，上部为托辊机构，在整机过孔移位时，由托辊支承托移架桥机纵移过孔；下部由车架轮轨和液压系统组成，站位工作时由 4 台 120 t 油顶传递反力，架桥机整机横移时由轮轨直接传递反力。后支腿下部设有自动走行轮箱和 2 台 250 t 螺旋顶，架梁时轮轨脱空，由螺旋顶传递反力，纵、横移位时由轮轨直接传递反力，横移时，走行轮箱转向 90°横行。

（5）起吊天车：主要由卷扬机、滑车组、走行机构、自动旋转吊具等几部分组成，可实现吊运箱梁节段旋转，初步就位。

（6）调梁小车：主要由走行机构、液压支承柱及伸缩横梁等几部分组成，可实现箱梁节段的精确快速定位。

3.2.4　移动模架(造桥机)

移动模架(造桥机)是以钢桁梁或钢箱梁作为临时支撑梁，提供一个在桥位逐跨现浇梁体混凝土后，能顺桥轴线纵向移动的制梁平台设备。

移动模架(造桥机)(图 3-33)分为上行式(移动悬吊模架)和下行式(支承式活动模架)两种，模架主梁在现浇钢筋混凝土梁体上面称为上行式移动模架；模架主梁在现浇钢筋混凝土梁体下面称为下行式移动模架。

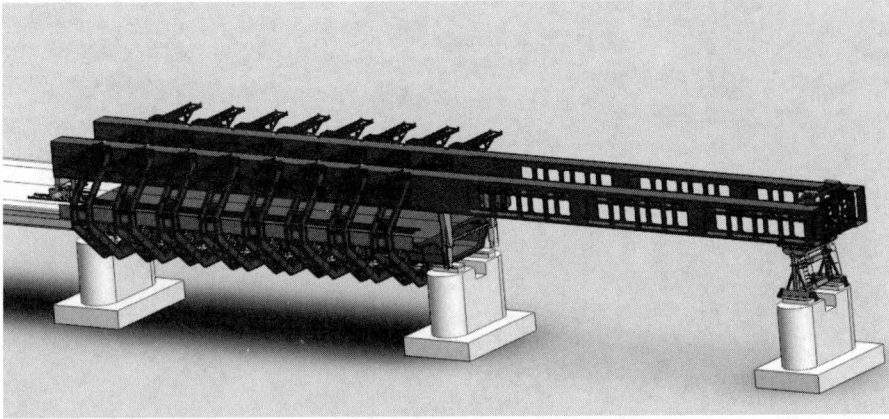

图 3-33　移动模架(造桥机)

移动模架由承重系统、模板系统、模架支承系统及液压走行系统组成。其中，承重系统由设置在箱梁腹板外侧的两根主梁组成，主梁的前后端为导梁，用于导向和纵移，中部为承重梁，用于支承施工荷载；设置在承重梁间的模板系统包括底模、外侧模、内模及模板支承框架等部件；模架支承系统为设置于桥墩两侧的托架(或辅助墩)，托架上设有供活动模架前移的液压走行系统。整个模架通过机械装置、液压装置和机械手完成控制操作。

思考与练习

3-1　万能杆件的组成及各组成部分的作用？

3-2　移动模架的组成？

3-3　试述穿心式液压千斤顶进行后张法的基本步骤。

3-4　试述锚具的类型。

情境二

岗位基础知识

第 4 章

桥梁施工图的识读

全桥整体展示

【知识目标】

1. 识读桥梁施工图的基本方法；
2. 确定桥梁名称、种类、主要技术指标、施工措施、比例、尺寸单位等；
3. 了解桥梁各部分所使用的建筑材料，并阅读工程数量表、钢筋明细表及说明等。

【能力目标】

1. 在看总体图时，能弄清各投影图的关系；
2. 能对图纸进行复核，检查有无错误和遗漏；
3. 能将各构件的相互配置及尺寸与总体图相互对照。

【素养目标】

培养严谨审慎的精神。

4.1 识读桥梁施工图基本方法

4.1.1 桥梁施工图的图示特点

桥梁施工图，是利用正投影的理论和方法并结合专业图的图示特点绘制的。建造一座桥梁需要的图纸很多，但一般可以分为桥位平面图、桥位地质断面图、桥梁总体布置图、构件图和大样图等。

4.1.2 桥梁施工图的内容

1. 桥位平面图

桥位平面图主要用来表明桥梁所在位置和路线连接情况，通过地形测量绘制出桥位处的道路、河流、水准点、钻孔及附近的地形和地物（如房屋、老桥等），作为设计桥梁、施工定位的依据。

2. 桥位地质断面图

根据水文调查和钻探所得的地质水文资料，绘制出桥位所在河床位置的地质断面图，包括河床断面线、最高水位线、常水位线和最低水位线，作为设计桥梁、桥台、桥墩和施工时计算土石方工程数量的依据。小型桥梁可不绘制桥位地质断面图，但应写出地质情况说明。

3. 桥梁总体布置图

桥梁总体布置图主要表明桥梁的形式、跨径、孔数、总体尺寸、各主要构件的相互位置关系，桥梁各部分的高程、材料数量以及总的技术说明等，为施工时确定墩（台）位置、安装构件和控制高程提供依据。

4. 构件图

构件图是对桥梁各部分构件进行详细的设计、计算并绘制施工详图，供施工过程中使用。

在桥梁总体布置图中，桥梁的构件都没有详细、完整地表达出来，因此单凭总体布置图是不能进行制作和施工的，还必须根据总体布置图采用较大的比例把构件的形状、大小完整地表达出来，才能作为施工的依据。这种图也称为构件结构图，由于采用较大的比例，故又称为构件详图，如桥台图、桥墩图、主梁图和附属结构图等。

4.1.3 桥梁施工图的识读方法和步骤

1. 方法

识读桥梁施工图的方法是形体分析法。桥梁虽然是庞大而又复杂的建筑物，但它总是由许多构件所组成，只要了解了每一个构件的形状和大小，再通过桥梁总体布置图把它们联系起来，弄清彼此之间的关系，就可以了解整个桥梁的形状和大小。因此，在读图时必须把整个桥梁施工图由大化小、由繁化简、各个击破，解决整体。也就是说，读图的过程即由整体到局部，再由局部到整体的反复过程。看图时，决不能单看一个投影图，而是要将其他有关的投影图联系起来，包括总体图或构件详图、钢筋明细表、说明等，再运用投影规律，互相对照，弄清整体。

2. 步骤

看图步骤可按下列顺序进行。

（1）看图纸首页的说明，了解桥梁名称、种类、主要技术指标、施工措施、比例、尺寸单位等。

（2）看总体图，弄清各投影图的关系，如有剖、断面，则要找出剖切线的位置和观察方向。看图时，应先看立面图（包括纵剖面图），了解桥形、孔数、跨径大小、墩、台数目、总长、总高，以及河床断面和地质情况，再对照看平面图和侧面、横剖面等投影图，了解桥的宽度、人行道的尺寸和主梁的断面形式等。这样，对桥梁的全貌便有了一个初步的了解。

（3）分别阅读构件图和大样图，读图时先看图纸右下角的标题栏和附注，以了解构件名称、比例、尺寸单位、技术说明等。

（4）了解桥梁各部分所使用的建筑材料，阅读工程数量表、钢筋明细表及说明等。

（5）看懂桥梁图后，再看尺寸，进行复核，检查有无错误和遗漏。

（6）各构件图看懂之后，再回过头来阅读总体图，了解各构件的相互配置及装置尺寸，直到全部看懂为止。

4.2　识读钢筋结构图

在当前桥梁工程广泛使用钢筋混凝土作为建筑材料,故在此介绍有关钢筋混凝土的基本知识和图示特点,为识读桥梁施工图排除障碍。

用钢筋混凝土制成的板、梁、桥墩和桩等构件组成的结构物,称为钢筋混凝土结构。为了把钢筋混凝土结构表达清楚,需要绘制钢筋结构图,又称钢筋布置图,简称结构图或钢筋图。

钢筋结构图表示了钢筋的布置情况,是桥梁工程施工中钢筋断料、加工、绑扎、焊接和工程标准及质量检验的重要依据。其内容有钢筋布置图、钢筋编号、尺寸、规格、根数、钢筋成型图、钢筋数量表及技术说明等。

4.2.1　钢筋基本知识

1. 钢筋符号

钢筋按照强度的不同可分为四个等级,其牌号和符号见表 4-1。

表 4-1　钢筋牌号和符号

类型	级别	材质	符号	代号
HPB300	Ⅰ	Q235(3 号钢)	Φ	光圆
HRB335	Ⅱ	20 锰硅、16 硅钛	Φ	人字纹
HRB400	Ⅲ	25 锰硅、25 硅钛、20 硅钒	Φ	人字纹
RRB400	Ⅳ	45 硅 2 锰钛、40 硅 2 锰钒	Φ	光圆或螺纹

2. 钢筋的作用分类

钢筋根据在整个结构中所起的不同作用一般可分为五类,其名称和作用如图 4-1 所示。

(1)主钢筋(纵向受力钢筋):有受拉主钢筋和受压主钢筋两种。一般梁内仅在受拉区设置受拉主钢筋,以替代混凝土承受拉力。当梁的高度受到限制,受压区混凝土不足以承受压力时,可在梁的受压区布置承受压力的受压主钢筋。

(2)弯起钢筋:主要承受主拉应力并增加钢筋骨架的稳定性,大多由受拉主钢筋弯起而成,故又称斜弯钢筋。有时仅将受拉主钢筋弯起还不足以承受全部剪应力,或因构造还需加设专门的斜筋。

(3)箍筋:承受部分主拉应力,具有联结受拉主钢筋和受压区混凝土使其共同工作,增加纵向受力钢筋与混凝土黏结力等作用。在构造上还起着固定主钢筋位置而形成钢筋骨架的作用。

(4)架立钢筋:主要是为构造上的要求而设置,其作用是架立箍筋、固定主钢筋的间距而形成钢筋骨架。

(5)水平纵向钢筋:一般沿梁高两侧水平方向布置,以防止因混凝土收缩及温度影响而产生竖向裂缝。

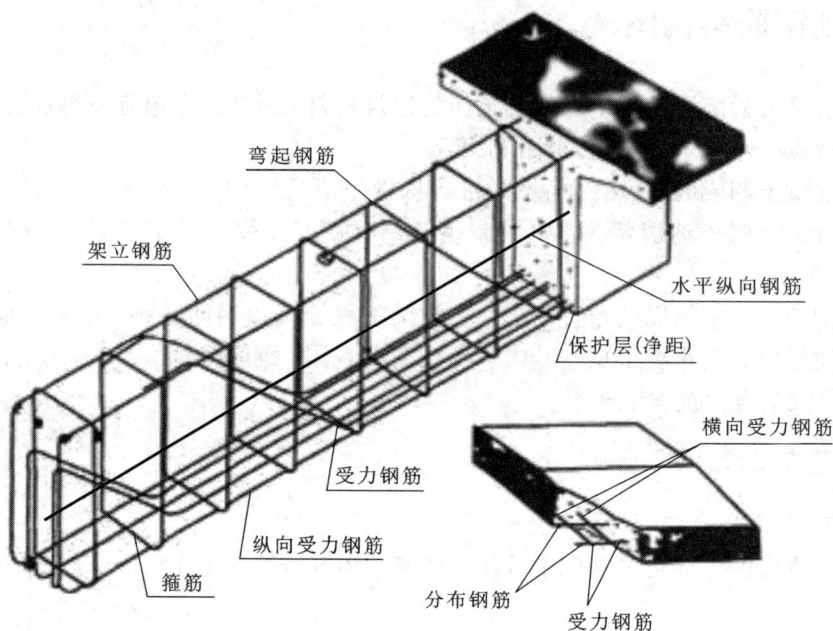

图 4-1　钢筋混凝土梁、板配筋示意图

3. 钢筋的弯钩和弯曲

对于光圆外形的受力钢筋，为了增加它与混凝土的黏结力，故将钢筋的端部做成弯钩，弯钩的形式有半圆钩(180°)、直弯钩(90°)和斜弯钩(135°)三种，如图 4-2 所示。

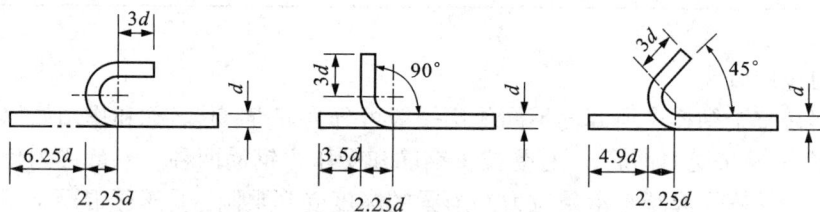

注：图中数值为光圆钢的增长数值。

图 4-2　钢筋的标准弯钩

4. 钢筋断料长度的计算

根据需要，钢筋实际长度要比端点长出 6.25d、4.9d、3.5d，这时钢筋的长度要计算其弯钩的增加长度。当钢筋直径大于 10 mm 时，因弯折弧长比两切线之和短些，所以应修正钢筋的弯折长度。为了避免计算，钢筋弯钩的增加长度和弯起的折减数值均编有表格备查。弯钩的增加长度可查表 4-2，45°、90°光圆钢筋弯起折减数值可查表 4-3。

表 4-2　钢筋弯钩的增加长度

钢筋直径 d /mm	弯钩增加长度/cm				理论质量 /(kg·m⁻¹)	螺纹钢筋 外径/mm
	光圆钢筋			螺纹钢筋		
	90°	135°	180°	90°		
10	3.5	4.9	6.3	4.2	0.617	11.3
12	4.2	5.8	7.5	5.1	0.888	13.0
14	4.9	6.8	8.8	5.9	1.210	15.5
16	5.6	7.8	10.0	6.7	1.580	17.5
18	6.3	8.8	11.3	7.6	2.000	20.0
20	7.0	9.7	12.5	8.4	2.470	22.0
22	7.7	10.7	13.8	9	2.980	24.0
25	8.8	12.2	15.6	10.5	3.850	27.0
28	9.8	13.6	17.5	11.8	4.830	30.0
32	11.2	15.6	20.0	13.5	6.310	34.5
36	12.6	17.5	22.5	15.2	7.990	39.5
40	14.0	19.5	25.0	16.8	9.870	43.5

表 4-3　钢筋的标准弯折修正值

钢筋直径/mm			10	12	14	16	18	20	22	25	28	32	36	40
弯折 修正值	光圆 钢筋	45°	—	-0.5	-0.6	-0.7	-0.8	-0.9	-1.1	-1.2	-1.4	-1.5	-1.7	—
		90°	-0.8	-0.9	-1.1	-1.2	-1.4	-1.5	-1.7	-1.9	-2.1	-2.4	-2.7	-3.0
	螺纹 钢筋	45°	—	-0.5	-0.6	-0.7	-0.8	-0.9	-1.1	-1.2	-1.4	-1.5	-1.7	—
		90°	-1.3	-1.5	-1.8	-2.1	-2.3	-2.6	-2.8	-3.2	-3.6	-4.1	-4.6	-5.2

如图 4-3 所示，1 号 $\phi10$ 钢筋两端半圆钩端点的长度为 126 cm，查表 4-2 得其弯钩长度为：

$$126+2\times6.3=126+12.6=138.6\approx139 \text{ cm}$$

又如图 4-4 所示，4 号 $\phi22$ 的钢筋长度为 728+65×2=858 cm，查表 4-2、表 4-3 得弯钩长度为 13.8 cm，90°弯折修正长度为 1.7 cm，即

$$728+65\times2+2\times(13.8-1.7)=882.2\approx882 \text{ cm}$$

5. 钢筋保护层

为了防止锈蚀，钢筋必须全部包在混凝土中，因此钢筋边缘至混凝土表面应留有一定距离的保护层，此距离称为净距。

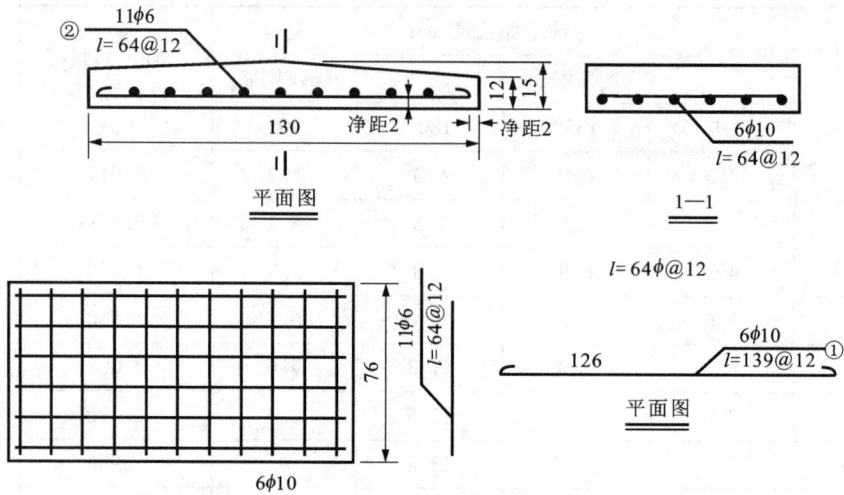

图 4-3 盖板钢筋布置图(单位：cm)

4.2.2 钢筋结构图的内容

1. 钢筋结构图的图示特点

钢筋结构图主要用来表达构件内部钢筋的布置情况，所以把混凝土假设为透明体，结构外形轮廓用细实线绘制，钢筋则用粗实线表示(箍筋为中实线)，以突出钢筋的表达。而在断面图中，钢筋被剖切后，用小黑圆点表示，钢筋重叠时可用小圆圈表示。

2. 钢筋的编号及尺寸标注方式

在钢筋结构图中为了区分各种类型和不同直径的钢筋，要求对每种钢筋加以编号并在引出线上注明其规格和间距。钢筋编号和尺寸标注方式如下：

$\widehat{N}\dfrac{n\phi d}{l@s}$，其中：$\widehat{N}$ 表示钢筋的编号；n 表示共有几根钢筋；ϕ 是钢筋的统一符号，即表示几号钢筋；d 表示钢筋的直径；l 表示每根钢筋的断料长度；@ 表示钢筋轴线间的距离；s 表示钢筋轴线间距离的数值。

钢筋直径的尺寸单位采用"mm"，其余尺寸单位均采用"cm"，图中不标注单位。

图 4-3 中注有 $②\dfrac{11\phi6}{l=64@12}$，其中②表示 2 号钢筋，$11\phi6$ 表示直径为 6 mm 的 2 号钢筋共 11 根，$l=64$ 表示每根钢筋的断料长度为 64 cm，@ 12 表示钢筋轴线之间的距离为 12 cm。

3. 钢筋成型图

在钢筋结构图中，为了能充分表明钢筋的形状以便于施工配料，还绘有每种钢筋加工的成型图。图上注明钢筋的符号、直径、根数、弯曲尺寸和断料长度等。有时把钢筋成型图(示意简略图)放在钢筋数量表内。

4. 钢筋数量表

在钢筋结构图中，一般还附有钢筋数量表，内容包括钢筋的编号、直径、每根长度、根数、总长及质量等。

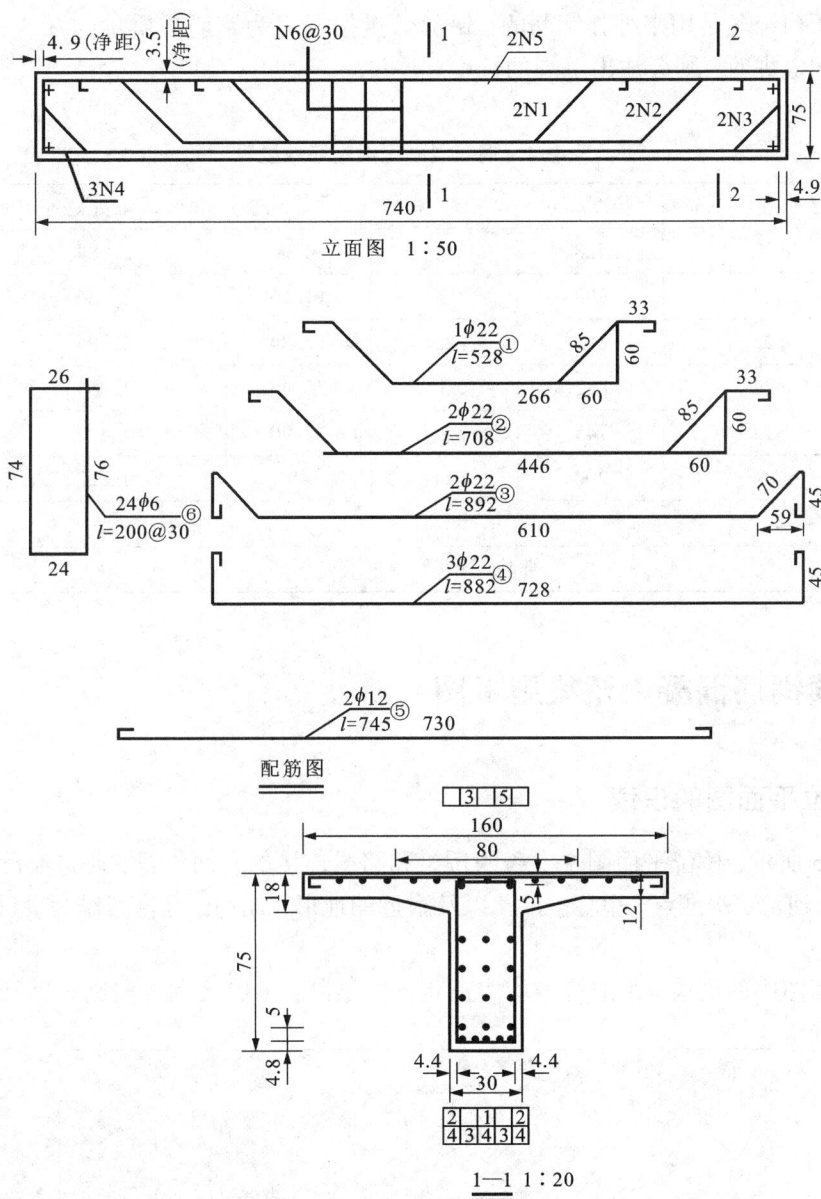

立面图 1:50

配筋图

1—1 1:20

图 4-4 钢筋混凝土梁结构图

4.2.3 钢筋结构图的识读

图 4-4 所示为一根钢筋混凝土梁的钢筋结构图。从 1—1 断面图可以看出梁的断面为 T 形，故此称为 T 形梁，梁内有 6 种钢筋，它的形状和尺寸在钢筋成型图上均已表达清楚。

从立面图及 1—1 断面图中可以看出钢筋排列的位置及数量。1—1 断面图的上方和下方画有小方格，格内注有数字，用以表明钢筋在梁内的位置及其编号。如立面图中的 2N5 表示有 2 根 5 号钢筋，安置在梁内的上部，对应的 1—1 断面图中则可以看出 2 根 5 号钢筋在梁内的上部对称排列。立面图中还设有 2—2 断面位置线。

表 4-4 是钢筋数量表。表中所列"每米质量(kg/m)"一栏数字,可以从有关工程手册中查得。表中所列铅丝是用来绑扎钢筋的,铅丝数量按规定为钢筋总质量的 0.5%。如不用铅丝绑扎而采用电焊时,则会注出电焊的长度和厚度。

表 4-4 钢筋混凝土梁钢筋数量表

编号	钢号和直径/mm	长度/cm	根数/根	共长/m	每米质量/(kg·m⁻¹)	共重/kg
1	φ22	528	1	5.28	2.984	15.76
2	φ22	708	2	14.16	2.984	42.25
3	φ22	892	2	17.84	2.984	53.23
4	φ22	882	3	26.46	2.984	78.96
5	φ12	745	2	14.90	0.888	13.23
6	φ6	200	24	48	0.222	10.656
总计						214.09
绑扎用铅丝						1.07

4.3 识读钢筋混凝土桥梁施工图

4.3.1 桥位平面图的识读

如图 4-5 所示,桥位平面图主要表明桥梁和路线连接的平面位置,通过实际地形测绘桥位处的道路、河流、水准点、里程、钻孔以及附近的地形、地物,可将其作为设计桥梁和施工定位的依据。

桥位平面图中的植被、水准符号均按正北方向绘制,图中文字方向则按路线要求及总的图标方向来确定。

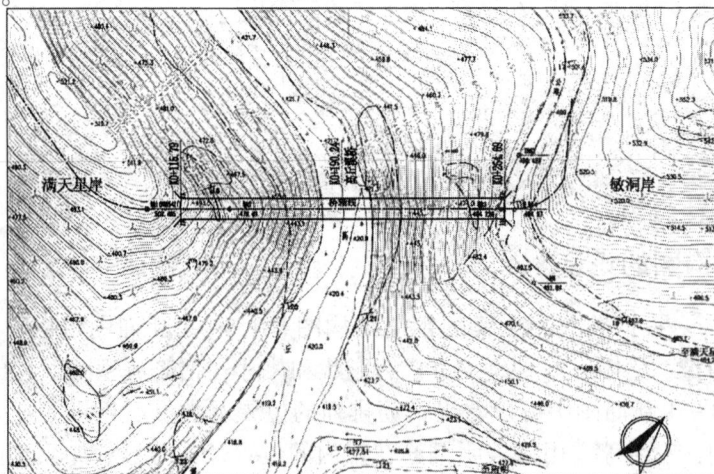

图 4-5 某桥位平面图

4.3.2　桥位地质断面图的识读

图 4-6 为某桥位地质断面图，由图形和资料表两部分组成。该图为显示地质和河床深度变化情况，特意把地形高度(高程)的比例较水平方向比例放大数倍，即地形高度的比例采用 1∶200，水平方向采用 1∶500 的比例。对比图形和资料表，三个钻孔的深度分别为 15.00 m、16.20 m、13.10 m，其孔口高程分别为 1.15 m、0.20 m、4.10 m，三孔之间的间距分别为 40.00 m 和 36.30 m。据图可知土层自下而上分别为暗绿色黏土、淤泥质黏土和黄色黏土。

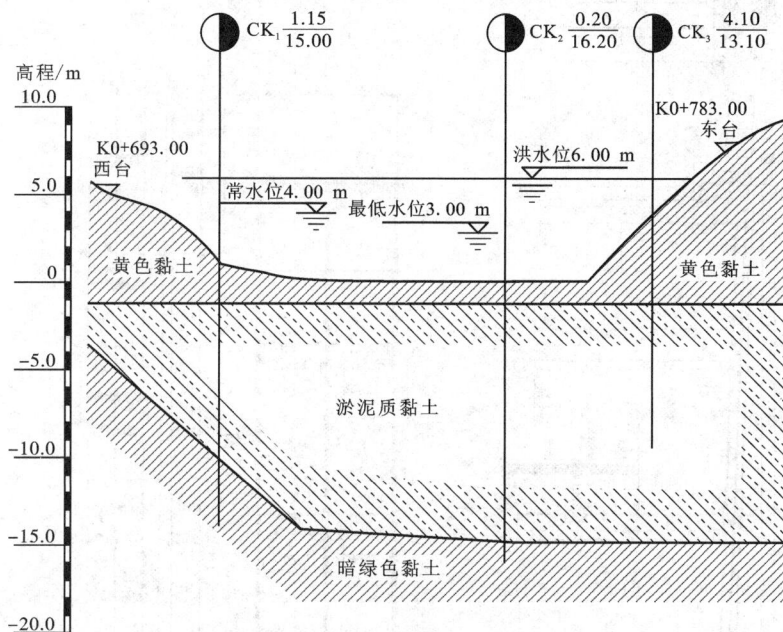

钻孔编号		1		2		3
孔口高程/m 钻孔深度/m	1.15	15.00	0.20	16.20	4.10	13.10
间距/m		40.00		36.30		

图 4-6　某桥位地质断面图

4.3.3　桥梁总体布置图的识读

桥梁总体布置图是表达桥梁上部结构、下部结构和附属结构三部分组成情况的总图。它主要说明桥梁的形式、跨径、孔数、总体尺寸、各主要构件的相互位置关系、桥梁各部分的高程、材料数量以及有关的说明等，作为施工时确定墩、台位置、安装构件和控制高程的依据。

图 4-7 为某桥梁总体布置图，包括立面图、平面图、Ⅰ—Ⅰ和Ⅱ—Ⅱ横剖面图，采用 1∶200 比例绘图。该桥为三孔钢筋混凝土空心板简支梁桥，总长度 37.20 m，总宽度 14.00 m，中孔跨径 15.00 m，两边孔跨径 10.00 m。桥中设两个柱式桥墩，两端为重力式混凝土桥台，桥台和桥墩的基础均采用钢筋混凝土预制打入桩。桥上部承重构件为钢筋混凝土空心板梁。

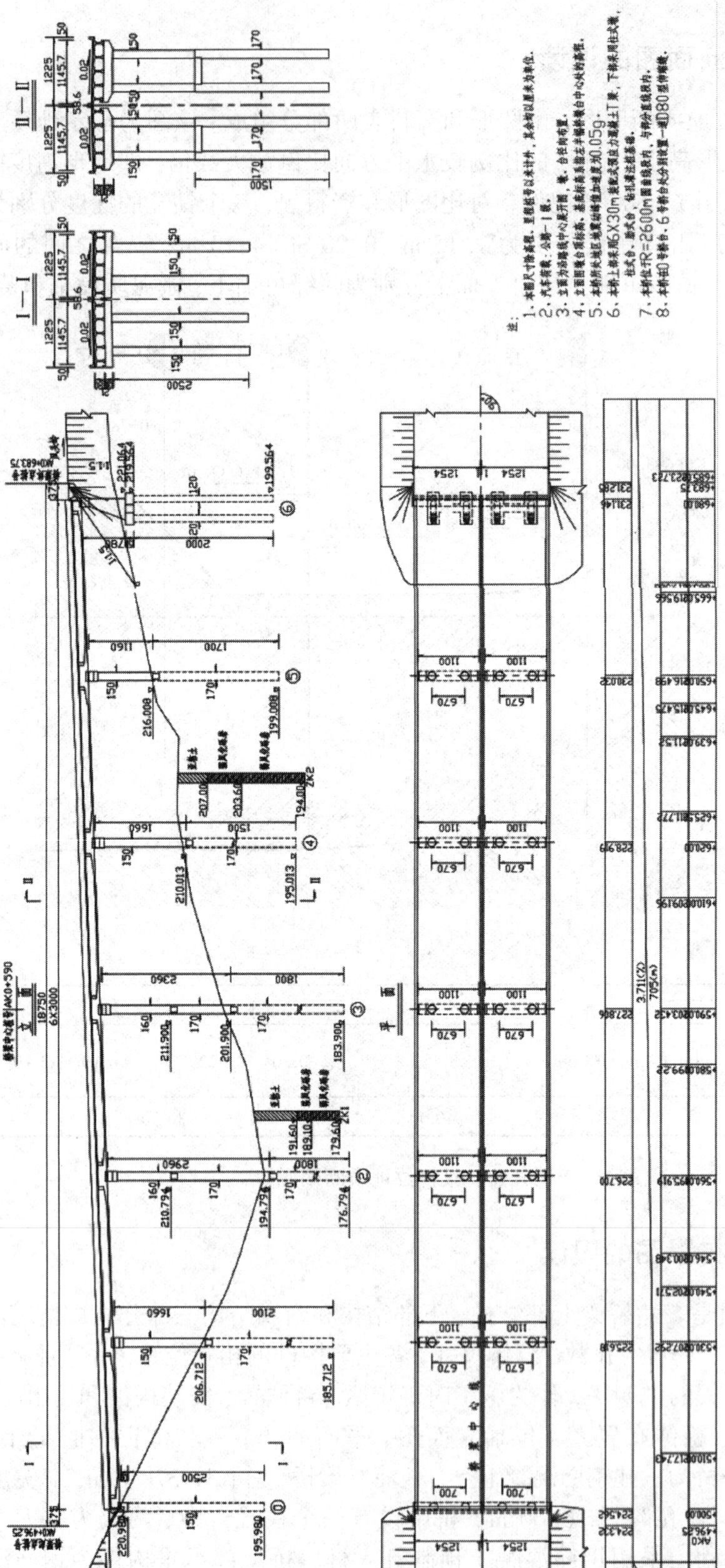

图4-7 某桥梁总体布置图

74

1. 立面图

桥梁一般是左右对称的，所以立面图常常由半立面和半纵剖面组成。左半立面图为左侧桥台、1 号桥墩、板梁、人行道、栏杆等主要部分的外形视图；右半纵剖面图是沿桥梁中心线纵向剖开而得，2 号桥墩、右侧桥台、板梁和桥面均应按剖开绘制。其中 2 为原地面线，在半立面图中，河床断面线以下的结构如桥台、桩等用虚线绘制；在半剖面图中，地下的结构均为实线。由于预制打入桩打入地下较深的位置，不必全部画出，为了节省图幅，故采用了断开画法。图中还标注出了桥梁各重要部位，如桥面、梁底、桥墩、桥台和桩尖等处的高程以及常水位(常年平均水位)。

尺寸标注采用定形尺寸、定位尺寸、高程尺寸和里程桩号综合标注法，便于绘图、阅读与施工放样。图中的尺寸单位为 cm，里程桩号与高程尺寸的单位为 m。

2. 平面图

桥梁的平面图按"长对正"配置在立面图的下方，常采用对称画法，即对称形体以对称符号为界，一半画外形图，一半画剖面图。左半平面图是从上向下投影得到的桥面水平投影，主要画出了车行道、人行道、栏杆等的位置。由标注的尺寸可知，桥面车行道净宽为 10 m，两边人行道宽各为 2 m。右半平面图采用的是剖切画法(或分层揭开画法)，假想把上部结构移去后，画出了 2 号桥墩和右侧桥台的平面形状和位置。桥墩中的虚线圆是立柱的投影，桥台中的虚线正方形是下面方桩的投影。

3. 横剖面图

根据立面图中所标注的剖切位置可以看出，Ⅰ-Ⅰ剖面是在边跨位置剖切的，Ⅱ-Ⅱ剖面是在中跨位置剖切的，桥梁的横剖面图包括边跨Ⅰ-Ⅰ剖面和中跨Ⅱ-Ⅱ剖面。桥面总宽度为 24.5 m，是由 10 片预应力混凝土 T 形梁预制而成。在Ⅰ-Ⅰ、Ⅱ-Ⅱ剖面图中绘制出了桥墩各部分，包括墩帽(盖梁)、立柱、系梁等的投影。

4. 构件图

图 4-8 为该桥梁各主要构件的立体示意图。

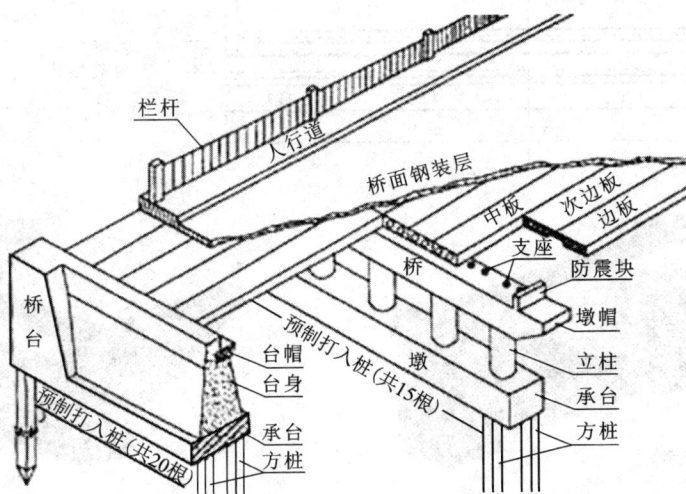

图 4-8　某桥梁各组成部分示意图

由于桥梁的总体布置图比例较小，不可能把桥梁各个构件详细地表达清楚，因此单凭总体布置图是不能施工的，还应该另画图样，采用较大的比例将各个构件的形状、构造、尺寸都完整地表达出来。这种图样称为构件详图或构件大样图，简称构件图。桥梁的构件图通常包括桥台图、桥墩图、主梁图或主板图、护栏图等，常用的比例是 1∶10～1∶50，如对构件的某一局部需全面、详尽地完整表达时，可按需求采用 1∶2～1∶5 或更大的比例画出这一局部放大图。

（1）桥台图。

桥台属于桥梁的下部结构，主要是支承上部的板梁，并承受路堤填土的水平推力，如图 4-9 所示。

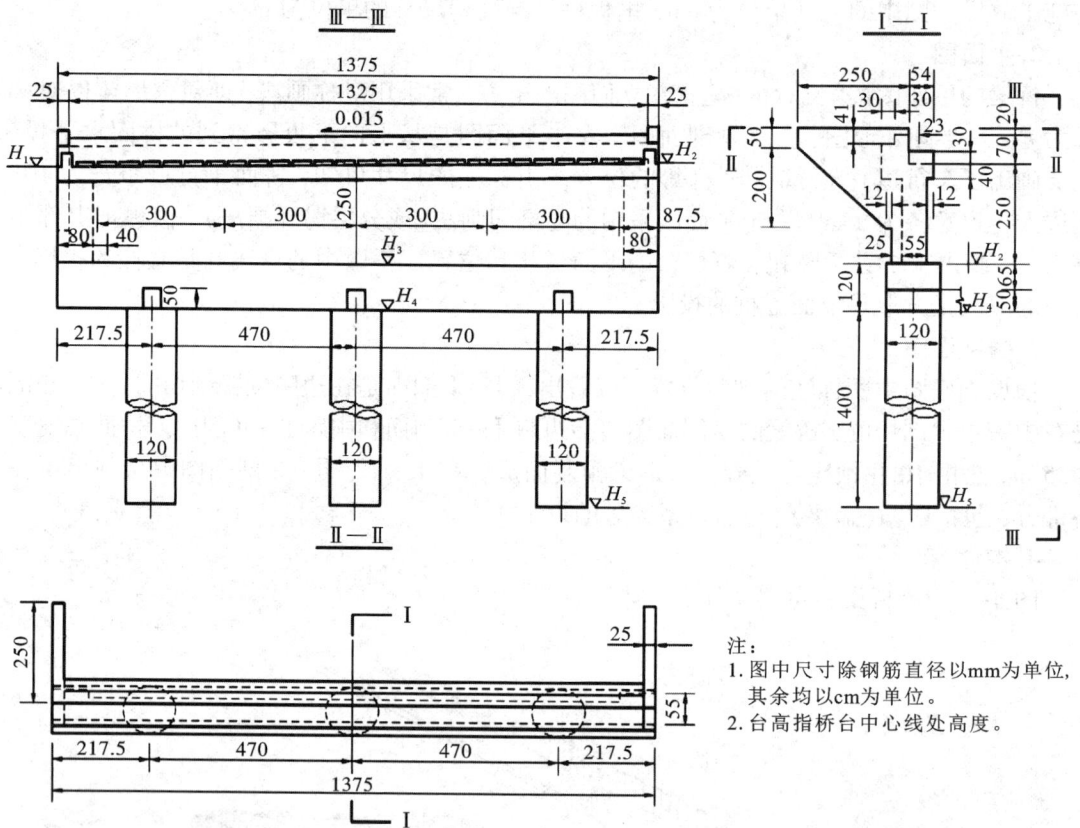

注：
1. 图中尺寸除钢筋直径以mm为单位，其余均以cm为单位。
2. 台高指桥台中心线处高度。

备注：加入桥台的识图数据。

图 4-9　桥台结构图及其立体示意图

（2）桥墩图。

桥墩与桥台一样同属桥梁的下部结构，其作用是将相邻两孔的桥跨连接起来。图 4-10 所示为该桥所用的轻型钢筋混凝土薄壁桥墩。该桥墩由墩帽及挡块、支座垫石、墩身、承台、桩基等组成。

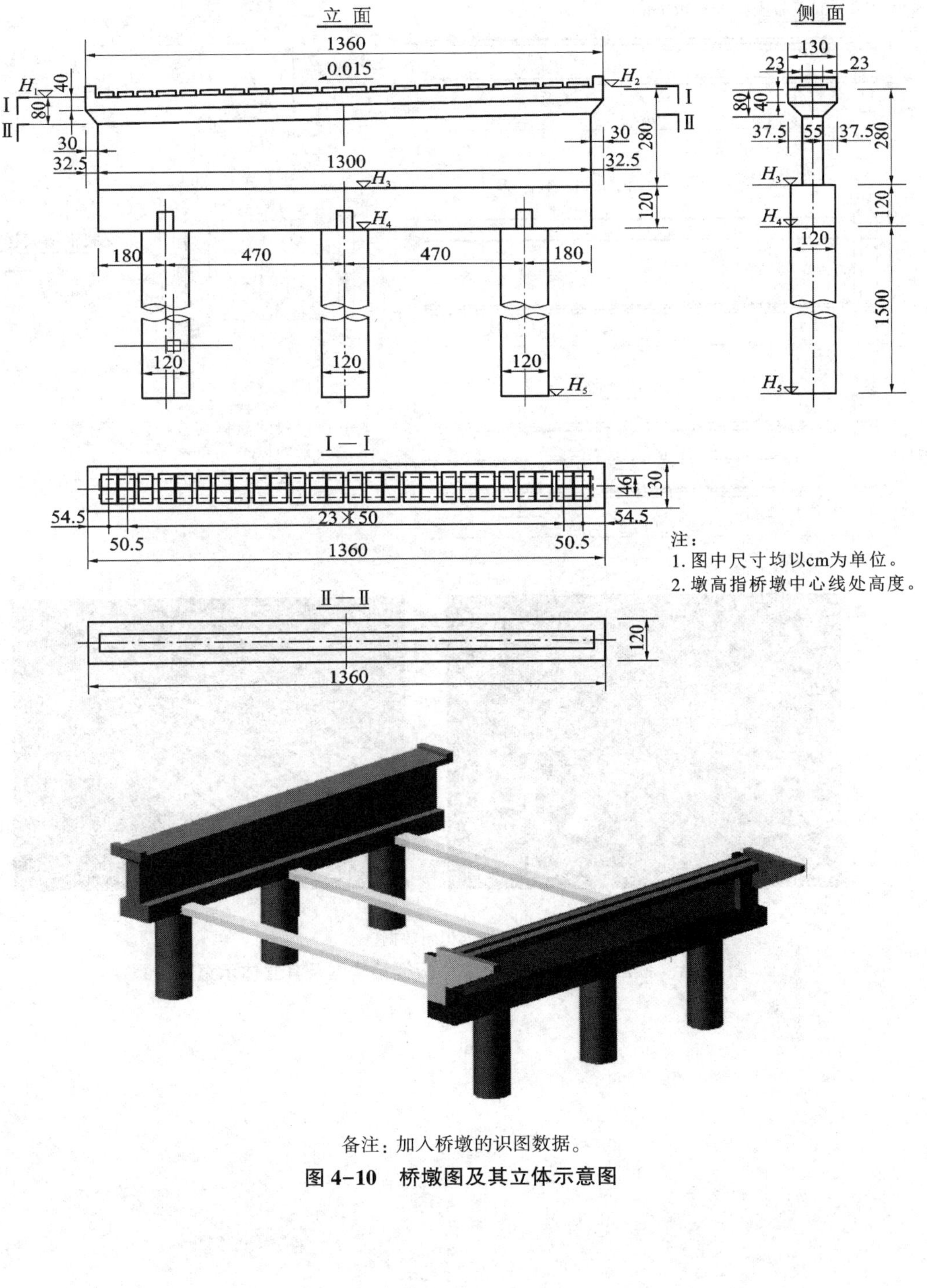

注：
1. 图中尺寸均以cm为单位。
2. 墩高指桥墩中心线处高度。

备注：加入桥墩的识图数据。

图 4-10　桥墩图及其立体示意图

（3）预应力钢筋混凝土空心板梁结构图。

预应力钢筋混凝土空心板梁是该桥梁上部结构中最主要的受力构件，两端搁置在桥墩和桥台上，如图4-11所示。

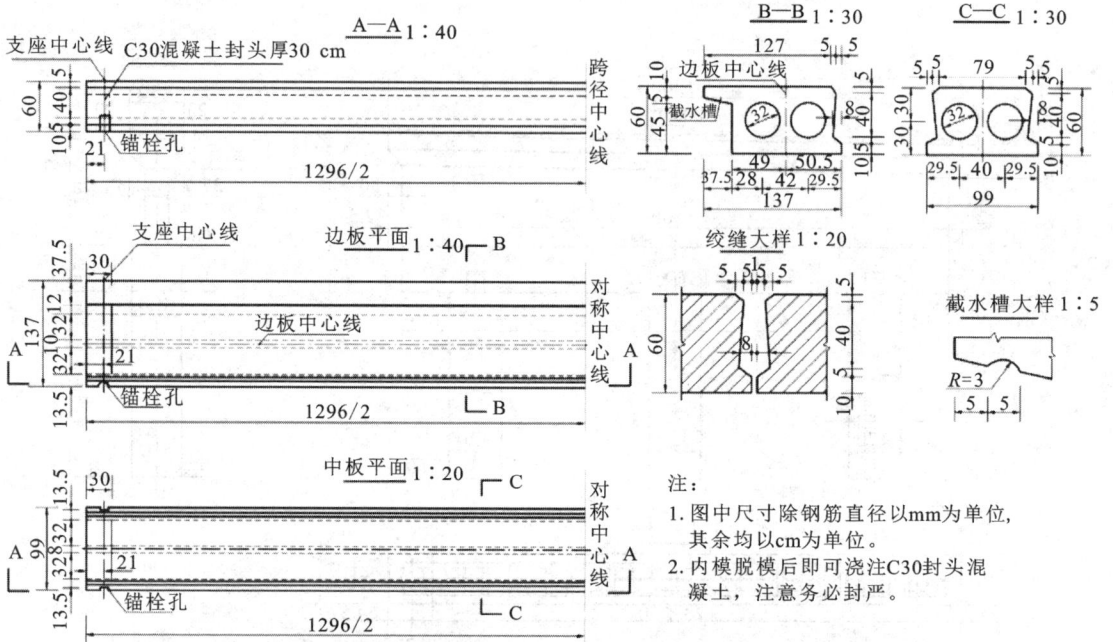

注:
1. 图中尺寸除钢筋直径以mm为单位，其余均以cm为单位。
2. 内模脱模后即可浇注C30封头混凝土，注意务必封严。

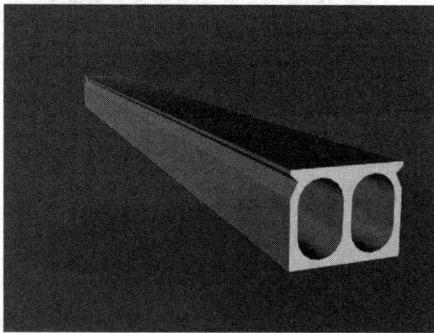

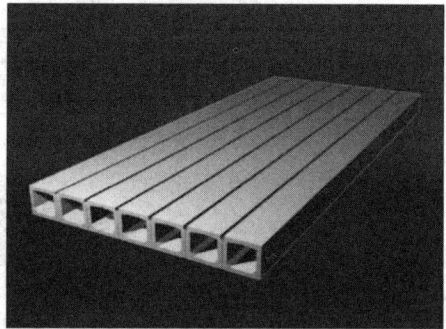

备注：加入识图数据。

图4-11 预应力钢筋混凝土空心板梁结构图及其立体示意图

第5章
桥梁基本施工

【知识目标】

1. 列出桥梁施工场地布置要素；
2. 概述模板工程、钢筋工程、混凝土工程施工要点；
3. 分析不同环境下混凝土运输、浇筑、养护的施工要求。

【能力目标】

1. 绘制桥梁施工场地布置简图；
2. 辨别模板工程、钢筋工程、混凝土工程质检要点；
3. 能根据质量问题找出对应的施工控制要点。

【素养目标】

1. 培养爱岗敬业的职业道德和专业认同感；
2. 激发学生的民族自尊心和自信心；
3. 激发学生的行业责任感。

5.1 场地布置

　　施工场地的合理和优化布置是影响施工进度和效益的关键环节。本节主要阐述桥梁施工场地布置的基本方法及步骤。桥梁下部施工的场地布置主要包括材料现场及钢筋加工区布置、临时道路及水电设施布置、临建设施及环境保护设施布置等几个方面。不同规模、不同类型、不同工艺、不同环境、不同设备等的科学合理布局都体现于施工场地的优化设计中，施工总体平面布置图是落实和明确建桥整体项目实施的标志。施工总体平面布置图一般宜用 1/1000～1/500 比例，局部宜用 1/200～1/100 比例。

5.1.1 材料现场及钢筋加工区布置

1.材料现场布置

　　由于混凝土材料一般采用集中拌和，因此对施工现场的材料布置要求以易于施工为主。在条件允许的情况下场地一般采用水泥砂浆硬化。材料的堆放要分区、整齐，并采用标牌标注材料的产地、日期及数量，由专门的保管员建立材料档案，进行保管。对水泥、钢材、木材等建筑材料还需要设置防雨设施和隔潮设施，如雨棚、简易房屋等，达到文明施工要求，如图5-1、图5-2所示。根据工程大小确定材料堆放场地的尺寸，如可设置场地尺寸为长20 m、宽5 m，并根据排水要求设置2%的排水坡，将场地内的水排入环形排水沟内，保证场地内无积水。材料储备量的大小既要考虑保证连续施工的需要，又要避免材料的大量积压，以免仓库面积过大，增加投资，积压资金。

图5-1　现场堆放的原材料水泥　　　　图5-2　现场堆放的原材料钢筋

2. 钢筋加工区布置

钢筋加工区是桥梁下部施工的重要区域，根据施工桥梁的大小选择钢筋加工区域并进行合理的布置是桥梁下部施工组织中一项重要的工作。钢筋加工区一般可分为钢筋存放区、钢筋调直区、钢筋焊接区、钢筋弯曲区及钢筋加工制作成型区、钢筋成品摆放及检验区。

对于钢筋加工区的设置，要根据桥梁材料用量确定区域的大小，并根据功能进行统一的规划。一般来说，钢筋存放区要保证钢筋材料有一定的存放量，且不至于存放时间过久，同时要保证钢筋存放现场的洁净与干燥，并对存库钢筋采取适当的防护措施，避免钢筋生锈；钢筋调直区大小可根据桥梁结构尺寸的大小设定，以保证足够的宽度与长度为宜；钢筋焊接区在条件允许的情况下宜设置相对独立的区域，在保证工作空间足够的同时还要注意保证安全；钢筋弯曲区及钢筋加工制作成型区是产品生产的重要区域，人员设备较为集中，因此对这一区域要进行合理的规划，除保证一定的空间外，还要根据生产形式的不同进行进一步分区，并确保生产的安全，保证人员、设备的有效利用；钢筋成品摆放及检验区要保证有足够的空间摆放产品，同时也要注意产品不宜过多积压。在条件允许的情况下，钢筋加工区以分区规划，并设置生产工棚为佳。

5.1.2　临时道路及水电设施布置

1. 临时道路

施工场地内的临时道路是保证场区正常施工、运料的重要组成部分。临时道路的长度和宽度根据供料量确定。临时道路可以利用原有线路的便道拓宽而成，长度依需要而定。对于通向施工现场的临时道路，应切实做好排水及环保措施，在使用结束后应尽快予以恢复。

2. 水电设施布设

1）供水

桥梁下部施工期间的工地用水主要有生活用水、机械用水、工程用水及消防用水等4个方面。根据用水的需求不同，可考虑当地自来水源与天然水源。临时水源应满足以下要求：水量充足稳定，能保证最大需水量供应；符合生活饮用和生产用水的水质标准，取水、输水、净水设施安全可靠，施工安装、运转、管理和维护方便。

2）供电

电是桥梁下部施工中必不可少的部分，主要有生活用电与施工用电两部分。无论是由当地电网供电还是在工地设临时电站解决，或者各供给一部分，选择电源时都应根据工程具体情况经过比较确定。其一，要在各种不同的敷设方式下，确保导线不致因一般机械损伤而折断、损坏漏电；其二，应满足通过一定的电流强度，即导线必须能承受电流长时间通过所引起的温度升高；其三，导线上引起的电压降必须限制在容许范围之内。线路的架设要由专业人士完成，一般来说线路宜架设在道路的一侧，并尽可能选择平坦路线。线路与建筑物的水平距离应大于 1.5 m。电杆及线路的交叉跨越要符合有关输变电规范。配电箱要设置在便于操作的地方，并有防雨、防晒设施。各种施工用电机具必须单机单闸，绝不可一闸多用。闸刀的容量按最高负荷选用。

5.1.3　临建设施及环境保护设施布置

1. 办公、生活用房屋

办公及生活用房屋包括办公室、职工宿舍、食堂、浴室等，建筑面积取决于建筑工地的人数。在进行施工组织设计时，应尽量利用施工现场及附近已有的建筑物，或提前修筑可以利用的永久性房屋，对不足部分再考虑修筑临时房屋。

临时房屋的设计原则是节约、适用、装拆方便，并考虑当地的气候条件、材料来源、工期长短等，通常有帐篷、活动房屋和就地取材的简易工棚等。

2. 消防设施

为了保证施工现场的安全生产，确保工地无火灾事故发生，在施工现场应有足够数量的灭火器。施工现场、房屋内按规定设置灭火器和消防水龙头，如发生火灾，立即切断电源，疏散人员，将氧气、乙炔瓶等易爆物品及时转移到安全地带；同时组织人员利用灭火器进行灭火，并拨打 119 火警电话，组织好消防车进、出场。

3. 环保和节能设施

现在，很多工程已经把环保和节能放在了非常突出的位置，在整个工程施工过程中都要考虑这两方面的因素。有效的环保节能措施，不但能给国家节省资源，而且能给施工企业带来可观的效益。

5.2　模板工程

模板是使混凝土浇筑成型的模具，公路桥梁现浇和预制混凝土都需要这种模具。模板宜优先使用胶合板和钢模板。在计算荷载作用下，对模板结构按受力程序分别验算其强度、刚度及稳定性。

5.2.1　模板设计

模板板面之间应平整、接缝严密、不漏浆，保证结构物外露面美观、线条流畅，可设倒角；结构简单，制作、安装和拆除方便。

1. 一般规定

模板可采用钢材、胶合板、塑料和其他符合设计要求的材料制作。钢材遵照现行国家标准《碳素结构钢》(GB/T 700—2006)中的规定。重复使用的模板应经常检查、维修。模板设计，应根据结构形式、设计跨径、施工组织设计、荷载大小、地基土类别及有关的设计、施工规范进行。应绘制模板总装图、细部构造图，制订模板结构的安装、使用、拆卸保养等有关技术安全措施和注意事项，编制模板材料数量表，编制模板设计说明书。

图 5-3 为木模板一般构造图。木模板质量轻、面积大，装、拆方便灵活，在工程中被广泛采用。但是，由于木模板的木材消耗量大、重复使用效率低，为节约木材，提倡在工程中尽量减少木模板的使用。

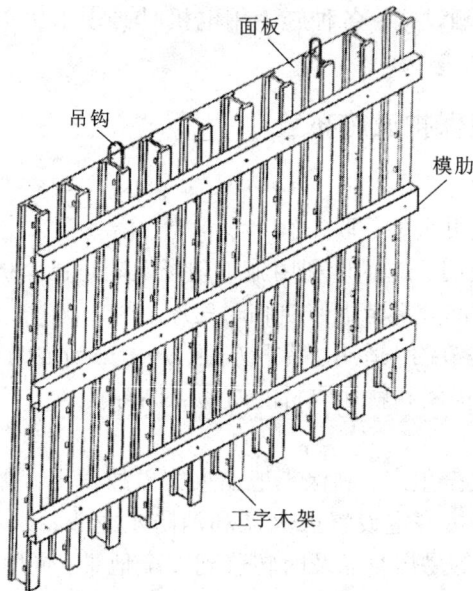

图 5-3　木模板一般构造图

组合钢模板是一种工具式模板，它由具有一定模数的很少类型的模板、角模、支撑件和连接件组成，用它可以拼出多种尺寸的几何形状，以适应各种结构类型如梁、板、基础等施工的需要，可在现场直接组装拼成大模板，亦可以预拼装成大块模板或构件模板用起重机吊运安装。其优点为：可以节约大量木材；混凝土成型质量好；轻便灵活；装、拆方便，可人力装、拆；板块小、质量轻；存放、修理、运输极方便；使用周转次数多(钢模板虽然一套成本价远远高于木模板，但是可重复使用 50~100 次，摊销费比木模板低)。所以目前钢模板被广泛应用于桥梁建设中。

在模板的选择上应根据工程的具体情况，结合技术、设备、工期及经济要求选择适宜的模板，从而确保工程的进度与质量。为减少施工现场的安装和拆卸工作，便于周转使用，应尽量选择构造简单，装、拆方便的标准化装配式组合模板，并便于钢筋的绑扎与安装、混凝土的浇筑与养护。模板施工流程及内容如图 5-4 所示。

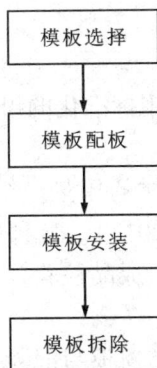

图 5-4　模板施工流程及内容

2. 设计荷载

计算模板时，应考虑下列荷载并按表 5-1 进行荷载组合：

①模板自重。

②新浇筑混凝土、钢筋混凝土或其他圬工结构物的重力。

③施工人员和施工材料、机具等行走运输或堆放的荷载。

④振捣混凝土时产生的荷载。

⑤新浇筑混凝土对侧面模板的压力。

⑥倾倒混凝土时产生的水平荷载。

⑦其他可能产生的荷载，如雪荷载、冬季保温设施荷载等。

普通模板荷载计算按规范要求进行。

表 5-1　模板设计计算的荷载组合

模板结构名称	荷载组合	
	计算强度用	验算刚度用
梁、板和拱的底模板以及支承板、支架及拱等	①+②+③+④+⑦	①+②+⑦
缘石、人行道、栏杆、柱、梁、板、拱等的侧模板	④+⑤	⑤
基础、墩、台等厚大建筑物的侧模板	⑤+⑥	⑤

钢、木模板的设计，可按《公路钢结构桥梁设计规范》(JTG D64—2015)的有关规定执行。

3. 强度及刚度要求

计算模板的强度和稳定性时，应考虑作用在模板上的风力。验算模板的刚度时，其变形值不得超过下列数值：

①结构表面外露的模板，挠度为模板构件跨度的 1/400。

②结构表面隐蔽的模板，挠度为模板构件跨度的 1/250。

③钢模板的面板变形为 1.5 mm。

④钢模板的钢棱和柱箍变形为 $L/500$ 和 $B/500$（其中 L 为计算跨径，B 为柱宽）。

5.2.2 模板制作及安装

公路桥梁工程施工中的钢模板宜采用标准化的组合钢模板。

1. 钢模板制作

钢模板替代木模板，可显著节省木材的用量。组合钢模板的拼装应符合现行国家标准《组合钢模板技术规范》（GB/T 50214—2013）。各种螺栓连接件应符合国家现行有关标准。钢模板及其配件应按批准的加工图加工，成品检验合格后方可使用。

2. 木模板制作

木模板可在工厂或施工现场制作，木模板与混凝土接触的表面应平整、光滑，多次重复使用的木模板应在内侧加钉薄铁皮。木模板的接缝可以做成平缝、搭接缝或企口缝。当采用平缝时，应采取措施防止漏浆。木模板的转角处应加嵌条或做成斜角。重复使用的木模板应始终保持其表面平整，形状准确，不漏浆，有足够的强度和刚度。

3. 其他材料模板制作

①钢框覆面胶合板模板的板面组配宜采取错缝布置，支撑系统的强度和刚度应满足要求。吊环应采用 I 级钢筋制作，严禁使用冷加工钢筋，吊环计算拉应力不应大于 50 MPa。

②高分子合成材料面板、硬塑料或玻璃钢模板，接缝必须严密，边肋及加强肋安装牢固，与模板成一整体。施工时将模板安放在支架的横梁上，以保证承载能力及稳定。

4. 模板安装技术要求

①模板与钢筋安装工作应配合进行，妨碍绑扎钢筋的模板应待钢筋安装完毕后安设。模板不应与脚手架连接（模板与脚手架整体设计时除外），避免引起模板变形。

②安装侧模板时，应防止模板移位和凸出。基础侧模板可在模板外设立支撑固定，墩、台、梁的侧模板可设拉杆固定。浇筑在混凝土中的拉杆，应按拉杆拔出或不拔出的要求，采取相应的措施。对小型结构物，可使用金属线代替拉杆。

③模板安装完毕后，应对其平面位置、顶部高程、节点联系及纵、横向稳定性进行检查，确认后方可浇筑混凝土。浇筑时，发现模板有超过允许偏差变形值的可能时，应及时纠正。

④模板在安装过程中，必须设置防倾覆设施。

⑤当结构自重和汽车荷载（不计冲击力）产生的向下挠度超过跨径的 1/1600 时，钢筋混凝土梁、板的底模板应设预拱度，预拱度值应等于结构自重和 1/2 汽车荷载（不计冲击力）所产生的挠度。纵向预拱度可做成抛物线或圆曲线。

⑥后张法预应力梁、板，应注意预应力、自重和汽车荷载等综合作用下所产生的上拱或下挠，应设置适当的预挠或预拱。

5.2.3 模板拆除

模板拆除应按设计的顺序进行，设计无规定时，应遵循先支后拆、后支先拆的顺序，拆时严禁抛掷。模板拆除后，应维修整理，分类妥善存放。模板的拆除期限应根据结构物特点、部位和混凝土所达到的强度来决定。

①非承重侧模板在混凝土强度能保证其表面及棱角不致因拆模而受损坏时方可拆除，一般在混凝土抗压强度达到 2.5 MPa 时方可拆除侧模板。

②芯模板和预留孔道内模，在混凝土强度能保证其表面不发生塌陷和裂缝现象时，方可拔除，拔除时间可按有关规范确定。采用胶囊作芯模板时，其拔除时间可按有关规范确定。

③钢筋混凝土结构的承重模板在混凝土强度能承受其自重力及其他可能的叠加荷载时，方可拆除，当构件跨度不大于 4 m 时，在混凝土强度符合设计强度标准值的 50% 的要求后，方可拆除；当构件跨度大于 4 m 时，在混凝土强度符合设计强度标准值的 75% 的要求后，方可拆除。

如设计上对拆除承重模板另有规定，应按照设计规定执行。

5.3　混凝土工程

混凝土工程包括公路桥梁混凝土施工及预应力混凝土施工。混凝土是由胶凝材料水泥将集料胶结成整体的工程复合材料的统称，按其作用可分为普通混凝土、防水混凝土、水下混凝土；按施工工艺可分为灌注混凝土、喷射混凝土、碾压混凝土、泵送混凝土等；按配筋方式可分为素混凝土、钢筋混凝土、钢纤维混凝土、预应力混凝土等。

混凝土是由水泥、水、砂和石子组成。水和水泥形成水泥浆，砂和石子为混凝土的骨料。在混凝土的组成中，骨料一般占总体积的 70%～80%，水泥浆占 20%～30%，其余是少量的空气。混凝土应严格控制质量，其目的是使所生产的混凝土能按规定的保证率满足设计要求的技术性质。

混凝土质量控制的三个过程：

①混凝土生产前的初步控制：主要包括人员配备、设备调试、组成材料的检验及配合比的确定与调整等项内容。

②混凝土生产过程中的控制：包括控制称量、搅拌、运输、浇筑、振捣及养护等项内容。

③混凝土生产后的合格性控制：包括批量划分、确定批取样数、确定检测方法和验收界限等项内容。

混凝土施工流程及内容如图 5-5 所示。

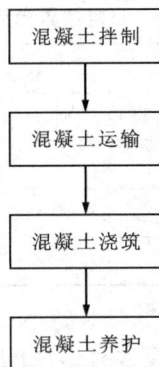

图 5-5　混凝土施工流程及内容

5.3.1 一般规定

在进行混凝土强度试配和质量评定时,混凝土的抗压强度应以边长为 150 mm 的立方体尺寸标准试件测定。试件以同龄期者 3 块为一组,并以同等条件制作和养护,每组试件的抗压强度应以 3 个试件测值的算术平均值为测定值,如有一个测值与中间值的差值超过中间值的 15%,则取中间值为测定值;如有两个测值与中间值的差值均超过 15%,则该组试件无效。当采用非标准尺寸试件做抗压强度试验时,其抗压强度应按表 5-2 所列系数进行换算。

表 5-2 混凝土试件抗压强度换算系数

集料最大粒径/mm	试件尺寸/(mm×mm×mm)	换算系数
60	200×200×200	1.05
30	100×100×100	0.95

注:采用 150 mm×150 mm×150 mm 的标准试件,其集料最大粒径为 40 mm。

混凝土抗压强度应为标准尺寸试件在温度为(20±3)℃及相对湿度不低于 90% 的环境中养护 28 d 做抗压试验时所测得的抗压强度值(单位:MPa),在进行混凝土强度试配和质量评定时,取其保证率为 95%。

5.3.2 混凝土拌制

拌制混凝土所使用的各种材料及拌和物的质量应经过检验,试验方法应符合现行《公路工程水泥及水泥混凝土试验规程》(JTG 3420—2020)的有关规定。

1. 配料数量允许偏差

拌制混凝土配料时,各种衡器应保持准确。对集料的含水率应经常进行检测,雨天施工时应增加测定次数,据以调整集料和水的用量。配料数量的允许偏差(以质量计)见表 5-3。

表 5-3 配料数量允许偏差   单位:%

材料类别	允许偏差	
	现场拌制	预制场或集中搅拌站拌制
水泥、混合材料	±2	±1
粗、细集料	±3	±2
水、外加剂	±2	±1

放入拌和机内的第一盘混凝土材料应含有适量的水泥、砂和水,以覆盖拌和筒的内壁而不降低拌和物所需的含浆量。每一工作班正式称量前,应对计量器具进行重点校核。计量器具应定期检定,经大修、中修或迁移至新的地点后,也应进行检定。

2. 混凝土搅拌时间

混凝土应使用机械搅拌,零星工程的塑性混凝土也可用人工拌和。用机械搅拌时,自全部材料装入搅拌筒至开始出料的最短搅拌时间应按设备出厂说明书的规定，并经试验确定，且不得低于表 5-4 的规定。

表 5-4　混凝土最短搅拌时间

搅拌机类别	搅拌机容量(L)	不同坍落度混凝土最短搅拌时间/min		
		<30 mm	30~70 mm	>70 mm
自落式	≤400	2.0	1.5	1.0
	≤800	2.5	2.0	1.5
	≤1200	—	2.5	1.5
强制式	≤400	1.5	1.0	1.0
	≤1500	2.5	1.5	1.5

注：①搅拌细砂混凝土或掺有外加剂的混凝土时，搅拌时间应适当延长 1~2 min。②外加剂应先调成适当浓度的溶液再掺入。③搅拌机装料数量(装入粗集料、细集料、水泥等松填体积的总数)不应大于搅拌机标定容量的 110%。④搅拌时间不宜过长，每一工作班至少应抽查两次。⑤表列时间为从搅拌加水算起。⑥当采用其他形式的搅拌设备时，搅拌的最短时间应按设备说明书的规定或经试验确定。

3. 均匀性检查

对于在施工现场集中搅拌的混凝土，应检查混凝土拌和物的均匀性。混凝土拌和物拌和标准应按《建筑施工机械与设备　混凝土搅拌机》(GB/T 9142—2021)的规定进行，检查混凝土拌和物均匀性时，应在搅拌机的卸料过程中，从卸料流的 1/4 至 3/4 之间部位，采取试样，进行试验，其检测结果应符合下列规定：

①混凝土中砂浆密度两次测值的相对误差不应大于 0.8%。

②单位体积混凝土中粗集料含量两次测值的相对误差不应大于 5%。

4. 检测各项性能

混凝土搅拌完毕后，应按下列要求检测混凝土拌和物的各项性能：

①混凝土拌和物的坍落度，应在搅拌地点和浇筑地点分别取样检测，每一工作班或每一单元结构物不应少于两次，评定时应以浇筑地点的测值为准。如混凝土拌和物从搅拌机出料起至浇筑入模的时间不超过 15 min，其坍落度可仅在搅拌地点取样检测。在检测坍落度时，还应观察混凝土拌和物的黏聚性和保水性。

②根据需要还应检测混凝土拌和物的其他质量指标并应符合相关规范的规定。掺用高效减水剂或速凝剂且混凝土运距较远时，可运至浇筑地点再掺入重拌。

5.3.3　混凝土运输

混凝土的运输能力应适应混凝土凝结速度和浇筑速度的需要，使浇筑工作不间断并使混凝土运到浇筑地点时仍保持均匀性和规定的坍落度。

1. 运输时间限制

当混凝土拌和物运距较小时，可采用无搅拌器的运输工具运输；当运距较大时，宜采用搅拌运输车运输。运输时间应符合相关规定。

2. 无搅拌运输

用无搅拌运输工具运送混凝土时，应采用不漏浆、不吸水、有顶盖且能直接将混凝土倾入浇筑位置的盛器。

3. 泵送混凝土

采用泵送混凝土应符合下列规定：

①混凝土的供应必须保证输送混凝土的泵能连续工作。

②输送管线宜直，转弯宜缓，接头应严密，如管道向下倾斜，应防止混入空气，产生阻塞。

③泵送前应先用适量的，与混凝土内成分相同的水泥浆润滑输送管内壁。混凝土出现离析现象时，应立即用压力水或其他方法冲洗管内残留的混凝土，泵送间歇时间不宜超过15 min。

④在泵送过程中，受料斗内应具有足够的混凝土，以防止吸入空气产生阻塞。

4. 传送带运输机运送

用带式运输机运送混凝土时，应符合下列规定：

①传送带的倾斜度不应超过表5-5的规定。

②混凝土卸于传送带上和由传送带卸下时，应通过漏斗等设施，保持垂直下料。

③传送带上应设置刮刀等清理设备。

④传送带运转速度不应超过1.2 m/s。

⑤做配合比设计时，应考虑有2%~3%的砂浆损失。

表5-5　传送带最大倾斜度

混凝土坍落度/mm	最大倾斜度/(°)	
	向上运送	向下运送
<40	18	12
40~80	15	10

5. 搅拌运输车运输

用搅拌运输车运输已拌成的混凝土时，途中应以2~4 r/min的速度进行搅动，混凝土的装载量约为搅拌筒几何容量的2/3。

6. 二次搅拌

混凝土运至浇筑地点后发生离析、严重泌水现象或坍落度不符合要求时，应进行第二次搅拌。二次搅拌时不得任意加水，确有必要时，可同时加水和水泥以保持其原水灰比不变。如二次搅拌仍不符合要求，则不得使用。

5.3.4 混凝土浇筑

浇筑混凝土前，应对支架、模板、钢筋和预埋件进行检查，并做好记录，符合设计要求后方可浇筑。模板内的杂物积水和钢筋上的污垢应清理干净。模板如有缝隙，应填塞严密，模板内面应涂刷脱模剂。浇筑混凝土前，应检查混凝土的均匀性和坍落度。

1. 高处倾卸混凝土规定

自高处向模板内倾卸混凝土时，为防止混凝土离析，应符合下列规定：

①从高处直接倾卸时，其自由倾落高度不宜超过 2 m，以不发生离析为度。

②当倾落高度超过 2 m 时，应通过串筒、溜管或振动溜管等设施下落；倾落高度超过 10 m 时，应设置减速装置。

③在串筒出料口下面，混凝土堆积高度不宜超过 1 m。

2. 分层浇筑

混凝土应按一定厚度、顺序和方向分层浇筑，应在下层混凝土初凝或能重塑前浇筑完成上层混凝土。上、下层同时浇筑时，上层与下层前后浇筑距离应保持 1.5 m 以上。在倾斜面上浇筑混凝土时，应从低处开始逐层扩展升高，保持水平分层。混凝土分层浇筑厚度不宜超过表 5-6 的规定。

表 5-6 混凝土分层浇筑厚度   单位：mm

捣实方法		浇筑层厚度
用插入式振捣器		300
用附着式振捣器		300
用表面振捣器	无筋或配筋稀疏时	250
	配筋较密时	150
人工捣实	无筋或配筋稀疏时	200
	配筋较密时	150

注：表列规定可根据结构物和振捣器型号等情况适当调整。

3. 振捣混凝土

浇筑混凝土时，除少量塑性混凝土可用人工捣实外，其余宜采用振捣器振实。用振捣器振捣时，应符合下列规定：

①使用插入式振捣器时，移动间距不应超过振动器作用半径的 1.5 倍；与侧模板应保持 50~100 mm 的距离；插入下层混凝土 50~100 mm；每一处振动完毕后应边振动边徐徐提出振动棒；应避免振动棒碰撞模板、钢筋及其他预埋件。

②表面振捣器的移位间距，应以使振捣器平板能覆盖已振实部分 100 mm 左右为宜。

③附着式振捣器的布置距离，应根据构造物形状及振捣器性能等情况并通过试验确定。

④对每一振动部位，必须振动到该部位混凝土密实为止。密实的标志是混凝土停止下沉，不再冒出气泡，表面呈现平坦、泛浆。

4. 浇筑间断时间

混凝土的浇筑应连续进行，如因故必须间断，其间断时间应小于前层混凝土的初凝时间或能重塑的时间。混凝土的运输、浇筑及间歇的全部允许时间不得超过表 5-7 的规定，当需要超过时，应预留施工缝。

表 5-7　混凝土运输、浇筑及间歇的全部允许时间　　　　　　　　　　　单位：mm

混凝土强度等级	气温不高于 25℃	气温高于 25℃
≤C30	210	180
>C30	180	150

注：当混凝土中掺有促凝或缓凝剂时，其允许时间应根据试验结果确定。

5. 施工缝要求

施工缝的位置应在混凝土浇筑之前确定，宜留置在结构受剪力和弯矩较小且便于施工的部位，并应按下列要求进行处理：

①应凿除处理层混凝土表面的水泥砂浆和松弱层，但凿除时，处理层混凝土须达到下列强度：用水冲洗凿毛时，须达到 0.5 MPa；人工凿除时，须达到 2.5 MPa；用风动机凿毛时，须达到 10 MPa。

②经凿毛处理的混凝土面，应用水冲洗干净，在浇筑次层混凝土前，对垂直施工缝宜刷一层水泥净浆，对水平缝宜铺一层厚为 10~20 mm 的 1∶2 的水泥砂浆。

③重要部位及有防震要求的混凝土结构或钢筋稀疏的钢筋混凝土结构，应在施工缝处补插锚固钢筋或石榫；有抗渗要求的施工缝宜做成凹形、凸形或设置止水带。

④施工缝为斜面时应浇筑成或凿成台阶状。

⑤施工缝处理后，须待处理层混凝土达到一定强度后才能继续浇筑混凝土。需要达到的强度，一般最低为 1.2 MPa，当结构物为钢筋混凝土时，不得低于 2.5 MPa。混凝土达到上述强度的时间宜通过试验确定，如无试验资料，可参见规范规定。

6. 排出泌水

在浇筑过程中或浇筑完成时，如混凝土表面泌水较多，须在不扰动已浇筑混凝土的条件下，采取措施将水排出。继续浇筑混凝土时，应查明原因，采取措施，减少泌水。

7. 混凝土养护

结构混凝土浇筑完成后，对混凝土裸露面应及时进行修整、抹平，待定浆后再抹第二遍并压光或拉毛。当裸露面面积较大或气候不佳时，应加盖防护，但在开始养护前，覆盖物不得接触混凝土面。

浇筑混凝土期间，应设专人检查支架、模板、钢筋和预埋件等的稳固情况，当发现有松动、变形、移位时，应及时处理。浇筑混凝土时，应填写混凝土施工记录。

5.3.5　混凝土抗冻防渗及防腐蚀

有抗冻和防渗要求的混凝土，以及有防止钢筋腐蚀要求的混凝土，均应按规范要求施工。

1. 海水环境中混凝土浇筑规定

海水环境中(包括处于有盐碱腐蚀性水的环境中)混凝土的施工应符合如下规定：

①海水环境混凝土在建筑物上部位的划分应符合表 5-8 的规定。

表 5-8　海水环境建筑物上部位划分

大气区	浪溅区	水位变动区	水下区
设计高水位加 1.5 m 以上	设计高水位加 1.5 m 至设计低水位减 1.0 m 之间	设计高水位加 1.0 m 至设计低水位减 1.0 m 之间	设计低水位减 1.0 m 以下

注：①对开敞式建筑物，其浪溅区上限可根据受浪的具体情况适当调高。②对掩护条件良好的建筑物，其浪溅区上限可适当调低。

②海水环境中钢筋混凝土结构的施工缝不宜设在浪溅区或拉应力较大部位。

③按耐久性要求，海水环境混凝土水灰比最大允许值应满足表 5-9 的规定。

表 5-9　海水环境混凝土的水灰比最大允许值

环境区			钢筋混凝土和预应力混凝土		无筋混凝土	
			北方	南方	北方	南方
大气区			0.55	0.50	0.65	0.65
浪溅区			0.50	0.40	0.65	0.65
水位变动区		严重受冻	0.45	—	0.45	—
		受冻	0.50	—	0.50	—
		微冰	0.55	—	0.55	—
		偶冰、不冻	—	0.50	—	0.65
水下区	不受水头作用		0.60	0.60	0.65	0.65
	受水头作用	最大作用水头与混凝土壁厚之比<5	0.60			
		最大作用水头与混凝土壁厚之比为 5~10	0.55			
		最大作用水头与混凝土壁厚之比>10	0.50			

注：①除全日潮型区域外，其他海水环境有抗冻性要求的细薄构件(最小边尺寸小于 300 mm 者，包括沉箱工程)，混凝土的水灰比最大允许值宜减小。②对有抗冻要求的混凝土，如抗冻性要求高时，浪溅区范围内下部 1 m 应随水位变动区按抗冻性要求确定其水灰比。③位于南方海水环境浪溅区的钢筋混凝土宜掺用高效减水剂。

④按耐久性要求，海水环境混凝土的最小水泥用量应符合表 5-10 的规定，但不宜超过 500 kg/m³。

⑤海水环境钢筋混凝土结构的混凝土保护层垫块质量应符合有关规定，垫块的强度、密实性应高于构件本体混凝土，垫块宜采用水灰比不大于 0.40 的砂浆或细石混凝土制作；垫块厚度尺寸不允许负偏差，正偏差不得大于 5 mm。

⑥对于海水环境的混凝土的含碱总量及氯离子含量的限制要求，按规范执行。

表 5-10　海水环境混凝土的最小水泥用量

表 5-10　海水环境混凝土的最小水泥用量　　　　　　　　单位：kg/m³

环境区		钢筋混凝土和预应力混凝土		无筋混凝土	
		北方	南方	北方	南方
大气区		300	360	280	280
浪溅区		360	400	280	280
水位变动区	F350	395	360	395	280
	F300	360		360	
	F250	330		330	
	F200	300		300	
水下区		300	300	280	280

注：①有耐久性要求的大体积混凝土，水泥用量应按混凝土的耐久性和降低水泥水化热综合考虑。②掺加混合材料时，水泥用量可适当减少，但应符合规范规定。③掺外加剂时，南方地区水泥用量可适当减少，但不得降低混凝土的密实性。④对于有抗冻性要求的混凝土，浪溅区范围内下部 1 m 应随同水位变动区按抗冻性要求确定其水泥用量。⑤F350、F300、F250、F200 为混凝土的抗冻等级。

2. 有抗冻要求混凝土浇筑规定

有抗冻性要求的混凝土，应符合如下规定：

①位于水位变动区有抗冻要求的混凝土，其抗冻等级不应低于表 5-11 的规定。

②有抗冻性要求的混凝土必须掺入适量引气剂，其拌和物的含气量应在表 5-12 范围内选择。

③当要求的含气量为某一定值时，其检查结果与要求值的允许偏差范围应为±1.0%。当含气量要求值为某一范围时，检查结果应满足规定范围的要求。

④混凝土抗冻性试验方法应符合现行《公路工程水泥及水泥混凝土试验规程》（JTG 3420—2020）规定。

表 5-11　水位变动区混凝土抗冻等级选定标准

建筑物所在地区	海水环境		淡水环境	
	钢筋混凝土及预应力混凝土	无筋混凝土	钢筋混凝土及预应力混凝土	无筋混凝土
严重受冻地区（最冷月的月平均气温低于-8℃）	F350	F300	F250	F200
受冻地区（最冷月平均气温为-8~-4℃）	F300	F250	F200	F150
微冻地区（最冷月平均气温为-4~0℃）	F250	F200	F150	F100

注：①试验过程中试件所接触的介质应与建筑物实际接触的介质相近。②墩、台身和防护堤等建筑物的混凝土应选用比同一地区高一级的抗冻等级。③面层应选用比水位变动区抗冻等级低 2~3 级的混凝土。

表 5-12　有抗冻要求的混凝土拌和物含气量控制范围

集料最大粒径/mm	含气量范围/%	集料最大粒径/mm	含气量范围/%
10.0	5.0~8.0	40.0	3.0~6.0
20.0	4.0~7.0	63.0	3.0~5.0
31.5	3.5~6.5		

3.有防渗要求混凝土浇筑规定

有防渗要求的混凝土应符合如下规定：

①有防渗要求的混凝土，其防渗等级应符合设计要求。

②混凝土防渗性试验方法应符合现行《公路工程水泥及水泥混凝土试验规程》(JTG 3420—2020)规定。

5.3.6　混凝土养护

对于在施工现场集中养护的混凝土，应根据施工对象、环境、水泥品种、外加剂以及对混凝土性能的要求，提出具体的养护方案，并应严格执行规定的养护制度。

①一般混凝土浇筑完成后，应在收浆后尽快予以覆盖和洒水养护。对干硬性混凝土、炎热天气浇筑的混凝土以及桥面等大面积裸露的混凝土，有条件的可在浇筑完成后立即加设棚罩，待收浆后再予以覆盖和洒水养护。覆盖时不得损伤或污染混凝土的表面。混凝土面有模板覆盖时，应在养护期间经常使模板保持湿润。

②当气温低于 5℃时，应覆盖保温，不得向混凝土面上洒水。

③混凝土养护用水的条件与拌和用水相同。

④混凝土的洒水养护时间一般为 7 d，可根据空气的湿度、温度和水泥品种及掺用的外加剂等情况，酌情延长或缩短。每天洒水次数以能保持混凝土表面经常处于湿润状态为度。用加压成型、真空吸水等法施工的混凝土，其养护时间可酌情缩短。采用塑料薄膜或喷化学浆液等养护时，可不洒水养护。

⑤当结构物混凝土与流动性的地表水或地下水接触时，应采取防水措施，保证混凝土在浇筑后 7 d 以内不受水的冲刷侵袭。当环境水具有侵蚀作用时，应保证混凝土在 10 d 以内且强度达到设计强度的 70%以前，不受水的侵袭。

⑥对大体积混凝土的养护，应根据气候条件采取控温措施，并按需要测定浇筑后的混凝土表面和内部温度，将温差控制在设计要求的范围内，当设计无要求时，温差不宜超过 25℃。

⑦混凝土强度达到 2.5 MPa 前，不得使其承受行人、运输工具、模板、支架及脚手架等荷载。

⑧用蒸汽养护混凝土时，按规范规定执行。

5.3.7　混凝土修饰

混凝土表面的光洁程度依不同部位而异，外露面无装饰设计时，应按规范规定对浇筑时无模板的外露面进行压光或拉毛；对有模板的外露面应安装同一类别的模板和涂刷同一类别的脱模剂，模板应光洁、无变形、无漏浆。发现表面质量有缺陷时，应报有关部门批准后再进行修饰。对表面有一般抹灰（水泥砂浆抹面）和装饰抹灰（水刷石水磨石、剁斧石）等装饰设计结构，应在浇筑混凝土时采用表面平整的模板，拆模后按设计要求的装饰类别进行装饰。

5.3.8　高强度混凝土

高强度混凝土适用于按常规工艺生产的 C50～C80 级高强度混凝土的施工。对高强度混凝土，除特殊要求外，其强度测定、保证率、强度测定条件、检验及试验方法等规定均宜符合规范规定，但测定混凝土抗压强度的试件应用边长为 150 mm 的标准尺寸立方体。

1. 材料

高强度混凝土的抗压强度标准值远远大于普通混凝土，其组成材料的质量要求必须严格，应采取一定的技术措施，如外掺增强材料、高效减水剂，改善搅拌工艺等。

①配制高强度混凝土宜选择高强度水泥，可采用硅酸盐水泥、普通硅酸盐水泥，所使用的水泥应符合规范规定。立窑生产的水泥须仔细检验其化学成分后方可确定使用与否。

②配制用的细集料，除应符合规范的规定外，尚应满足如下要求：宜使用级配良好的中砂，细度模数不小于 2.6，含泥量应小于 2%。

③配制用的粗集料，除应满足规范规定外，尚应满足如下要求：应使用质地坚硬、级配良好的碎石，集料的抗压强度应比所配制的混凝土强度高 50% 以上，含泥量应小于 1%，针片状颗粒含量应小于 5%，集料的最大粒径宜小于 25 mm。

④拌制高强度混凝土用的水应符合规范规定。

⑤配制高强度混凝土必须使用高效减水剂，并根据不同的要求辅以助剂配制，其掺量应根据试验确定，外加剂的性能必须符合规范规定。

⑥配制时宜外掺的混合材料为磨细粉煤灰、沸石粉、硅粉。混合材料的技术条件应符合规范规定，其掺量应根据试验确定。

⑦高强度混凝土中的氯离子含量，对位于温暖或寒冷地区，无侵蚀物质影响及与土直接接触的桥梁，不应超过水泥质量的 0.2%；对位于严寒和海水区域，受侵蚀环境影响，使用除冰盐的桥梁，不应超过水泥质量的 0.1%。混凝土的含碱总量的限制要求应符合规范规定。

2. 配合比

高强度混凝土的配合比应符合规范各项规定。当无可靠的强度统计数据及标准差数值时，混凝土的施工配制强度（平均值）对于 C50～C60 应不低于强度等级的 1.15 倍，对于 C70～C80 应不低于强度等级的 1.12 倍。配制高强度混凝土宜符合如下要求：

①所用水胶比（水与胶结料的质量比，后者包括水泥及混合材料的质量）宜控制在 0.24～0.38 的范围内。

②所用水泥总量不宜超过 500 kg/m³，水泥与混合材料的总量不宜超过 550～600 kg/m³。粉煤灰掺量不宜超过胶结料质量的 30%，沸石粉不宜超过 10%，硅粉不宜超过 8%～10%。掺

用混合材料的种类和数量，必须经试验报监理工程师批准后确定。

③混凝土的砂率宜控制在 28%～34%。

④高效减水剂的掺量宜为胶结料的 0.5%～1.8%。

3. 施工技术要求

高强度混凝土的施工技术要求除应符合规范的规定外，尚应符合以下规定：

①配料数量的允许偏差应符合表 5-3 中预制场或集中搅拌站拌制的规定。

②配制高强度混凝土必须准确控制用水量，砂石中的含水率应仔细测定后从用水量中扣除。除事先规定的部分用水可留在现场补加外，严禁在材料出机后再加水。

③高效减水剂宜采用后掺法，如制成溶液加入，应在用水量中扣除这部分溶液用水。加入减水剂后，混凝土拌和料在搅拌机中继续搅拌的时间，当用粉剂时不得少于 60 s，当用溶液时不得少于 30 s。

拌制高强度混凝土必须使用强制式搅拌机，宜采用二次投料法拌制。混凝土的浇筑应连续进行，如因故必须间断，其间断时间应小于前层混凝土的初凝时间或能重塑的时间；允许间断时间应经试验确定；若超过允许间断时间，须采取保证质量的措施或按施工缝处理。

5.3.9　热期混凝土施工

热期混凝土施工，应制订在高温条件下保证工程质量的技术措施并应符合如下要求。

1. 混凝土配制和搅拌

①材料要求：拌和水使用冷却装置，对水管及水箱加遮阴和隔热设施。在拌和水中加碎冰作为拌和水的一部分。水泥、砂、石料应遮阴防晒，以降低集料温度，可在砂石料堆上喷水降温。

②配合比设计应考虑坍落度损失。

③可掺加减水剂以减少水泥用量和提高混凝土的早期强度。

④掺用活性材料粉煤灰取代部分水泥，减少水泥用量。

⑤拌和站料斗、储水器、皮带运输机、拌和楼都要尽可能遮阴；尽量缩短拌和时间；经常测混凝土的坍落度，以调整混凝土的配合比，满足施工所必需的坍落度要求。

2. 混凝土运输及浇筑

①运输时尽量缩短时间，宜采用混凝土运输搅拌车，运输中应慢速搅拌。

②不得在运输过程中加水搅拌。

③热期施工混凝土、钢筋混凝土、预应力混凝土应有全面的组织计划，准备工作充分，施工设备有足够的备件，保证连续进行；从拌和机到入仓的传递时间及浇筑时间要尽量缩短，并尽快开始养护。

④混凝土的浇筑温度应控制在 32℃以下，宜选在一天中温度较低的时间进行浇筑。

⑤浇筑场地应遮阴，以降低模板、钢筋的温度和改善工作条件；也可在模板、钢筋和地基上喷水以降温，但在浇筑时不能有附着水。

⑥应加快混凝土的修整速度，修整时可用喷雾器洒少量水，防止表面裂纹，但不得直接往混凝土表面洒水。

3. 混凝土养护

用养护膜覆盖法养护高强度混凝土，除非当地无足够的清洁水用于养护混凝土。洒水养护宜用自动喷水系统和喷雾器，湿养护应不间断，不得形成干湿循环。混凝土浇筑完，表面应立即覆盖清洁的塑料膜，初凝后撤去塑料膜，用浸湿的粗麻布覆盖，经常洒水，保持潮湿状态最少 7 d，如有可能湿养期间采取遮光和挡风措施，以控制温度和干热风的影响。构造物的竖直面拆模后，宜立即用湿粗麻布把构件缠起来，麻布处整个用塑料膜包紧，粗麻布应至少 7 d 保持潮湿状态，随后可用树脂类养护化合物喷涂。养护的其他要求可参照规范有关规定执行。

4. 热期施工检查项目

①砂、石料的含水率，每台班不少于 1 次。

②混凝土浇筑与养护时，环境温度每日检查 4 次，并做好检查记录；当温度超过热期规定的要求时，混凝土拌和时应采取有效降温、防晒措施，以保证混凝土的浇筑质量，否则应停止施工。

③混凝土热期施工，除应留标准条件下养护的试件外，还应制取相同数量的试件与结构在相同的环境条件下养护，检查 28 d 的试件强度以指导施工。

④在混凝土浇筑前，应通过试验确定在最高气温条件下混凝土分层浇筑的覆盖时间，施工时应严格控制，不得超过。

⑤在混凝土的浇筑过程中，应严格控制缓凝剂的掺量，并检查混凝土的凝固时间，以防因缓凝剂掺量不准造成危害。

5.3.10 雨期混凝土施工

雨期混凝土施工是指在降雨集中季节且对混凝土的质量造成影响时进行的施工。雨期要按时收集天气预报资料，混凝土施工要尽可能避开大风大雨天气。雨期施工应制订防洪水、防台风措施，施工场地、生活区做好排水措施；施工材料如钢材、水泥的码放应防雨漏及潮湿；建立安全用电措施，防漏电、触电。

1. 雨期施工准备

准备雨期施工的防洪材料、机具和必要的遮雨设施。工程材料特别是水泥、钢筋应防水、防潮；施工机械防洪水淹没。

2. 施工方法及技术措施

①雨期施工的工作面不宜过大，应逐段、逐片分期施工；对受洪水危害的工程应停止施工，必须施工时，应有防洪抢险措施。

②雨期施工应加强地基不良地段沉陷的观测，基础施工应防止雨水浸泡基坑，若被浸泡，应挖除被浸泡部分，用与基础同样的材料回填。基坑要设挡水坝，防止地面水流入。基坑内设集水井，配足抽水机，坡道内设接水措施。基坑挖好后应及时浇筑混凝土或垫层，防止被水浸泡。

③施工前应对排水系统进行检查、疏通或加固，必要时增加排水措施。雨后模板及钢筋上的淤泥、杂物，在浇筑混凝土前应清除干净。

④雷区应设置防雷措施，高耸结构应有防雷设计。沿海地区应考虑防台风措施，露天使用的电器设备要有可靠的防漏电措施。

5.3.11 质量检验

1. 一般规定

实施混凝土质量控制应符合下列规定：

①通过对原材料的质量检验与控制、混凝土配合比的确定与控制、混凝土生产和施工过程各工序的质量检验与控制，以及合格性检验与控制，使混凝土的质量符合规定要求。

②在施工过程中应进行质量检测，应用各种质量管理图表，掌握动态信息，控制整个生产和施工期间的混凝土质量，制订保证质量的措施，完善质量控制过程。

③必须配备相应的技术人员和必要的检验及试验设备，建立和健全必要的技术管理与质量控制制度。

2. 检验项目

各材料、各工程项目和各个工序，应经常进行检验，保证符合设计和施工技术规范的要求。检验项目应符合下列规定：

(1)浇筑混凝土前的检验：

①施工设备和场地。

②混凝土组成材料及配合比(包括外加剂)。

③混凝土凝结速度等性能。

④基础、钢筋、预埋件等隐蔽工程及支架、模板。

⑤养护方法及设施，安全设施。

(2)拌制和浇筑混凝土的检验：

①混凝土组成材料的外观及配料、拌制，每一工作班至少 2 次，必要时随时抽样试验。

②混凝土的和易性(坍落度等)，每一工作班至少 2 次。

③砂石材料的含水率，每日开工前 1 次，气候有较大变化时随时检测；当含水率变化较大、将使配料偏差超过规定时，应及时调整。

④钢筋、模板、支架等的稳固性和安装位置。

⑤混凝土的运输、浇筑方法和质量。

⑥外加剂使用效果。

⑦制取混凝土试件。

(3)浇筑混凝土后的检验：

①混凝土养护情况。

②混凝土强度，拆模时间，混凝土外露面或装饰质量。

④结构外形尺寸、结构位置，以及变形和沉降的检验。

3. 试件检验

隐蔽工程检查、分部工程检查、工程变更设计施工技术修改、施工方案变更、质量事故的发生和处理等事项，应按有关规定及时通知有关人员。对混凝土的强度，应制取试件检验其在标准养护条件下 28 d 龄期的抗压极限强度。试件制取组数应符合下列规定：

①不同强度及不同配合比的混凝土应分别制取试件，试件应在浇筑地点或拌和地点随机制取。

②浇筑一般体积的结构物(如基础、墩、台等)时,每一单元结构物应制取 2 组。

③连续浇筑大体积结构物混凝土时,每 80~200 m³ 或每一工作班应制取 2 组。

④每片梁长 16 m 以下应制取 1 组,16~30 m 制取 2 组,31~50 m 制取 3 组,50 m 以上者不少于 5 组。

⑤就地浇筑混凝土小桥涵,每一座或每一工作班制取不少于 2 组;当原材料和配合比相同,并由同一拌和站拌制时,可几座合并制取 2 组。

⑥应根据施工需要,制取与结构物同条件养护的试件作为考核结构混凝土在拆模、出池、吊装、预施应力、承受荷载等阶段强度的依据。

4. 抗压强度标准

混凝土抗压强度应以标准条件下养护 28 d 龄期试件的抗压强度进行评定,其合格条件如下:

①应以强度等级相同、龄期相同以及生产工艺条件和配合比相同的混凝土组成同一验收批,同一验收批的混凝土强度应以同批内所有各组标准尺寸试件的强度测定值(当为非标准尺寸试件时应进行强度换算)为代表值。

②大桥等重要工程及中小桥、涵洞工程的试件大于或等于 10 组时,应以数理统计方法按式(5-1)、式(5-2)评定。

$$R_n - K_1 S_n \geq 0.9R \tag{5-1}$$

$$R_{min} \geq K_2 R \tag{5-2}$$

式中:R_n 为同批 n 组试件强度的平均值,MPa;n 为同批混凝土试件组数;S_n 为同批 n 组试件强度的标准差,MPa,当 $S_n < 0.06R$ 时,取 $S_n = 0.06R$;R 为设计的混凝土强度等级,MPa;R_{min} 为 n 组试件中强度最低一组的值,MPa;K_1、K_2 为合格判定系数,见表 5-13。

表 5-13 K_1、K_2 的取值

n	10~14	15~24	≥25
K_1	1.70	1.65	1.60
K_2	0.9	0.85	

③中小桥及涵洞等工程,同批混凝土试件少于 10 组时,可用非统计方法按式(5-3)、式(5-4)进行评定。

$$R_n \geq 1.15R \tag{5-3}$$

$$R_{min} \geq 0.95R \tag{5-4}$$

当混凝土强度按试件强度进行评定达不到合格条件时,可钻取试样或以无损检测法查明结构实际混凝土的抗压强度和浇筑质量,如仍不合格,应由有关单位共同研究处理。

5. 结构混凝土

结构混凝土应符合下列规定:

①表面应密实、平整。

②如有蜂窝、麻面,其面积不超过结构同侧面积的 0.5%。

③如有裂缝,其宽度不得大于设计规范的有关规定。

④预制桩桩顶、桩尖等重要部位无掉边或蜂窝、麻面。

⑤小型构件无翘曲现象。

⑥对蜂窝、麻面、掉角等缺陷,应凿除松弱层,用钢丝刷清理干净,用压力水冲洗、湿润,再用较高强度的水泥砂浆或混凝土填塞捣实,覆盖养护;用环氧树脂等胶凝材料修补时,应先经试验验证。

⑦如有严重缺陷,影响结构性能时,应分析情况,研究处理。

6. 允许偏差

混凝土和钢筋混凝土结构物的位置及外形尺寸允许偏差应符合规范的有关规定。

5.4　钢筋工程

钢筋是放置在钢筋混凝土及预应力混凝土构件中的钢条或钢丝的总称。公路桥梁施工中常用光圆钢筋、带肋钢筋,可分为直条或盘条状钢材。

5.4.1　一般规定

钢筋混凝土中的钢筋和预应力混凝土中非预应力钢筋必须符合现行《钢筋混凝土用钢第 1 部分:热轧光圆钢筋》(GB/T 1499.1—2017)、《钢筋混凝土用钢　第 2 部分:热轧带肋钢筋》(GB/T 1499.2—2018)、《冷轧带肋钢筋》(GB/T 13788—2017)、《低碳钢热轧圆盘条》(GB/T 701—2008)的规定。其力学、工艺性能可参见规范相关规定。环氧树脂涂层钢筋的标准可按照现行《环氧树脂涂层钢筋》(JG/T 502—2016)执行。

①钢筋必须按不同钢种、等级、牌号、规格及生产厂家分批验收,分别堆存,不得混杂,且应设立识别标志。钢筋在运输过程中,应避免腐蚀和污染。钢筋宜堆置在仓库(棚)内,露天堆置时,应垫高并加遮盖。

②钢筋应具有出厂质量证明书和试验报告单。对桥涵所用的钢筋应抽取试样做力学性能试验。

③以另一种强度、牌号或直径的钢筋代替设计中所规定的钢筋时,应了解设计意图和代用材料性能,并须符合现行《公路钢筋混凝土及预应力混凝土桥涵设计规范》(JTG 3362—2018)的有关规定。重要结构中的主钢筋在代用时,应由原设计单位做变更设计,见表5-14。

④预制构件的吊环,应采用未经冷拉的Ⅰ级热轧钢筋制作。

用Ⅰ级钢筋制作的箍筋,其末端应做弯钩,弯钩的弯曲直径应大于受力主钢筋的直径,且不小于箍筋直径的 2.5 倍。弯钩平直部分的长度,一般结构不宜小于箍筋直径的 5 倍;有抗震要求的结构,不应小于箍筋直径的 10 倍。弯钩形式,如设计无要求,可按图 5-6 中 90°/180°、90°/90°加工;有抗震要求的结构,应按图 5-6 中 135°/135°加工。

表 5-14 受力主钢筋制作和末端弯钩形状

弯曲部位	弯曲角度/(°)	形状图	钢筋种类	弯曲直径 D	平直部分长度
末端弯钩	180		HPB235	$\geqslant 2.5d$	$\geqslant 3d$
			HPB300		
	135		HRB335	$\phi 8 \sim \phi 25 \geqslant 4d$	$\geqslant 5d$
			HRB400	$\phi 28 \sim \phi 40 \geqslant 5d$	
	90		HRB335	$\phi 8 \sim \phi 25 \geqslant 4d$	$\geqslant 10d$
			HRB400	$\phi 28 \sim \phi 40 \geqslant 5d$	
中间弯钩	90 以下		各类	$\geqslant 20d$	—

注:d 为钢筋直径。环氧树脂涂层钢筋进行弯曲加工时,对直径 d 不大于 20 mm 的钢筋,其弯曲直径不应小于 $4d$;对直径 d 大于 20 mm 的钢筋,其弯曲直径不小于 $6d$。

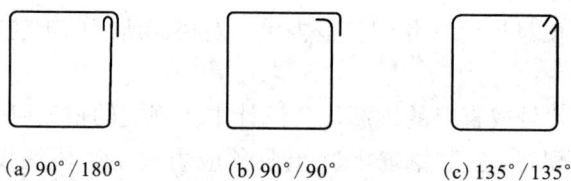

(a) 90°/180°   (b) 90°/90°   (c) 135°/135°

图 5-6 箍筋弯钩形式(钢筋直径 $d = 10$ mm)

5.4.2 钢筋连接

钢筋焊接分为压焊和熔焊两种形式。压焊包括闪光对焊、电阻点焊和气压焊;熔焊包括电弧焊和电渣压力焊。钢筋闪光对焊是利用对焊机使两段钢筋接触,通过低电压的强电流,待钢筋被加热到一定温度变软后,进行轴向加压顶锻,形成对焊接头。电弧焊是利用弧焊机使焊条与焊件之间产生高温,电弧使焊条和电弧燃烧范围内的焊件熔化,待其凝固便形成焊缝或接头。电弧焊广泛用于钢筋接头、钢筋骨架焊接、装配式结构接头的焊接、钢筋与钢板的焊接及各种钢结构焊接。钢筋电弧焊的接头形式有搭接焊接头、帮条焊接头、剖口焊接头和熔槽帮条焊接头。

1. 钢筋焊接

轴心受拉和小偏心受拉杆件中的钢筋接头，不宜绑接。普通混凝土中直径大于 25 mm 的钢筋，宜采用焊接。

1）钢筋纵向焊接

钢筋的纵向焊接应采用闪光对焊（HRB500 钢筋必须采用闪光对焊）。当缺乏闪光对焊条件时，可采用电弧焊、电渣压力焊、气压焊。钢筋的交叉连接，无电阻点焊机时，可采用手工电弧焊。各种预埋件 T 形接头钢筋与钢板的焊接，也可采用预埋件钢筋埋弧压力焊。电渣压力焊只适用于竖向钢筋的连接，不能用作水平钢筋和斜筋的连接。钢筋焊接的接头形式、焊接方法、适用范围、质量验收标准应符合现行《钢筋焊接及验收规程》（JGJ 18—2012）的规定。

2）试焊

钢筋焊接前，必须根据施工条件进行试焊，合格后方可正式施焊。焊工必须持考试合格证上岗。

3）搭接施焊

（1）钢筋接头采用搭接或帮条电弧焊时，宜采用双面焊缝，双面焊缝困难时，可采用单面焊缝。

（2）钢筋接头采用搭接电弧焊时，两钢筋搭接端部应预先折向一侧，使两接合钢筋轴线一致。接头双面焊缝的长度不应小于 $5d$（d 为钢筋直径），单面焊缝的长度不应小于 $10d$。

钢筋接头采用帮条电弧焊时，帮条应采用与主筋同级别的钢筋，其总截面面积不应小于被焊钢筋的截面积。帮条长度，如用双面焊缝不应小于 $5d$，如用单面焊缝不应小于 $10d$（d 为钢筋直径）。

4）施焊技术规定

（1）凡施焊的各种钢筋、钢板均应有材质证明书或试验报告单。焊条、焊剂应有合格证，各种焊接材料的性能应符合现行《钢筋焊接及验收规程》（JGJ 18—2012）的规定。各种焊接材料应分类存放和妥善管理，并应采取防止腐蚀、受潮变质的措施。

（2）电渣压力焊、气压焊、预埋件钢筋埋弧压力焊的技术规定及电弧焊中的坡口焊、窄间隙焊、熔槽帮条焊和钢筋与钢板焊接的技术规定可参照现行《钢筋焊接及验收规程》（JGJ 18—2012）的规定执行。

（3）焊接时，施焊场地应有适当的防风、雨、雪、严寒设施。冬期施焊时应按规范冬期施工的要求进行，气温低于 −20℃ 时，不得施焊。

5）接头处理

（1）受力钢筋焊接或绑扎接头应设置在内力较小处，并错开布置。对于绑扎接头，两接头间距离不小于 1.3 倍搭接长度。对于焊接接头，在接头长度区段内，同一根钢筋不得有两个接头，配在接头长度区段内的受力钢筋，其接头的截面面积占总截面面积的百分率应符合表 5-15 的规定。对于绑扎接头，其接头的截面面积占总截面面积的百分率，也应符合表 5-15 的规定。

（2）电弧焊接和绑扎接头与钢筋弯曲处的距离不应小于 10 倍钢筋直径，也不宜位于构件的最大弯矩处。

表 5-15　接头长度区段内受力钢筋接头面积的最大百分率　　　　单位：%

接头形式	接头面积最大百分率	
	受拉区	受压区
主钢筋绑扎接头	25	50
主钢筋焊接接头	50	不限制

注：①焊接接头长度区段内是指 35d（d 为钢筋直径）长度范围内，但不得小于 500 mm，绑扎接头长度区段是指 1.3 倍搭接长度。②在同一根钢筋上应尽量少设接头。③装配式构件连接处的受力钢筋焊接接头可不受此限制。④绑扎接头中钢筋的横向净距不应小于钢筋直径且不应小于 25 mm。⑤环氧树脂涂层钢筋绑扎搭接长度，对受拉钢筋，应至少为涂层钢筋锚固长度的 1.5 倍且不小于 375 mm；对受压钢筋，为无涂层钢筋锚固长度的 1.0 倍不小于 250 mm。

（3）受拉钢筋绑扎接头的搭接长度，应符合表 5-16 的规定；受压钢筋绑扎接头的搭接长度，应取受拉钢筋绑扎接头搭接长度的 0.7 倍。

（4）受拉区内Ⅰ级钢筋绑扎接头的末端应做弯钩，HRB335、HRB400 牌号钢筋的绑扎接头末端可不做弯钩。

（5）直径等于和小于 12 mm 的受压Ⅰ级钢筋的末端，可不做弯钩，但搭接长度不应小于钢筋直径的 30 倍。钢筋搭接处，应在中心和两端用铁丝扎牢。

表 5-16　受拉钢筋绑扎接头的搭接长度

钢筋类型		C20	C25	高于 C25
Ⅰ级钢筋		35d	30d	25d
月牙纹	HRB335 牌号钢筋	45d	40d	35d
	HRB400 牌号钢筋	55d	50d	45d

注：①当带肋钢筋直径 d 不大于 25 mm 时，其受拉钢筋的搭接长度应按表中值减少 5d 采用；当带肋钢筋直径 d 大于 25 mm 时，其受拉钢筋的搭接长度应按表中值增加 5d 采用。②当混凝土在凝固过程中受力钢筋易受扰动时，其搭接长度宜适当增加。③在任何情况下，纵向受拉钢筋的搭接长度不应小于 300 mm；受压钢筋的搭接长度不应小于 200 mm。④当混凝土强度等级低于 C20 时，Ⅰ级、HRB335 牌号钢筋的搭接长度应按表中 C20 的数值相应增加 10d；HRB500 牌号钢筋不宜采用。⑤有抗震要求的受力钢筋的搭接长度，当抗震烈度为Ⅶ度（及以上）时应增加 5d。⑥两根不同直径的钢筋的搭接长度，以较细的钢筋直径计算。

2. 钢筋机械连接

钢筋的机械连接，其接头性能指标应符合规范规定。钢筋连接件处的混凝土保护层宜满足设计要求，且不得小于 15 mm，连接件之间的横向净距不宜小于 25 mm。对受力钢筋机械连接接头的位置要求，可依照焊接接头要求办理。

1）挤压连接钢筋要求

带肋钢筋套筒挤压接头（以下简称挤压接头）适用于直径为 16～40 mm 的 HRB335、HRB400 牌号带肋钢筋的径向挤压连接。用于挤压连接的钢筋应符合现行国家标准的要求。

（1）不同直径的带肋钢筋可采用挤压接头连接，当套筒两端外径和壁厚相同时，被连接钢筋的直径相差不应大于 5 mm。

102

（2）当混凝土结构中挤压接头部位的温度低于−20℃时，宜进行专门的试验。

（3）对于 HRB335、HRB400 牌号带肋钢筋挤压接头所用套筒材料，应选用适于压延加工的钢材，其实测力学性能承载力及尺寸偏差应符合有关规定。

（4）套筒应有出厂合格证，套筒在运输和储存过程中，应按不同规格分别堆放，不得露天堆放，应防止锈蚀和污染。

（5）挤压接头施工时有关挤压设备、人员、挤压操作、质量检验、施工安全应符合现行《钢筋机械连接技术规程》（JGJ 107—2016）的规定。

2）钢筋锥螺纹接头

钢筋锥螺纹接头，适用于直径为 16~40 mm 的 HRB335、HRB400 牌号钢筋的连接，用于连接的钢筋应符合现行国家标准的要求。锥螺纹连接套的材料宜用 45 号优质碳素结构钢材或其他经试验确认符合要求的钢材。钢筋锥螺纹接头的技术要求，应符合现行《钢筋机械连接技术规程》（JGJ 107—2016）的规定。钢筋锥螺纹接头的应用，应符合下列规定：

（1）接头端头距钢筋弯曲点不得小于钢筋直径的 10 倍。

（2）不同直径的钢筋连接时，一次连接钢筋直径规格不宜超过 2 级。

锥螺纹接头施工时，有关材料、加工、操作质量检验应符合现行《钢筋机械连接技术规程》（JGJ 107—2016）的规定。钢筋焊接方法的适用范围，见表 5-17。

表 5-17　钢筋焊接方法的适用范围

焊接方法		接头形式	适用范围	
			钢筋级别	直径/mm
电阻点焊			热轧 I 级、HRB335、冷拔低碳钢丝甲/乙级冷轧带肋钢筋	6~14、3~5、4~12
闪光对焊			热轧 I 级、HRB335、热轧 HRB400、余热处理 HRB335	10~40、10~25、10~25
电弧焊	帮条焊	双面焊	热轧 I 级、HRB335、余热处理 HRB335	10~40
		单面焊	热轧 I 级、HRB335、余热处理 HRB335	10~40
	搭接焊	双面焊	热轧 I 级、HRB335、余热处理 HRB335	10~40

焊接方法			接头形式	适用范围	
				钢筋级别	直径/mm
电弧焊	预埋件电弧焊	角焊	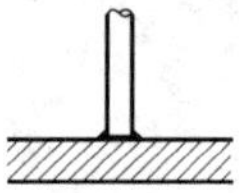	热轧Ⅰ级、HRB335	6~25
		穿孔塞焊	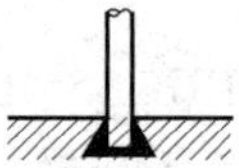	热轧Ⅰ级、HRB335	20~25
电渣压力焊				热轧Ⅰ级、HRB335	14~40
气压焊			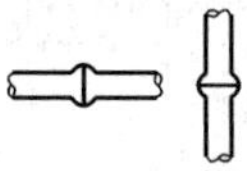	热轧Ⅰ级、HRB335	14~40
预埋件埋弧焊压力焊			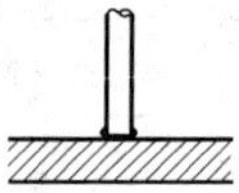	热轧Ⅰ级、HRB335	6~25

注：①电阻点焊时，适用范围中的钢筋直径系指较小钢筋的直径。②气压焊的适用范围中的热轧Ⅰ级、HRB335钢筋。

5.4.3 钢筋骨架组成及安装

钢筋骨架有利于约束混凝土，提高混凝土结构的整体性，同时钢筋骨架必须具有足够的刚度和稳定性。桥墩及盖梁钢筋设计示意图如图5-7所示，其结构尺寸以厘米计，钢筋直径以毫米计。

1. 焊接和拼装要求

骨架的焊接拼装应在坚固的工作台上进行，操作时应符合下列要求：

①拼装时应按设计图纸放大样，放样时应考虑焊接变形和预留拱度。

②钢筋拼装前，对有焊接接头的钢筋应检查每根接头是否符合焊接要求。

③拼装时，在需要焊接的位置用楔形卡卡住，防止电焊时局部变形。待所有焊接点卡好后，先在焊缝两端点焊定位，然后进行焊缝施焊。

④骨架焊接时，不同直径的钢筋的中心线应在同一平面上。为此，较小直径的钢筋在焊接时，下面宜垫以厚度适当的钢板。

⑤施焊顺序上，宜由中到边对称地向两端进行，先焊骨架下部，后焊骨架上部。相邻的焊缝采用分区对称跳焊，不得顺方向一次焊成。

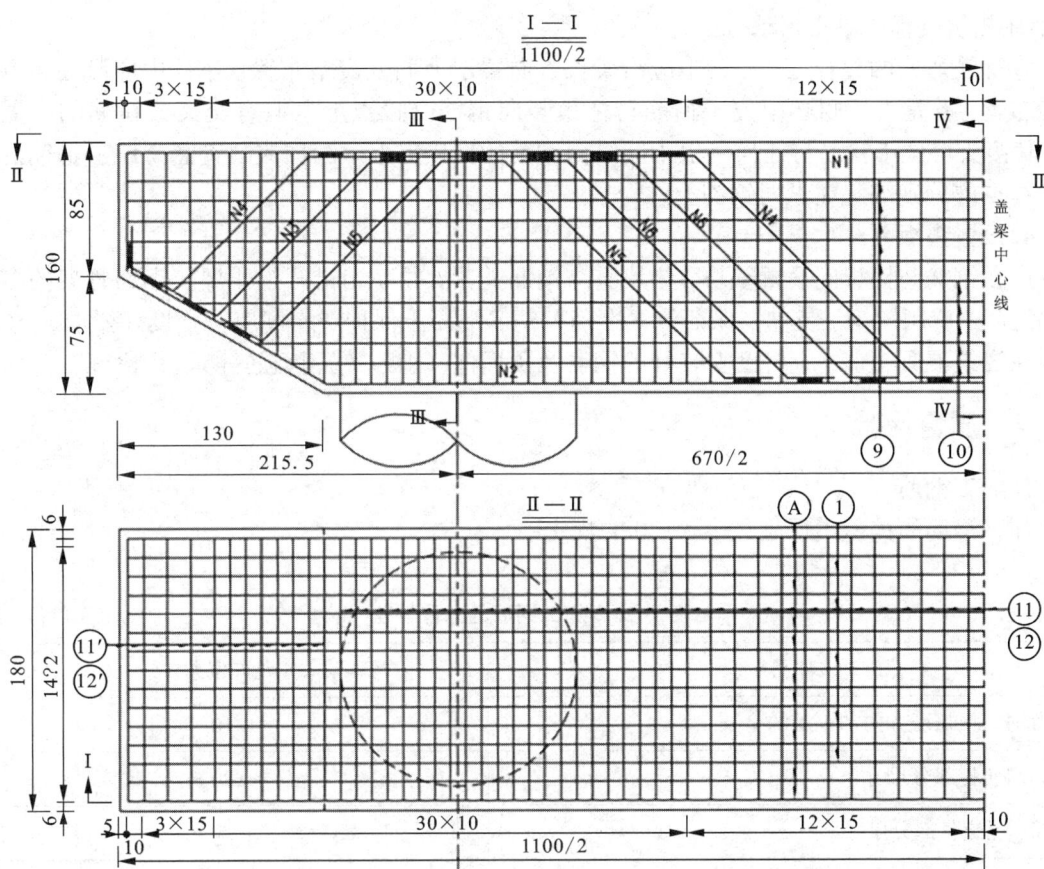

图 5-7 桥墩及盖梁钢筋设计示意图

2. 焊点要求

钢筋网焊点应符合设计规定,当设计无规定时,应按下列要求焊接:

①当焊接网的受力钢筋为Ⅰ级或冷拉Ⅰ级钢筋时,如焊接网只有一个方向为受力钢筋,焊接网两端边缘的两根锚固横向钢筋与受力钢筋的全部相交点必须焊接;如焊接网的两个方向均为受力钢筋,则沿焊接网四周边缘的两根钢筋的全部相交点均应焊接,其余的交叉点,可根据运输和安装条件决定,一般可焊接或绑扎一半交叉点。

②当焊接网的受力钢筋为冷拔低碳钢丝,而另一方向的钢筋间距小于 100 mm 时,除焊接网两端边缘的两根钢筋的全部相交点必须焊接外,中间部分的焊点距离可增大至 250 mm。

3. 绑扎钢筋网

在现场绑扎钢筋网时,应遵守下列规定:

①钢筋接头的布置,应符合规范有关规定。

②钢筋的交叉点应用铁丝绑扎结实,必要时,亦可用电焊焊牢。

③除设计有特殊规定外,柱和梁中的箍筋应与主筋垂直。

④墩、台身、柱中的竖向钢筋搭接时,转角处的钢筋弯钩应与模板成 45°,中间钢筋的弯

钩应与模板成 90°。如采用插入式振捣器浇筑小型截面柱,弯钩与模板的角度最小不得小于 15°,在浇筑过程中不得松动。

⑤箍筋弯钩的叠合处,在梁中应沿梁长方向置于上面并交错布置,在柱中应沿柱高方向交错布置,若是方柱则必须位于箍筋与柱角竖向钢筋交接点上。但有交叉式箍筋的大截面柱,其接头可位于箍筋与任何一根中间纵向钢筋的交接点上。圆柱或圆管涵螺旋形箍筋的起点和终点应分别绑扎在纵向钢筋上。

4. 设置垫板

应在钢筋与模板间设置垫块,垫块应与钢筋扎紧,并互相错开。非焊接钢筋骨架的多层钢筋之间,应用短钢筋支垫,保证位置准确。钢筋混凝土保护层厚度应符合设计要求。

在浇筑混凝土前,应对已安装好的钢筋及预埋件(钢板、锚固钢筋等)进行检查。

5.4.4 质量检验

1. 加工钢筋

加工钢筋的偏差不得超过表 5-20 的规定。

表 5-20 加工钢筋的允许偏差 单位:mm

项目	允许偏差
受力钢筋顺长度方向加工后的全长	±10
弯起钢筋各部分尺寸	±20
箍筋、螺旋各部分尺寸	±5

2. 机械接头的施工现场检验

应用钢筋机械连接时,应提交有效的型式检验报告,型式检验应符合现行《钢筋机械连接技术规程》(JGJ 107—2016)的规定。钢筋连接开始前及施工过程中,应对每批进场钢筋进行接头工艺检验,工艺检验应符合下列要求:

①每种规格钢筋的接头试件不应少于 3 根。

②对接头试件的钢筋母材应进行抗拉强度试验。

③3 根接头试件的抗拉强度均应满足规范的强度要求。试件抗拉强度尚应大于等于 0.95 倍钢筋母材的实际抗拉强度。计算实际抗拉强度时,应采用钢筋的实际横截面面积。

现场检验应符合现行《钢筋机械连接技术规程》(JGJ 107—2016)的规定。

3. 安装钢筋的允许偏差

钢筋的级别、直径、根数和间距均应符合设计要求。绑扎或焊接的钢筋网和钢筋骨架不得有变形、松脱和开焊,钢筋位置的偏差不得超过表 5-21 的规定。

表 5-21　钢筋位置允许偏差　　　　　　　　　　　　　　　　　　单位：mm

检查项目			允许偏差
受力钢筋间距	两排以上排距		±5
	同排	梁、板、拱肋	±10
		基础、锚碇、墩、台、柱	±20
	灌注桩		±20
箍筋、横向水平箍筋			0，-20
钢筋骨架尺寸	长		±10
	宽、高或直径		±5
弯起钢筋位置			±20
保护层厚度	柱、梁、拱肋		±5
	基础、锚碇、墩、台		±10
	板		±3

思考与练习

5-1　钢筋的连接方式有哪几种？

5-2　简述 T 形梁的钢筋组成。

5-3　简述机械接头工业检验要求。

5-4　简述混凝土的工序及用到的设备。

5-5　简述混凝土养护要点。

情境三

简支梁桥施工

T梁下部结构展示

【知识目标】

1. 概述明挖基础施工的方法；
2. 区分桩基础不同施工方法的工艺特点；
3. 了解沉井与沉箱施工工艺。

【能力目标】

1. 绘制各基础施工工艺的思维导图；
2. 辨别基础施工质量控制要点；
3. 能分析施工质量事故，并提出初步解决方案。

【素养目标】

1. 培养开拓进取、迎难而上的专业精神；
2. 培育严肃认真的工作作风，避免出现工程质量事故。
3. 增强学生新材料、新工艺、新设备意识。

6.1 概述

桥梁基础通常可分为浅基础和深基础两大类。所谓浅基础和深基础在深度上没有严格的界限，但施工方法却有明显的差异。浅基础往往采用敞坑开挖的方式施工，因而其也称为明挖基础；为了提高地基承载力，一般将浅基础分层设置，逐层扩大，因而其也称为扩大基础。深基础的施工，往往需要特殊的施工方法和专用的机具设备，如需要打桩或钻孔设备等。沉井基础，是一种采用沉井作为施工时的挡土、防水围堰结构物的基础形式。

6.2 明挖基础施工

6.2.1 基坑开挖的一般规定

（1）基坑顶面应设置防止地面水流入基坑的设施，基坑顶有动荷载时，坑顶边与动荷载间应留有不小于1 m宽的护道，如动荷载过大，宜增宽护道；如工程地质和水文地质不良，

111

应采取加固措施。

（2）基坑坑壁坡度不易稳定且有地下水影响，或放坡开挖场地受到限制，或放坡开挖工程量大，应根据设计要求进行支护。设计无要求时，施工单位应结合实际情况选择适宜的支护方案。

6.2.2 基坑开挖方法

1. 坑壁形式

坑壁形式如图 6-1 所示。

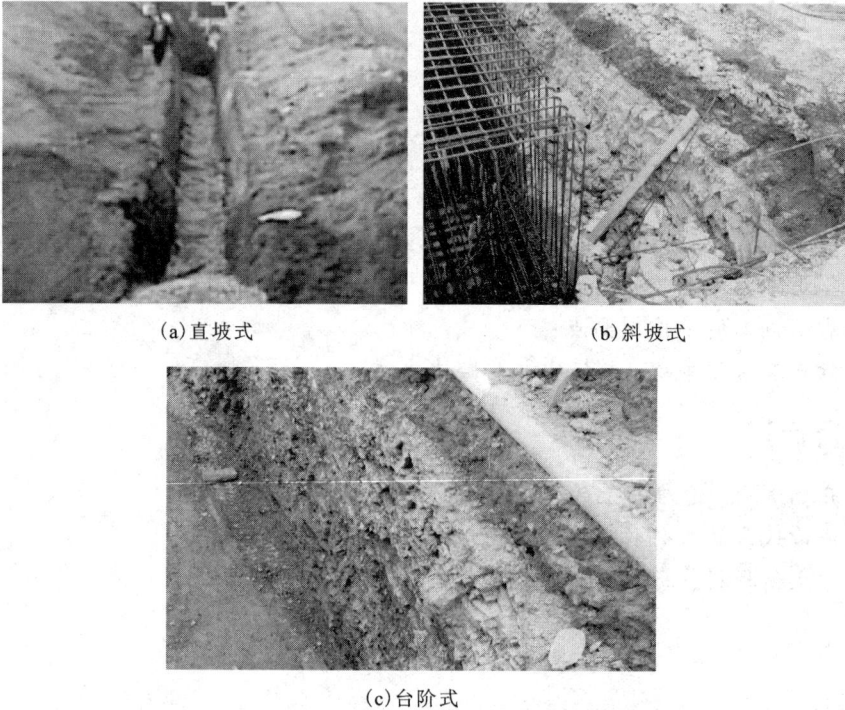

(a)直坡式   (b)斜坡式

(c)台阶式

图 6-1 坑壁形式

2. 不支护加固基坑坑壁的施工要求

（1）基坑尺寸应满足施工要求。当基坑为渗水的土质基底，坑底尺寸应根据排水要求（包括排水沟、集水井、排水管网等）和基础模板设计所需基坑大小而定。一般基底应比基础的平面尺寸增宽 0.5~1.0 m。当不设模板时，可按基底的尺寸开挖基坑。

（2）基坑坑壁坡度应按地质条件、基坑深度、施工方法等情况确定。当为无水基坑且土层构造均匀时，基坑坑壁坡度可按表 6-1 确定。

（3）如土的湿度有可能使坑壁不稳定而引起坍塌，基坑坑壁坡度应缓于该湿度下的天然坡度。

（4）当基坑有地下水时，地下水位以上部分可以放坡开挖；地下水位以下部分，若土质易坍塌或水位在基坑底以上较深时，应加固开挖。

基坑开挖可采用人工或机械施工。开挖基坑时，坑顶四周地面应做成反坡，在距坑顶缘相当距离处应有截水沟，以防雨水浸入基坑。基坑弃土堆至坑顶缘距离，不宜小于基坑的深度，且宜弃在下游指定地点。基坑顶有动载时，坑顶缘与动载间应留有宽度大于 1.0 m 的护道。

基坑宜在枯水或少雨季节开挖。开挖不宜中断，达到设计高程并经检验合格后，应立即砌筑基础。基础砌筑后，基坑应及时回填，并分层夯实。

表 6-1　基坑坑壁坡度

坑壁土类	坑壁坡度		
	坡顶无荷载	坡顶有静荷载	坡顶有动荷载
砂类土	1∶1	1∶1.25	1∶1.5
卵石、砾类土	1∶0.75	1∶1	1∶1.25
粉质土、黏质土	1∶0.33	1∶0.5	1∶0.75
极软岩	1∶0.25	1∶0.33	1∶0.67
软质岩	1∶0	1∶0.1	1∶0.25
硬质岩	1∶0	1∶0	1∶0

注：①坑壁有不同土层时，基坑坑壁坡度可分层选用，并酌设平台。②坑壁土类按照现行《公路土工试验规程》（JTG 3430—2020）划分。③岩石单轴极限强度<5.5 MPa、为 5.5 MPa~30 MPa、>30 MPa 时，分别定为极软、软质、硬质岩。④当基坑深度大于 5 m 时，基坑坑壁坡度可适当放缓或加设平台。

3. 坑壁加固的基坑

当基坑较深、土方量较大，或基坑放坡开挖受场地限制，或基坑地质松软、含水量较高、坡度不易保持时，可采用基坑开挖后护壁加固的方法施工。护壁加固方式可采用挡板支撑护壁、喷射混凝土护壁和现浇混凝土围圈护壁等。

1）挡板支撑护壁

挡板支撑的形式有：竖挡板式坑壁支撑，如图 6-2 所示；横挡板式坑壁支撑，如图 6-3 所示。大面积基坑无法安装横撑时，可采用锚桩式、斜撑式或锚杆式支撑，如图 6-4 所示。挡板支撑结构可采用木料或钢木组合形式，各部尺寸应考虑土压力的作用，通过计算确定。

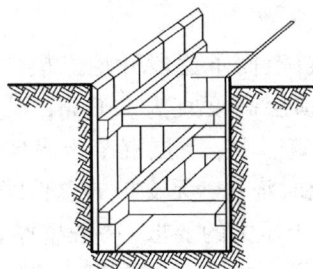

图 6-2　竖挡板式坑壁支撑　　　　图 6-3　横挡板式坑壁支撑

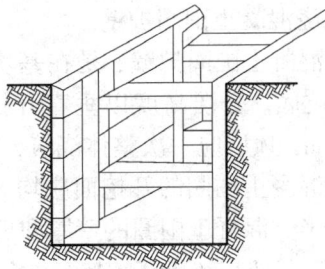

2）喷射混凝土护壁

喷射混凝土护壁的施工特点为：在基坑开挖界限内，先向下挖土一段，随即用混凝土喷

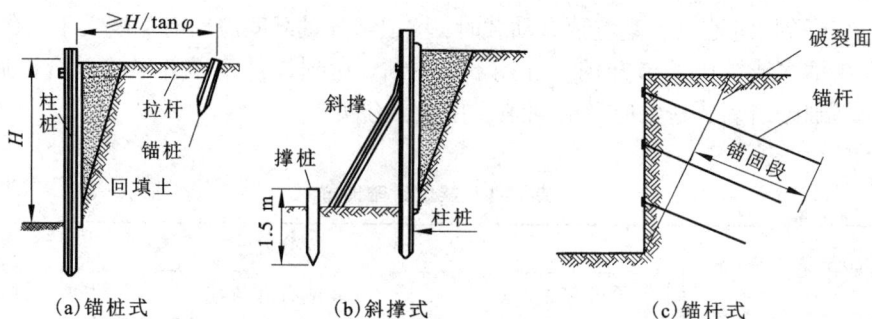

图 6-4 大面积基坑支撑

射机喷射一层含速凝剂的混凝土(速凝剂掺入量可为水泥用量的 3%~4%),以保护坑壁;然后向下逐段挖深喷护,每段一般为 0.5~1.0 m,视土质情况而定。喷射混凝土护壁适用于稳定性较好、渗水量小的基坑;喷护基坑的直径在 10 m 左右,挖深一般不超过 10 m;砂土类、黏土类、粉土及碎石土的地质均可使用。喷射混凝土的厚度,随地质情况和有无渗水而不同,可取 3~5 cm(碎石类土、无渗水)至 10~15 cm(砂类土、无渗水)。对于有少量渗水的基坑,混凝土应适当加厚 3 cm 左右。喷层厚度可按静水压力计算内力,设坑壁为圆形,截面均匀受力。

采用喷射混凝土护壁的基坑,无论基础外形如何,均应采用圆形,以改善坑壁受力状态。不过地质稳定,挖深在 5 m 以内时,也可按基础的外形开挖。混凝土护壁的坡度,根据土质情况与渗水量大小,可采用 1.00∶(0.07~0.10)。基坑井口应做防护,防止土层坍塌、地表水或杂物落入井内。开挖基坑前,如图 6-5 所示,可在井口设置混凝土防护环圈。实践证明,用堆土防护圈施工简易方便,可以代替混凝土环圈的作用。

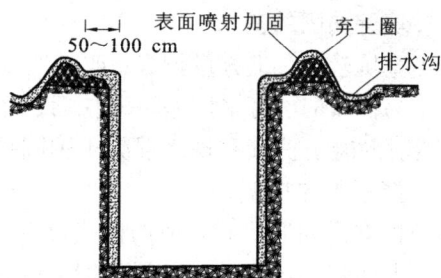

图 6-5 喷射混凝土护壁

3) 现浇混凝土围圈护壁

现浇混凝土围圈护壁,是在基坑垂直开挖的断面上自上而下逐段开挖立模、浇筑混凝土,直至坑底。分层高度以垂直开挖面不坍塌为原则,顶层高度宜为 2.0 m,以下每层高 1.0~1.5 m。顶层应一次整体浇筑,以下各层分段开挖浇筑。上、下层混凝土纵向接缝应相互错开。混凝土围圈的开挖面应均匀分布、对称开挖和及时浇筑,无支护的总长度不得超过周长的一半。混凝土围圈的壁厚和拆模强度,应满足承受土压力的要求,一般壁厚 8~15 cm;混凝土强度等级应不低于 C15,并应掺早强剂;24 h 后方可拆模。现浇混凝土围圈护壁,除流砂及呈流塑状态的黏性土外,可用于各类土的开挖防护。

6.2.3　明挖基坑围堰

桥梁墩、台一般位于河流、湖泊或海峡中。如基础底面离河底不深，可在开挖基坑的周围，先筑一道挡水的围堰，将围堰内的水排开，再开挖基坑、修筑基础。如排水有困难，也可不排水挖土建造基础。围堰工程应符合以下要求：围堰的平面尺寸要考虑河流断面因围堰压缩而引起的冲刷，并应有防护措施；堰内面积应满足基础施工的要求；围堰应做到防水严密、减少渗漏，并应满足强度和稳定性的要求；围堰的顶面宜高出施工期间可能出现的最高水位0.5 m。围堰的形式很多，主要可分为4类：土石围堰、板桩围堰、钢套箱围堰和双壁钢围堰。

1. 土石围堰

土石围堰主要有土围堰、土袋围堰、竹笼片石围堰和堆石土围堰等。

1）土围堰

土围堰如图6-6所示，一般适用于水深在2.0 m以内，流速小于0.3 m/s，冲刷作用很小，且河床为渗水性较差的土的情况。围堰断面应根据使用的土质、渗水程度及围堰本身在水压力作用下的稳定性而定。堰顶宽度不应小于1.5 m，外侧坡度不陡于1∶2，内侧不陡于1∶1。土围堰宜用黏性土填筑，填土出水面后应进行夯实，必要时须在外坡上用草皮、片石或土袋防护，合龙时应自上游开始填筑至下游。

2）土袋围堰

土袋围堰如图6-7所示，一般适用于水深不大于3 m，流速不大于1.5 m/s，河床为渗水性较差的土的情况。围堰顶宽可为1~2 m，外侧边坡为1.0∶（0.5~1.0），内侧为1.0∶（0.2~0.5）。

围堰应用黏土填心，袋内装松散黏性土，装填量约为袋容量的60%。填码时土袋应平放，其上、下层和内、外层应相互错缝，搭接长度为袋长的1/3~1/2。

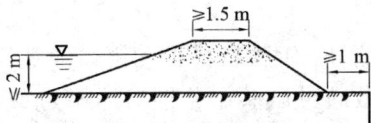

图6-6　土围堰

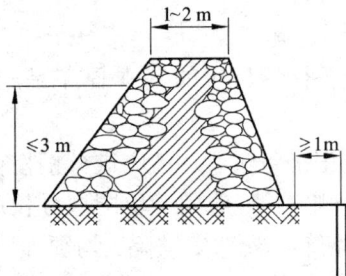

图6-7　土袋围堰

3）竹笼片石围堰和堆石土围堰

其适用于水深在3.0 m以上，流速较大，河床坚实无法打桩，且石块能就地取材的地方。

2. 板桩围堰

常用的板桩围堰有钢板桩围堰和钢筋混凝土板桩围堰两种。

1）钢板桩围堰

钢板桩本身强度大、防水性能好，打入土中穿透力强，不但能穿过砾石、卵石层，也能切入软岩层和风化层，一般在河床水深为 4~8 m，且为较软岩层时最为适用；堰深一般在 20 m 以内，若有超出，板桩可适当接长。

（1）结构形式。

钢板桩横截面的形状有 4 类：平形（直形）、Z 形、槽形及工字形。其中，槽形截面模量较大，适用于承受较大水压力、土压力的围堰，其施工方便，是国内应用较多的形式。在施工中钢板桩彼此间以锁口相连。锁口按形状有 3 类：阴阳锁口、环形锁口和套形锁口。套形锁口板桩两边为勾状形，勾头为榫，勾身为槽。在河水较深的地方，常用围图进行钢板桩围堰施工。围图不仅是支撑结构，而且可作为插打钢板桩的导向架，还可在其上安设施工平台、施工机具等。钢板桩围堰的平面形状有圆形、矩形和圆端形，施工中结合具体情况选用：在桥梁工程深基础施工中，多用圆形，如图 6-8 所示，其受力最理想，支撑结构最简单，但占河道面积大；浅基坑多用矩形，如图 6-9 所示，其占河道面积小，但受水流冲击力大。

图 6-8　圆形钢板桩围堰下沉

图 6-9　矩形钢板桩围堰承台混凝土浇筑

（2）围堰施工。

钢板桩围堰施工的基本程序是施工准备、导框安装、插打与合龙、抽水堵漏及拔桩整理等。

在施工准备过程中，应进行钢板桩的检查、分类、编号，钢板桩接长和锁口涂油等工作。钢板桩两侧锁口，应用一块同型号长度 2~3 m 的短桩做通过试验。若锁口通不过或存在桩身弯曲、扭转、死弯等缺陷，均须加以修整。钢板桩接长应以等强度焊接。

当起吊设备条件许可时，可将 2~3 块钢板桩拼成一组组合桩。组拼时应用油灰和棉絮捻塞拼接缝，以加强防渗。钢板桩可逐块（组）插打到底，或全围堰先插合龙，再逐块（组）打入。插打顺序上，宜由上游分两侧插向下游合龙。钢板桩可用锤击、振动或辅以射水等方法下沉，但在黏质土中，不宜使用射水。锤击时应使用桩帽。采用单动汽锤和坠锤打桩时，一般锤重宜大于桩重，过轻的锤效率不高。振动打桩机是目前打钢板桩较好的机具，既能打桩又能拔桩，操作简便。钢板桩插打完毕，即可抽水开挖。如围堰设计有支撑，应先支撑再抽水，并应检查各节点是否顶紧等，防止因抽水而出现事故。抽水速度不宜过快，应随时观察围堰的变化情况，及时处理。

116

钢板桩围堰的防渗能力较好，但仍有锁口不密、个别桩入土深度不够或桩尖打裂、打卷，以致发生渗漏情况。锁口不密漏水，可用棉絮等在内侧嵌塞，同时在外侧撒大量木屑或谷糠自行堵塞。桩脚漏水处，采用水下混凝土封底措施处理。钢板桩拔除前，应先将围堰内的支撑从上而下陆续拆除，并灌水使内外水压平衡，解除板桩间的挤压力，并与水下混凝土脱离。拔桩可用拔桩机、千斤顶等设备，也可用墩身做扒杆拔桩。当拔桩确有困难时，可以水下切割。

2）钢筋混凝土板桩围堰

钢筋混凝土板桩围堰适用于深水或深基坑，流速较大的砂类土、黏质土和碎石土河床。除用于挡土防水外，大多将它作为基础结构的一部分，很少有拔出重复使用的。

（1）断面和桩尖形式。

板桩一般为矩形断面，如图 6-10 所示，宽度 50~60 cm，厚度 10~30 cm，一侧为凹形榫口，另一侧为凸形榫口。榫口有半圆形及梯形等形式。板桩有实心和空心两种。空心可减轻桩的自重，也相应地减轻打桩设备质量，还可利用空心孔道射水加快下沉。为了提高板桩接缝的防渗能力，板桩打入后，应在接缝小孔中压注水泥砂浆。

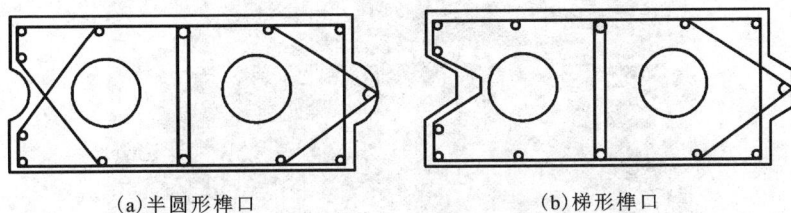

(a)半圆形榫口　　　　　　　(b)梯形榫口

图 6-10　钢筋混凝土板桩断面形式示意图

钢筋混凝土板桩桩尖刃脚的倾斜度，视土质松密情况而定，一般为 1∶(1.5~2.5)。如土中含有漂卵石，在刃脚处应加焊钢板，或增设加强钢筋，如图 6-11 所示。

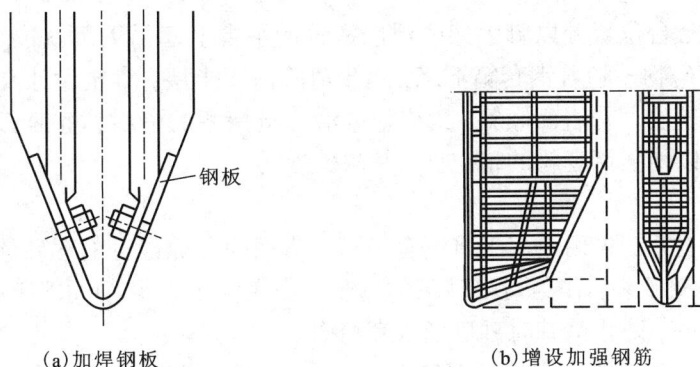

(a)加焊钢板　　　　　　　　(b)增设加强钢筋

图 6-11　钢筋混凝土板桩桩尖刃脚示意图

（2）围堰施工。

钢筋混凝土板桩多采用工地预制的方式，以免超长运输。钢筋混凝土板桩的榫口，一方面是使板桩能合缝紧密，提高其防水能力；另一方面是在插打板桩时起导向作用。因此，对榫口成型，要求上下全长吻合一致、光滑顺直、摩阻力小。板桩制成后应仿照钢板桩进行锁口通过检查。钢筋混凝土板桩围堰的施工程序和方法，与钢板桩围堰施工类同。

3. 钢套箱围堰

1）基本构造

钢套箱是利用角钢、工字钢或槽钢等刚性杆件与钢板联结而成的整体无底钢围堰，可制成整体式或装配式，并采取相应措施，防止钢套箱接缝渗漏。为拼装、拆卸、吊装的方便，钢套箱每节高约 2.5 m，一般采用厚度为 3~5 mm 的薄钢板制成长 2.5~4 m、宽 1.0~1.5 m 的钢模板。模板四周用角钢焊接作为骨架，模板间设 5~8 mm 层防水橡胶垫圈，用 f22 螺栓联结成型。根据侧压力情况安装设计所需的纵横支撑，一般支撑间距不大于 2.5 m，如图 6-12 所示。

图 6-12　东海大桥基础大型承台钢套箱吊装

2）就位下沉

钢套箱可在墩、台位置处以脚手架或浮船搭设的平台上起吊下沉就位。下沉钢套箱前，应清除河床表面障碍物。随着钢套箱下沉，逐步清除河床土层，直至设计高程。当套箱位于岩层上时，应整平基层。若岩面倾斜，则应根据潜水员探测的资料，将钢套箱底部做成与岩面相同的倾斜度，以增强钢套箱的稳定性，并减少渗漏。

3）清基封底

钢套箱下沉就位后，先由潜水工将钢套箱脚与岩面间空隙部分的泥砂软层清除干净，然后在钢套箱脚堆一圈砂袋，作为封堵砂浆的内膜。由潜水工将 1∶1 水泥砂浆轻轻倒入钢套箱壁脚底与砂袋之间，防止清基时砂砾涌入套箱内。

清基可采用吹砂吸泥或静水挖抓泥砂方法，进行水下挖基，经过检验即可灌注水下混凝土封底，最后抽干钢套箱内存水，浇筑墩、台。

4. 双壁钢围堰

双壁钢围堰适用于大型河流中的深基础，能承受较大的水压，保证基础全年施工安全渡洪。特别是河床覆盖层较薄(0~2 m)，下卧层为密实的大漂石或基岩不能采用钢板桩围堰，

118

或因工程需要堰内不宜设立支撑，而单壁钢套箱又难以保证结构刚度时，双壁钢围堰的优越性更显突出。

1）基本构造

双壁钢围堰是由竖直角钢加劲的内外钢壳及数层环形水平桁架焊成的密不漏水的圆形或矩形整体围堰，如图 6-13 所示。其底部设刃脚，空壁厚 1.2~1.4 m，空壁内设有若干个竖向隔板舱，彼此互不连通，以便在其下沉或落底时，按序向各舱内灌水或灌注混凝土。

(a)双壁钢围堰准备拼装

(b)双壁钢围堰就位并下沉

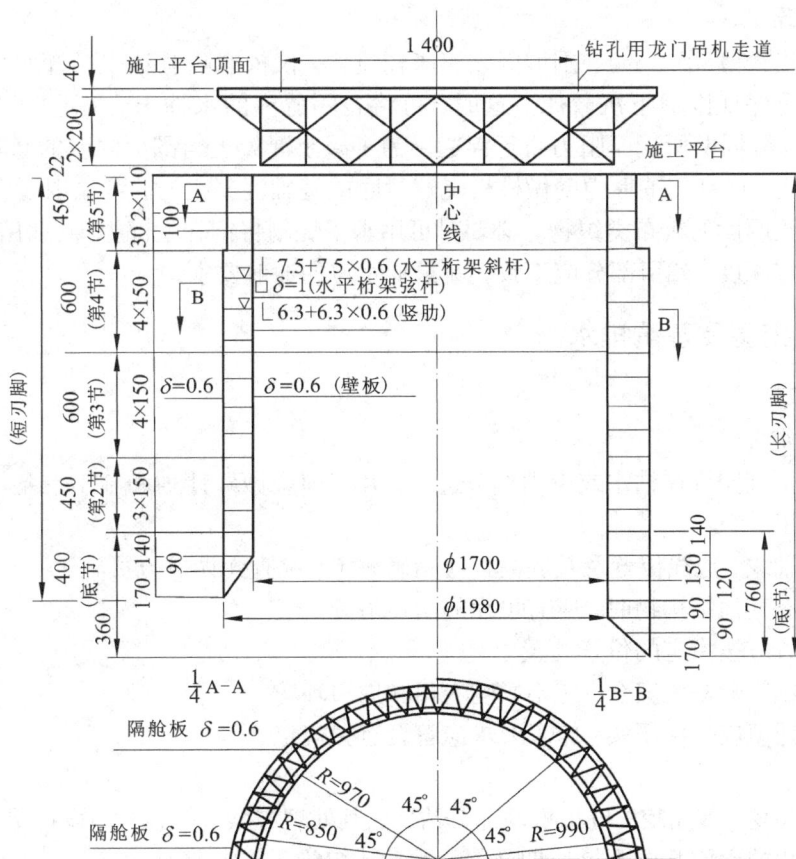

(c)双壁钢围堰基本构造

图 6-13　双壁钢围堰

2) 制作拼装

围堰的大小和总高度应根据工程需要而定。例如，武汉长江公路大桥主塔的双壁钢围堰直径 28.4 m，总高 48.5 m，总重 800 t。围堰的分节高度、分块大小，应结合工地运输、起吊等设备能力综合考虑。对一般大中型围堰，若墩位处水流条件容许，可在墩位处拼装船上组拼，整体吊装上下对接，每节高度一般不超过 5 m，总重不大于 100 t。对特大型围堰，一般分节、分块组拼接高下沉。围堰底节一般在夹于两艘大型铁驳组成的导向船间的拼装船上拼装。

3) 浮运就位

底节下水浮运宜选择气候和水位有利的时机进行，事先应探明有足够的吃水深度，并无水下障碍，且底节顶面应露出水面不小于 1.0 m。底节拖运至墩位后，起吊并抽掉拼装船；就位后向围堰壁各隔舱对称均匀加水，使底节平稳下沉。此后，随接高加水下沉，直至各节全部拼接完毕。

4) 清基封底

围堰着床后，首先在其四周外侧堆砌一圈土袋，在刃脚内侧灌注水下混凝土堵漏，其方法与钢套箱基本相似；然后用多台吸泥机，按基底方格网坐标划分的区域逐块清挖。清基经潜水员检验合格后，方可进行封底或浇筑基础混凝土。

5) 围堰拆除

河床覆盖层较薄(0~2 m)，围堰嵌入河床较浅者，仅依靠隔舱注水及深水抓斗、吸泥机等工程措施即可保证围堰下沉着床。这时，可将各隔舱内的水抽干，围堰便可依靠自身浮力，克服入土部分周壁所受摩阻力自行浮起。为了减小混凝土与围堰内壁的摩阻力，在浇筑刃脚堵漏混凝土，或利用围堰内壁做模板浇筑封底或基础混凝土时，可在围堰内壁挂置一层高度大于混凝土厚度的帆布类织物。必要时可用水下烧割将钢壳上部拆掉，切割位置应在最低水位以下一定深度，残留部分应不致影响最低水位的通航要求。

6.2.4 水中挖基及基坑排水

1. 水中挖基

1) 一般规定

①挖基施工宜安排在枯水或少雨季节进行，开工前应做好计划和施工准备工作，开挖后应连续快速施工。

②基础的轴线、边线位置及基底高程应精确测定，检查无误后方可施工。

③在附近有其他结构物时，应有可靠的防护措施。

④挖基废方应按指定的位置处置。

⑤排水应不影响基坑安全，应不影响农田和周边环境。

⑥基坑的回填应分层压实，施工要求应符合有关规定。

2) 挖基

①应避免超挖，如超挖，应将松动部分清除，其处理方案应报监理、设计单位批准。

②挖至高程的土质基坑不得长期暴露、扰动或浸泡，并应及时检查基坑尺寸、高程、基底承载力，符合要求后，应立即进行基础施工。

③排水困难或具有水下开挖基坑设备时，可用水下挖基方法，但应保持基坑中的原有水

位高程。

2. 基坑排水

基坑排水多采用汇水井排水和井点法降水。在条件适宜的情况下，也可采用改沟、渡槽和冻结法。

1）汇水井排水法

汇水井排水的要点是在基坑内基础范围外挖汇水井（集水坑）和边沟（排水沟），使流进坑内的水沿边沟流入汇水井。然后，用水泵抽水，将水面降至坑底以下，如图 6-14 所示。

汇水井内抽水可用离心泵等抽水机。基坑内渗水量可用抽水试验或计算法确定，并以此为选择水泵的依据。抽水设备的能力，常取渗水量的 1.5～2.0 倍。一般水泵吸程多为 6～7 m，如吸程小于基坑深度，则需将水泵位置降低。扬程不足时，可用串联法安装，或采用多级水泵。汇水井排水法设备简单，费用低。但当地

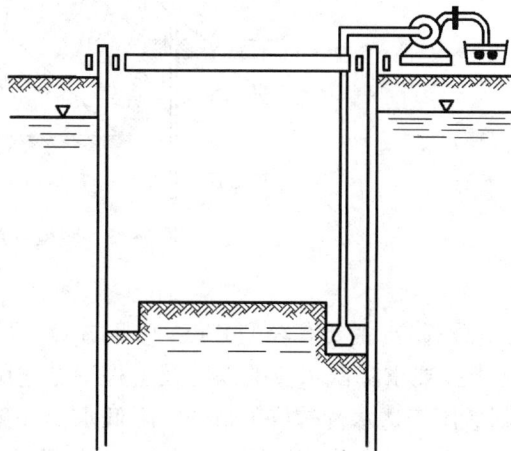

图 6-14　汇水井排水法示意图

基为粉砂、细砂等透水性较差且黏聚力也较小的土层时，在排水过程中，水在土中的渗流，有可能导致涌砂现象的发生，从而使地基破坏、坑壁下陷和坍塌。这时，宜改为水下施工或井点法降水。

2）井点法降水

井点法降水适用于粉砂、细砂，地下水位较高、有承压水、挖基较深、坑壁不易稳定的土质基坑。井点类别的选择，宜按照土壤的渗透系数、要求降低水位深度及工程特点而定，见表 6-2；在无砂的黏质土中不宜使用。

表 6-2　各种井点法的适用范围

井点类别	土壤渗透系数 /(m·d⁻¹)	降低水位深度 /m	井点类别	土壤渗透系数 /(m·d⁻¹)	降低水位深度 /m
一级轻型井点法	0.1～80	3～6	电渗井点法	＜0.1	5～6
二级轻型井点法	0.1～80	6～9	管井井点法	20～200	3～5
喷射井点法	0.1～50	8～20	深井泵法	10～80	＞15
射流泵井点法	0.1～50	＜10			

注：①降低土层中地下水位时，应将滤水管理设于透水性较好的土层中。②井点管的下端滤水长度应考虑渗水土层的厚度，但不得小于 1 m。

在基坑周围，打入带有过滤管头的井点管，在地面与集水总管连接起来，通到抽水系统，用真空泵造成的真空度，将地下水吸入水箱，再用水泵排出，使基坑底下的地下水位暂时降

低。井点法降水的布置如图 6-15 所示。

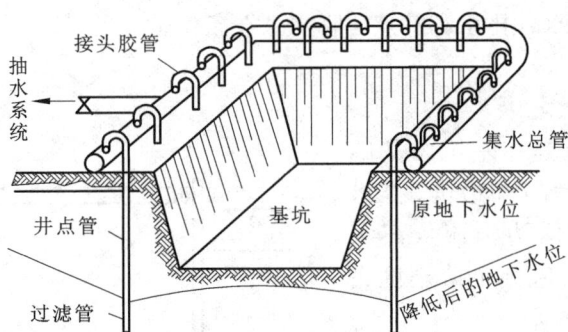

图 6-15 轻型井点法降水示意图

井点法降水主要有轻型井点、喷射井点、射流泵井点和深井泵井点等类型，可根据土的渗透系数、要求降低水位的深度及工程特点选用。前 2 类适用于黏质土及各类砂土；深井泵井点则适用于透水性较好的砂土，降低水位深度 15 m 以上。一般轻型井点抽水最大吸程为 6~9 m。施工时安装井点管，应先造孔(钻孔或冲孔)后下管，不得将井点管硬打入土内。过滤管底应低于基底以下 1.5 m。井点管常用间距 1.0~1.6 m，沿基坑四周布置。管的长度一般为 8 m。一套抽水系统设备所连接的集水总管长度为 80~100 m，可连接 70~80 根井点管。如基坑周边超过上述范围，则需设置两个或多个抽水点。当抽水时，地下水流向过滤管，使地下水位降至坑底以下，既保证旱地工作条件，又消除基坑底下地基土发生涌砂的可能。但井点法降水使用的施工机具较多，施工布置较复杂，在桥涵施工中多用于城市内挖基。

不同类型井点法降水之间的主要区别在于降水设备中的抽水部分，其抽水过程基本是相同的。轻型井点是用真空泵抽水。射流泵井点则是以离心泵的水流通过射流器形成的真空度代替真空泵的作用。喷射井点的工作原理与射流泵井点相似，用多级离心泵代替一般离心泵，因其喷射速度快，形成的真空度较大，降低深度较深，可为 15~20 m，井距可采用 3.0 m 左右。深井泵井点是每个泵独立工作，泵与泵的间距可采用 5~10 m，在敞坑桥涵基坑中，使用极少。

3)帷幕法排水

帷幕法排水是在基坑边线外设置一圈隔水幕，用以隔断水源，减少渗流水量，防止流砂、突涌、管涌、潜蚀等地下水的作用；方法有深层搅拌桩隔水墙、压力注浆、高压喷射注浆、冻结围幕法等，采用时均应进行具体设计并符合有关规定。

6.2.5　基底处理、地基检验及基础砌筑

1. 基底处理

1)基底处理的施工要点

(1)地基处理应根据地基土的种类、强度和密度，按照设计要求，结合现场情况，采取相应的处理方法。

(2)地基处理的范围至少应宽出基础 0.5 m。

(3)符合设计要求的细粒土、特殊土基底，修整妥善后，应尽快修建基础，不得使基底浸水和长期暴露。

2)细粒土及特殊土地基的处理

属细粒土或特殊土类的饱和软弱黏土层、粉砂土层及湿陷性黄土、膨胀土和黏土及季节性冻土，强度低，稳定性差，处理时应视该类土的处置深度、含水量等情况，按基底的要求采取固结处理，以满足设计要求。

3)粗粒土和巨粒土地基的处理

对于强度和稳定性满足设计要求的粗粒土及巨粒土基底，应将其承重面平整夯实，其范围应满足基础的要求。

基底有水不能彻底排干时，应将水引至排水沟，然后在其上修筑基础。

4)岩层基底的处理

(1)风化的岩层，应挖至满足地基承载力要求或其他方面的要求为止。

(2)在未风化的岩层上修建基础前，应先将淤泥、苔藓、松动的石块清除干净，并洗净岩石。

(3)对于坚硬的倾斜岩层，应将岩层面凿平；倾斜度较大，无法凿平时，则应凿成多级台阶，台阶的宽度宜不小于0.3 m。

5)多年冻土地基的处理

(1)基础不应置于季节冻融土层上，并不得直接与冻土接触。

(2)基础的基底修筑于多年冻土层(即永冻土)上时，基底之上应设置隔温层或保温层材料，且铺筑宽度应在基础外缘加宽1 m。

(3)按保持冻结的原则设计的明挖基础，其多年平均地温等于或高于-3 ℃时，应于冬季施工；多年平均地温低于-3 ℃时，可在其他季节施工，但应避开高温季节，并应按下列规定处理。

①严禁地表水流入基坑。

②及时排除季节冻层内的地下水和冻土本身的融化水；必须搭设遮阳棚和防雨棚。

③施工前做好充分准备，组织快速施工。做好的基础应立即回填封闭，不宜间歇；必须间歇时，应以草袋、棉絮等加以覆盖，防止热量侵入。

④施工时，明水应在距坑顶10 m之外修排水沟。水沟之水，应引于远离坑顶宣泄并及时排除融化水。

6)溶洞地基的处理

(1)影响基底稳定的溶洞，不得堵塞溶洞水路。

(2)干溶洞可用砂砾石、碎石、干砌或浆砌片石及灰土等回填密实。

(3)基底干溶洞较大，回填处理有困难时，可采用桩基处理，桩基应进行设计，并经有关单位批准。

7)泉眼地基的处理

(1)可将有螺口的钢管紧紧打入泉眼，盖上螺帽并拧紧，阻止泉水流出；或向泉眼内压注速凝的水泥砂浆，再打入木塞堵眼。

(2)堵眼有困难时，可采用管子塞入泉眼，将水引流至集水坑排出或在基底下设盲沟引流至集水坑排出，待基础坞工完成后，向盲沟压注水泥浆堵塞。采用引流排水时，应注意防止砂土流失，引起基底沉陷。

（3）基底泉眼，不论采用何种方法处理，都不应使基底饱水。

8）地基加固

当地基需要加固时，应根据设计要求及有关规范处理。

2. 地基检验

1）检验内容

（1）检验基底平面位置、尺寸大小、基底高程。

（2）检验基底地质情况和承载力是否与设计资料相符。

（3）检验基底处理和排水情况是否符合规范要求。

（4）检验施工记录及有关试验资料等。

2）检验方法

按桥涵大小、地基土质复杂（如溶洞、断层、软弱夹层、易溶岩等）情况及结构对地基有无特殊要求，可采用以下检验方法：

（1）小桥涵的地基检验，可采用直观或触探方法，必要时可进行土质试验。

（2）大、中桥和地基土质复杂、结构对地基有特殊要求的地基检验，一般采用触探和钻探（钻深至少4 m）取样做土工试验，或按设计的特殊要求进行荷载试验。

3. 基础砌筑

混凝土与砌体基础应在基底无水的状态下施工。不允许水泥砂浆或混凝土在砌（浇）筑时被水冲洗淹没。基础可在以下3种情况下砌筑：干地基上砌筑圬工、排水砌筑圬工和水下混凝土封底再排水砌筑圬工。

（1）干地基上砌筑圬工。

当基坑无渗漏，坑内无积水，基坑为非黏土或干土时，应先将基底洒水湿润；如地基为过湿的土基，应铺设一层厚10~30 cm的碎石垫层，夯实后再铺一层水泥砂浆，然后再砌筑基础。圬工砌筑时，各工作层竖缝应相互错开不得贯通，浆砌块石的竖缝错开距离不应小于8 cm。

（2）排水砌筑圬工。

如基坑基本无渗漏，仅有雨水存积，则可沿基坑底四周基础范围以外挖排水沟，将坑内积水排出后再砌筑基础；如基坑有渗漏，则应沿基坑底四周基础范围以外挖水坑，然后用水泵排出坑外。水泥砂浆和混凝土终凝以后，冰冻地区还需达到设计强度以后才允许浸水。

（3）水下混凝土封底再排水砌筑圬工。

水下灌注混凝土，一般只有在排水困难时采用。当坑壁有较好的防水设施（如钢板桩护壁等），但基坑渗漏严重时，可采用水下灌注混凝土封底方法。待封底混凝土达到强度要求后排水，清除封底混凝土面浮浆，冲洗干净后再砌筑基础圬工。水下封底混凝土应在基础底面以下。封底只能起封闭渗水的作用，封底混凝土只作为地基，而不能作为基础。因此，不得侵占基础厚度。水下封底混凝土层的最小厚度由以下条件控制：当围堰作业已封底并抽干水，板桩同封底混凝土组成一个浮筒，该浮筒的自重应能保证其不被浮起；同时，封底混凝土作为周边简支的板，在基底面上水压力作用下，不致因向上挠曲而折裂。封底混凝土的最小厚度一般为2.0 m左右。

6.3　桩基础施工

6.3.1　沉入桩基础

1. 沉入桩的预制

沉入桩主要为预制的钢筋混凝土桩和预应力混凝土桩,断面形式常用方形和管形。

1)钢筋混凝土方桩

钢筋混凝土方桩可分为实心和空心两种。空心桩可减轻桩身质量,对存放、吊运、吊立都有利。

钢筋混凝土桩的预制要点为:制桩场地的整平与夯实;制模与立模;钢筋骨架的制作与吊放;混凝土浇筑与养护。间接浇筑法要求第 1 批桩的混凝土达到设计强度的 30% 以后,方可拆除侧模;待第 2 批桩的混凝土达到设计强度的 75% 以后才可起吊出坑。也可采用以第 1 批桩为底模的重叠浇筑法制桩。

空心桩的内模,可采用充气胶囊、钢管、橡胶管或活动木模等。

预制桩在起吊与堆放时,较多采用两个支点。较长的桩也可用 3~4 个支点。支点位置一般应按各支点处最大负弯矩与支点间桩身最大正弯矩相等的条件确定,如图 6-16 所示。起吊就位时多采用 1 个或 2 个吊点,如图 6-16(a)(b)所示。堆放场地应靠近沉桩现场,场地平整坚实,并备有防水措施,以免场地出现湿陷或不均匀沉陷。堆放支点位置与吊点相同,堆放层数不宜超过 4 层。当预制桩长度不足时,需要接桩。常用的接桩方法有法兰盘连接、钢板连接及硫磺砂浆锚接连接。

2)预应力混凝土桩

预应力混凝土方桩也有实心和空心两类,其长度为 10~38 m。方桩的制作一般采用长线台座先张法施工。方桩的空心部位配置与直径相适应的特制胶囊,并采用有效措施,防止浇筑混凝土时胶囊上浮及偏心。混凝土管桩,一般均采用预应力混凝土管桩,国内已有定型生产。管桩一般用离心旋转法制作。

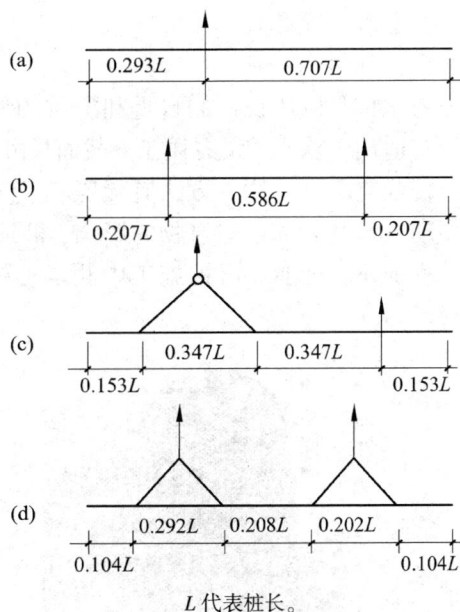

图 6-16　预制桩的起吊位置

2. 沉入桩的施工

沉入桩的施工方法主要有锤击沉桩、振动沉桩、静力压桩、沉管灌注桩及射水锤击沉桩等。

1)锤击沉桩

锤击沉桩一般适用于中密砂类土、黏性土。由于锤击沉桩依靠桩锤的冲击能量将桩打入土中,因此一般桩径不能太大(不大于 0.6 m),入土深度不大于 50 m,否则对沉桩设备要求较高。沉桩设备是桩基础施工成败的关键，应根据土质，工程量，桩的种类、规格、尺寸，施工期限，现场水电供应等条件选择。

2）振动沉桩

振动锤可用于下沉重型混凝土桩和大直径的钢管桩，一般在砂土中效果最佳。在软塑黏性土或饱和的砂类土层中，当桩的入土深度不超过 15 m 时，仅用振动锤即可下沉。在饱和的砂土中，下沉直径 55 cm 的混凝土管桩，采用振动锤配合强烈的射水，可以下沉至 25 m。振动射水下沉钢筋混凝土管柱的一般施工方法为：初期可单靠自重和射水下沉；当下沉缓慢或停止时，可用振动锤，并同时射水；随后振动和射水交替进行，即振动持续一段时间后桩下沉速度由大变小时，如每分钟下沉小于 5 cm，或桩顶冒水，则应停止振动，改用射水，射水适当时间后，再进行振动下沉，如图 6-17 所示。要特别注意合理地控制振动持续时间，不得过短，也不得过长。振动持续时间过短，则土的结构未能破坏；过长，则容易损坏电动机及磨损振动锤部件，故一般不宜超过 10~15 min。当桩底土层中含有大量卵石或碎石，或软岩土层时，如采用高压射水振动沉桩难以下沉时，可将锥形桩尖改为开口桩靴，并在桩内用吸泥机配合吸泥，甚为有效。这时，水压强度应能破坏岩层的完整性，并能冲毁胶结物质。吸泥机的能力应是能吸出用射水不能冲碎的较大石块。一个基础内的桩全部下沉完毕后，为了避免先下沉桩的周围土壤被邻近的沉桩射水所破坏，影响承载力，应将全部基桩再进行一次干振，使达到合格要求。

3）静力压桩

静力压桩是以压桩机的自重和配重的静压力将预制桩压入土中的沉桩方法，如图 6-18 所示。它适用于软土、淤泥质土、截面尺寸在 400 mm×400 mm 以下，桩长 30~35 m 的钢筋混凝土桩或空心桩。这种方法有无噪声、无振动、无冲击力、施工应力小等特点，可以减少打桩振动对地基和邻近建筑物的影响，桩顶不易损坏，不易产生偏心沉桩，节约制桩材料和降低工程成本，且能在沉桩施工中测定沉桩阻力，为设计、施工提供参数，并预估和验证桩的承载能力。

图 6-17　振动及射水

图 6-18　静力压桩施工

4)沉管灌注桩

沉管灌注桩是将底部套有钢筋混凝土桩尖或装有活瓣桩尖的钢管,以锤击或振动下沉到要求的深度后,在管内安放钢筋笼,灌注混凝土,拔出钢管形成。沉管时,桩管内不允许进入水和泥浆;若有进入,灌入1.5 m左右的封底混凝土后,方可再开始沉桩,直至达到要求深度。当用长桩管沉短桩时,混凝土应一次灌足;沉长桩时,可分次灌注,但必须保证管内有约2.0 m高的混凝土。开始拔管时,应测得混凝土确已流出桩管后才可继续拔管。拔管的速度应严格控制。在一次土层内拔管速度宜为1.5~2.0 m/min。一次拔管高度不宜过高,应以第1次拔管高度控制在能容纳第2次灌入的混凝土量为限。

5)射水锤击沉桩

射水沉桩的射水,多与锤击或振动相辅使用。射水施工方法的选择应视土质情况而异:在砂夹卵石层或坚硬土层中,一般以射水为主,锤击或振动为辅;在亚黏土或黏土中,为避免降低承载力,一般以锤击或振动为主,以射水为辅,并应适当控制射水时间和水量。下沉空心桩,一般用单管内射水。当下沉较深或土层较密实时,可用锤击或振动,配合射水。下沉实心桩,要将射水管对称地装在桩的两侧,并能沿着桩身上下自由移动,以便在任何高度射水冲土。必须注意,不论采取何种射水施工方法,在沉入最后阶段不小于2.0 m至设计高程时,应停止射水,单用锤击或振动沉入至设计深度,使桩尖进入未冲动的土中。射水沉桩的设备包括水泵、水源、输水管路(应减少弯曲,力求顺直)和射水管等。射水管内射水的长度应为桩长、射水嘴伸出桩尖外的长度和射水管高出桩顶以上高度之和,射水管的布置如图6-19所示,具体需根据实际施工需要的水压与流量而定。水压与流量关系到地质条件、选用的桩锤或振动机具、沉桩深度和射水管直径、数目等因素,较完善的方法是在沉桩施工前经过试桩选定。

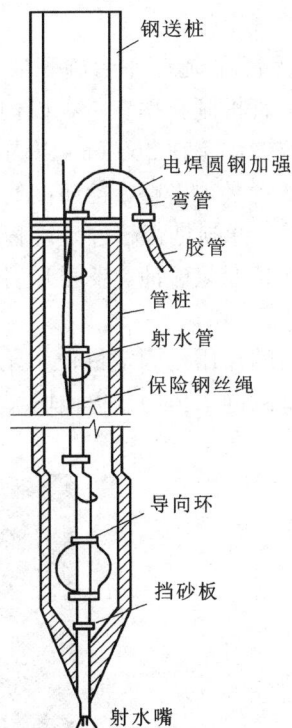

图6-19 射水锤击沉桩结构示意图

射水沉桩的施工要点是吊插基桩时要注意及时引送输水胶管,防止拉断与脱落;基桩插正立稳后,压上桩帽、桩锤,开始用较小水压,使桩靠自重下沉。初期应控制桩身不使其下沉过快,以免阻塞射水管嘴,并注意随时控制和校正桩的方向;下沉渐趋缓慢时,可开锤轻击,沉至一定深度(8~10 m)已能保持桩身稳定后,可逐步加大水压和锤的冲击功能;沉桩至距设计高程一定距离(2.0 m以上)时停止射水,拔出射水管,进行锤击或振动使桩下沉至设计要求高程,以保持桩底土的承载力。

6.3.2 钻孔灌注桩施工

钻孔桩施工的主要工序是准备场地、埋设护筒、制备泥浆、制作钢筋笼、钻孔、清孔、钢筋笼入孔、下导管和灌注水下混凝土等。

1. 准备工作

1）施工平台

（1）场地为浅水时，宜采用筑岛法施工。筑岛的技术要求应符合有关规定。筑岛面积应按钻孔方法、机具大小等要求决定；高度应高于最高施工水位 0.5~1.0 m。

（2）场地为深水时，可采用钢管桩施工平台、双壁钢围堰平台等固定式平台，也可采用浮式施工平台。平台须牢靠稳定，能承受工作时所有静、动荷载。平台的设计与施工可按规范的有关规定执行。

（3）钢管桩施工平台施工质量要求：

①钢管桩倾斜率在 1% 以内。

②位置偏差在 300 mm 以内。

③平台必须平整，各连接处要牢固，钢管桩周围需要抛砂包，并定期测量钢管桩周围河床面高程、冲刷是否超过允许程度。

④严禁船只碰撞，夜间开启平台首尾示警灯，设置救生圈以保证人身安全。

2）护筒设置

护筒的作用是固定桩位、导向钻头、隔离地面水、保护孔口地面及提高孔内水位，以增大对孔壁的静水压力，防止坍塌，如图 6-20 所示。

图 6-20　埋设钢护筒

护筒多采用钢护筒和钢筋混凝土护筒两种类型。护筒设置的一般要求如下：

（1）护筒内径宜比桩径大 200~400 mm。

（2）护筒中心竖直线应与桩中心线重合，除设计另有规定外，平面允许误差为 50 mm，竖直线倾斜不大于 1%，干处可实测定位，水域可依靠导向架定位。

128

（3）旱地、筑岛处护筒可采用挖坑埋设法，护筒底部和四周所填黏质土必须分层夯实。

（4）水域护筒设置，应严格注意平面位置、竖向倾斜和两节护筒的连接质量均需符合上述要求；沉入时可采用压重、振动、锤击并辅以筒内除土的方法。

（5）护筒高度宜高出地面 0.3 m 或高出水面 1.0~2.0 m；当钻孔内有承压水时，应高于稳定后的承压水位 2.0 m 以上。若承压水位不稳定或稳定后承压水位高出地下水位很多，应先做试桩，鉴定在此类地区采用钻孔灌注桩基的可行性。当处于潮水影响地区时，应高于最高施工水位 1.5~2.0 m，并应采用稳定护筒内水头的措施。

（6）护筒埋置深度应根据设计要求或桩位的水文地质情况确定，一般情况下埋置深度宜为 2~4 m，特殊情况下应加大埋置深度以保证钻孔和灌注混凝土的顺利进行。

有冲刷影响的河床，护筒应沉入局部冲刷线以下不小于 1.0~1.5 m。

（7）护筒连接处要求筒内无突出物，应耐拉、压，不漏水。

3）泥浆的调制和使用技术要求

（1）钻孔泥浆一般由水、黏土（或膨润土）和添加剂按适当配合比配制而成，其性能指标可参照表6-3选用。

（2）直径大于 2.5 m 的大直径钻孔灌注桩对泥浆的要求较高，泥浆的选择应根据钻孔的工程地质情况、孔位、钻机性能、泥浆材料条件等确定。在地质复杂、覆盖层较厚、护筒下沉不到岩层的情况下，宜使用丙烯酰胺即 PHP 泥浆，此泥浆的特点是不分散、低固相、高黏度。

（3）泥浆制备。在砂类土、砾石土、卵石土和黏砂土夹层中钻孔，必须用泥浆护壁。泥浆由黏土和水拌和而成。

表6-3 泥浆性能指标选择

钻孔方法	地层情况	泥浆性能指标							
		相对密度	黏度/(Pa·s)	含砂率/%	胶体率/%	失水率/(mL/30 min)	泥皮厚度/(mm/30 min)	静切力/Pa	酸碱度
正循环	一般地层	1.05~1.20	16~22	4~8	≥96	≤25	≤2	1.0~2.25	8~10
	易坍地层	1.20~1.45	19~28	4~8	≥96	≤15	≤2	3~5	8~10
反循环	一般地层	1.02~1.06	16~20	≤4	≥95	≤20	≤3	1~2.5	8~10
	易坍地层	1.06~1.10	18~28	≤4	≥95	≤20	≤3	1~2.5	8~10
	卵石土	1.10~1.15	20~35	≤4	≥95	≤20	≤3	1~2.5	8~10
推钻冲抓	一般地层	1.10~1.20	18~24	≤4	≥95	≤20	≤3	1~2.5	8~11
冲击	易坍地层	1.20~1.40	22~30	≤4	≥95	≤20	≤3	3~5	8~11

注：①地下水位高或其流速大时，指标取高限，反之取低限。②地质状态较好，孔径或孔深较小的取低限，反之取高限。③在不易坍塌的黏质土层中，使用推钻、冲抓、反循环回转钻进时，可用清水提高水头（≥2 m）维护孔壁。④若当地缺乏优良黏质土，远运膨润土也很困难，调制不出合格泥浆，可掺用添加剂改善泥浆性能，各种添加剂掺量可按有关规范选取。⑤泥浆的各种性能指标测定方法可参见有关规范。

泥浆的护壁机理为：充填于钻孔内的泥浆比重比地下水大，且通常保持孔内泥浆液面略高于孔外地下水位。故孔内泥浆的液柱压力既足以平衡孔外地下水压而成为孔壁土体的一种液态支撑，又促使泥浆渗入孔壁土体并在其表面形成一层细密而透水性很小的泥皮，从而维护了孔壁的稳定。在钻孔桩施工中，泥浆除起护壁作用之外，还起悬浮钻渣、润滑钻具的作用，有利于钻进，在正循环钻孔时还可起排渣的作用。因此，对泥浆指标如比重、黏度、含砂率、胶体率和 pH 等，都应符合施工规范的规定。为达到上述性能要求，除必须对造浆的主要材料黏土和水严格选择外，还常用一些化学处理剂及惰性物质来使泥浆达到优质指标。造浆的黏土应采用膨润土，水的 pH 应为 7~8，即呈中性，并且不含杂质。化学处理剂分为无机和有机两大类。无机处理剂有碱类、碳酸盐类等，在工地常用纯碱。它的作用是提高悬液中低价阳离子的浓度，通过离子交换作用去置换黏粒界面吸附层中的高价阳离子，从而加厚结合水膜厚度，达到促使颗粒分散和防止凝聚下沉的目的，对泥浆调制、维护、再生都有良好的作用。有机处理剂有：稀释剂，又称分散剂，如丹宁液、拷胶液等，用于降低黏度；降失水剂，又称增黏剂，起增加黏度和降低失水量的作用，有煤碱液、腐殖酸纤维素、木质素、丙烯酸衍生物。惰性物质，指一些不溶于水的物质，如重晶石粉、珍珠岩粉、石灰石粉等。在泥浆中掺入惰性物质，是为增加泥浆的比重。在施工时，应先做试验确定各种材料的配合比。正、反循环旋转钻孔时，泥浆需要不断循环和净化，在场地需要设置制浆池、储浆池、沉淀池，并用循环槽连接，如图 6-21 所示。

图 6-21　泥浆制备

2. 钻孔施工

钻孔桩的关键是钻孔。钻孔的方法主要可归纳为 3 类，即冲击法、冲抓法和旋转法。

1）冲击钻机钻孔

冲击钻孔是用冲击钻机或卷扬机带动冲锤，借助锤头自动下落产生的冲击力，反复冲击破碎土石或把土石挤入孔壁中，用泥浆浮起钻渣，用抽渣筒或空气吸泥机排出而形成钻孔。

冲击钻机的钻头有十字形(实心锤)和管形(空心锤)等数种。在碎石类土、岩层中宜用十字形钻头；在黏性土、砂类土层中宜用管形钻头。国产冲击钻机的钻孔最大直径，在土层中为 200 cm，在岩层中为 150 cm；钻孔最大深度为 180 m；钻头质量为 1.5~3.0 t。冲击钻孔的主要缺点是钻普通土时，进度比其他方法慢，也不能钻斜孔。

冲击钻孔的施工要点为：为防止冲击振动使邻孔孔壁坍塌，或影响邻孔已浇筑混凝土的凝固，应待邻孔混凝土浇筑完毕，并已达到 2.5 MPa 抗压强度后方可开钻。冲击法钻孔时，应采用小冲程开孔，使其坚实顺直、圆顺，能起导向作用，并防止孔口坍塌。钻进深度超过钻头全高加冲程后，方可进行正常的冲击。在不同的地层，采用不同的冲程：黏性土、风化岩、砾砂石及含砂量较多的卵石层，宜用中、低冲程，简易钻机冲程为 1~2 m；砂卵石层，宜用中等冲程，简易钻机冲程为 2~3 m；基岩、漂石和坚硬密实的卵石层，宜用高冲程，简易钻机冲程为 3~5 m，不超过 6 m。在钻大孔时，可分级扩钻到设计孔径。当用十字形钻头钻 1.5 m 以上的孔径时，可分两级钻进。当用管形钻头钻 0.7 m 以上的孔径时，一般分 2~4 级钻进。

2）冲抓钻机钻孔

冲抓钻孔是用冲抓锥张开抓瓣，并依靠其自重冲入土石中，然后收紧抓瓣绳，抓瓣便将土抓入锥中，提升冲抓锥出井孔，松绳开瓣将土卸掉。冲抓钻头由钻身和抓瓣两部分组成。抓瓣的边沿和瓣尖，要像刀口一样薄、锐、耐磨。一般的冲抓钻头有 4 瓣、5 瓣、6 瓣之分。国产冲抓钻机的钻孔深度为 50~60 m，钻孔直径为 60~150 cm，冲程为 1~3 m。冲抓钻孔适用于黏性土、砂性土、砂黏性夹碎石及河卵石地层。但当孔深超过 20 m 时，钻孔进度大为降低。此外，冲抓钻孔因无钻杆导向亦不能钻斜孔。

3）旋转钻机钻孔

旋转钻孔是用钻机或人力，通过钻杆带动锥或钻头旋转切削土壤并排出，形成钻孔。旋转钻孔又可分为人工推钻、机动推钻或螺旋钻、正循环旋转钻、反循环旋转钻、潜水钻等。其中人工推钻、机动推钻和螺旋钻的工作原理，适用土层相同、均无水作业、不需要泥浆的地区，但有地下水的地区不能使用。在桥梁工程中以正、反循环旋转钻使用较普遍。

（1）正循环旋转钻孔。

泥浆由泥浆泵以高压从泥浆池输进钻杆内腔，经钻头的出浆口射出。底部的钻头在旋转时将土层搅松成为钻渣，被泥浆悬浮，随泥浆上升而溢出，流到井外的泥浆溜槽，经过沉浆池沉淀净化，泥浆再循环使用，如图 6-22 所示。在此过程中，井孔壁靠水头和泥浆保护，钻渣靠泥浆悬浮才能上升携带排出孔外，因而对泥浆的质量要求较高。

正循环旋转钻机的钻头均带有刀刃，旋转时切削土层，其形式有刺猬钻头、鱼尾钻头等，如图 6-23 所示。刺猬钻头钻顶直径等于设计钻孔直径，钻头高度为直径的 1.2 倍。该钻头阻力较大，只适用于孔深 50 m 以内的黏性土、砂类土和夹有粒径在 25 mm 以下的砾石土层。鱼尾钻头用厚 50 mm 的钢板制成，该钻头在砂卵石或风化岩层中有较好的钻进效果，但在黏土层中容易包钻，不宜使用。国产正循环旋转钻机的钻孔直径为 40~250 cm，钻孔深度一般为 40~60 m。

正循环旋转钻孔的施工要点是安装钻机时，钻杆位置偏差不得大于 2 cm。开始钻孔时，应稍提钻杆，在护筒内旋转造浆，开动泥浆泵进行循环。泥浆均匀后开始以低挡慢速钻进，使筒脚处有牢固的泥皮护壁。钻至护筒脚下 1 m 后，方可按正常速度钻进。在钻进过程中，应注意地层变化，采用不同的钻速、钻压、泥浆比重和泥浆量。成孔速度一般为每班进尺 5 m 左右。

图 6-22 正循环旋转钻孔

图 6-23 正循环旋转钻头

（2）反循环旋转钻孔。

反循环旋转钻孔与正循环旋转钻孔泥浆运行方向相反，如图 6-24 所示。泥浆由泥浆池流入钻孔内，同钻渣混合。在真空泵抽吸力作用下，混合物进入钻头的进渣口，经过钻杆内腔、泥石泵和出浆控制阀排到沉淀池中净化，再供使用。由于钻杆内径较井孔直径小得多，故钻杆内泥水上升比正循环旋转钻孔快得多，即使是清水也可把钻渣带上钻杆顶端流到沉淀池。在本法中，泥浆只起护壁作用，其质量要求较低。反循环旋转钻孔靠风压排渣，故钻孔一般比正循环旋转钻孔快 4~5 倍，动力消

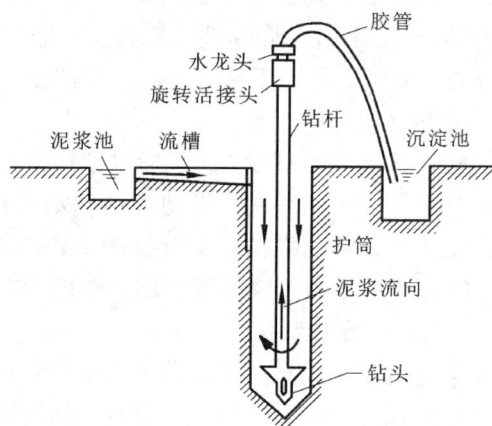

图 6-24 反循环旋转钻孔示意图

耗也较小。反循环旋转钻机的钻头常用三翼空心单尖钻头和牙轮钻头。国产反循环旋转钻机的钻孔直径为 40~800 cm，钻孔深度一般为 40~100 m。

反循环旋转钻孔的施工要点为：钻具装妥放入护筒水中后，为防止堵塞钻头吸渣口，应将钻头提高至距孔底 20~30 cm 处。初钻时，先启动泥浆和钻盘，使之空转，待泥浆进入孔后再钻进，可用 I 挡转速。在普通黏土或砂黏土中钻进时，可用 II、III 挡转速。遇大量地下水和易坍的粉砂土时，宜低挡慢速前进，减少对土的搅动，同时提高水头，加大泥浆比重。当泥浆比重大于 1.3 时，泥泵的抽吸能力降低，以采用 1.1 为宜。

4）钻孔事故

常见的钻孔事故有孔内坍塌（坍孔）、钻孔漏浆、弯孔、糊钻、缩孔、梅花孔、卡钻和掉钻。为了预防坍孔，在松散粉砂土、淤泥层或流砂中钻进时，应控制进尺，选用较大比重、黏度、胶体率的优质泥浆护壁。如孔口坍塌，可回填后再钻，或下移钢护筒至未坍塌处以下至少 1 m。孔内坍塌可回填砂石和黏土混合物后再钻。钻孔漏浆是稀泥浆向孔外漏失，严重漏

浆会导致坍孔，应及时处理。弯孔是钻孔偏斜引起的，严重时会影响钢筋骨架的安装和桩的质量。钻孔进尺快，钻渣大或泥浆比重和黏度太大，出浆口堵塞，易造成糊钻（吸锥）。当地层中夹有塑性土壤，遇水膨胀后会使孔径缩小而造成缩孔现象，一般可采用上下反复扫孔的方法予以扩大。梅花孔是冲击钻孔常遇到的事故，一般用强度高于基岩或探头石的碎石或片石回填重钻。发生卡钻时，不宜强提，不可盲动。遇掉钻应摸清情况，采用各种方法捞出。

3. 清孔

1）目的和方法

钻孔至设计高程并经检查后，应立即进行清孔。其目的在于使沉淀层厚度尽可能减小，提高孔底承载力。浇筑水下混凝土前，允许沉渣，厚度应符合设计要求，设计未规定时：柱桩不大于 10 cm；摩擦桩不大于 30 cm。

清孔可采用下列方法：

（1）抽渣法：适用于冲击钻机或冲抓钻机钻孔。终孔后用抽渣筒清孔，直至泥浆中无 2~3 mm 大的颗粒，且其比重在规定指标之内时为止。

（2）吸泥法：适用于冲击钻机钻孔，不适用于土质松软、孔壁容易坍塌的井孔。它是将高压空气经风管射入孔底，使翻动的泥浆和沉淀物随着强大的气流经吸泥管排出孔外。

（3）换浆法：适用于正、反循环旋转钻孔。终孔后，将钻头提离孔底 10~20 cm 并空转，保持泥浆正常循环，把孔内比重大的泥浆换出。换浆时间一般为 4~6 h。

2）施工要点

终孔检查后，应及时清孔，避免隔时过长泥浆沉淀而引起坍孔。抽渣或吸泥时，应及时向孔内注入清水或新鲜泥浆，保持孔内水位，避免坍孔。

柱桩在浇筑水下混凝土前，应向孔底射水（或射风）3~5 min，翻动沉淀物，然后立即浇筑水下混凝土。射水（或射风）的压力应比孔底压力大 0.05 MPa。不得用加深孔底深度的方法代替清孔。

4. 灌注水下混凝土

1）钢筋骨架的制作、运输及吊装就位的技术要求

（1）钢筋骨架的制作应符合设计要求和第 2 章的有关规定。

（2）长桩骨架宜分段制作，分段长度应根据吊装条件确定，应确保不变形，接头应错开。

（3）应在骨架外侧设置控制保护层厚度的垫块，其间距竖向为 2 m，横向圆周不得少于 4 处。骨架顶端应设置吊环。

（4）骨架入孔一般用吊机，无吊机时，可采用钻机钻架、灌注塔架。起吊应按骨架长度的编号入孔，如图 6-25 所示。

图 6-25　起吊钢筋骨架入孔

(5)钢筋骨架的制作和吊放的允许偏差为：主筋间距±10 mm；箍筋间距±20 mm；骨架外径±10 mm；骨架倾斜度±0.5%；骨架保护层厚度±20 mm；骨架中心平面位置±20 mm；骨架顶面高程±20 mm，骨架底面高程±50 mm。

(6)变截面桩钢筋骨架吊放按设计要求施工。

2)灌注水下混凝土时应配备的主要设备及备用设备

(1)灌注水下混凝土的搅拌机能力，应能满足桩孔在规定时间内灌注完毕。灌注时间不得长于首批混凝土初凝时间。若估计灌注时间长于首批混凝土初凝时间，则应掺入缓凝剂。

(2)水下灌注混凝土的泵送机具宜采用混凝土泵，距离稍远的宜采用混凝土搅拌运输车。采用普通汽车运输时，运输容器应严密坚实，不漏浆、不吸水，便于装卸，混凝土不应离析。其途中运输与灌注混凝土温度有关时，可参照有关规定执行。

(3)水下混凝土一般用钢导管灌注，导管内径为200~350 mm，视桩径大小而定，如图6-26所示。导管使用前应进行水密承压和接头抗拉试验，严禁用压气试压。进行水密承压试验的水压不应小于孔内水深压力的1.3倍，也不应小于导管壁和焊缝可能承受灌注混凝土时最大内压力 P 的1.3倍，P 可按式(6-1)计算：

$$P = \gamma_c h_c - \gamma_w H_w \qquad (6-1)$$

式中：P 为导管可能受到的最大内压力(kPa)；γ_c 为混凝土拌和物的重度(取24 kN/m³)；h_c 为导管内混凝土柱最大高度(m)，以导管全长或预计的最大高度计；γ_w

图6-26 钢导管

为井孔内水或泥浆的重度(kN/m³)；H_w 为井孔内水或泥浆的深度(m)。

3)水下混凝土配制

(1)可采用火山灰水泥、粉煤灰水泥、普通硅酸盐水泥或硅酸盐水泥，使用矿渣水泥时应采取防离析措施。水泥的初凝时间不宜早于2.5 h，水泥的强度等级不宜低于42.5。

(2)粗集料宜优先选用卵石，如采用碎石，宜适当增加混凝土配合比的含砂率。集料的最大粒径不应大于导管内径的1/6和钢筋最小净距的1/4，同时不应大于40 mm。

(3)细集料宜采用级配合理的中砂。

(4)混凝土配合比的含砂率宜采用0.4~0.5，水灰比宜采用0.5~0.6。有试验依据时，含砂率和水灰比可酌情增大或减小。

(5)混凝土拌和物应有良好的和易性，在运输和灌注过程中应无显著离析、泌水现象。灌注时应保持足够的流动性，其坍落度宜为180~220 mm。混凝土拌和物中宜掺用外加剂、粉煤灰等材料，其技术条件及掺用量可参照相关规定办理。

(6)每立方米水下混凝土的水泥用量不宜小于350 kg，当掺有适宜数量的缓凝剂或粉煤灰时，不宜小300 kg。混凝土拌和物的配合比，可在保证水下混凝土顺利灌注的条件下，按照有关混凝土配合比设计方法计算确定。

(7)对沿海地区(包括有盐碱腐蚀性地下水地区)应配制耐腐蚀混凝土。

4)灌注水下混凝土的技术要求

(1)首批灌注混凝土的数量应能满足导管首次埋置深度(≥1 m)和填充导管底部的需要,如图 6-27 所示,所需混凝土数量可参考式(6-2)计算:

$$V \geqslant \frac{\pi D^2}{4}(H_1 + H_2) + \frac{\pi d^2}{4}h_1 \qquad (6-2)$$

式中:V 为首批灌注混凝土所需数量(m^3);D 为桩孔直径(m);H_1 为桩孔底至导管底端间距(m),一般为 0.4 m;H_2 为导管初次埋置深度(m);d 为导管内径(m);h_1 为桩孔内混凝土达到埋置深度 H_2 时,导管内混凝土柱平衡导管外(或泥浆)压力所需的高度(m),即 $H_1 = H_w y_w / y_c$,其中 H_w、y_w、y_c 字母意义同式(6-1)。

(2)混凝土拌和物运至灌注地点时,应检查其均匀性和坍落度等,如不符合要求,应进行第二次拌和,第二次拌和后仍不符合要求时,不得使用。

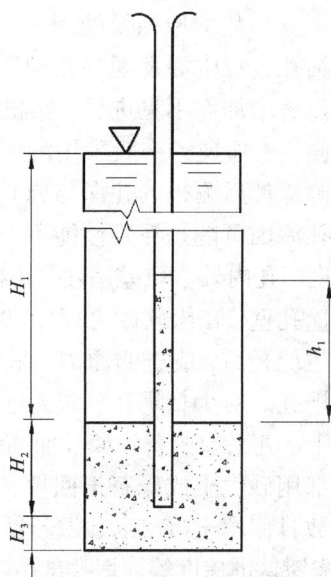

图 6-27　首批混凝土数量计算示意图

(3)首批混凝土拌和物下落后,混凝土应连续灌注。

(4)在灌注过程中,特别是潮汐地区和有承压地下水地区,应注意保持孔内水头。

(5)在灌注过程中,导管的埋置深度宜控制在 2~6 m。

(6)在灌注过程中,应经常测探井孔内混凝土面的位置,及时调整导管埋深。

(7)为防止钢筋骨架上浮,当灌注的混凝土顶面距钢筋骨架底部 1 m 左右时,应降低混凝土的灌注速度。当混凝土拌和物上升到骨架底面 4 m 以上时,提升导管,使其底面高于骨架底部 2 m 以上,即可恢复正常灌注速度。

(8)灌注的桩顶高程应比设计高出一定高度,一般为 0.5~1.0 m,以保证混凝土强度,多余部分接桩前必须凿除,残余桩头应无松散层。

在灌注将结束时,应核对混凝土的灌入数量,以确定所测混凝土的灌注高度是否正确。

(9)变截面桩灌注混凝土的技术要求:对变截面桩,应从最小截面的桩孔底部开始灌注,其技术要求与等截面桩相同。灌注至扩大截面处时,导管应提升至扩大截面下约 2 m,应稍提高混凝土灌注速度和混凝土的坍落度;当混凝土面高于扩大截面处 3 m 后,应将导管提升至扩大截面上 1 m 处,继续灌注至桩顶。

(10)使用全护筒灌注水下混凝土时,当混凝土面进入护筒后,护筒底部始终应在混凝土面以下,随导管的提升,逐步上拔护筒。护筒内的混凝土灌注高度不仅要考虑导管及护筒将提升的高度,还要考虑因上拔护筒引起的混凝土面的降低,以保证导管的埋置深度和护筒底面低于混凝土面。要边灌注、边排水,保持护筒内水位稳定,不至于过高而造成反穿孔。

(11)在灌注过程中,应将孔内溢出的水或泥浆引流至适当地点处理,不得随意排放,污染环境及河流。

5. 钻孔灌注桩的事故处理

1）坍孔事故的原因及处理

在钻孔过程中如发现井孔护筒内水（泥浆）位忽然上升溢出护筒，随即骤降并冒出气泡，出渣量显著增加而不见进尺，钻机负荷显著增加，应怀疑为坍孔征象，可用测深仪探头或测深锤探测，工地现场一般采用测深锤。若在混凝土灌注中，原停留在孔内的测深锤不能上拔或放入测深锤后测得的孔深与原孔深相差较大，可证实属坍孔。

坍孔原因可能是泥浆性能不符合要求，护筒底脚周围漏水，孔内水位降低；在潮汐河流中涨潮时，孔内外水位差减小，不能保证原有的落水压力；施工操作不当，如提钻头、下钢筋笼时碰撞孔壁；在松软砂砾层中钻孔，进尺太快；护筒周围堆放重物或机械振动；等等。

发生坍孔后，应查明原因，采取如保持或加大水头、移开重物、排除振动等相应措施以防继续坍孔。对少量坍孔，如无继续坍孔，可恢复正常钻进。坍孔不严重时，可回填土到坍孔位以上，并采取改善泥浆、加高水头、深埋护筒等措施，继续钻进；坍孔严重时，应立即将钻孔全部用砂类土或砾石土回填，无上述土类时，可采用黏质土并掺入 5%~8% 的水泥砂浆，应等待数日回填土沉实后，重新钻孔。此次钻进要吸取上次教训，采取相应措施，如改善泥浆浓度、减缓钻进速度等。坍孔部位不深时，可采取深埋护筒法，将护筒填土夯实，重新钻孔。

2）断桩事故的处理

（1）灌注时间不长、混凝土数量不大时，将孔中混凝土及泥石全部清除，重新灌注。

（2）在距地面较浅（小于 15 m）时，可用完整钢（钢筋混凝土）护筒的办法，抽干泥浆，凿出新混凝土面，再按无水混凝土浇筑至设计高程。对钢护筒，可边浇、边拔护筒。若地质条件许可，在保证安全的情况下，可不加长护筒，清除泥浆及浮渣后直接进行灌注混凝土，新旧混凝土接触面要进行凿毛处理。

（3）在距地面较深时，应分析原因，采取相应的措施，对于计划重做的桩，要立即拔出钢筋骨架，提出导管，重新钻孔，按新孔进行混凝土浇筑。

（4）对浇筑完成后才发现的断桩，要采取补桩的方案。方案要通过计算，并上报有关部门，一般采用扁担桩、压浆补强等办法来处理。

6. 钻孔灌注桩的质量检验

桩的检验：一是了解其承载力大小；二是检验桩本身混凝土质量是否符合要求。水下混凝土质量应符合以下要求：强度须符合要求；无夹层断桩；桩身无混凝土离析层；桩底不高于设计高程；桩底沉淀厚度不大于设计规定等。

检测方法：每根灌注桩都应按规范要求，检查一定数量的试件。例如，公路规范要求每根桩至少应留取标准试件 2 组；桩长 20 m 以上者不少于 3 组；如换工作班时，每工作班都应制取试件。重要结构或地质条件较差、桩长超过 50 m 的桩，可预埋 3~4 根检测管，对水下混凝土质量做超声波检测。根据声波在有缺陷混凝土中传播时振幅减小、波速降低、波形畸变，检测混凝土桩的完整性。在无条件使用无破损法检测时，应采用钻孔取芯样检测法。

灌注桩承载力检测方法一般分两大类：静力试桩和动力试桩。相比之下，后者费用低、速度快、设备轻便，是承载力检测技术的主要发展方向。目前，确定灌注桩承载力的动力试桩方法只能采用高应变法（作用在桩顶上的能量足以使桩身产生 2.5 mm 以上的贯入度）。用高应变法确定桩的承载力的方法也很多。

6.4　沉井与沉箱基础施工

6.4.1　概述

沉井是桥梁工程中广泛采用的一种无底无盖、形如井筒的基础结构物。沉井在施工时作为基础开挖的围堰，依靠自身重力，克服井壁摩阻力逐渐下沉，直至到达设计位置。同时，沉井经过混凝土封底并填充井孔后成为墩台的基础。

沉井基础宜在以下情况下采用：承载力较高的持力层位于地面以下较深处，明挖基坑的开挖量大，地形受到限制，支撑困难；山区河流中，冲刷大，或河中有较大的卵石不便于桩基施工；岩层表面较平坦，覆盖层不厚，但河水较深。

沉井基础的特点为：埋置深度可以很大，整体性强、稳定性好、刚度大、承载力大；施工设备简单，工艺不复杂，可以几个沉井同时施工，缩短工期；下沉时如遇大孤石、沉船、落梁、大树根等障碍物，会给施工带来很大困难。此外，沉井不适用于岩层表面倾斜过大的地方。

沉井可分为混凝土沉井、钢筋混凝土沉井、钢沉井和竹筋混凝土沉井等，其中最常用的是钢筋混凝土沉井，可以做成重型的就地制造、下沉的沉井，也可做成薄壁浮运沉井及钢丝网水泥沉井。混凝土沉井一般只适用于下沉深度不大(4~7 m)的松软土层，多做成圆形，使混凝土主要承受压应力。钢沉井适于制造空心浮运沉井。竹筋混凝土沉井可以就地取材，节约用钢，适用于我国南方盛产竹材的地方。

6.4.2　沉井的制造和下沉

1. 场地准备

制造沉井前，应先平整场地，并要求地面及岛面有一定的承载力，否则应采取换填、打砂桩等加固措施。

(1)在无水地区的场地。

在无水地区，如天然地面土质较好，只需将地面杂物清除干净和整平，就可在墩台位置上制造和下沉沉井。如土质松软，则应换土或在其上铺填一层不小于 0.5 m 的砂或砂夹卵石并夯实，以免沉井在混凝土浇灌之初，因地面沉降不均产生裂缝。有时为减少沉井在土中的下沉量，可先开挖一个基坑，使其坑底高出地下水面 0.5~1.0 m，然后在坑底上制造沉井。

(2)在岸滩或浅水地区的场地。

在岸滩或浅水地区，须先筑造无围堰土岛。筑岛施工时，应考虑筑岛后压缩流水断面，加大流速和提高水位的影响。

无围堰土岛一般在水深小于 1.5 m、流速不大时适用。土料的选择依流速大小而定。土岛护道宽度不宜小于 2.0 m，临水面坡度可采用 1∶2。

(3)在深水或流速较大地区的场地。

水深在 3.5 m 以内，流速为 1.0~2.0 m/s 的河床上，可用草(麻)袋装砂砾堆成有迎水箭的围堰；流速为 2.0~3.0 m/s，宜用石笼堆成有迎水箭的围堰，在内层码草袋，然后填砂筑岛。

钢板桩围堰筑岛多用于水深(一般在 15 m 以内)流急、地层较硬的河流。围堰筑岛的护道宽度,应满足沉井重力等荷载和对围堰所产生的侧压力的要求。

2. 底节沉井的制造

底节沉井的制造包括场地整平夯实、铺设垫木、立沉井模板及支撑、绑扎钢筋、灌注混凝土拆模等工序。

(1)铺设垫木。

制造沉井前,应先在刃脚处对称地铺满垫木,并使长、短垫木相间布置,如图 6-28 所示。垫木底面压应力应不大于 0.1 MPa,垫木一般为枕木或方木。为抽垫方便,沉井垫木应沿刃脚周边的垂直方向铺设。垫木下须垫一层约 0.3 m 厚的砂。垫木间的间隙也用砂填平。垫木的顶面应与刃脚的底面相吻合。

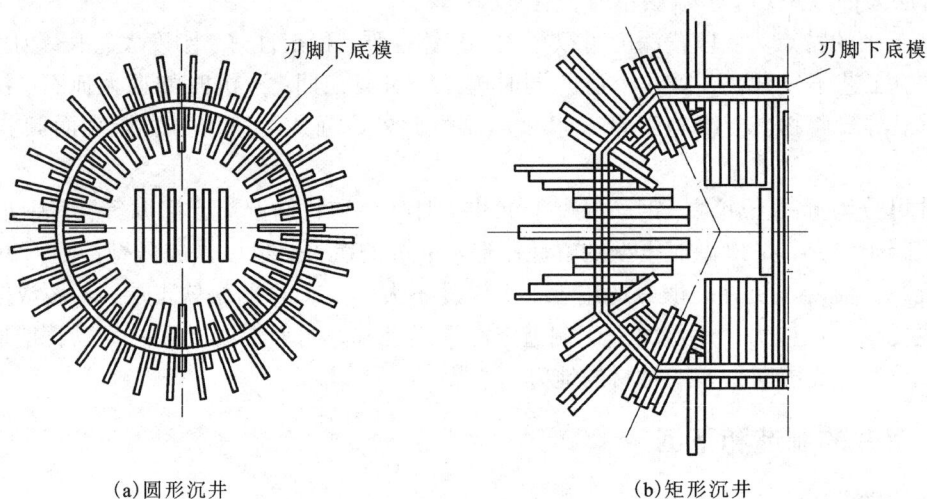

(a)圆形沉井   (b)矩形沉井

图 6-28　垫木布置示意图

(2)立模板、绑扎钢筋。

有钢刃脚时,垫木铺好后要先拼装就位,然后立内模。其顺序为:刃脚斜坡底模,隔墙底模,井孔内模,再绑扎与安装钢筋,最后安装外模和模板拉杆。外模板接触混凝土的一面要刨光,使制成的沉井外壁光滑,以利下沉。钢模板具有周转次数多、强度大及其他许多优点。

模板及支撑应有较好的刚度,内隔墙与井壁连接处承垫应连成整体,以防止不均匀沉陷。

(3)混凝土灌注与养护。

沉井混凝土应沿井壁四周对称均匀灌注,最好一次灌完。

混凝土灌注后 10 h 即可遮盖浇水养护。底节沉井混凝土养护强度必须达到 100%,其余各节允许达到设计强度的 70% 时进行下沉。

(4)拆模及抽垫。

在混凝土强度达到 2.5 MPa 时,方可拆除直立的侧面模板,且应先内后外,达到设计强度的 70%后,方可拆除其他部位的支撑与模板。拆模的顺序为:井孔模板,外侧模板,隔墙支撑及模板,刃脚斜面支撑及模板。撤除垫木必须在沉井混凝土已达设计强度后进行。抽垫

138

应分区、依次、对称、同步进行。撤除垫木的顺序为：先撤内壁下垫木，再撤短边下垫木，最后撤长边下垫木。长边下的垫木是隔一根、撤一根，然后以4根定位垫木(应用红漆表明)为中心，由远而近对称地撤除。最后撤除4根定位垫木。每撤出一根垫木，在刃脚处随即用砂土回填捣实，以免沉井开裂、移动或倾斜。

（5）土内模制造沉井刃脚。

采用土内模制造沉井刃脚，不但可节省大量垫木及刃脚斜坡和隔墙地底模，还可省去撤除垫木的麻烦。土模分填土和挖土内模，如图6-29所示。填土内模施工是先用黏土、砂黏土按照刃脚及隔墙的形状和尺寸分层填筑夯实，修整表面使其与设计尺寸相符。为防水及保持土模表面平整，可在土模表面抹一层2~3 cm的水泥砂浆面层。同时为增强砂浆面层与土模连接的整体性，当地下水位低、土质较好时，可采用挖土内模。

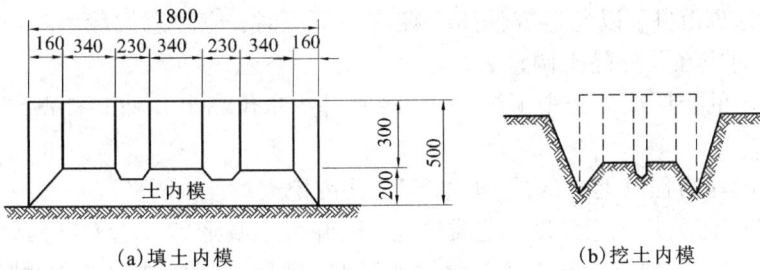

（a）填土内模   （b）挖土内模

图6-29 土内模制造沉井刃脚

3. 沉井下沉

1）下沉施工方法

撤完垫木后，可在井内挖土消除刃脚下土的阻力，使沉井在自重作用下逐渐下沉。井内挖土方法可分为排水挖土和不排水挖土，如图6-30所示。只有在稳定的土层且渗水量较小（每 m² 沉井面积渗水量不大于 1.0 m³/h），不会因抽水引起翻砂时，才可边排水、边挖土。否则，只能进行水下挖土。

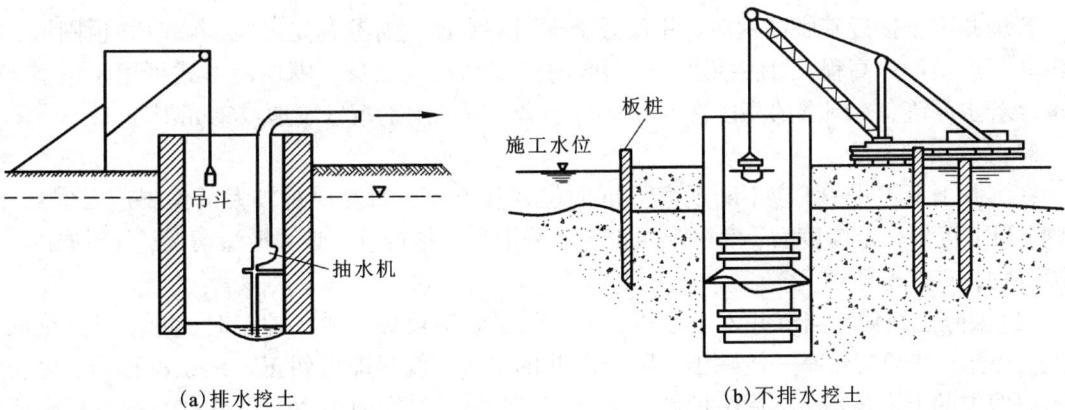

（a）排水挖土   （b）不排水挖土

图6-30 沉井下沉施工方法示意图

挖土方法和机具应根据工程的具体条件合理选择。在排水下沉时，可用抓土斗或人工挖土。用人工挖土时，必须切实防止基坑涌水翻砂，特别应查明土层中有无"承压水层"，以免在该土面附近挖土时，承压水突破土层涌进沉井，危及人身安全和埋没机具设备。不排水下沉时，可使用空气吸泥机、抓土斗、水力吸石筒、水力吸泥机等。下沉辅助措施有高压射水、炮振、压重、降低井内水位及空气幕或泥浆套等。

在下沉过程中应注意：

（1）正确掌握土层情况，做好下沉测量记录，随时分析和检验土的阻力与沉井重力关系。

（2）在正常下沉时应均匀挖土，不使内隔墙底部受到支承。在排水下沉时，设计支承位置处的土，应在分层挖土中最后挖除。为防止沉井下沉时偏斜，应控制井孔内出土深度和井孔间的土面高差。

（3）随时调整偏斜，在下沉初期尤其重要。

（4）弃土应远离沉井，以免造成偏压。在水中下沉时，应注意河床因冲刷和淤积引起的土面高差，必要时应在井外除土调整。

（5）在不稳定的土层或砂土中下沉时，应保持井内水位高出井外 1~2 m，防止翻砂，必要时向井孔内补水。

（6）下沉至设计高程以上 2 m 前，应控制井孔内挖土量，并调平沉井。

沉井下沉进度随沉井入土深度、地质情况、沉井大小及形状、施工机具设备能力大小及选择适宜的施工方法等情况而异，其变化幅度很大，特别是土质结构复杂时影响更大。根据部分沉井下沉统计资料，筑岛沉井自抽垫下沉至沉到设计高程，浮式沉井自落入河床至沉到设计高程的全部作业时间内，其平均综合下沉进度为：砂土中 0.3~0.4 m/d；卵石中 0.15~0.25 m/d；砂黏土及黏砂土互层中 0.20~0.30 m/d；黏土中 0.10~0.20 m/d。

2）接筑沉井和井顶围堰

当第 1 节沉井顶面沉至离地面只有 0.5 m 或离水面只有 1.5 m 时，应停止挖土下沉，接筑第 2 节沉井。这时第 1 节沉井应保持竖直，使两节沉井的中轴线重合。为防止沉井在接筑时突然下沉或倾斜，必要时在刃脚下回填。接筑过程中应尽量对称、均匀加重。混凝土施工接缝应按设计要求布置接缝钢筋，清除浮浆并凿毛。每当前一节沉井顶面沉至离地面或水面只有 0.5 m 时，即接筑下一节沉井。

若沉井沉至接近基底高程时，井顶低于土面或水面，则需事先修筑一临时井顶围堰，以便沉井下沉至设计高程，封底抽水，在围堰内修筑承台及墩身。围堰的形式可用土围堰、砖围堰。若水深流急，围堰的高度在 5.0 m 以上者，宜采用钢板桩围堰或钢壳围堰。

3）沉井纠偏方法

在沉井下沉过程中，应不断观察下沉的位置和方向，如发现有较大的偏斜应及时纠正。否则，当下沉到一定深度后，就很难纠正了。采取纠正措施前，必须摸清情况，分析原因，如有障碍物，应首先排除。

（1）偏除土纠偏。当沉井入土不深，采用此法效果较好。纠正偏斜时，可在刃脚较低一侧加支撑垫，在刃脚较高一侧除土。随着沉井的下沉，偏斜即可纠正。纠正位移时，可使偏除土向偏位的方向偏斜，然后沿偏斜方向下沉，直至沉井底面中心与设计中心位置相合或相近，再纠正偏斜。

140

（2）井顶施加水平力纠偏，在低的一侧刃脚下加设支垫纠偏，由滑车组在高的一侧沉井顶部施加水平拉力，通过挖土沉井逐渐下沉以纠正偏斜。

（3）井顶施加水平力、井外射水、井内偏除土纠偏，在刃脚高的一侧沉井顶，由滑车组加拉力，并在同一侧井外射水、井内吸泥实现纠偏。

（4）增加偏土压纠偏，在沉井的一侧抛石填土，增加该侧土压力，可使沉井向另一侧偏斜，达到纠偏的目的。

（5）沉井位置扭转的纠正。在沉井两对角偏除土，另两对角偏填土，可借助不相对的土压力形成扭矩，使沉井在下沉过程中逐渐纠正其位置。

4）沉井基底清理、封底及浇筑

沉井下沉到设计高程后，如水可以排干，则可直接检验，否则应由潜水工水下检验。当检验合乎要求后，便可清理和处理沉井井底，以保沉井底面与地基面有良好的接触，两者之间没有软弱夹层。

当为排水挖土下沉时，与敞坑开挖地基处理相同，比较简单。需水下清基时，可用射水、吸泥和抓泥交替进行，将浮泥、松土和岩面上的风化碎块等尽量清除干净。清理后的有效面积(扣除刃脚斜面下一定宽度内不可能完全清除干净的沉井底面积)不得小于设计要求。

沉井水下混凝土封底时，与围堰内水下混凝土封底要求相同。水下封底混凝土，达到设计要求强度时，把井中水排干，再填充井内圬工。若井孔不填或仅填以砂土，则应在井顶灌制钢筋混凝土顶盖，以支托墩台。接着就可砌筑墩台身，当墩台身砌出水面或土面后就可拆除井顶围堰。

沉井清基后，底面平均高程、沉井最大倾斜度、中心偏移及沉井平面扭转角应符合施工规范的要求。

6.4.3　浮式沉井

在深水中，当人工筑岛有困难时，则常采用浮式沉井。它是把沉井做成空体结构，或采用其他措施，使其能在水中漂浮；可以在岸边做成，滑入水中，拖运到设计墩位上，也可以在驳船上做成，连同驳船一起拖运到墩位上，再吊起放入水中。沉井就位后，在悬浮状态下，逐步用混凝土或水灌入空体中，使其徐徐下沉，直达河底。当沉井较高时，则需分段制作，在悬浮状态下逐节提高，直至沉入河底。当沉井刃脚切入河底一定深度后，即可按一般沉井的下沉方法施工。

浮式沉井的类型很多，如钢丝网水泥薄壁浮式沉井、双壁钢壳底节浮式沉井、带钢气筒的浮式沉井、钢筋混凝土薄壁浮式沉井和临时井底浮式沉井等。

1. 钢丝网水泥薄壁浮式沉井

钢丝网水泥由钢筋网、钢丝网和水泥砂浆组成。通常是将若干层钢丝网均匀地铺设在钢筋网的两侧，外面抹以水泥砂浆，使之充满钢筋网和钢丝网之间的空隙，且以 1~3 mm 作为保护层。当钢丝网和钢筋网达到一定含量时，钢丝网水泥就具有一种匀质材料的力学性能，具有很大的弹性和抗裂性。

由于钢丝网水泥具有上述特性，用来制作薄壁浮式沉井非常适宜，而且制作简单，无须模板和其他特殊设备，可节约钢材和木材。

2. 双壁钢壳底节浮式沉井

双壁钢壳底节浮式沉井，是近年来桥梁工程中广泛应用的沉井基础，特别是在水深流急的河段。它可在工厂分段制作，现场拼装成形，下水浮运到位下沉。

双壁钢壳底节浮式沉井可做成圆形、方形和圆端形。沉井是用型钢构成骨架，用薄钢板（厚度为 5~6 mm）做成内外壳，经焊制而成的沉井底节钢模板。钢壳沉井壁划分成若干隔仓，隔仓是独立的，互相间不得漏水，如图 6-31 所示。在沉井注水落床后，按中心对称的程序，分仓抽水浇筑混凝土，待凝固后再按程序下沉。当沉井入水较深、直径较大时，宜用双壁钢壳底节浮式沉井。虽耗钢料较多，但比较安全，制作不困难，施工方便，而且封底混凝土以上部分，在墩身出水后，可由潜水工在水下烧割回收，重复使用。

图 6-31　双壁钢壳底节浮式沉井

6.4.4　沉箱基础施工

压气沉箱工法是向沉箱底节密闭工作室内，压送与地下水压力相当（水深每增加 10 m，压力增加 0.1 MPa）的压缩空气，阻止地下水渗入作业室，从而使开挖作业在干涸状态下进行。该工法从原理上讲是防止地下水涌入，实现人工无水挖掘的最有效的方法。但其有一个致命的弱点，就是随着开挖深度的加深，箱内气压增大。当作业气压大于 0.2 MPa 时，作业人员易患所谓的“沉箱病”，包括醉氮、氧中毒、二氧化碳中毒和减压病等。这个原因使该工法 150 年来发展不大，甚至一度被认为是应弃之不用的工法。

随着自动化技术、机电一体化技术的发展，近十几年来相继出现一些新的沉箱工法，其中包括自动遥控无人单挖型沉箱工法、充氦混合气体遥控沉箱工法、遥控无人挖掘大深度沉箱压气工法、挖掘机自动回收型沉箱挖掘工法，以及适用于多种地层的多功能型自动无人挖掘沉箱工法等。无人沉箱工法被认为是大深度基础施工中最有前途的工法。

1. 沉箱的基本构成和主要设备

沉箱的主要构成部分为工作室、刃脚、箱顶圬工、升降孔、箱顶的各种管路、沉箱作业的气闸和压缩空气站等。

（1）工作室是指由其顶盖和刃脚所围成的工作空间，其四周和顶面均应密封不漏气。室内最小高度为 2.2 m；如要装设水力机械，最小高度为 2.5 m。

（2）顶盖即工作室的顶板，下沉期要承受高压空气向上的压力，后期则承受箱顶上坞工的荷重，因此它应具有一定的厚度。

（3）沉箱刃脚的作用是切入土层，同时也作为工作室的外墙，它不仅要防止水和土进入室内，也要防止室内高压空气的外逸。由于刃脚受力很大，应做得非常坚固。

（4）沉箱顶上的坞工也是基础的主要组成部分。在下沉过程中，不断砌筑的箱顶坞工，起到压重作用。坞工可以做成实体，也可沿周边砌成空心环形，视需要而定。

（5）升降孔是在沉箱顶盖和箱顶坞工中安装的连通工作室和气闸的井管，使人、器材及室内弃土能由此上下通过，并经过气闸出入大气中。

（6）气闸是沉箱作业的关键设备。它的一个作用是让人用变气闸、器材和挖出之土进出工作室，而又不引起工作室内气压变化；另一个作用是当人出入工作室时，调节气压变化的速度，慢慢地加压或减压，使人体不致引起任何损伤。如加压太快，会使耳膜感到疼痛，引起耳腔病；减压过快，使在高气压下溶解于血液中的氮来不及由肺部排出，而在血管中变成小气泡压迫神经，引起关节炎；同时，高压空气中的乙炔也溶于血液中，如来不及排出，会引起人体中毒。

（7）井管是连接气闸与工作室的交通孔道，随沉箱的不断下沉逐渐接长，以保持气闸始终高出地面或水面。

（8）压缩空气机站供应沉箱工作室和气闸所需要的压缩空气，是沉箱作业的重要设备。为安全起见，应配有备用空气压缩机。

2. 沉箱的制造与下沉

人工筑岛和下沉压气沉箱的方法，基本上和沉井基础相同。不同者为沉箱需要安装井筒和拆装气闸。

沉箱的制造和下沉工序为：在岛面上制造沉箱第 1 节→抽垫后安装升降井筒与气闸→挖土下沉及接高沉箱＋接长井筒与拆装气闸→基底土质鉴定和基底处理→填封工作室和升降孔。沉箱下沉工序如图 6-32 所示。

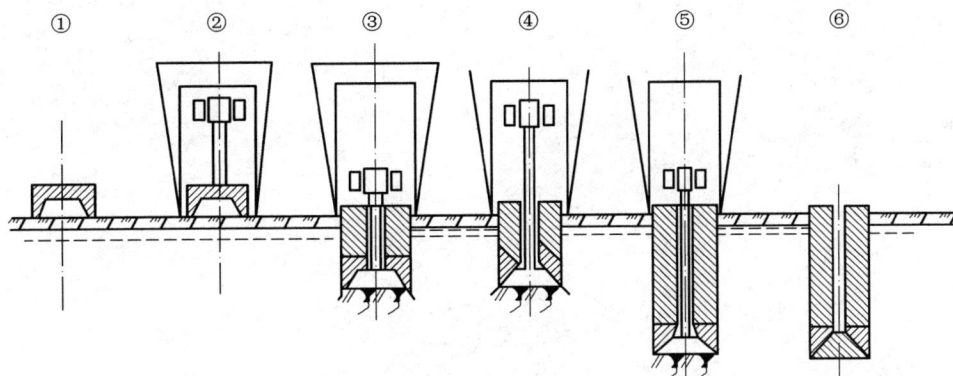

图 6-32　沉箱下沉工序

思考与练习

6-1　在明挖基础施工中，基坑开挖护壁加固的方式有哪些？

6-2　基础施工中水中围堰形式有哪些？它们的适用条件如何？

6-3　沉入桩的施工方法主要有哪几种？

6-4　钻孔桩基础施工的主要顺序如何？其中泥浆和护筒的作用是什么？

6-5　钻孔桩基础钻孔的主要方法有哪些？试分别简述其施工要点。

6-6　常见的钻孔事故有哪些？如何处理？

6-7　钻孔灌注桩造成断桩的原因是什么？如何处理？

第7章
桥梁墩台施工

【知识目标】

1. 概述墩台模板设计与施工要求；
2. 区分滑模施工、爬模施工、翻模施工不同施工方法的工艺特点；
3. 掌握盖梁和台帽施工工艺。

【能力目标】

1. 绘制桥梁墩台施工工艺的思维导图；
2. 辨别桥梁墩台施工质量控制要点；
3. 能分析施工质量事故，并提出初步解决方案。

【素养目标】

1. 培养开拓创新精神；
2. 敢于面对学习及工作带来的挑战；
3. 培养质量意识、创新意识、环保施工意识。

桥梁墩台施工的方法有两类：另一类是就地浇筑与石砌；一类是拼装预制混凝土砌块、钢筋混凝土与预应力混凝土构件。前者采用较多，但是施工期限较长，且要耗费较多的人力与物力。近年来，随着重型机械、运输机械的发展，采用拼装预制构件，建造实心、空心墩台的施工方法有所进展，其不仅可以保证施工质量、减轻劳动强度，而且可以加快施工进度、提高施工效益，尤其对缺少砂石的地区和沙漠缺水地区建造墩台有着重要意义。

7.1 混凝土墩台施工模板的类型和构造

7.1.1 墩台模板的构造要求

墩台轮廓尺寸和表面的光洁通过模板来保证，根据《公路桥涵施工技术规范》的规定，模板的设计与施工必须符合以下要求：

(1) 尺寸准确，构造简单，便于制作、安装和拆卸。

(2) 具有足够的强度和刚度，能够承受混凝土的重量和侧压力，以及在施工过程中可能出现的荷载和振动作用。

（3）模板板面之间应平整，接缝严密，不漏浆，保证结构物外露面美观。

（4）使用胶合板和钢模板，以节约木材，提高模板的适应性和周转率。

模板的结构还要便于钢筋的布置和混凝土灌注，必要时应在适当位置安设活动挡板或窗口，因此，对于重要结构的模板均应进行模板设计。支撑模板的支柱和其他构件，也应便于安装和拆卸，并能重复使用。

7.1.2 墩台模板的类型

桥梁墩台的模板类型有固定式模板、拼装式模板、组合式定型钢模板、整体吊装模板及滑升模板等。

1. 固定式模板

固定式模板也称零拼模板，它是采用预先在木工场制备好的模板构件，到工地就地安装而成的。模板由紧贴混凝土的面板（壳板）、支承面板的肋木、立柱、拉条（或钢箍）、铁件等组成，如图 7-1 所示。固定式模板安装时，先拼骨架（图 7-2），后钉壳板，具体做法是先将立柱安装在承台顶部的枕梁（底肋木）上，将肋木固定在立柱上，在立柱两端用钢拉条拉紧并加强连接（可临时加横撑和斜撑），形成骨架。若桥墩较高，应加设斜撑、横撑和抗风拉索等，如图 7-3 所示。

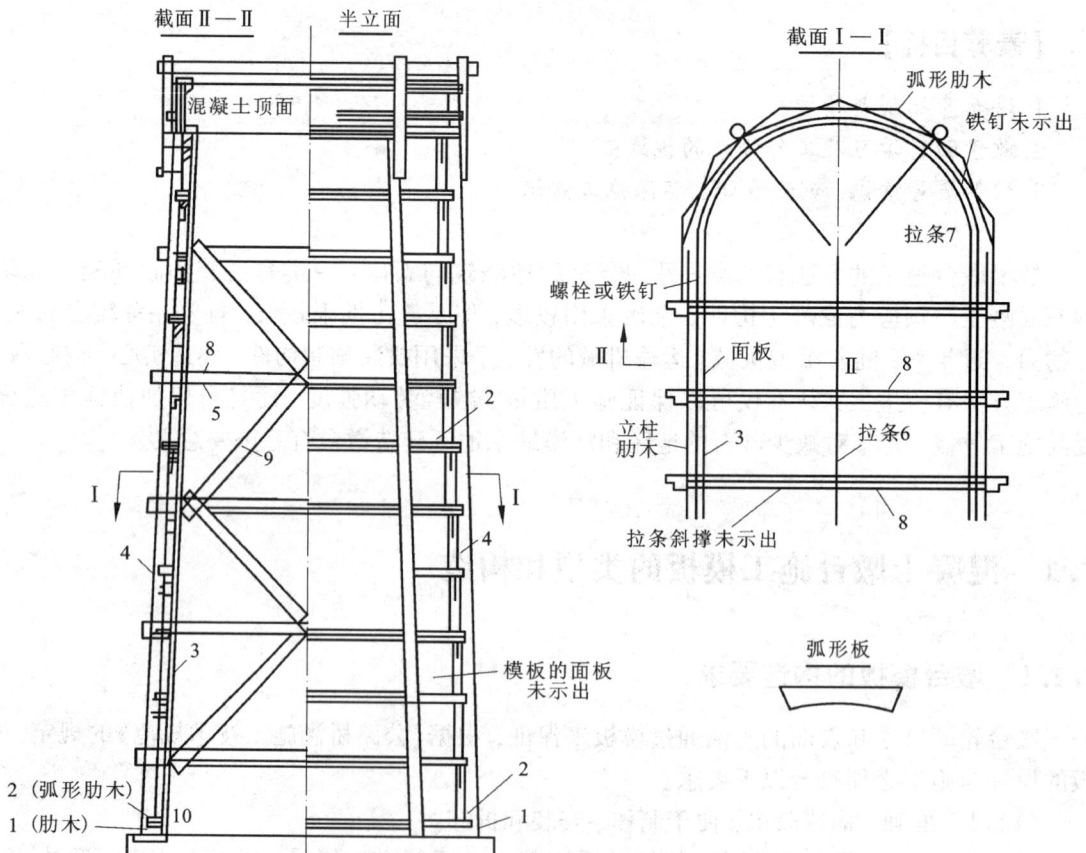

146

1—肋木；2—弧形肋木；3—面板；4—立柱；5—拉条；
6—纵轴拉条；7—弧向拉条；8—横撑；9—斜撑；10—短木条。

图 7-1　固定式模板

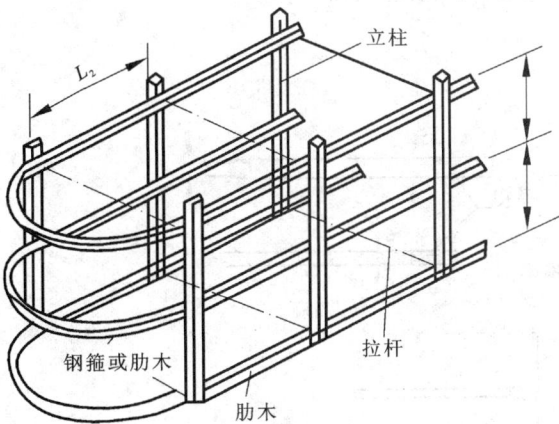

图 7-2　模板骨架

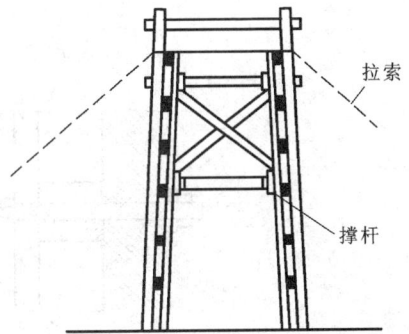

图 7-3　稳定桥墩模板

　　模板骨架拼成后，即可将面板钉在肋木上。为防止面板翘曲，每块面板宽度最好不超过200 mm，厚度为 30~50 mm。在桥墩曲面处，应根据曲度采用较窄木板。圆锥形模板的面板则应做成梯形。与混凝土接触的面板，一般应刨光，拼缝应严密不漏浆，以前常用油灰、木条等嵌塞缝隙，或用搭口缝、企口缝等，现在则多在模板表面铺塑料薄膜，钉胶合板或薄铁皮等。

　　肋木与面板垂直，其作用是把面板连成整体，并承受面板传来的荷载。肋木可为方木或两面削平的圆木。曲面面板的肋木做成弧形，它由 2~3 层交错重叠的弧形板用钉或螺栓连接而成，如图 7-4 所示。弧形肋木应根据准确的样板或在样台上按 1∶1 放线加工制作，形状复杂的更宜先制成模型套制。

　　拉杆采用 $\phi12$~$\phi20$ 的钢筋制成。在混凝土外露的表面，宜使用可拆卸的连接螺栓紧固拉杆，如图 7-5 所示，拆模后将表面上的孔穴用砂浆填实。

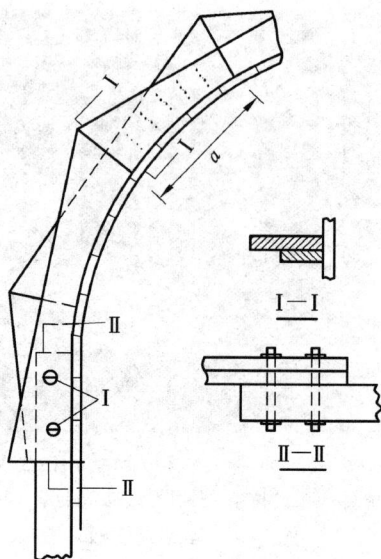

图 7-4　拱形肋木和水平肋木的连接

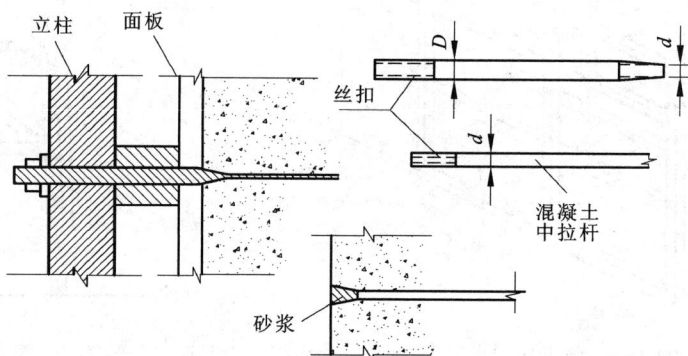

图 7-5　可拆卸的连接螺栓紧固拉杆

　　弧形肋木与水平肋木间除用铁钉或螺栓连接外，还应加设立柱和弧向拉条。圆形桥墩可在立柱外侧安装钢箍，以保证模板的形状和尺寸正确，钢箍常用 $\phi12\sim\phi22$ 的钢筋制作。

　　固定式模板每平方米约用木料 $0.05\sim0.10$ m^3，钉、拉条等铁件 $4\sim10$ kg，这种模板使用一次后，即被拆散或改制，只有一部分能够重复使用，很不经济，故仅适用于个体工程如墩台基础、拱座、帽石、翼墙及涵洞等。

2. 拼装式模板

　　拼装式模板又称盾状模板，它是将墩台表面划分成若干尺寸相同的板块，按板块尺寸预先将模板制成板扇，然后由各种尺寸的板扇利用销钉连接并与拉杆、加劲构件等组成墩台模板。拼装式模板适宜在高大桥墩或同类型墩台较多时使用，其特点是当混凝土达到拆模强度后，可整块拆下，直接或略加修整后即可重复周转使用。

148

拼装式模板在划分板块时,应尽量使板扇尺寸相同,以减少板扇类型(图 7-6)。板扇高度可与墩台分节灌注的高度相同,为 3~6 m,宽可为 1~2 m,可依墩台尺寸与起吊条件而定,务必使立模方便、施工安全。单块板扇可用木材、钢材或钢木组合加工制作。木质板扇加工制作简便,制作方法基本与固定式模板相同。图 7-7 为有代表性的一种木质拼装板扇。模板组装时可用连接螺栓连接,如图 7-8 所示,两侧两相对应的立柱间,用穿过模板的拉条拉紧,圆端部分则常要配置固定式模板的弧形模板。

钢模是用钢材加工制作的,需用 2.5~4 mm 厚的薄钢板并以型钢作为骨架,可重复使用,装拆方便,节约材料,成本较低,一般在组合式定型钢模板、滑升模板、爬升模板等模板中采用。

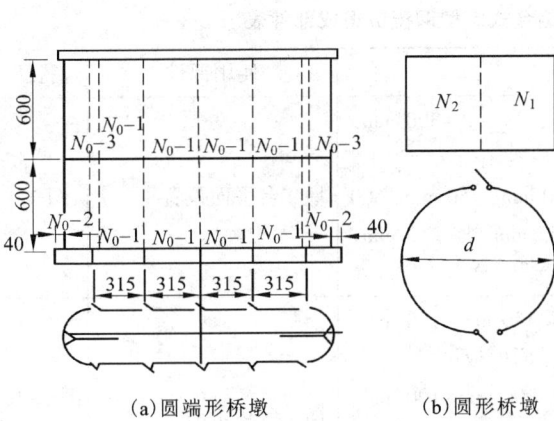

(a)圆端形桥墩　　　(b)圆形桥墩

图 7-6　板扇划分示意图

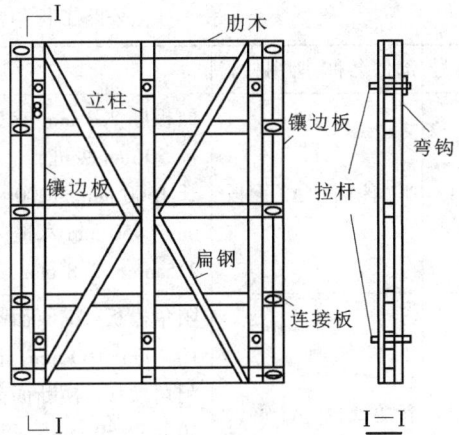

图 7-7　木质拼装板扇

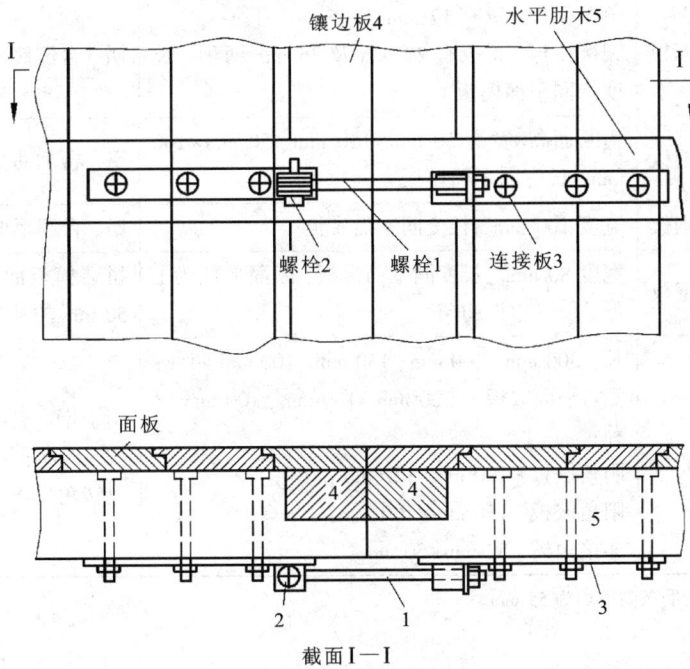

截面 I—I

图 7-8　木质拼装模板的连接

3. 组合式定型钢模板

组合式定型钢模板是桥梁施工中常用的模板之一。铁路、公路施工部门均颁布过相关组合钢模板技术规则，为桥梁墩台的施工中应用组合钢模板提供了技术依据；还可以按照常见的墩台形式按一定模数设计制作组合钢模板。它的优点是可以进行常规尺寸的拼装，以达到节省材料、重复利用的目的。公路工程中常用的组合式定型钢模板组成部件见表7-1。

组合式定型钢模板具有强度高、刚度大、拆装方便、通用性强、周转次数多、能大量节约材料等优点。在实际使用中，组合式定型钢模板可预拼成大的板块后安装使用，这样可提高安装模板的速度。

表7-1　公路工程中常用的组合式定型钢模板组成部件表

序号	部件名称	所用材料	规格尺寸	使用部件	备注
1	平面模板	A3 钢板	面板厚 2.3 mm 或 2.5 mm；宽 100~300 mm，按 50 mm 级进；长 1500 mm、1200 mm、900 mm、750 mm、600 mm、450 mm 六种，肋高 55 mm，厚 2.3 mm、2.5 mm、2.8 mm 三种	墩、台平面位置	图 7-9
2	转角模板	A3 钢板	阴角模板：横断面高×宽有 150 mm×150 mm、100 mm×100 mm，长度同平面模板；阳角模板：横断面高×宽有 100 mm×100 mm、50 mm×50 mm，长度同平面模板；连接角模：横断面高×宽有 50 mm×50 mm，长度同平面模板	墩、台转角部位	图 7-10、图 7-11
3	倒棱模板	A3 钢板	角棱模板：宽有 17 mm 及 45 mm 两种；圆棱模板：半径有 20 mm 及 35 mm 两种，长度均同平面模板	墩、台倒棱部位	
4	加腋模板	A3 钢板	横断面高×宽有 50 mm×150 mm、50 mm×100 mm，长度同平面模板	墩、台加肋部位	
5	柔性模板	A3 钢板	宽度 100 mm，长度同平面模板	墩、台圆形曲面部位	
6	可调模板	A3 钢板	宽度 80 mm，长度同平面模板，断面形状为 L 形，仅一边设肋条	拼装模板面尺寸小于 50 mm 的补齐部位	
7	嵌补模板	A3 钢板	长：300 mm、200 mm、150 mm、100 mm 四种；宽：平面嵌板有 200 mm、150 mm、100 mm 三种；阴角嵌板：100 mm×150 mm；阳角嵌板：150 mm×100 mm；连接角模：50 mm×50 mm	用于墩、台的接头部位，形状同平面模板及转角模板	

注：表中各种模板的肋条高度均为 55 mm。

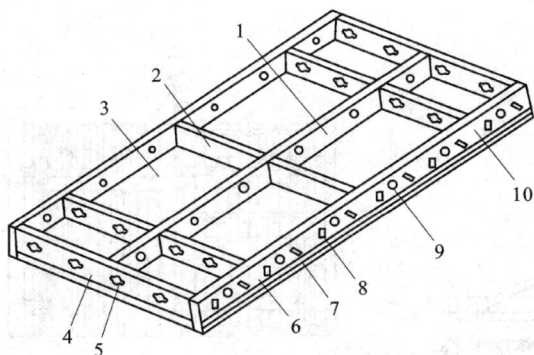

1—中纵肋；2—中横肋；3—面板；4—横肋；5—插销孔；
6—纵肋；7—凸棱；8—凸鼓；9—U 形卡孔；10—钉子孔。

图 7-9　平面模板

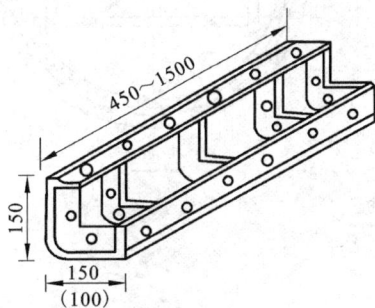

图 7-10　阴角模板

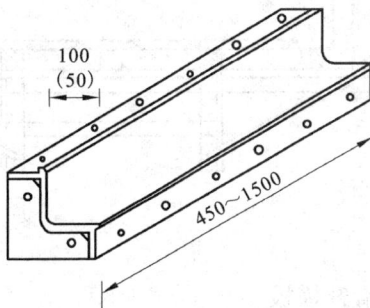

图 7-11　阳角模板

4. 整体吊装模板

整体吊装模板是将墩台模板沿高度水平分成若干节，每一节的模板预先组装成一个整体，在地面拼装后吊装就位。节段高度可视墩台尺寸、模板数量、起吊能力及灌注混凝土的能力而定，一般为 3~5 m。模板安装完后在灌注第 1 层混凝土时，应在墩、台身内预埋支承螺栓，以支承第 2 层模板和安装脚手架。整体吊装模板的优点为：大大缩短工期，灌注完下节混凝土后，即可将已拼装好的上节模板整体吊装就位，继续灌注而不留工作缝；模板拼装可在地面进行，有利于施工安全；利用模板外框架作简易脚手架，不需另搭施工脚手架；模板刚性大，可少设或不设拉条；结构简单，装拆方便。其缺点是起吊重量较大。整体吊装模板常用钢板和型钢加工而成。

图 7-12 为整体吊装模板示例，图中的钢框架由型钢或万能杆件组成，间距 0.8~1.0 m，上、下节模板可利用型钢上的孔眼用螺栓连接。圆形模板在外侧用铁箍扣牢，内部则应增加临时撑杆加固，防止模板变形。

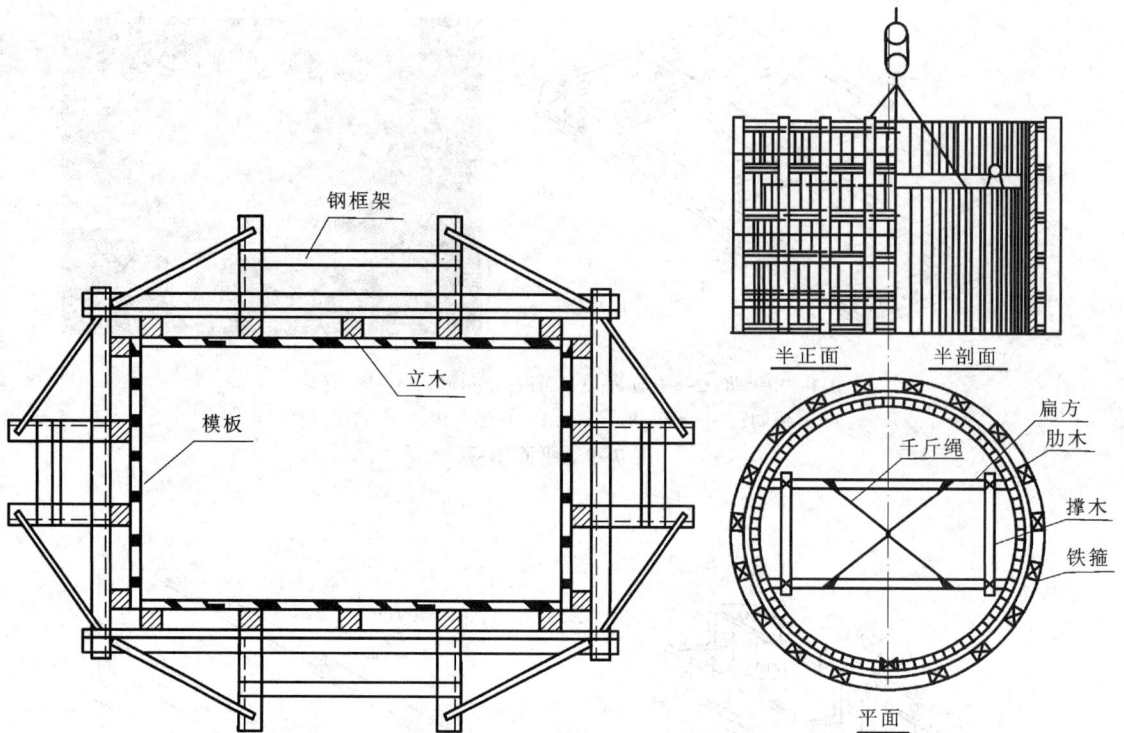

图 7-12　整体吊装模板

5. 滑升模板

滑升模板是模板工程中适宜机械化施工的较为先进的一种形式。它是利用一套滑动提升装置,将已在桥墩承台位置处安装好的整体模板连同工作平台、脚手架等,随着混凝土的灌注,沿着已灌注好的墩身慢慢向上提升,这样就可连续不断地灌注混凝土直至墩顶。滑升模板施工速度快、结构整体性好,适用于竖立式而断面变化较小的高耸结构,如桥墩、电视塔、水塔、立柱、墙壁等。滑升模板都用钢材制作,其构造依据桥墩类型、提升工具的不同而稍有不同,但其主要组成部分和作用则大致相同,一般由以下 3 部分组成。

(1)模板系统。

模板系统包括模板、围圈、提升架及加固、连接配件等。对于墩身尺寸变化的情况,内外模的周长都在变化,内外模均有固定模板和活动模板两种。滑升模板收坡主要靠转动收坡丝杠移动模板。

(2)提升系统。

提升系统包括支承顶杆(爬杆)、提升千斤顶、提升操纵及测量控制装置等。

(3)操作平台系统。

操作平台系统包括工作平台及内外挂篮等。

各类模板在工程上的应用,可根据墩台高度、墩台形式、机具设备、施工期限等因地制宜,合理选用。

7.2　墩台模板设计

7.2.1　模板荷载

墩台侧模板的荷载主要是新浇混凝土对侧面模板的压力和倾倒混凝土时产生的水平荷载。对于钢筋混凝土柱等轻型墩台，还应考虑捣实混凝土时的荷载。墩台上的盖梁、顶板等梁板构件的荷载的确定，可参阅有关书籍。

新浇混凝土对侧面模板的压力计算方法见下。

1. 采用内部振捣器

当混凝土的浇筑速度在 6 m³/h 以下时，新浇筑的普通混凝土作用于模板的最大侧压力可按式(7-1)和式(7-2)计算：

$$P = 0.22\gamma t_0 K_1 K_2 v^{1/2} \tag{7-1}$$
$$P_{max} = \gamma h \tag{7-2}$$

式中：γ 为混凝土的容重(kN/m³)；t_0 为新浇混凝土的初凝时间，可按实测确定；K_1 为外加剂影响的修正系数，不掺外加剂时取 1.0，掺外加剂时取 1.2；K_2 为混凝土坍落度影响修正系数，当坍落度小于 30 mm 时，取 0.85，当坍落度为 50~90 mm 时，取 1.0，坍落度为 110~150 mm 时，取 1.15；v 为混凝土的浇筑速度(m³/h)；P_{max} 为新浇混凝土对模板的最大侧压力(kPa)；h 为有效压力高度(m)。

2. 采用泵送混凝土

倾倒混凝土时，因振动产生的水平荷载，可按表 7-2 规定计算。

模板的计算荷载应按照桥梁设计荷载组合的原则进行组合，并按最不利的情况进行模板设计。模板及模板的附属支架(支撑、支腿)要检算强度、刚度和稳定性，并应考虑作用在模板和支架上的风力。设置在水中的支架，还需考虑水压力、流水压力或船只、漂流物的撞击力等荷载。

表 7-2　倾倒混凝土时振动产生的水平荷载

单位：kPa

项次	向模板中供料方法	水平荷载
1	用溜槽、串筒或导管输出	2.0
2	用容量 0.2 m³ 及小于 0.2 m³ 的运输器具倾倒	2.0
3	用容量 0.2~0.8 m³ 的运输器具倾倒	4.0
4	用容量大于 0.8 m³ 的运输器具倾倒	6.0

7.2.2　技术要求和设计要点

(1)模板应具有必须的强度、刚度和稳定性。

模板须能可靠地承受施工过程中可能产生的各项荷载，保证结构物各部形状、尺寸准确。平面钢模板的力学特性见表 7-3。

（2）模板板面平整，接缝紧密不漏浆。

（3）拆装容易，施工操作方便，保证安全。

（4）模板制作时的允许偏差可参表7-4。

表 7-3　平面钢模板的力学性能表

模板宽度 b/mm	300	250	200	150	100					
采用钢板厚度 d_1/mm	2.3	2.5	2.3	2.5	2.3	2.5	2.3	2.5	2.3	2.5
中间肋厚度 d_2/mm	2.8	2.5	2.8	2.5						
净界面面积/cm²	9.78	10.40	8.63	9.15	6.39	6.94	5.24	5.69	4.09	4.44
中性轴位置/cm	1.0	9.96	1.11	1.07	0.95	0.96	1.14	1.14	1.42	1.43
净界面惯性矩/cm⁴	26.39	26.97	25.38	25.98	16.62	17.98	15.64	16.91	14.11	15.25
净界面抵抗矩/cm⁴	5.85	5.94	5.78	3.66	3.96	3.96	3.58	3.88	3.46	3.75

表 7-4　模板、支架及拱架制作时的允许偏差　　　　单位：mm

木模板制作	模板的长度和宽度		±5
	不刨光模板相邻两板表面高低差		3
	刨光模板相邻两板表面高低差		1
	平板模板表面最大的局部不平	刨光模板	3
		不刨光模板	5
	拼合板中木板间的缝隙宽度		2
	支架、拱架尺寸		±5
	榫槽嵌接紧密度		2
钢模板制作	外形尺寸	长和高	0, −1
		肋高	±5
	面板端偏斜		≤0.5
	连接配件（螺栓、卡子等）的孔眼位置	孔中心与板面的间距	±0.3
		板端中心与板端的间距	0, −0.5
		沿板长、宽方向的孔	±0.6
	板面局部不平		1.0
	板面和板侧挠度		±1.0

注：木模板中第5项已考虑木板干燥后在拼合板中发生缝隙的可能。2 mm 以下的缝隙，可在浇筑前浇湿模板，使其密合。

(5)模板安装时的允许偏差可参表 7-5。

表 7-5　模板、支架及拱架安装时的允许偏差　　　　　　　单位：mm

模板高程	基础	±15
	柱、墙和梁	±10
	墩台	±10
模板内部尺寸	上部构造的所有构件	+5, 0
	基础	±30
	墩台	±20
轴线偏位	基础	15
	柱或墙	8
	梁	10
	墩台	10
装配式构件支承面的高程		+2, −5
模板相邻两板表面高低差		2
模板表面平整		5
预埋件中心线位置		3
预留孔洞中心线位置		10
预留孔洞截面内部尺寸		+10, 0
支架和拱架	纵轴的平面位置	跨度的 1/1000 或 30
	曲线形拱架的高程(包括建筑拱度在内)	+20, −10

(6)模板设计应包括以下主要内容：

①绘制模板总装图、细部构造图。

②在计算荷载作用下，按受力程序分别验算其强度、刚度和稳定性。

③制定模板的安装、使用、拆卸及保养等有关技术安全措施和注意事项。

④编制模板材料数量表。

⑤编制模板设计说明书。

(7)验算模板的刚度时，其变形值不得超过下列数值。

①结构表面外露的模板，挠度为模板构件跨度的 1/400。

②结构表面隐蔽的模板，挠度为模板构件跨度的 1/250。

③钢模板的面板变形为 1.5 mm。

④钢模板的钢棱和柱箍变形为 3.0 mm。

7.3 高桥墩施工

公路或铁路桥梁通过深沟宽谷或大型水库时采用高桥墩(图7-13),能使桥梁更为经济合理,不仅可以缩短线路,节省造价,而且可以提高营运效益,减少日常维护工作。我国内昆铁路上的李子沟特大桥桥墩高达107 m。高桥墩可分为实体墩、空心墩(图7-14)与刚架墩。自20世纪70年代以后,较高的桥墩一般采用空心墩。

图7-13 高桥墩

图7-14 空心墩

高桥墩的特点是墩高、圬工数量多而工作面积小,施工条件差,因此需要有独特的高墩施工工艺。

高桥墩的施工设备与一般桥墩虽大体相同,但其模板却另有特色,一般有滑升模板、翻板式模板、爬升模板等几种。这些模板都是依附于已灌注的混凝土墩壁上,随着墩身的逐步加高而向上升高。

7.3.1 滑升模板施工

滑升模板由一节模板(约1.2 m)、配套钢结构平台吊架、支撑圆钢、多台液压穿心式千斤顶和施工精度控制系统等设备组成。施工时充分利用混凝土初期(4~8 h)强度,脱模后在混凝土保持自立而不发生塑性变形的情况下使滑模连续滑升。

滑模的连续滑升能加快施工进度、缩短工期、节省劳力,从而可以取得较好的效果。但由于滑模是在混凝土强度还较低的情况下脱模的,故可能使混凝土表面出现变形或环向勾缝,有时会因水平力的作用使得滑模产生旋转。滑模在动态下灌注混凝土,提升操作频繁,因而对中线的水平控制要求严格,施工中稍有不当就会发生中线水平偏差。由于滑模脱模快,对混凝土防冻十分不利,故一般不适宜冬季施工。

滑升模板适用于较高的墩台和吊桥、斜拉桥的索塔施工。

1. 滑升模板的构造

模板挂在工作平台的围圈上,沿着所施工的混凝土结构截面的周边组拼装配,并随着混凝土的灌注由千斤顶带动向上滑升。由于桥墩和提升工具的类型不同,滑升模板的构造也稍有差异，但其主要部件与功能大致相同，一般可分为顶架、辐射梁、内外围圈、内外支架、模板、工作平台及挂篮等。

（1）顶架。

顶架的作用是将模板重量及施工临时荷载传递到千斤顶上，并用以固定内外模板。顶架由上下横梁及立柱组成，轮廓尺寸应由墩壁厚度、坡度、提升千斤顶类型等因素决定。千斤顶一般多固定在下横梁上。带有坡度的桥墩，顶架应设计成能在辐射梁上滑动的结构。

（2）辐射梁与内外围圈。

辐射梁为滑动模板的平面骨架，从滑模中心向四周辐射，与顶架或支架组合起来承受荷载，又作为施工操作平台。内外围圈用来固定辐射梁两端的相对位置。

（3）内外支架。

支架一般固定在辐射梁上，用调模螺栓来移动模板，模板上端则吊在辐射梁上移动；也可设计在辐射梁上，用调径螺栓来移动的支架。

（4）模板。

滑动模板用 2～3 mm 钢板制作，高度一般为 1.1～1.5 m。每块内模宽约 0.5 m，外模宽约 0.6 m，以适应不同尺寸的桥墩。收坡桥墩模板分固定模板与活动模板，活动模板又有边板与心板之分。固定模板应安装在顶架立柱或内外支架上，而活动模板则依靠上下横带悬挂在左右固定模板的横带上。

（5）工作平台及挂篮。

工作平台可供施工人员操作、存放小工具及混凝土分配盘用，即在辐射梁上安设钢制或木制盖板。挂篮设在顶架或支架下面，供调节收坡螺丝杆、修补混凝土表面及养护等需要，宽度为 0.6～0.8 m。

图 7-15 为无坡度空心墩滑升模板构造示意图。

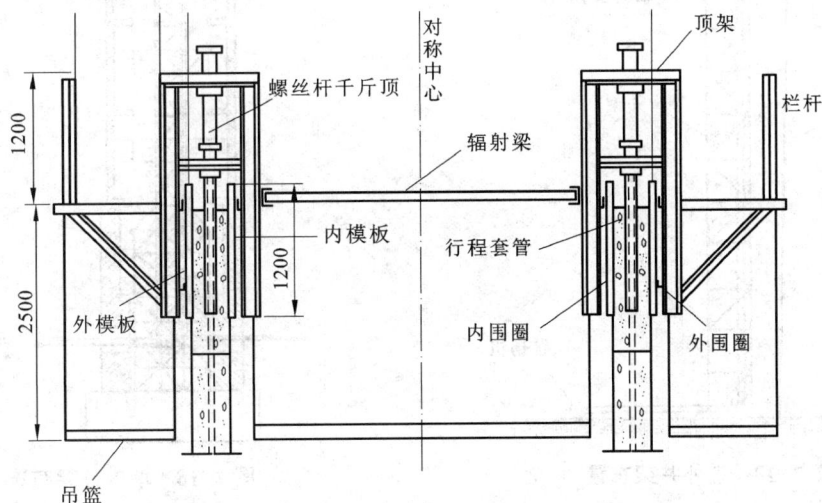

图 7-15 无坡度空心墩滑升模板构造示意图

157

2. 滑升模板提升设备

滑升模板的提升设备主要有提升千斤顶、液压控制装置及支承顶杆几部分。

常用的提升千斤顶有螺丝杆千斤顶和穿心式液压千斤顶。液压控制装置是用来控制液压千斤顶提升和下降的机械,分为液压系统及电控系统两大部分。支承顶杆一端埋置于墩、台结构的混凝土中,另一端穿过千斤顶心孔,承受滑模及施工过程中平台上的全部荷载。支承顶杆多用 A3 或 A5 圆钢制作。

3. 井架

混凝土的垂直运输多采用井架提升混凝土,或者以井架为杆,另安装扒杆来吊送混凝土,如图 7-16 所示;也可以不用井架,利用滑模本身携带的扒杆提升混凝土,如图 7-17 所示。井架可用型钢或万能杆件组装。

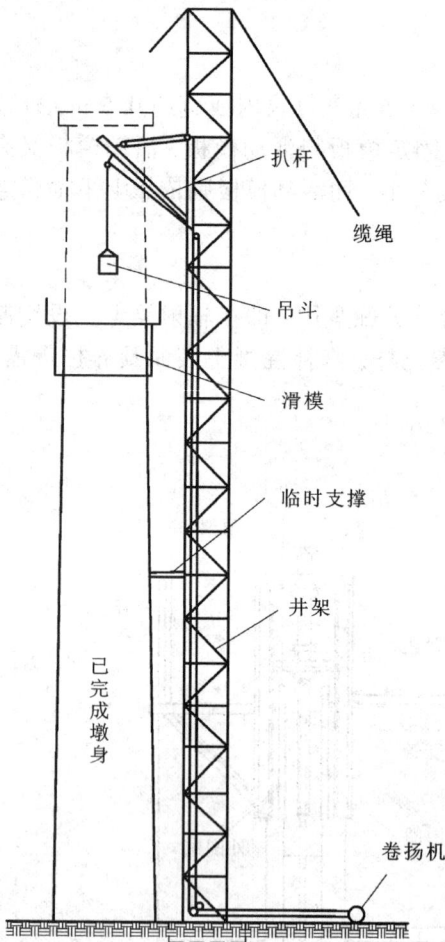

图 7-17 墩外井架布置

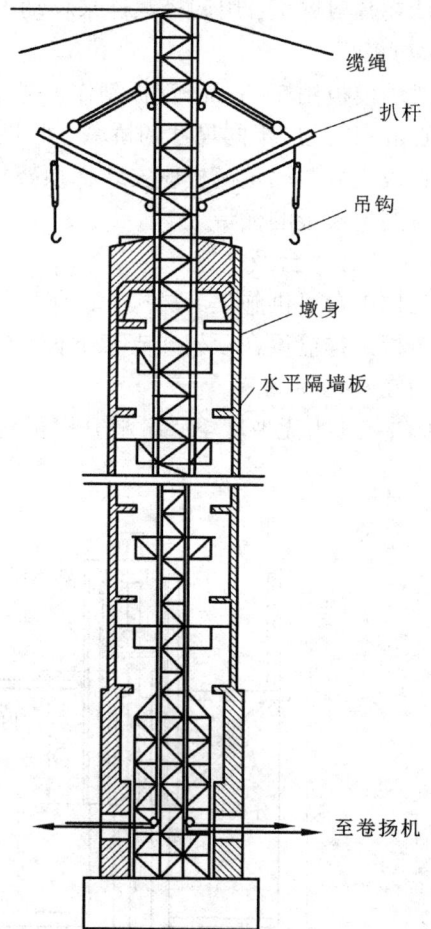

图 7-18 墩内井架布置

4. 滑升模板的设计要点

滑升模板整体结构是混凝土成型的装置，也是施工操作的主要场地，必须具有足够的整体刚度、稳定性及合理的安全度。为了保证施工质量与安全，滑升模板各组成部件，必须按强度和刚度要求进行设计与验算。

模板设计荷载及模板结构设计，与普通模板的设计思路相同。根据滑升模板提升时的全部静荷载和垂直活荷载，可计算确定支承顶杆和千斤顶的数量。提升过程中支承顶杆实际受力情况比较复杂，其容许承载能力应根据工程实践的经验选用。上述计算确定的支承杆数量，还应根据结构物的平面和局部构造加以适当调整。

支承顶杆和千斤顶的布置方案一般有均匀布置、分组集中布置以及分组集中与均匀布置相结合等几种。在筒壁结构中多采用均匀布置方案，在平面较为复杂的结构中则宜采用分组集中与均匀布置相结合的方案。千斤顶在布置时，应使各千斤顶所承受的荷载大致相同，以利于同步提升。当平台上荷载分布不均匀时，荷载较大的区域和摩阻力较大的区段，千斤顶布置的数量要多些。考虑到平台荷载内重外轻，在数量上内侧应较外侧布置多些，以避免顶架提升时向内倾斜。

图 7-18 为某长江大桥主墩用滑升模板构造示意图。该滑模的最大平面尺寸为 18.5 m× 11.9 m，高度为 4.6 m，按自重、施工卷扬机重力(约 600 kN)、起吊荷载(90 kN)及摩阻力等总计 1540 kN 提升力进行设计。选用 84 个油压千斤顶进行顶升，为安全考虑，每个千斤顶按 20 kN 顶升力计，共可顶升 1680 kN。支承顶杆用 A3 钢，共计 84 根。千斤顶共分 9 组，根据滑模各部受力的大小，布置在 35 个提升架上，由一台油泵给各千斤顶供油。主墩施工高度为 30~40 m。

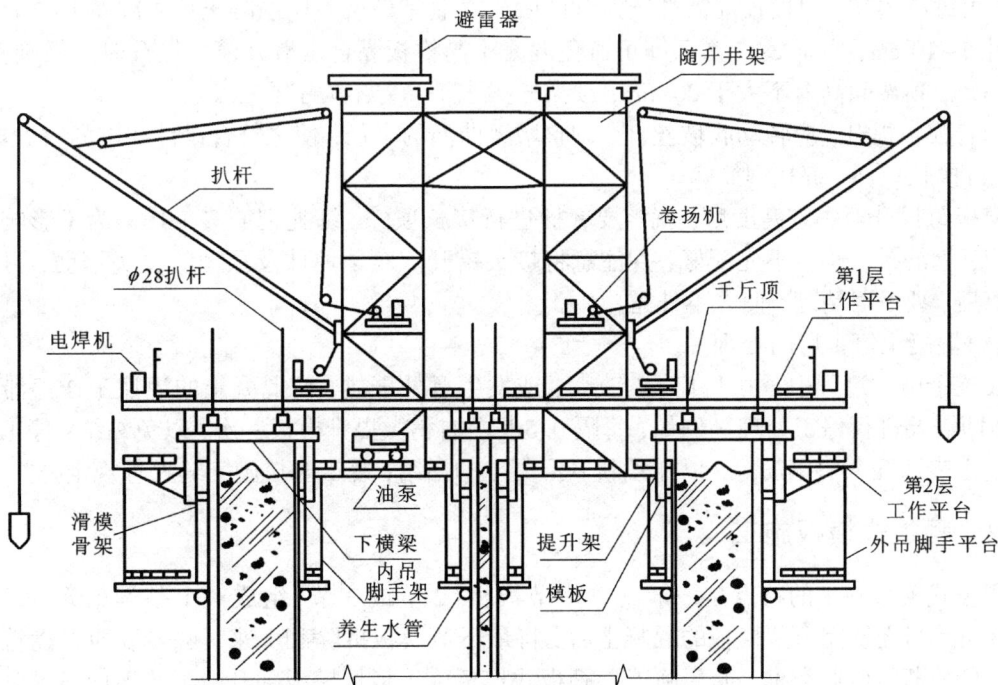

图 7-18　某长江大桥主墩用滑升模板构造示意图

5. 滑升模板浇筑混凝土施工要点

滑升模板在墩位上就地进行组装时，安装步骤为：

（1）在基础顶面搭枕木垛，定出桥墩中心线；在枕木垛上先安装内钢环，并准确定位，再依次安装辐射梁、外钢环、立柱、顶杆、千斤顶、模板等；提升整个装置，撤去枕木垛，再将模板落下就位，随后安装余下的设施；内外吊架模板滑升至一定高度，及时安装；组装完毕后，必须按设计要求及组装质量标准进行全面检查，并及时纠正偏差。

（2）灌注混凝土。

滑模宜灌注低流动度或半干硬性混凝土，灌注时应分层、分段对称进行，分层厚度以20~30 cm 为宜，灌注后混凝土表面距模板上缘宜有不小于 10 cm 的距离。混凝土灌注的其他注意事项如本章前面所述。脱模后 8 h 左右开始养护，用吊在下吊架上的环绕墩身的带小孔的水管进行。养护水管一般以设在距模板下缘 1.8~2.0 m 处效果较好。

（3）提升与收坡。

整个桥墩灌筑过程可分为初次滑升、正常滑升和最后滑升 3 个阶段。从开始灌注混凝土到模板首次试升为初次滑升阶段，初灌混凝土的高度一般为 60~70 cm，分 3 次灌注，在底层混凝土强度为 0.2~0.4 MPa 时即可试升。将所有千斤顶同时缓慢顶升 5 cm，以观察底层混凝土的凝固情况。现场鉴定可用手指按刚脱模的混凝土表面，基本按不动，但留有指痕，砂浆不沾手，用指甲划过有痕，滑升时能耳闻"沙沙"摩擦声，这些现象表明混凝土已具有必要的脱模强度，可以开始再缓慢提升 20 cm 左右。初升后，经全面检查设备，即可进入正常滑升阶段。即每灌注一层混凝土，滑模提升一次，使每次灌注的厚度与每次提升的高度基本一致。在正常气温条件下，提升时间不宜超过 1 h。最后滑升阶段是混凝土已经灌注到需要高度，不再继续灌注，但模板尚需继续滑升的阶段。灌完最后一层混凝土后，每隔 1~2 h 将模板提升 5~10 cm，滑动 2~3 次后即可避免混凝土与模板黏合。滑升模板提升时应做到垂直、均衡一致，顶架间高差不大于 20 mm，顶架横梁水平高差不大于 5 mm。

随着模板提升，应转动收坡丝杆，调整墩壁曲面的半径，使之符合设计要求的收坡坡度。

（4）接长顶杆、绑扎钢筋。

模板每提升至一定高度后，就需要穿插进行接长顶杆、绑扎钢筋等工作。为不影响提升的时间，钢筋接头均应事先配好，并注意将接头错开。对预埋件及预埋的接头钢筋，滑升模板抽离后，要及时清理，使之不外露。

（5）混凝土停工后的处理。

在整个施工过程中，由于工序的改变，或发生意外事故，使混凝土的灌注工作停滞较长时间，即需要进行停工处理。例如，每隔 0.5 h 左右稍微提升模板一次，以免黏结；停工时要在混凝土表面插入短钢筋等，以加强新老混凝土的黏结；复工时按施工缝处理规定办。

7.3.2 翻板式模板施工

翻板式模板施工的特点是一般配置多节模板（2 节或 3 节）组成一个基本单元，每节为1.5~3 m。当浇筑完上节模板的混凝土后，将最下节模板拆除翻上来，拼装成即将浇筑部分混凝土的模板，以此类推，循环施工。翻板式模板施工根据模板翻升的工艺不同又可分为滑升翻模、提升翻模等。

1. 滑升翻模

滑升翻模近年来在一些高桥墩和斜拉桥、悬索桥的索塔施工中使用较多。此种模板保留了滑升模板和大模板施工的优点，又克服了滑升模板的不足，主要用于不变坡的方形高墩和索塔。

滑升翻模是在塔柱的一个大面模板的背面上设置竖向轨道，轨距 2 m，作为竖向桁架的爬升轨道。竖向桁架滑升带动水平桁架摇头扒杆及作业平台整体上升。桁架由万能杆件组拼，竖向桁架作为起重扒杆的中心立柱，与摇头扒杆共同受力。

一个配 3 节模板的滑升翻模的施工程序为：

（1）灌注完 2 节混凝土并安装桁架及起重设备。

（2）用起重设备安装第 3 节模板并灌注混凝土。

（3）混凝土强度达到 10 MPa 后，安装提升桁架设备，并将桁架及起重设备滑升 1 层高度（2.5 m）。

（4）把竖向桁架固定在第 2、第 3 节模板背面的竖向轨道上，锁定后即可拆除第 1 节模板。

（5）用扒杆起吊安装第 4 节模板。

至此，便完成了一个滑升翻模的施工循环。

滑升翻模兼有滑升模板施工与普通模板施工的优点，既像滑升模板那样有提升平台和模板提升系统，又像普通模板那样分节、分段进行安装定位，可根据模板的安装能力制定模板的分块尺寸。滑升翻模施工技术最早用于四川省犍为岷江特大桥，后来在湖北郧阳汉江公路大桥索塔施工中得到进一步的发展，图 7-19 即为该桥索塔施工采用的滑升翻模的构造，详细情况可参考相关文献。

2. 提升翻模

因支承滑升架的需要，滑升翻模更适宜采用大板式模板，所以主要用于不变坡的方形塔柱施工，对于变坡的或者弧形截面的塔墩，应用提升翻模可能更为方便。

提升翻模的特点是模板没有滑升架，模板也可由大板式模板改成小块模板，以适应墩身变坡和随着墩高变化而引起的直径曲率变化。模板和物料的提升依靠其他起重运输机械协同工作，如缆索吊车、塔吊等。

侯月铁路海子沟大桥高桥墩是最早采用提升翻模施工的，如图 7-20 所示。广东虎门大桥悬索桥东塔采用提升翻模施工，塔身高度达 147.55 m。外模分上下两节，每节由 6 块模板用螺栓拼合而成。每节模板高度为 4.55 m。内模采用组合钢模拼装，高度与外模一致。安装和拆卸模板、提升工作平台及钢筋等物品的垂直运输均由 2 台 QT80EA 塔吊完成，在两塔柱外侧各设 1 台施工电梯，用于人员的运送。详细情况可参考相关文献。

7.3.3　爬升模板施工

滑升模板存在一定的局限性，如墩台施工必须昼夜进行，需要较多劳动力，混凝土表面及内部质量不稳定，支承杆件用钢量大，滑升高度受到限制，施工精度较低等。20 世纪 70 年代初出现了一种新型模板体系——爬升模板，特别适合于空心高桥墩的施工。此种模板具有设备投资较省、节约劳动力、降低劳动强度、适用范围较广和易于保证质量等优点。

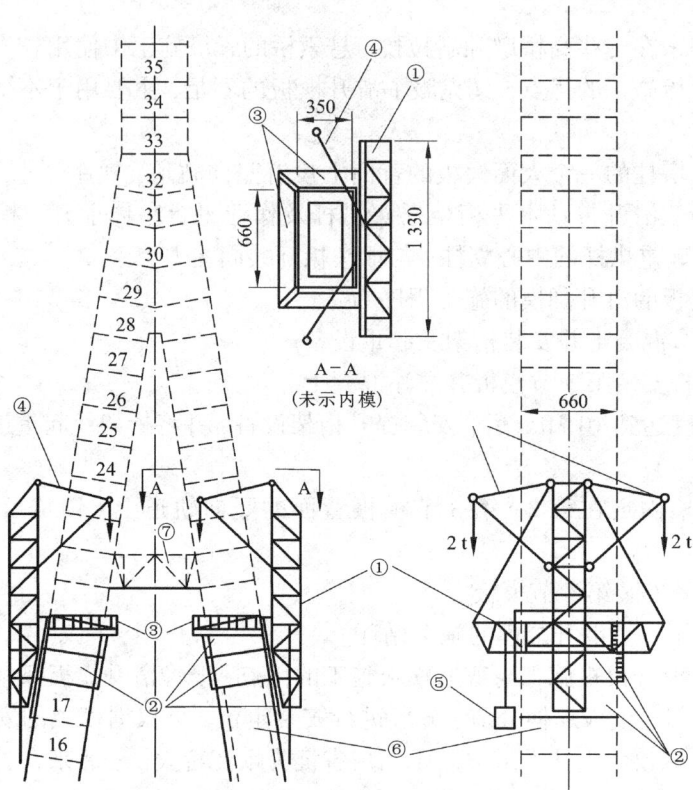

1—竖向桁架；2—模板；3—工作平台；4—扒杆；5—吊斗；6—已灌节段；7—横向支撑。

图 7-19　滑升翻模构造示意图(单位：cm)

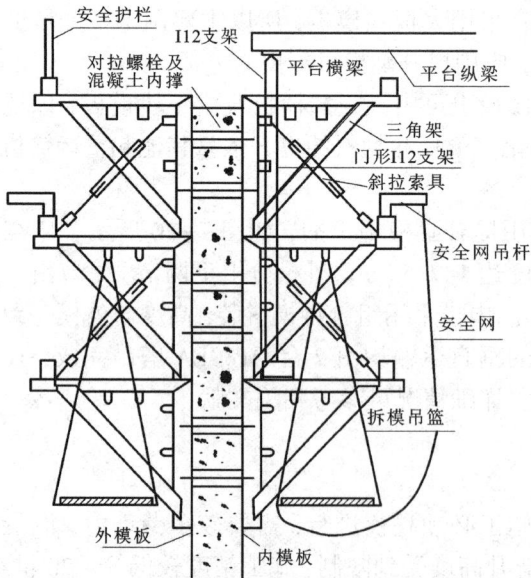

图 7-20　提升翻模构造示意图

1. 工艺原理

以空心墩已凝固的混凝土墩壁为承力主体,以上下爬架及液压顶升油缸为爬升设备的主体,通过油缸活塞与缸体间一个固定、另一个上升,上下爬架间也是一个固定、另一个作相对运动,从而达到上爬架和外套架、下爬架和内套架交替爬升,最后形成爬模结构整体的上升。

2. 爬升模板结构组成示例

图 7-21 为一用于高桥墩的液压爬升模板结构。其主要组成部分简介如下。

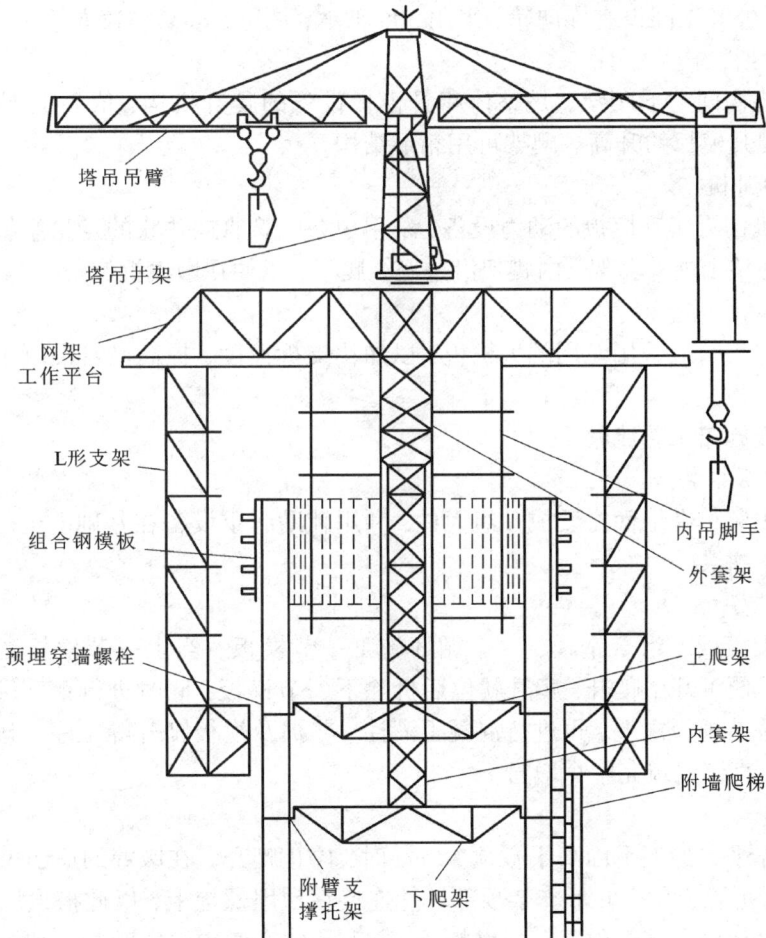

图 7-21　爬升模板构造示意图

(1)网架工作平台。

网架工作平台采用空间网架结构。其上安装中心塔吊,下面安装顶升爬架,四周安装 L 形支架,中间安装各种操纵控制、配电设备。其主要作用是承担上面塔吊重力和吊料时的冲击力及下面液压缸通过外套架的顶升力和四周支架的支撑反力。网架工作平台采用万能角铁杆件和几种联板用螺栓连接组成,方便运输与装拆。

（2）中心塔吊。

中心塔吊安装在网架工作平台中心处，随着整个爬升模板的上升而上升；采用双悬臂双吊钩形式以减少配重，可双向上料并能旋转。

（3）L形支架。

L形支架上部连接于网架工作平台四周，下部与已凝固的墩壁混凝土连接，以增加整体爬模的稳定性，并可作为墩身施工过程的脚手架，采用型钢杆件和连接板拼接而成。

（4）内、外套架。

内、外套架是顶升传力机构，靠内、外套架相对运动而使爬升模板不断爬升。为保持升降平稳，在内、外套架间设有导向轮，采用306轴承，调整、滚动均较方便。

（5）内爬支架机构。

内爬支架机构即上下爬架，是整体爬升模板设备的爬升机构，依靠上下爬架的交替上升，从而达到爬升模板的升高。爬架可用箱形结构。

（6）液压顶升机构。

液压顶升机构为爬升模板的动力设备，采用单泵、双油缸并联的定量系统，既可完成提升作业，又可将整个内外套架、内爬架沿壁逐级爬下，以便在墩底拆卸。

（7）模板体系。

爬升模板施工一般采用专用的大模板，以加快支拆速度，提高墩身混凝土表面质量；也可采用组合钢模板。

3. 爬升模板施工工艺流程

（1）爬升模板组装。

爬升模板组装可在地面拼装成几组大件，利用辅助起重设备在基础上进行组拼；也可将单构件在基础上拼装。

（2）爬升工艺。

配置两层大模板或组合钢模，一个循环施工一节模板。当上一节模板灌注完毕，经过10 h 左右养护，便可开始爬升，爬升就位后拆除下一节模板，同时进行钢筋绑扎，并把拆下的模板立在上一节模板之上，再进行混凝土灌注、养护及模板爬升等工序。按此循环，两节模板连续倒用，直到浇筑完整个墩身。

（3）墩帽施工。

当网架工作平台的上平面高于墩顶30 cm 时，停止爬升。在墩壁的适当位置预埋连接螺栓，将墩壁内模拆除，并把L形支架顶部杆件连接在预埋螺栓上，以此搭设墩帽外模板。将内爬井架的外套架的一节杆件嵌入桥墩帽里，并利用空心墩顶端内爬井架结构及墩壁预埋螺栓支设实墩的底模，仍用爬升模板本身的塔吊完成墩顶实心段和墩帽的施工。

（4）爬升模板拆卸。

爬升模板拆卸程序根据爬升模板构成不同而不同，本书不作介绍，读者可参考相关文献。

爬升模板工艺是一种正在发展中的工艺，其种类很多，在模板、支架、吊运方法及爬升等方面略有不同，各有其特点。

7.4 砌体墩台施工

石砌墩台具有就地取材和经久耐用等优点,在石料丰富地区建造墩台时,在施工期限许可的条件下,为节约水泥,应优先考虑石砌墩台方案。

7.4.1 石料及砂浆

石砌墩台是用片石、块石及粗料石以水泥砂浆砌筑的,石料与砂浆的规格要符合相关规定。浆砌片石一般适用于高度小于 20 m 的墩台身、基础、镶面及各式墩台身填腹;浆砌块石一般用于高度大于 20 m 的墩台身、镶面或应力要求大于浆砌片石砌体强度的墩台;浆砌粗料石则用于磨耗及冲击严重的分水体及破冰体的镶面工程及有整齐美观要求的桥墩台身等。

石料质地应坚硬、不易风化、无裂纹。石料表面的污渍应予清除。石料按加工程度由粗到细可分为片石、块石、粗料石、细料石。

砌体工程所用砂浆的强度等级一般不小于 M5。选用水泥的等级,一般为砂浆等级的 4~5 倍。砂浆中所用的水泥、砂、水等材料的质量标准宜符合混凝土工程相应材料的质量标准。砂浆中所用砂,宜采用中砂或粗砂,当缺乏中砂及粗砂时,在适当增加水泥用量的基础上,也可采用细砂。砂的最大粒径必须适合砌体灰缝宽度及砌体的特点。当用于砌筑片石时,其砂的粒径不宜超过 5 mm,而用于混凝土预制块及块石砌体的砂浆,其砂的粒径不宜大于 2.5 mm。如砂的含泥量达不到混凝土用砂的标准,当砂浆强度等级大于或等于 M5 时,可不超过 5%,小于 M5 时可不超过 7%。《公路圬工桥涵设计规范》(JTG D61—2005)所作的规定,见表 7-6。

表 7-6 圬工材料最低强度等级

结构物种类	材料最低强度等级	砌筑砂浆最低强度等级
拱圈	MU50 石材、 C25 混凝土(现浇)、 C30 混凝土(预制块)	M10(大中桥)、 M7.5(小桥涵)
大、中桥墩台及 基础,轻型桥台	MU40 石材、 C25 混凝土(现浇)、 C30 混凝土(预制块)	M7.5
小桥涵墩台基础	MU30 石材、 C20 混凝土(现浇)、 C25 混凝土(预制块)	M5

将石料吊运并安砌到正确位置是砌石工程中比较困难的工序。当重量较小或距地面不高时,可用简单的马凳跳板直接运送;当重量较大或距地面较高时,可采用固定式动臂吊机或桅杆式吊机或井式吊机,将材料运到墩台上,然后再分运到安砌地点。

7.4.2 墩台砌筑施工要点

墩台在砌筑前应按设计图放出实样，挂线砌筑。形状比较复杂的工程，应先绘出配料大样图(图7-22)，注明块石尺寸；形状比较简单的，也要根据砌体高度、尺寸、错缝等，先行放样并配好石料再砌。

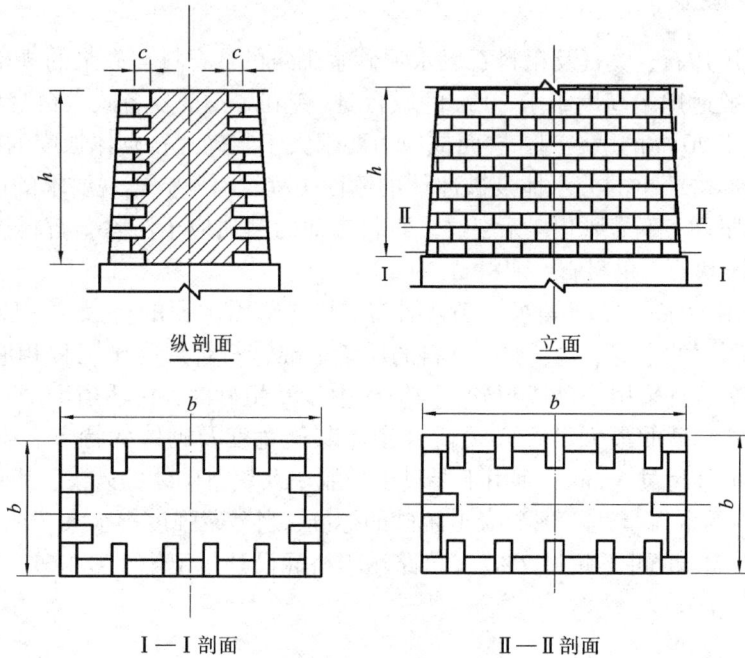

图7-22 桥墩配料大样图

砌筑基础的第一层砌块时，如基底为土质，只在已砌块石的侧面铺上砂浆即可，不须坐浆；如基底为石质，应将其表面清洗、润湿后，再坐浆砌块石。

砌筑斜面墩台时，斜面应逐层放坡，以保证规定的坡度。若用块石和粗料石砌筑，应分层放样加工，石料应分层、分块编号，砌筑时对号入座。

墩台应分段、分层砌筑。两相邻工作段的砌筑高差不超过 1.2 m。分段位置应尽量设置在沉降缝或伸缩缝处。

混凝土预制块墩台安装顺序应从角石开始，竖缝应用厚度较灰缝略小的铁片控制。安砌后立即用扁铲捣实砂浆。

墩台的砌筑中，砌体中的块石或预制块均应以砂浆黏结，砌块间要求有一定厚度的砌缝，在任何情况下不得直接接触。上层块石应在下层块石上铺满砂浆后砌筑。竖缝可在先砌好的砌块侧面抹上砂浆，所有砌缝要求砂浆饱满。当用小块碎石填塞砌缝时，要求碎石四周都是砂浆，不得采取先堆积几层块石，然后以稀砂浆灌缝的方法砌筑。同一层石料及水平灰缝的厚度要均匀一致，每层按水平砌筑，丁顺相间，砌石灰缝互相垂直。砌石顺序为先角石，再镶面，后填腹。填腹石的分层高度应与镶面相同；为使砌块稳固，每块处应选取形状尺寸较适宜的块石并铺好砂浆，再将块石稳妥地砌筑在砂浆上。

166

浆砌片石的砌缝宽度一般不应大于 4 cm，用小石子混凝土砌筑时，可为 3~7 cm；浆砌块石的砌缝宽度一般不应大于 3 cm。上下层竖缝错开距离不小于 8 cm。砌体里层平缝不应大于 3 cm，竖缝宽度不应大于 4 cm，用小石子混凝土砌筑时不应大于 5 cm。浆砌粗料石的砌缝宽度不应大于 20 cm；混凝土预制块的砌缝宽度不应大于 1 cm。上下层竖缝错开距离不应小于 10 cm。

在砌筑中应经常检查平面外形尺寸及侧面坡度是否符合设计要求。砌筑完后的所有砌石（块）均应勾缝。勾缝砂浆强度不应低于砌体砂浆强度。石砌体勾缝应嵌入砌缝内约 2 cm 深。缝槽深度不足时，应凿够深度再勾缝。

浆砌砌体，应在砂浆初凝后，洒水覆盖养护 7 ~ 14 d。养护期间应避免碰撞、振动或承重。

7.5 盖梁和台帽施工

盖梁和台帽的施工方法主要有横穿法、预埋法、支架法、抱箍法等。其施工工艺如图 7-23 所示。

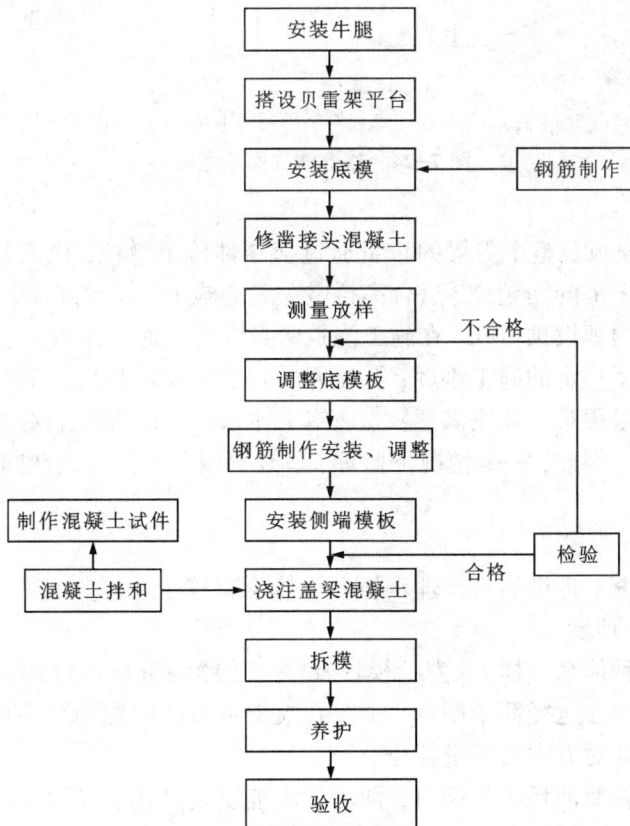

图 7-23 盖梁和台帽施工工艺

167

7.5.1 横穿法

横穿法立面示意图如图7-24所示。

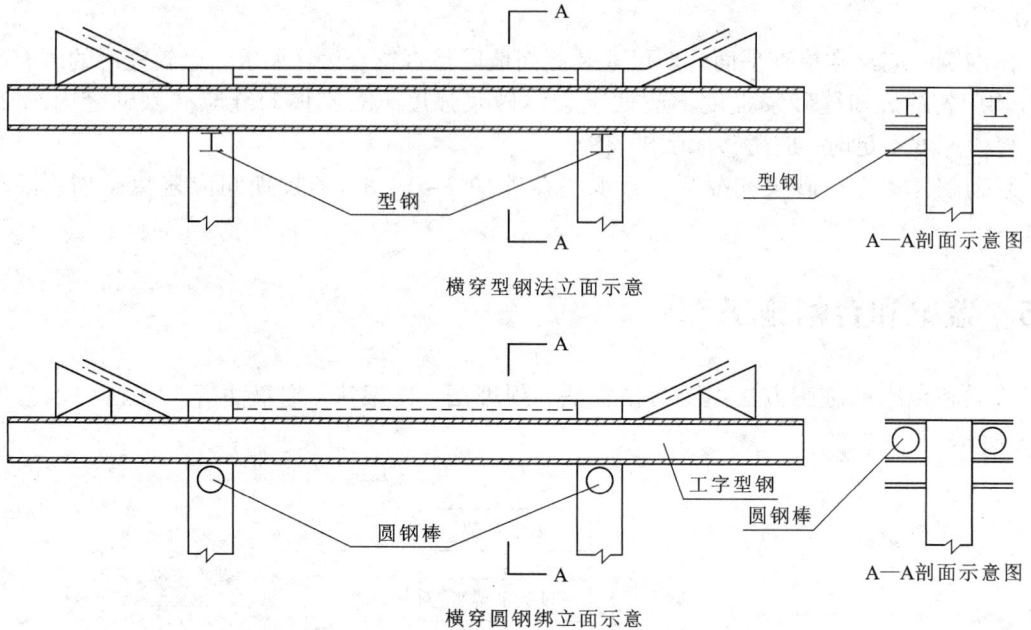

图7-24 横穿法立面示意图

优点：①支架、模板及整个盖梁的重量通过横穿件传至墩柱，由墩柱承受，传力途径简单明确，不存在支架下沉的问题；②适合高桥墩盖梁的施工；③对方木需要量很小。

缺点：①在墩柱内埋设预留孔，在施工浇筑墩身混凝土时会给混凝土振捣人员的操作带来很大的不便，造成了一定的施工难度；②该方法容易影响墩柱的外观质量，其处理不但费工、费时而且处理质量很难令业主满意；③该施工体系在一定程度上对墩身结构的完整性造成了不同程度的破坏，因此，一般情况下监理、设计部门及业主不太认同该施工方法。

7.5.2 预埋法

在墩柱中预埋钢板，拆模后在预埋钢板上焊接钢支撑，由它来承受支架、模板及整个盖梁的重量，如图7-25所示。

优点：①与前一种体系一样，支架、模板及整个盖梁的重量通过钢支撑及预埋钢板传至墩柱，由墩柱承受，传力途径简单明确，不存在支架下沉的问题而且不用破坏钢模；②适合高桥墩盖梁的施工；③对方木需要量很小。

缺点：①预埋钢板要消耗大量钢材，预埋件不能重复利用，很不经济；②钢支撑的焊接工作量很大，对焊接质量的要求也比较高，而且盖梁施工完后要对墩柱外观进行处理，不但费工、费时而且较难保证质量。

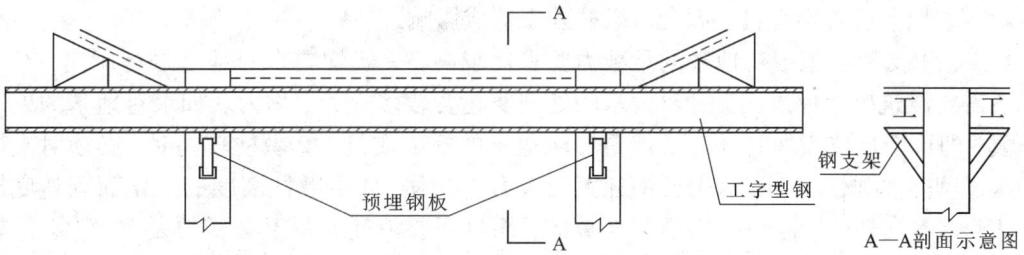

图 7-25　预埋型钢法立面、剖面示意图

7.5.3　支架法

支架法这是目前用得较多的一种方法，支架可用万能杆件也可用钢管支架搭设，盖梁施工的所有临时设施重量及盖梁重量均由支架承受，直接传到地面，如图 7-26 所示。

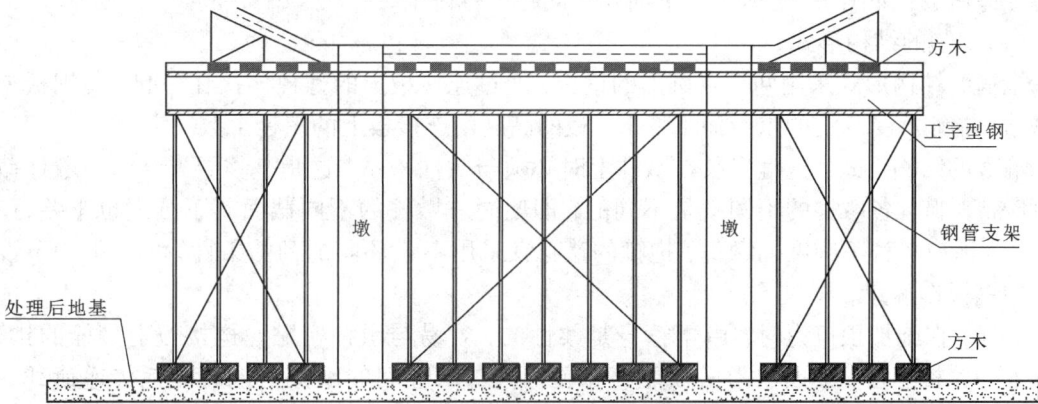

图 7-26　支架法立面、剖面示意图

优点：①支架的形式及高低可根据墩周围的地形和墩柱的高度等随机变化，方法灵活；②不用在墩柱上设置预埋件，不会对墩柱外观造成影响。

缺点：①支架法施工对地基的承载力要求比较高，一般均要求对地基进行压实，对软土地基还需要浇筑砼地坪。因此，对地基的处理要花费较多人力、物力。如果对地基的处理稍有不慎，即可造成支架整体下沉，严重影响盖梁的施工质量。②墩柱较高时，必须对支架进行预压以消除非弹性变形，这需要消耗大量人力、物力。③由墩柱高度的变化而调整底模高度。对于钢管支架，从经济上讲是不合算的，而且还要消耗大量不必要的人力。④墩柱较高时，支架庞大，需要巨额投入而且安装支架费时耗力。⑤支架法施工对木材需要量较大，因此消耗能源较大。⑥水中施工无系梁桥墩时，支架法很难施工。⑦预压需要的时间较长，因此对工期要求紧的桥梁施工不易采用。

7.5.4 抱箍法

其力学原理：利用在墩柱上的适当部位安装抱箍并使之与墩柱夹紧产生的最大静摩擦力来克服临时设施及盖梁的重量。抱箍法的关键是要确保抱箍与墩柱间有足够的摩擦力，以安全地传递荷载，如图7-27所示。下面就此问题进行讨论。

（1）抱箍的结构形式。

抱箍的结构形式采用两个半圆形的钢板，通过连接板上的螺栓连接在一起，使钢板与墩身密贴，能够承受一定的重量而不变形，板的高度由连接板上的螺栓个数决定。

箍身的结构形式：抱箍安装在墩柱上时必须与墩柱密贴，这是基本要求。由于墩柱截面不可能绝对圆，各墩柱的不圆度是不同的，即使同一墩柱的不同截面其不圆度也千差万别。因此，为适应各种不圆度的墩身，抱箍的箍身宜采用不设环向加劲的柔性箍身，即用不设加劲板的钢板作箍身。

这样，在施加预拉力时，由于箍身是柔性的，容易与墩柱密贴。连接板上螺栓的排列：抱箍上的连接螺栓，其预拉力必须能够保证抱箍与墩柱间的摩擦力能可靠地传递荷载。因此，要有足够数量的螺栓来保证预拉力。如果单从连接板和箍身的受力来考虑，连接板上的螺栓在竖向上最好布置成一排。但这样一来，箍身高度势必较大。尤其是盖梁荷载很大时，需要的螺栓较多，抱箍的高度将很大，这将加大抱箍的投入，且过高的抱箍也会给施工带来不便。因此，只要采用厚度足够的连接板并为其设置必要的加劲板，一般将连接板上的螺栓在竖向上布置成两排。这样做在技术上是可行的，实践也证明该做法是成功的。

（2）抱箍法施工工艺。

抱箍法施工工艺流程：抱箍加工→抱箍拼装→抱箍吊装→安装盖梁模板→吊装钢筋笼→盖梁砼施工。

（3）抱箍法施工的注意事项。

①箍身应有适当强度和刚度，以传递拉力、摩擦力并支承上部结构重量，可采用厚度为10~20 mm的钢板。

②由于抱箍连接板是直接承受螺栓拉力的构件，要有足够的强度和刚度，根据理论计算及实践经验，以采用厚度为24~30 mm的钢板为宜。

③抱箍内直径宜比圆柱直径大1~2 cm；抱箍与砼接触面处垫1 cm左右的橡胶板，以增大抱箍与砼之间的摩擦力及接触密实程度。

170

抱箍法立面、剖面示意

A—A剖面示意图

立面示意图

平面示意图

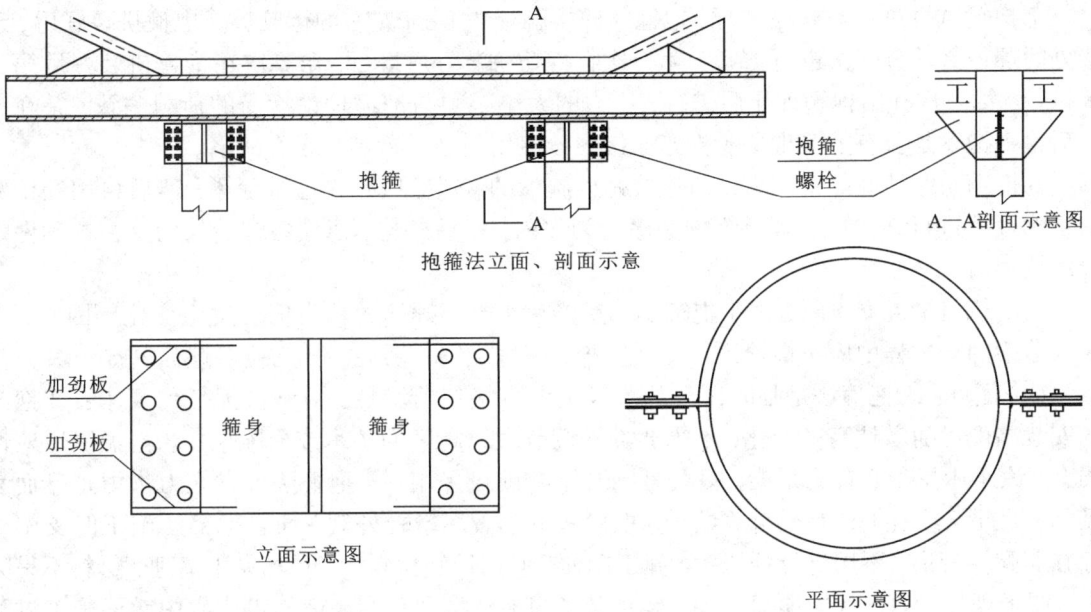

图 7-27　抱箍法半立面及平面示意图

④在使用抱箍法施工时，为了确保施工安全，每排螺栓个数必须比理论计算个数多一个。抱箍连接螺栓，在重复使用过程中，必须检查螺栓是否有滑丝、开裂现象，坚决不能使用不合规的螺栓。

⑤由于抱箍连接板上螺栓按双排布置，外排螺栓施压时对箍身产生较大的偏心力矩，对箍身传力有不利影响，因此，螺栓布置应尽可能紧凑，以刚好能满足施工及传力要求为宜。

⑥为加强抱箍连接板的刚度并可靠地传递螺栓拉力，在竖直方向上，每隔 2~3 排螺栓应

171

给连接板设置一加劲板。

⑦抱箍试拼可在墩柱底进行，抱箍与砼接触处垫 1 cm 左右的橡胶板。抱箍拼装好后，连接处的螺栓必须分三次进行拧紧。第一次在抱箍拼装好后进行，第二次在抱箍拼装好后第三天进行，第三次在给抱箍加压后进行，压力的大小必须与抱箍理论承受的荷载一致，并在加压后检查抱箍是否有下沉现象。抱箍连接螺栓使用前必须检查是否有缺陷。

⑧抱箍与墩柱间的正压力是由连接螺栓施加的，螺栓应首先进行预紧，然后再用经校验的带响板手进行终拧。预紧及终拧顺序均为先内排、后外排，以使各螺栓均匀受力并确保螺栓的拉力值。

⑨浇筑盖梁混凝土时，由于抱箍受力后产生变形，螺栓的拉力值会发生变化。因此，在浇筑盖梁的全过程中应对螺栓进行多次复拧，即每浇筑一层混凝土均应对螺栓复拧一次。

（4）优点：①抱箍法是临时荷载及盖梁重量直接传给墩柱，对地基无任何要求；②抱箍的安装高度可随墩柱高度变化，不需要额外调节底模高度的垫木或分配梁；③抱箍法适应性强，不论水中岸上、有无系梁，只要是圆形墩柱就可采用；④抱箍法节省人力物力是显而易见的，因此从经济上讲是最合算的；⑤抱箍法不会破坏墩柱外观，而且抱箍法施工时支架不存在非弹性变形，不用进行预压；⑥施工简便，使用周转材料少，现场易于清理，材料不易丢失，便于现场管理，且能缩短工期，经济效益可观，特别是在高墩施工或水中墩柱施工过程中更能显示出其优越性。

（5）缺点：不适合非圆形墩柱使用。

7.6 拼装式墩台施工

拼装式墩台是将墩台分解成若干轻型部件，在工厂或工地集中预制，再运往现场拼装成桥墩台。拼装式墩台可以加快施工进度，宜用于水源、砂石料供应困难地区。拼装式墩台形式主要有杆件拼装式墩台及块件拼装式墩台。

7.6.1 杆件拼装式墩台

杆件拼装式墩台又可分为板凳式、排架式及双柱式等。在构造上，拼装式墩台由帽梁、墩柱和基础组成。图 7-28 为一排架式拼装墩。杆件拼装式墩台仅用于跨度和墩高较小的情况。

杆件拼装式墩台施工应注意以下几点：

（1）墩台柱构件与基础顶面预留杯形基座应编号，并检查各个墩台高度和基座高程是否符合设计要求。

（2）墩台柱吊入基础内就位时，应在纵横方向测量，使柱身竖直度或倾斜度，以及平面位置均符合设计要求；对重大、细长的墩台柱，须用风缆或撑木固定方可摘除吊钩。

（3）在墩台柱顶安装盖梁前，应先检查盖梁口预留槽眼位置是否符合设计要求，否则应先修凿。

（4）柱身与盖梁（顶帽）安装完毕并检查符合要求后，可在基杯空隙与盖梁槽眼处灌注稀砂浆，待其硬化后，撤除楔子、支撑或风缆，再在楔子孔中灌注砂浆。

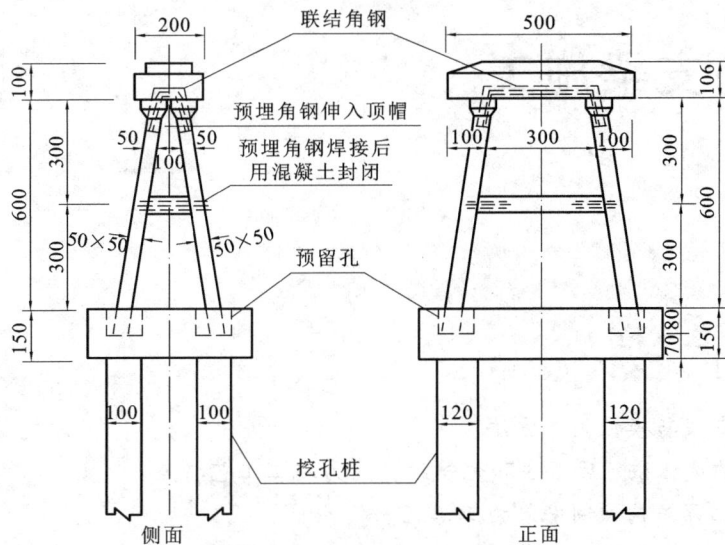

图 7-28　排架式拼装墩(单位：cm)

7.6.2　块件拼装式墩台

块件拼装式墩台适合在桥梁跨度较大、墩身较高条件下使用。拼装式预应力混凝土墩台分为基础、实体墩身和装配墩身 3 大部分。装配墩身由基本构件、隔板、顶板及顶帽 4 种不同形状的构件组成，用高强钢丝穿入预留的上下贯通的孔道内张拉锚固而成。实体墩身是装配墩身与基础的连接段，其作用是锚固预应力钢筋，调节装配墩身高度及抵御洪水时漂流物的冲击等。

块件拼装式墩台施工应注意以下几点：

(1)实体段墩台身灌注时要按拼装构件孔道的相对位置，预留张拉孔道及工作孔。

(2)构件的水平拼装缝采用的水泥砂浆，不宜过干或过稀。砂浆厚度为 15 m 左右，便于调整构件水平高程，不使误差积累。

(3)构件起吊时，要先冲洗底部泥土杂物。同时可在构件四角孔道内插入一根钢管，下端露出约 30 cm 作为导向。

(4)注意测量纵横向中心线位置，检查中心线无误后方可松开吊钩。

(5)注意进行孔道检查，如孔道被砂浆堵塞无法通开时，只能在墩身内壁的相当位置凿开一小洞，清除砂浆积块，用环氧树脂砂浆修补。

思考与练习

7-1　简述桥梁墩台的模板类型。

7-2　滑升模板构造有哪些？

7-3　综述滑升模板浇筑混凝土的施工要点。

7-4　翻板式模板施工的特点是什么？

7-5　比较滑升翻模、爬升翻模和提升翻模的优缺点。

第8章
混凝土简支梁施工

T梁上部结构展示

【知识目标】

1. 概述施工支架与模板施工方法；
2. 区分预应力先张法、后张法和无粘结预应力施工工艺特点；
3. 了解桥梁上部结构预制安装施工工艺。

【能力目标】

1. 绘制简支梁桥施工工艺的思维导图；
2. 辨别简支梁桥施工质量控制要点；
3. 能分析施工质量事故，并提出初步解决方案。

【素养目标】

1. 培养质量意识，敬畏生命，重视安全；
2. 培育创新意识，增强新材料、新工艺、新设备的应用思维；
3. 树立工程质量终身制思想，建立工程全寿命周期概念。

8.1 概述

混凝土简支梁桥是最常用的一种桥型。钢筋混凝土或预应力混凝土简支梁的施工可分为就地浇筑[图 8-1(a)]和预制安装[图 8-1(b)]两大类。

(a)T梁就地浇筑

(b)T梁预制安装

图 8-1 简支梁的施工

174

8.1.1　就地浇筑施工

就地浇筑施工是一种古老的施工方法，它是在桥孔位置搭设支架，在支架上安装模板、绑扎及安装钢筋骨架，预留孔道，并在现场浇筑混凝土与施加预应力的施工方法。由于施工需用大量的模板支架，以前一般仅在小跨径桥或交通不便的边远地区采用。随着桥跨结构形式的发展，出现了一些变宽的异形桥、弯桥等复杂的混凝土结构，加之近年来临时钢构件和万能杆件系统的大量应用，在其他施工方法都比较困难时，或经过比较，施工方便、费用较低时，也常在中、大跨径桥梁中采用就地浇筑的施工方法。

8.1.2　预制安装施工

预制安装就是将一孔梁分成多片在工厂(场)预制，然后运至桥位处，进行现场架设的施工方法。这种方法的主要优点有：上、下部结构可平行施工，工期短；工厂生产易于组织管理，结构质量容易保证；混凝土收缩徐变的影响小。但是，这种方法需要有预制场地和必要的运输、吊装设备。

8.2　施工支架与模板

8.2.1　支架类型及构造

就地浇筑混凝土梁桥的上部结构，首先应在桥孔位置搭设支架，以支承模板和浇筑的钢筋混凝土，以及其他施工荷载的重力。支架按不同形式主要有支柱式支架[图 8-2(a)]、梁式支架[图 8-2(b)]、梁柱式支架[图 8-2(c)]等。

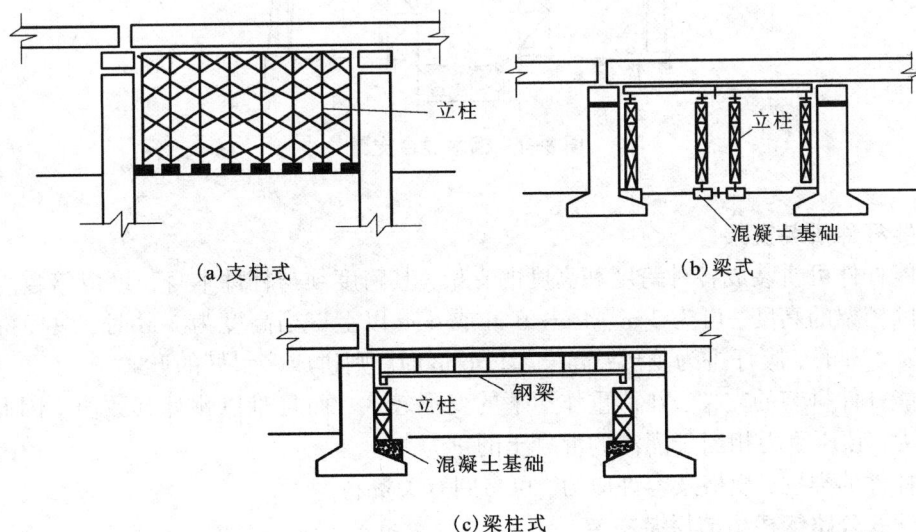

(a)支柱式　　　　　(b)梁式

(c)梁柱式

图 8-2　支架构造形式

1. 满布式支架

满布式支架常用于陆地或不通航的河道，或桥墩不高、桥位处水位不深的桥梁。其形式可根据支架所需跨径的大小等条件，采用排架式、人字撑式或八字撑式(图8-3)。排架式为最简单的满布式支架，主要由排架及纵梁等部件构成，其纵梁为抗弯构件。因此，须在浇筑混凝土时适当安排浇筑程序和保持均匀、对称，以防发生较大变形。

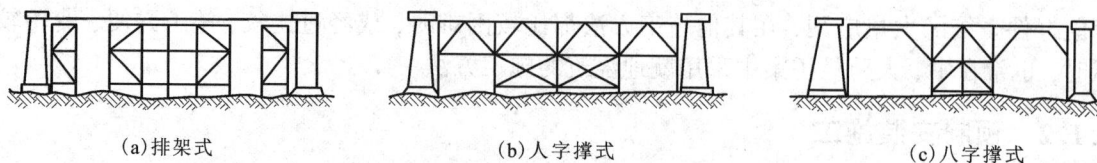

| (a)排架式 | (b)人字撑式 | (c)八字撑式 |

图8-3 满布式支架示意图

满布式支架的排架，可设置在枕木上或桩基上，基础须坚实可靠，以保证排架的沉陷值不超过规定。当排架较高时，为保证支架横向的稳定，除在排架上设置撑木外，还须在排架两端外侧设置斜撑木或斜立桩。满布式支架的卸落设备一般采用木楔、木马或砂筒等，常设置在纵梁支点处上。

2. 钢木混合支架

为加大支架跨径，减少排架数量，支架的纵梁可采用工字钢，其跨径可达10 m。但在这种情况下，支架多改用木框架结构，以加强支架的承载力及稳定性。这类钢木混合支架的构造通常如图8-4所示。

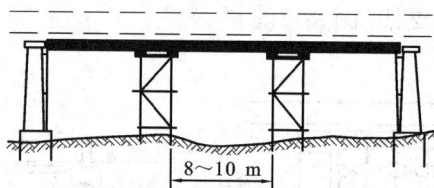

8~10 m

图8-4 钢木混合支架

3. 万能杆件拼装支架

用万能杆件可拼装成各种跨度和高度的支架，其跨度须与杆件本身长度成倍数。用万能杆件拼装的桁架的高度，可为2 m、4 m、6 m或6 m以上。当高度为2 m时，腹杆拼为三角形；高度为4 m时，腹杆拼为菱形；高度超过6 m时，则拼成多斜杆的形式。

用万能杆件拼装的支架，在荷重作用下的变形较大，而且难以预计其数值。因此，应考虑预压重力，预压重力相当于灌注的混凝土的重力。

万能杆件的类别、规格及容许应力，可参阅有关资料。

4. 装配式公路钢桥桁节拼装支架

用装配式公路钢桥桁节可拼装成桁架梁和塔架。为加大桁架梁孔径和利用墩台作支承，也可拼成八字斜撑以支持桁架梁。桁架梁与桁架梁之间，应用抗风拉杆和木斜撑等进行横向联结，以保证桁架梁的稳定。

176

5. 轻型钢支架

为节省木料，桥下地面较平坦、有一定承载力的梁桥，宜采用轻型钢支架。轻型钢支架的梁和柱，以工字钢、槽钢或钢管为主要材料，斜撑、联结系等可采用角钢。构件应制成统一规格和标准；排架应预先拼装成片或组，并以混凝土、钢筋混凝土枕木或木板作为支承基底。为了防止冲刷，支承基底须埋入地面以下适当的深度。为适应桥下高度，排架下应垫以一定厚度的枕木或木楔等。为便于支架和模板的拆卸，纵梁支点处应设置木楔。

轻型钢支架构造示例，如图 8-5 所示。

图 8-5　轻型钢支架

6. 墩台自承式支架

在墩台上留下承台式预埋件，上面安装横梁及架设适宜长度的工字钢或槽钢，即构成模板的支架。这种支架适用于跨径不大的梁桥，但支立时仍须考虑梁的预拱度、支架梁的伸缩，以及支架和模板的卸落等条件。

这种支架适用于跨径不大、桥墩为立桩式的多跨梁桥的施工，形状如图 8-6 所示。在墩柱施工完毕后即可立即铺设轨道，拖进墩间，进行模板的安装，这种方法可简化安装工序和节省安装时间。

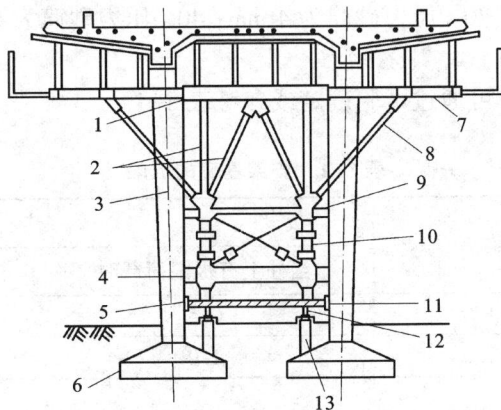

1—钢架；2—钢支撑；3—立柱；4—轮轴架；5—轨道；6—基础；7—插入式钢梁；8—斜撑；9—楔块；10—调整千斤顶；11—横向挂杆；12—可调顶托；13—底座。

图 8-6　模板车式支架

当上部构造混凝土浇筑完毕，且强度达到要求后，模板即可整体向前移动，但移动时须将斜撑取下，将插入式钢梁节段推入中间钢梁节段内，并将千斤顶放松。

8.2.2 施工预拱度

1. 确定预拱度时应考虑的因素

在支架上浇筑梁式上部构造时，在施工时和卸架后，上部构造会发生一定的下沉和产生一定的挠度。因此，为使上部构造在卸架后能获得满足设计规定的外形，须在施工时设置一定数值的预拱度。在确定预拱度时应考虑下列因素：

（1）卸架后上部构造本身及活载一半所产生的竖向挠度 d_1。

（2）支架在荷载作用下的弹性压缩 d_2。

（3）支架在荷载作用下的非弹性变形 d_3。

（4）支架基底在荷载作用下的非弹性沉陷 d_4。

（5）由混凝土收缩及温度变化而引起的挠度 d_5。

2. 预拱度的计算

上部构造和支架的各项变形值之和，即为应设置的预拱度。各项变形值可按下列方法计算和确定：

（1）桥跨结构应设置预拱度，其值等于恒载和半个静活载所产生的竖向挠度 d_1。当恒载和静载产生的挠度不超过跨径的 1/1600 时，可不设预拱度。

（2）满布式支架，当其杆件长度为 L、压应力为 d 时，其弹性变形为：

$$\delta_2 = \frac{\delta L}{E}$$

当支架为桁架等形式时，应按具体情况计算其弹性变形。

（3）在一般情况下，支架在每一个接缝处的非弹性变形，横纹木料为 3 mm；顺纹木料接缝为 2 mm；木料与金属或木料与圬工的接缝为 1~2 mm；顺纹与横纹木料接缝为 2.5 mm。

卸落设备砂筒内砂粒压缩和金属筒变形的非弹性压缩量，根据压力大小、砂粒细度模量及筒径、筒高确定。一般，20 t 压力砂筒为 4 mm；40 t 压力砂筒为 6 mm；砂粒未预先压紧者为 10 mm。

（4）支架基底的沉陷，可通过试验确定或参考表 8-1。

表 8-1　支架基底的沉陷
单位：cm

土壤	枕梁	柱	
		当柱上有极限荷载时	柱的支承能力不充分利用时
砂土	0.5~1.0	0.5	0.5
黏土	1.5~2.0	1.0	0.5

3. 预拱度的设置

根据梁的挠度和支架的变形所计算出来的预拱度之和为预拱度的最高值，应设置在梁的跨径中点处。其他各点的预拱度，应以中间点为最高值，以梁的两端为零，按直线或二次抛物线比例进行分配。

8.2.3 模板的构造

1. 模板的要求

模板虽然是施工中的临时性结构,但对梁体的制作十分重要。模板不仅控制着梁体尺寸的精度,直接影响施工进度和混凝土的浇筑质量,而且关系到施工安全。因此模板应符合下列要求:

(1)具有足够的强度、刚度和稳定性,能安全可靠地承担施工中可能出现的各种荷载。

(2)保证结构的设计形状、尺寸及各部分相互之间位置的准确性。

(3)模板的接缝必须密合,确保混凝土浇筑过程中不漏浆。

(4)构造简单,拆装方便,便于周转使用,应尽量做成装配式组件或块件。

2. 模板的分类

模板按成型时的作用分为内模、外模、侧模、底模等;按模板的材料不同分为木模板、钢模板、钢木组合模板、胶合板模板、钢竹模板、塑料模板、玻璃钢模板、铝合金模板等。桥梁施工常用的模板有木模板、钢模板和钢木组合模板。

按就地浇筑梁桥的目的不同,常用木模板和钢模板。对预制安装构件,除木模板、钢模板外,也可采用钢木组合模板、土模板、砖模板和钢筋混凝土模板等。模板形式的选择,主要取决于同类桥跨结构的数量和模板材料的供应。当建造单跨或多跨不同桥跨节时,一般采用木模;当有多跨同样的结构时,为了经济,可采用大型模板块件组装或用钢模板。

(1)木模板。

木模板包括胶合板木模,可采用整体定型的大型块件,它可按结构要求预先制作,然后在支架上用连接件迅速拼装。木模板的基本构造包括紧贴混凝土表面的壳板(又称面板)、支承壳板的肋木和立柱或横挡。壳板可以竖直拼装或水平拼装,如图 8-7 所示。

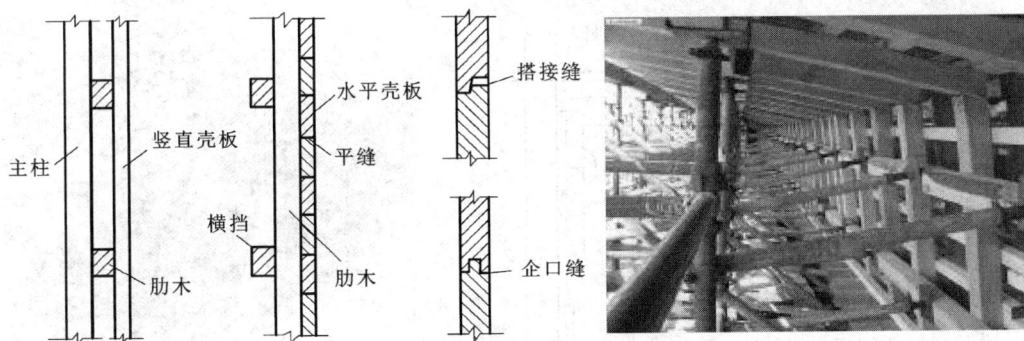

图 8-7 木模板基本构造

壳板的接缝可做成平缝、搭接缝或企口缝,如图 8-7 所示。当采用平缝拼接时,应在拼缝处衬压塑料薄膜或水泥袋纸以防漏浆。为了增加木模板的周转次数且为方便脱模,往往在壳板面上加钉一层薄铁皮。

为了防止木模板在施工过程中变形,壳板不能过宽或过薄,厚度一般为 2~5 cm,宽为 15~18 cm,不宜超过 20 cm。肋木、立柱或横挡的尺寸,可根据经验或计算确定。肋木的间距一般为 0.7~1.5 m。

常用 T 形梁的分片装拆式木模板结构如图 8-8 所示。相邻横隔板之间的模板，形成一个柜箱。在柜箱内的横挡上，可安装附着式振捣器。梁体两侧的一对柜箱，用顶部横木和穿通梁肋的螺栓拉杆来固定，并借柱底的木楔进行装、拆调整。

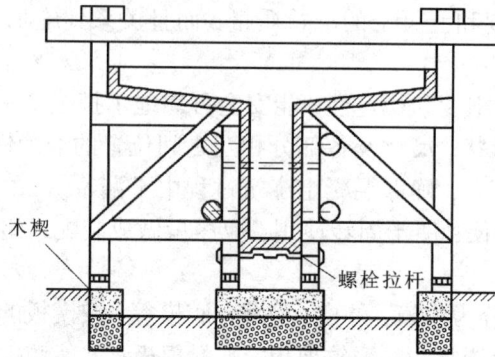

图 8-8　T 形梁木模板构造

图 8-9(a)是常用于公路空心板梁的木制芯模构造。芯模是形成空心所必须的特殊模板。其结构形式直接影响制作是否简便经济、装拆是否方便、周转率是否高。为了便于搬运、装拆，每根梁的模板分成两节。木壳板的侧面装置铰链，使壳板可以转动。芯模的骨架和活动撑板，每隔约 70 cm 一道。撑板下端的半边朝梁端一侧，用铰链与壳板连接。安装时借榫头顶紧壳板纵面的上、下斜缝，并在撑板上部设置直径为 20 mm 的拉杆。撑板将壳板撑实后，在模壳外用铅丝捆扎，以防散开或变形。拆模时只需用拉杆将撑板从顶部拉脱，并借铰链先松左半模板，取出后再脱右半模板。

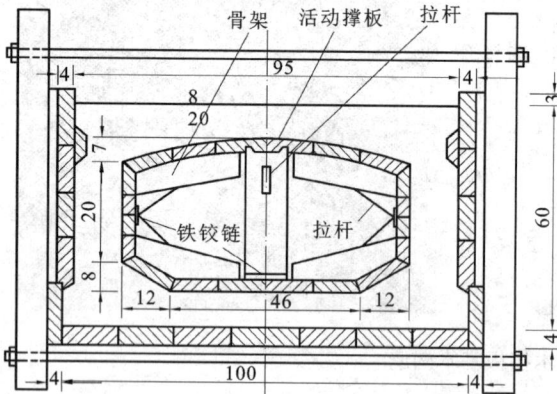

（a）木制芯模

（b）充气橡胶管

图 8-9　空心板梁芯模构造(单位：cm)

上述芯模也可改用特制的充气橡胶管完成，如图 8-9(b)所示。在国外，还可采用混凝土管、纸管等做成不抽拔的芯模。

180

（2）钢模板。

桥梁用钢模板一般做成大型块件，长 3~8 m。图 8-10 为一种分片装拆式 T 形梁钢模板的结构组成。侧模一般由厚度为 4~8 mm 的钢壳板，角钢做成的水平肋和竖向肋，支托竖向肋的直撑、斜撑，固定侧模用的顶横杆和底部拉杆，以及安装在壳板上的振捣架等构成。底模通常用 6~12 mm 厚的钢板制成，它通过垫木支承在底部钢横梁上。在拼装钢模板时，所有紧贴混凝土的接缝内部，都用止浆垫使接缝密闭不漏浆。止浆垫一般采用柔软、耐用和弹性大的 5~8 mm 橡胶板或厚 10 mm 左右的泡沫塑料。

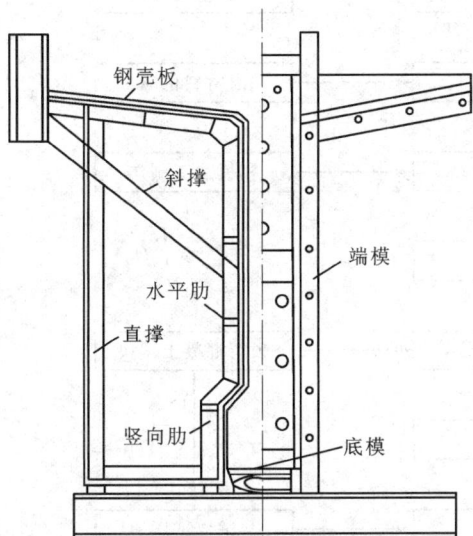

图 8-10　T 形梁钢模板

图 8-11 为一种箱形截面钢模板的结构组成。为便于内模脱模，内模在竖向分为上、下两部分，上、下部在横向又分成两半，中线处上、下部都用铰连接。上、下部在竖向连接处做成斜面，便于脱模。拆除内模时，将可伸缩撑杆缩短，上部两侧内模绕上铰转动即进行脱模，利用设在内模下部顶面轨道上的小车可将内模上部运出梁体。然后将可伸缩撑杆换装到内模下部两侧的连接角钢上，缩短撑杆，使内模下部两侧绕下铰转动即进行脱模，再滑移托出梁体。如果将钢模板中的钢制壳板换成水平拼装的木壳板，用埋头螺栓连接在角钢竖肋上，在木壳板上再钉一层薄铁皮，这样就做成钢木组合模板。这种模板不仅节约木材、成本低，而且具有较大的刚度和紧密稳固性，也是一种较好的模板。

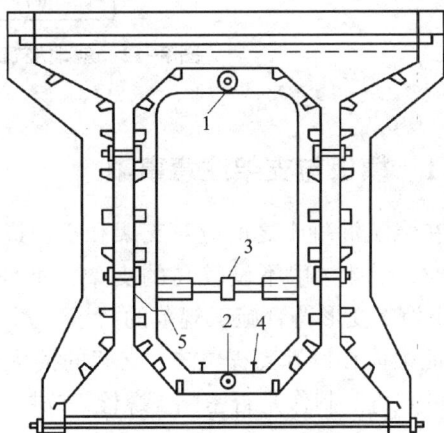

1—上铰；2—下铰；3—伸缩杆；4—轨道；5—接缝。

图 8-11　箱梁钢模板

8.3 钢筋混凝土简支梁施工

就地浇筑钢筋混凝土简支梁的施工工序如图 8-12 所示。

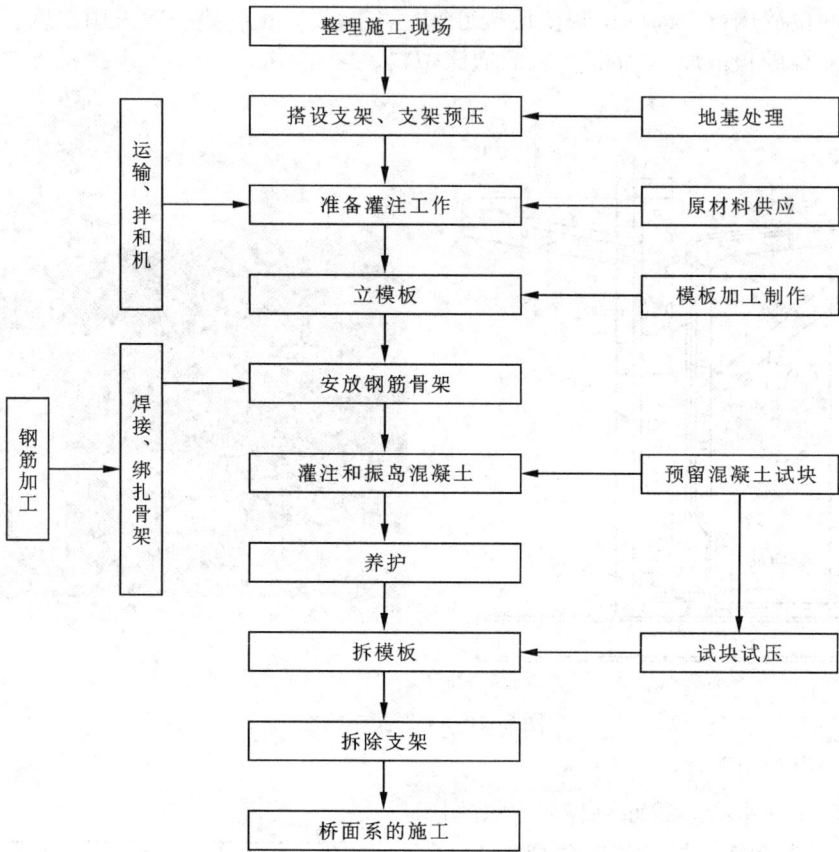

```
                    ┌──────────────┐
                    │  整理施工现场  │
                    └──────┬───────┘
                           ↓
        ┌────────────────────────────┐        ┌──────────┐
   运   │      搭设支架、支架预压       │←───────│  地基处理  │
   输   └──────────────┬─────────────┘        └──────────┘
   、                  ↓
   拌   ┌────────────────────────────┐        ┌──────────┐
   和   │        准备灌注工作          │←───────│ 原材料供应 │
   机   └──────────────┬─────────────┘        └──────────┘
                       ↓
        ┌────────────────────────────┐        ┌──────────┐
        │          立模板             │←───────│ 模板加工制作│
        └──────────────┬─────────────┘        └──────────┘
                       ↓
   焊    ┌────────────────────────────┐
   接    │        安放钢筋骨架          │
   、    └──────────────┬─────────────┘
   绑                   ↓
   扎    ┌────────────────────────────┐        ┌──────────────┐
 钢 骨   │      灌注和振岛混凝土         │←───────│ 预留混凝土试块 │
 筋 架   └──────────────┬─────────────┘        └──────────────┘
 加                     ↓
 工      ┌────────────────────────────┐
         │           养护              │
         └──────────────┬─────────────┘
                        ↓
         ┌────────────────────────────┐        ┌──────────┐
         │          拆模板             │←───────│  试块试压  │
         └──────────────┬─────────────┘        └──────────┘
                        ↓
         ┌────────────────────────────┐
         │         拆除支架            │
         └──────────────┬─────────────┘
                        ↓
         ┌────────────────────────────┐
         │        桥面系的施工          │
         └────────────────────────────┘
```

图 8-12 就地浇筑钢筋混凝土简支梁的施工工序

8.3.1 模板与支架注意事项

在浇筑混凝土之前应对支架和模板进行全面、严格的检查，核对设计图纸的要求。工厂预制时，梁体一般不设较高的支架，而是放置在台座上。这时要保证台座下的基础处理良好，下沉、变形符合施工规范的要求。对于现场浇筑的梁体，支架必须有足够的强度和刚度以保证梁体在设计高程位置，支架的接头位置应准确、可靠，卸落设备要符合要求。应检查模板的尺寸，制作是否密贴，螺栓、拉杆、撑木是否牢固，是否涂抹模板油及其他脱模剂等。

8.3.2 钢筋骨架的安装

钢筋混凝土结构中，常用钢筋的直径一般为 6~40 mm。钢筋一般先在钢筋车间加工，然后运至现场安装或绑扎。钢筋的加工过程一般有调直、除锈、下料、弯钩、焊接、绑扎等工

182

序，这里主要介绍钢筋骨架的安装。

1. 骨架制作

在支架上浇筑钢筋混凝土梁时，为减少在支架上的钢筋安装工作，梁内的钢筋宜预先在工厂或桥梁工地制成平面或立体骨架(图 8-13)。当梁的跨径较大时，可预先分段制成骨架；当不能预先制成骨架时，则钢筋的接长应尽可能预先进行。制作钢筋骨架时，须焊扎坚固，以防在运输和吊装过程中变形。

图 8-13　钢筋骨架制作

焊接多层钢筋时，可采用侧面焊缝，使之形成平面骨架，焊接缝设在弯起钢筋的弯起点处。如斜筋弯起点之间的距离较大，应在中间部分适当增加短段焊缝，以便有效地固定各层主钢筋。

2. 钢筋接头

钢筋接头相关内容参见第 5 章所述。

3. 钢筋骨架的拼装

用焊接的方法拼接骨架时，应用样板严格控制骨架位置。骨架的施焊顺序，宜由骨架的中间到两边，对称地向两端进行，并应先焊下部、后焊上部，每条焊缝应一次成活，相邻的焊缝应分区、对称跳焊，不可顺方向连续施焊。

为保证混凝土保护层的厚度，应在钢筋骨架与模板之间错开放置适当数量的水泥砂浆垫块、混凝土垫块或钢筋头垫块，骨架侧面的垫块应绑扎牢固。

4. 钢筋骨架的运输和吊装

运输预制钢筋骨架时，骨架可放在平车上或在骨架下面垫以滚轴，用绞车拖拉。运输道路可根据现场条件，或设在桥上，或设在桥侧面，孔数较多时，以设在桥侧面为宜。由桥侧面运进和吊装时，侧面模板应在骨架入模后再安装。用起重机吊装骨架时，为防骨架弯曲变形，宜加设扁担梁。

5. 钢筋骨架的质量要求

钢筋骨架除应按规定对加工质量、焊接质量及各项机械性能进行检验外，还应检查其焊扎和安装的正确性，其允许偏差参见第 2 章的规定。

8.3.3 混凝土施工工艺

关于混凝土搅拌、运输、浇筑及养护的基本要求已在第 2 章作了介绍，下面将重点介绍梁体混凝土工程须注意的内容。

1. 混凝土的运输

混凝土应以最少的转运次数、最短的距离迅速地从拌制地点运往灌注地点，避免发生离析、泌水和灰浆流失现象，坍落度前后相差不得超过 30%，否则应进行二次拌制。混凝土运输时间不宜超过时间限制允许值。

(1) 在桥面上运输。

对于跨径不大的桥梁，可在上部结构模板上运送混凝土。用手推车或小型机动斗车运送时，须在模板上铺跳板和马凳，并随着浇筑工作的推进逐一撤除。用轻轨斗车运送时，模板上须放置混凝土短柱或铁支架，上搁纵梁、横木、面板，再铺铁轨。混凝土短柱和铁支架可留在混凝土体内。

(2) 索道吊机和运输。

索道吊机一般沿顺桥方向跨越全部桥跨设置，可设一条或两条索道，在桥的横向可用牵引的方法或搭设平台分送混凝土。此法适用于河谷较深或水流湍急的桥梁。

(3) 在河滩上运输。

当桥下为较平坦的河滩时，可用汽车或轻轨斗车进行水平运输，用吊机进行垂直和横向运输。进行水平运输(顺桥方向)和垂直运输(上、下方向)时，宜用同一活底吊斗装载混凝土并将其送入模板，避免倒料。如不得已需要先将料放在平台上，然后进行分送时，应经过重新拌和后再分送与浇筑。

(4) 水上运输。

在较大、可通航的河流上，可在浮船上设置水上混凝土工厂和吊机以供应混凝土并将其运送到浇筑部位。当须另用小船运送混凝土时，应尽可能使用同一装载混凝土的工具。

2. 混凝土的浇筑

在正式浇筑前，应对灌注的各种机具设备进行试运转，以防在使用中发生故障。要规划好浇筑顺序，布置好振捣设备，检查螺帽紧固的可靠程度。对大型就地浇筑施工结构，必须准备备用的机械、动力。

浇筑前应会同监理工程师对模板、钢筋以及预埋件的位置进行检查，检查内容包括以下几点：

(1) 混凝土的浇筑速度。

为了保证浇筑混凝土的整体性，防止在浇筑上层混凝土时破坏下层混凝土，浇筑层次的增加须有一定的速度，须使后一层的浇筑能在前浇的一层混凝土初凝以前完成。

(2) 混凝土的浇筑顺序。

在考虑主梁混凝土的浇筑顺序时，不应使模板和支架产生有害的下沉；为了使混凝土振捣密实，应采用相应的分层浇筑(图 8-14)；当在斜面或曲面上浇筑混凝土时，一般应从低处开始。

①水平分层浇筑。

对于跨径不大的简支梁桥，可在钢筋全部扎好以后，将梁和板沿一跨全长内水平分层浇

184

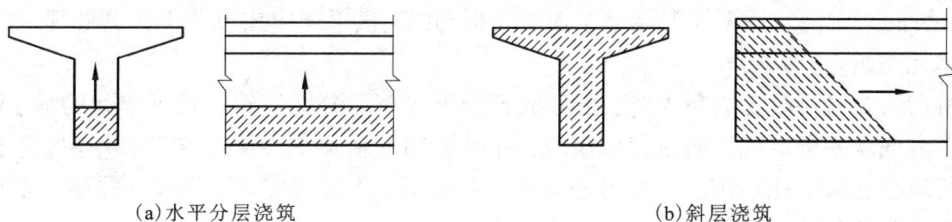

(a)水平分层浇筑　　　　　　　　　　(b)斜层浇筑

图 8-14　分层浇筑混凝土

筑，并在跨中合龙。分层的厚度视振捣器的能力而定，一般为 0.15~0.3 m；当采用人工捣实时可采用 0.15~0.2 m。为避免支架不均匀沉陷的影响，浇筑工作应尽量快速进行，以便在混凝土失去塑性以前完成。

②斜层浇筑。

跨径不大的简支梁桥混凝土的浇筑，还可用斜层浇筑法从主梁两端对称地向跨中进行，并在跨中合龙。T 形梁和箱形梁采用斜层浇筑的顺序如图 8-15(a) 所示。当采用梁式支架，支点不设在跨中时，应在支架下沉量大的位置先浇筑混凝土，使应该发生的支架变形及早完成。其浇筑顺序如图 8-15(b) 所示。采用斜层浇筑时，混凝土的倾斜角与混凝土的稠度有关，一般为 20°~25°。

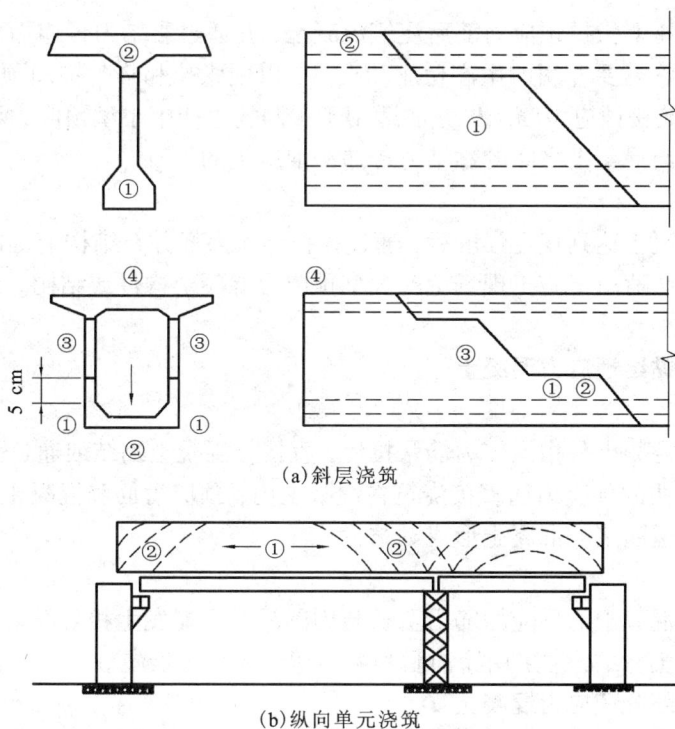

(a)斜层浇筑

(b)纵向单元浇筑

图 8-15　简支梁桥支架浇筑顺序

较大跨径的简支梁桥，可用水平分层法或斜层法先浇筑纵、横梁，待纵、横梁浇筑完毕后，再沿桥的全宽浇筑桥面板混凝土。在桥面板与纵、横梁间应按设置工作缝处理。

③单元浇筑。

当桥面较宽且混凝土数量大时，可分成若干纵向单元分别浇筑。每个单元的纵、横梁可沿其长度方向水平分层浇筑或用斜层浇筑，在纵梁间的横梁上设置工作缝，并在纵、横梁浇筑完成后填缝连接。此后桥面板可沿桥全宽、全面积一次浇筑完成，不设工作缝。桥面板与纵、横梁间设置水平工作缝。

3. 施工缝处理

在施工缝处继续浇筑混凝土的时间不能过早，以免已凝固的混凝土受到振动而破坏，必须待已浇筑混凝土的抗压强度不小于 1.2 MPa 时才可进行。在施工缝处继续浇筑前，为解决新旧混凝土的结合问题，应按规定对已硬化的施工缝表面进行处理，主要包括：清除表层的水泥薄膜和松动石子及软弱混凝土层，必要时还要加以凿毛；清除钢筋上的油污、水泥砂浆及浮锈等杂物；然后用水冲洗干净，并保持充分湿润，且不得积水。在浇筑前，宜先在施工缝处铺一层与混凝土成分相同的水泥砂浆。

8.4 预应力混凝土分类

1. 先张法和后张法预应力混凝土

（1）先张法。

先张法是在台座上张拉预应力筋后浇筑混凝土，并通过黏结力传递而建立预加应力的混凝土结构。这种方法需要专用的生产台座和夹具，以便张拉和临时锚固预应力筋，待混凝土达到设计强度后，放松预应力筋。先张法适用于预制场生产中小型预应力混凝土构件。预应力是通过预应力筋与混凝土之间的黏结力传递给混凝土的。

（2）后张法。

后张法是在混凝土达到规定强度后，通过张拉预应力筋并在结构上锚固而建立预应力的混凝土结构。后张法适用于施工现场生产大型预应力混凝土构件或结构。预应力是通过锚具传递给混凝土的。

2. 有黏结和无黏结预应力混凝土

（1）有黏结。

有黏结预应力混凝土是指预应力筋张拉后，直接与混凝土黏结或通过灌浆使之与混凝土黏结的结构。先张法的预应力筋直接浇筑在混凝土内，预应力筋和混凝土是后黏结的；后张法预应力筋通过孔道灌浆与混凝土形成黏结力。

（2）无黏结。

无黏结预应力混凝土的预应力筋沿全长与周围混凝土能发生相对滑动。为防止预应力筋腐蚀和与周围混凝土黏结，常采用涂油脂和缠绕塑料薄膜等措施。

3. 全预应力和部分预应力混凝土

（1）全预应力。

全预应力混凝土是在全部使用荷载作用下，受拉区边缘不允许出现拉应力的预应力混凝土，适用于要求混凝土不开裂的结构。

（2）部分预应力。

部分预应力混凝土是在全部使用荷载作用下，受拉区边缘允许出现一定拉应力或裂缝的混凝土，其综合性能好，费用较低，适用面广。

4. 预制、现浇、组合预应力混凝土

（1）预制预应力混凝土。

预制预应力混凝土是在预制场或施工现场进行制作，经运输吊装到设计工作位置，它适宜于大批量生产，质量易于控制，成本较低。

（2）现浇预应力混凝土。

现浇预应力混凝土是在设计工作位置支设模板进行制作，它适宜于建造大型和整体预应力混凝土结构。

（3）组合预应力混凝土。

组合预应力混凝土是预制和现浇相结合进行制作，预制部分为预应力，而现浇部分则采用非预应力。

8.5　预应力混凝土简支梁先张法施工

先张法的制梁工艺是在浇筑混凝土前张拉预应力筋，将其临时锚固在张拉台座上，然后立模浇筑混凝土，待混凝土达到规定的强度后，逐渐将预应力筋放松，这样就因预应力筋的弹性回缩使混凝土获得预压应力，其工艺流程如图 8-16 所示。

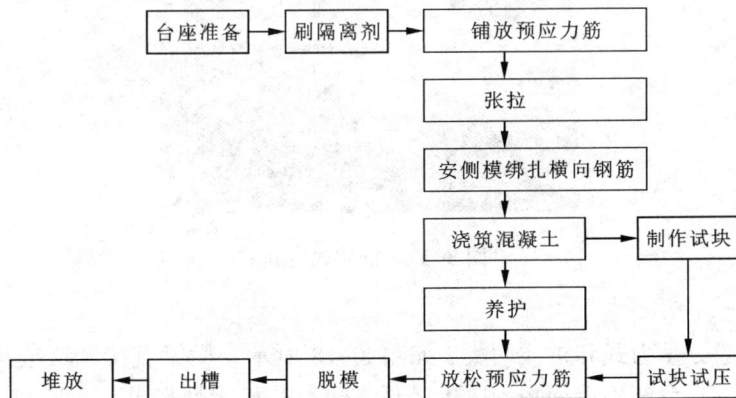

图 8-16　先张法施工工艺流程

8.5.1　台座

1. 台座的组成

（1）底板：有整体式混凝土台面和装配式台面两种，作为预制构件的底模。

（2）承力架或支承架：台座的主要受力结构。其形式很多，如框架式、墩式、槽式等。

（3）横梁：将预应力筋的张拉力传给承力架的横向构件，常用型钢或钢筋混凝土制作。

（4）定位板：用来固定预应力筋的位置。

（5）固定端装置：用于固定预应力筋位置并在梁预制完成后放松预应力筋。它设在非张拉端，仅用于一端张拉的先张台座。

2. 台座的类型

（1）框架式台座。

由纵梁（压柱）、横梁、横系梁组成框架承受张拉力，一般采用钢筋混凝土在现场整体浇筑，如图 8-17 所示。

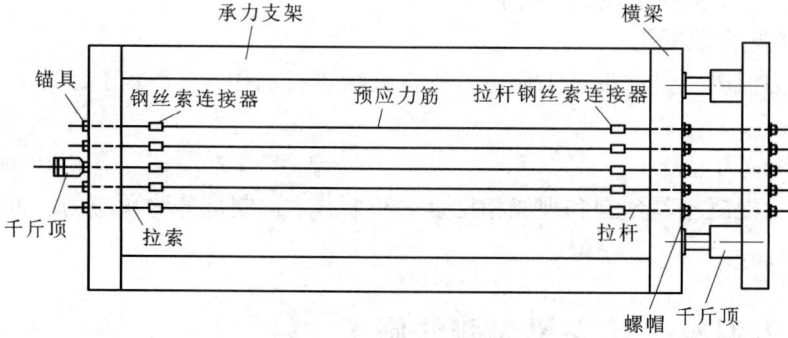

图 8-17　框架式台座

（2）墩式台座。

墩式台座一般分重力式和桩式两类，如图 8-18 所示。横梁直接和墩或桩基连成整体共同承受张拉力。墩式台座构造简单、造价较低，缺点是稳定性较差、变形较大，同时必须具有足够的强度和刚度，并且其抗倾覆安全系数应不小于 1.5，抗滑移系数应不小于 1.3。

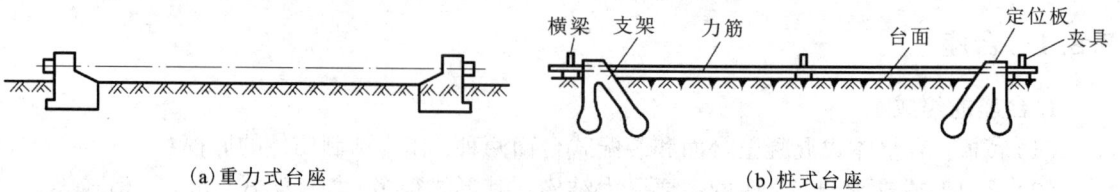

（a）重力式台座　　　　　　　　　　（b）桩式台座

图 8-18　墩式台座

188

（3）拼装式钢管混凝土台座。

以钢管混凝土作为压柱，压柱两端采用型钢立柱和型钢框架装片石压重的平衡体，与压柱连接组成台座承力架。此类台座具有施工迅速方便、可重复使用、节省造价的特点，常用于铁路桥梁。

8.5.2　模板与预应力筋制作要求

1. 模板制作要求

（1）将先张台座的混凝土底板作为预制构件的底模（图 8-19），要求地基不产生非均匀沉陷，底板制作必须平整光滑、排水畅通。梁位端部的底模应满足强度要求和重复使用的要求。

图 8-19　先张台座混凝土底板

（2）端模预应力筋孔的位置要准确，要求安装后与定位板上对应的预应力筋孔均在一条中心线上。

（3）考虑到预应力筋放松后梁体的压缩量，为保证梁体外形尺寸，侧模制作要增长 1‰。

2. 预应力筋制作要求

（1）预应力筋下料长度按计算长度、工作长度和原材料试验数据确定。长度不大于 6 m 的先张构件，当钢丝成组张拉时，同组钢丝下料长度的相对差值不得大于 2 mm。

（2）先张法预应力的粗钢筋，在冷拉或张拉时可采用镦头钢筋和开孔的垫板代替锚具或夹具。

（3）先张法镦头锚的钢丝镦头强度不应低于钢丝标准抗拉强度的 90%。

（4）将下好料的钢绞线运到台座的一端，后张梁的钢绞线是用拉束的方法穿孔，而先张梁的钢绞线是用向前推的方法穿孔。当预应力筋为粗钢筋时，该粗钢筋可在绑扎钢筋骨架的同时放入梁体。

8.5.3 预应力筋张拉程序与操作

1. 张拉前的准备工作

张拉前先安装定位板，检查定位板的力筋孔位置和孔径大小是否符合设计要求，然后将定位板固定在横梁上。在检查预应力筋数量、位置、张拉设备和锚具后，方可进行张拉。

2. 张拉工艺

（1）单根张拉和多根张拉。

（2）单向张拉和双向张拉。

（3）张拉程序。

预应力筋的张拉应符合设计要求，设计无规定时，其张拉程序可按表 8-2 的规定进行。

表 8-2　先张法预应力筋张拉程序

预应力筋种类	张拉程序
钢筋	$0 \rightarrow$ 初应力 $\rightarrow 1.05\sigma_{con}$（持荷 5 min）$\rightarrow 0.9\sigma_{con} \rightarrow \sigma_{con}$（锚固）
钢丝、钢绞线	$0 \rightarrow$ 初应力 $\rightarrow 1.05\sigma_{con}$（持荷 5 min）$\rightarrow 0 \rightarrow \sigma_{con}$（锚固）
	对于夹片式等具有自锚性能的锚具： 普通松弛力筋：$0 \rightarrow$ 初应力 $\rightarrow 1.03\sigma_{con}$（锚固） 低松弛力筋：$0 \rightarrow$ 初应力 $\rightarrow \sigma_{con}$（持荷 5 min，锚固）

注：①表中 σ_{con} 为张拉时的控制应力值，包括预应力损失值。②超张拉数值超过 JTG/T 3650—2020 中 7.7.3 条规定的最大超张拉应力限值时，应按该条规定的限制张拉应力进行张拉。③张拉钢筋时，为保证施工安全，应在超张拉放张至 $0.9\sigma_{con}$ 时安装模板、普通钢筋及预埋件等。

（4）断丝、断筋：

张拉时，预应力筋的断丝数量不得超过表 8-3 的规定。

表 8-3　先张法预应力筋断丝限制

类别	检查项目	控制数
钢丝、钢绞线	同一构件内断丝数不得超过钢丝总数的比例	1%
钢筋	断筋	不容许

3. 一般操作

（1）调整预应力筋长度。

（2）初始张拉。

（3）正式张拉。

①一端固定，另一端单根张拉。

②一端固定，另一端多根张拉。

③一端单根张拉，另一端多根张拉。

（4）持荷。

（5）锚固。

同时张拉多根预应力筋时，应预先调整其初应力，使它们相互之间的应力一致；张拉过程中，应使活动横梁与固定横梁始终保持平行，并应抽查力筋的预应力值，其偏差的绝对值不得超过按一个构件全部预应力筋的预应力总值的 5%。

预应力筋张拉完毕后，与设计位置的偏差不得大于 5 mm，同时不得大于构件最短边长的 4%。

8.5.4　预应力混凝土配料与浇筑

1. 预应力混凝土配料

（1）配制高强度等级混凝土应选择级配优良的配合比。在构件截面尺寸和配筋允许下，尽量采用粒径大、强度高的集料；含砂率不超过 0.4；水泥用量不宜超过 500 kg/m³，特殊情况下不应超过 550 kg/m³；水灰比不超过 0.45。一般可采用低塑性混凝土，坍落度不大于 30 mm，以减少因收缩、徐变引起的预应力损失。

（2）拌和中可掺入适量的减水剂，但不得掺入氯化钙、氯化钠等氯盐。混凝土中的氯离子总含量(折合氯化物含量)不宜超过水泥用量的 0.06%，当超过 0.06%时，宜采取掺加阻锈剂、增加保护层厚度、提高混凝土密实度等防锈措施；对于干燥环境中的小型构件，氯离子含量可提高 1 倍。

（3）水、水泥、减水剂用量应准确到±1%，集料用量准确到±2%。

（4）预应力混凝土所用的一切材料，必须全面检查，各项指标均应合格。

（5）预应力混凝土的发展方向为改性混凝土，包括：①纤维混凝土；②聚合物混凝土。

2. 预应力混凝土浇筑

（1）尽量采用侧模振捣工艺。图 8-20 为振捣棒振捣混凝土梁。

（2）浇筑混凝土时，先张构件应避免振动器碰撞预应力筋，后张结构应避免振动器碰撞预应力筋的管道预埋件等，如图 8-21 所示。

图 8-20　振捣棒振捣

图 8-21　预应力筋管道预埋件

（3）混凝土浇筑完成并初凝后，应立即开始养护。用蒸汽养护时，温度应按设计规定执行，且不得超过 60 ℃。

8.5.5 预应力筋放张(放松)

1. 放张的方法

(1)砂箱放张法(图8-22)。

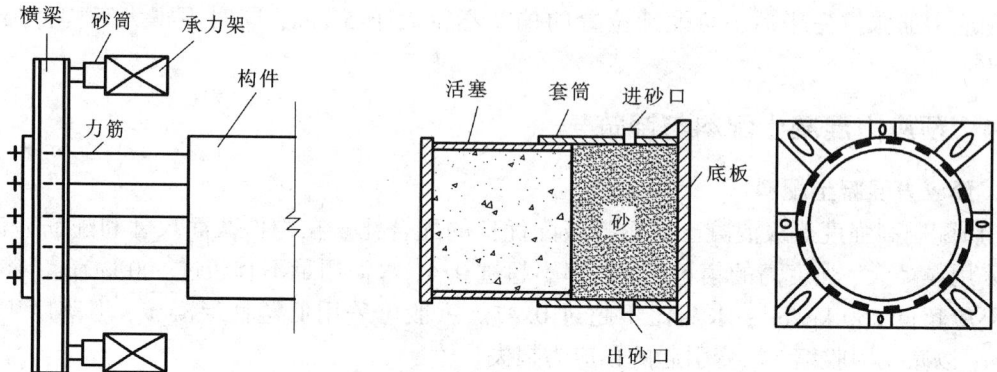

图8-22 砂箱放张法

(2)千斤顶放张法。

(3)张拉放张法(图8-23)。

(4)滑楔放张法。

(5)手工法。

2. 放张的规定

(1)预应力筋放张时的混凝土强度须符合设计规定;设计未规定时,不得低于设计混凝土强度等级值的75%。

(2)预应力筋的放张顺序应符合设计要求;设计未规定时,应分阶段、对称、相互交错地放张。在预应力筋放张之前,应将限制位移的侧模、翼缘模板、内模拆除。

(3)多根、整批预应力筋的放张,可采用砂箱放张法、千斤顶放张法。用砂箱放张法时,放砂速度应均匀一致;用千斤顶放张法时,放张宜分数次完成。单根钢筋采用拧松螺母的方法放张时,宜先两侧、后中间,并不得一次将一根预应力筋放松。

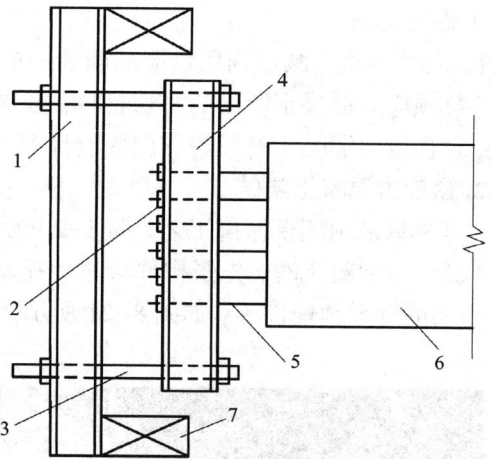

1—横梁;2—夹具;3—螺杆;4—张拉架;
5—预应力筋;6—构件;7—承力架。

图8-23 张拉放张法

(4)钢筋放张后,可用乙炔-氧气切割,但应采取措施防止烧坏钢筋端部。钢丝放张后,可用切割、锯断、剪断的方法切断;钢绞线放张后,可用砂轮锯切断。

(5)长线台座上预应力筋的切断顺序,应从放张端开始,逐次切向另一端。

8.6　预应力混凝土简支梁后张法施工

后张法施工工艺是先浇筑留有预应力筋孔道的梁体，待混凝土达到规定的强度后，再在预留孔道内穿入预应力筋进行张拉锚固（有时预留孔道内已事先埋束，待混凝土达到规定的强度后，再进行预应力筋张拉锚固），最后进行孔道压浆并浇筑梁端封头混凝土。其工艺流程如图 8-24 所示。

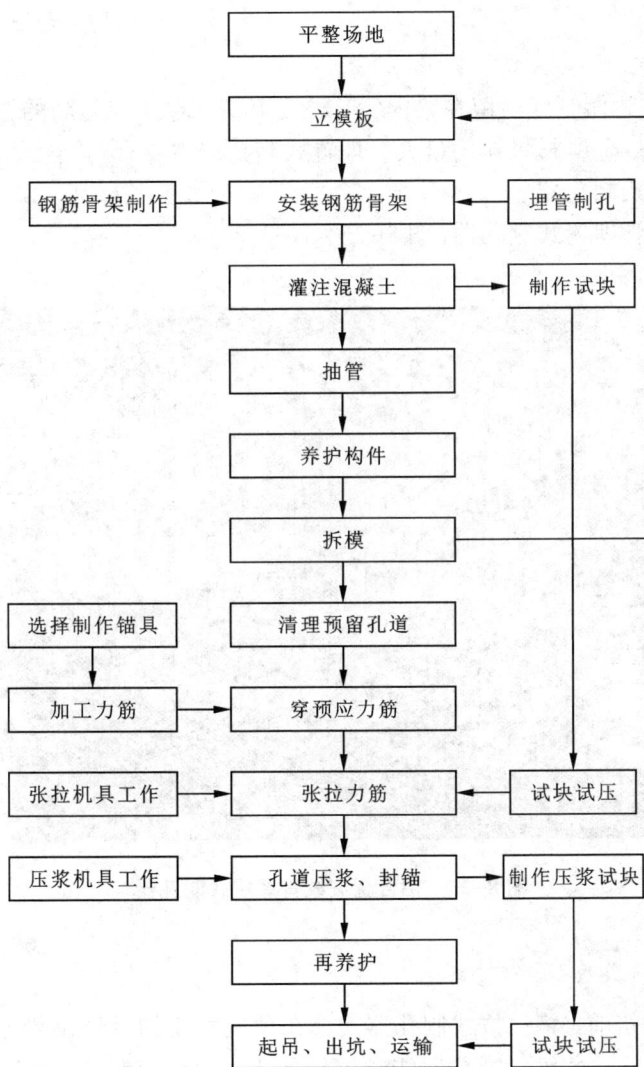

图 8-24　后张法施工工艺流程

8.6.1 预应力钢筋加工

预应力钢筋下料场地平坦，采用砂轮切割机切割，将预应力筋放入用钢筋做成的槽道内，并尽量使各根预应力筋松紧一致，下料长度>计算长度+工作长度，各钢束严格按照施工图下料长度进行下料。

8.6.2 预留孔道

无论采用何种制孔器，所有管道均应设压浆孔，还应在最高点设排气孔，以及需要时在最低点设排水孔。

1. 埋置式制孔器

埋置式制孔器在梁体制成后留在梁内，形成孔道壁，对预应力筋的摩阻力小，但加工成本高，不能重复使用，金属材料耗用量大。埋置式制孔器主要有两类：

（1）铁皮管埋置式制孔器。

（2）铝合金波纹管埋置式制孔器（图8-25）。

图8-25　铝合金波纹管埋置式制孔器

2. 抽拔式制孔器

在梁体混凝土浇筑前，将抽拔式制孔器安放在预应力筋的设计位置上，等终凝后将其拔出，梁体内即具有孔道。抽拔式制孔器能够周转使用，省料而经济，在过去应用较广，目前已较少采用。

（1）抽拔式制孔器的种类。

①橡胶抽拔管（图8-26）。

②金属伸缩抽拔管。

③钢管。

194

(a)预埋橡胶管　　　　　　　　　　　　(b)抽拔橡胶管

图 8-26　橡胶抽拔管

（2）抽拔顺序。

①先拔下层胶管，后拔上层胶管。

②先拔早浇筑的半根梁，后拔晚浇筑的半根梁。

③先拔芯棒，后拔管。

（3）抽拔时间。

①在混凝土初凝之后与终凝之前，待其抗压强度为 4~8 MPa 时方可抽拔制孔器。

②根据经验，抽拔式制孔器的抽拔时间可参考表 8-4。

表 8-4　抽拔式制孔器的抽拔时间

环境温度/℃	抽拔时间/h
30 以上	3
20~30	3~5
10~20	5~8
10 以下	8~12

8.6.3　穿束

预应力筋可在浇筑混凝土之前或之后穿入管道，穿束前应检查锚垫板和孔道，锚垫板应位置准确，孔道内应畅通、无水和其他杂物。穿束采用的方法有：

（1）人工直接穿束。

（2）机械穿束。

①卷扬机穿束。

②穿束机穿束。

8.6.4 力筋的张拉

1. 张拉前的准备工作

对预应力筋施加预应力之前，必须对千斤顶[图 8-27(a)]和油压表[图 8-27(b)]进行校验，计算与张拉吨位相应的油压表读数和钢丝伸长量，确定张拉顺序以及清孔、穿束等工作方法，应对构件进行检验，外观和尺寸应符合质量标准要求。张拉时，构件的混凝土强度应符合设计要求；设计未规定时，不应低于设计混凝土强度等级值的 75%。

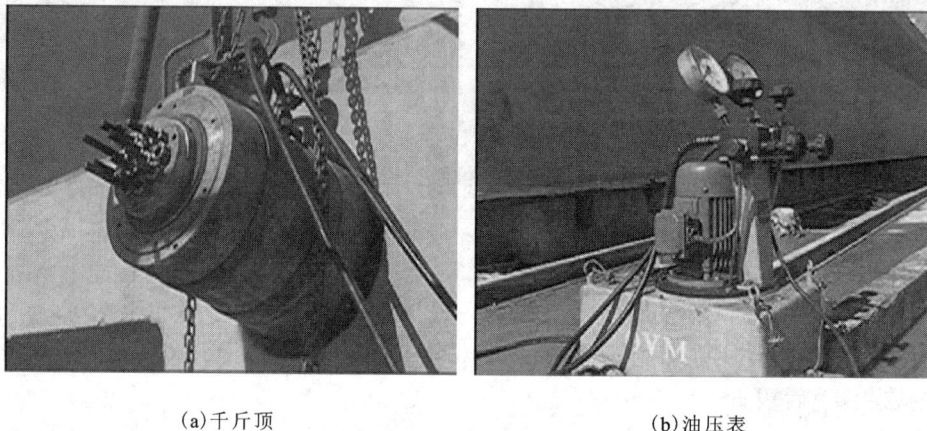

(a)千斤顶　　　　　　　　　　　　　　　(b)油压表

图 8-27　张拉设备

将预应力钢绞线按设计长度下料，用扎丝捆绑成束，绑扎时按一定的间距，要求牢固且保证在穿束时不会松散。穿束工作采用人工直接穿束。为保证穿束顺利，在钢束端头用胶布适当包扎或绑扎一个带锥形的套头，以减小束头与孔道的阻力，以及避免刺破金属波纹管。预应力切割时应用切割机进行切割。

(1)后张法预应力钢筋下料长度计算。

预应力钢筋或钢绞线下料长度计算：

两端张拉时[图 8-28(a)]：$L = l + 2l_5$。

一端张拉时[图 8-28(b)]：$L = l + l_5 + l_3 + 3 \text{ cm}$。

预应力钢丝下料长度计算[图 8-28(c)]：

两端张拉时：$L = l + 2l_5 + 2l_8 + 2b + 2c$。

一端张拉时：$L = l + l_5 + 2_8 + 2b + c + 5 \text{ cm}$。

符号意义：

L——钢筋的总下料长度；

l——长线台座(包括横梁、定位板在内)或构件孔道的长度；

l_3——镦头(包括锚板或帮条锚具)长度；

l_5——穿心式千斤顶顶脚至顶上夹具末端之间的距离；

l_8——锚具长度，锥形锚具为 4 cm；

b——构体端部垫板厚度；

196

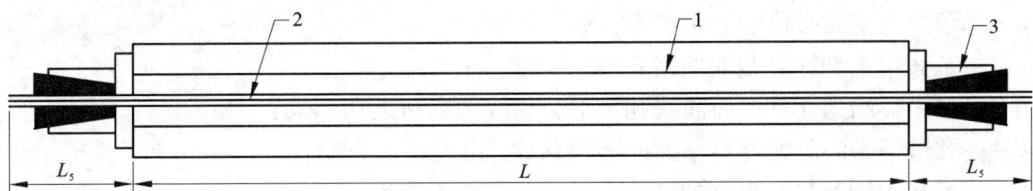

(a)预应力钢筋或钢绞线两端张拉时

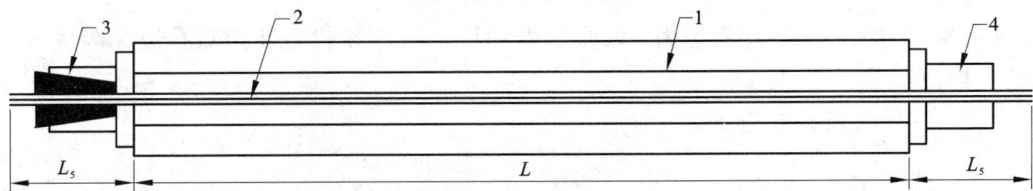

(b)预应力钢筋或钢绞线一端张拉时

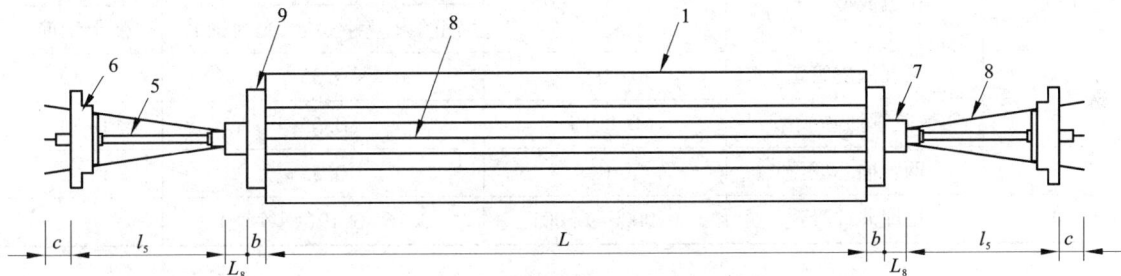

(c)预应力钢丝下料长度

1—孔道；2—钢筋束；3—JM12；4—帮条锚具；5—双作用千斤顶；

6—千斤顶卡环；7—锥形锚具；8—钢丝束；9—垫板。

图 8-28　预应力钢筋、钢丝和钢绞线下料长度计算简图

c——钢丝外露出卡环端部长度。

《公路桥涵施工技术规范》第 11.5.6 条规定：预应力钢筋以应力控制方法张拉时，应以伸长量进行校核。实际伸长量与理论伸长量之差应控制在±6%以内，否则应暂停张拉，待查明原因并采取措施加以调整后，方可继续张拉。

后张法理论伸长量的计算：

$$\Delta l = \frac{\overline{p}L}{A_y E_g}$$

其中，$\overline{p} = \dfrac{p\left[1 - e^{-(kL+\mu\theta)}\right]}{kL+\mu\theta}$。

多曲线段或直线段组成的曲线筋张拉伸长量应分段计算，然后叠加，在计算时应将每段两端扣除孔道的摩阻损失后的拉力求出，然后按精确法或简化法计算每段的张拉伸长值。

采用精确法和简化法的计算结果差值很小，在一般情况下用简化法可满足要求。

197

符号意义：

p——预应力钢筋张拉端的张拉力，N；

L——从张拉端到计算截面曲线孔道的长度，m；

θ——从张拉端到计算截面曲线孔道部分切线的夹角之和，rad；

k——孔道每米局部偏差对摩擦的影响系数，由表 8-5 查得；

μ——预应力钢筋与孔道壁的摩擦系数，由表 8-5 查得；

A_y——预应力钢筋的截面面积，mm^2；

E_g——预应力钢筋的弹性模量，MPa；

$\bar{p}$——预应力钢筋的平均张拉力，取张拉端的拉力与计算截面处扣除孔道摩阻损失后的拉力的平均值；

$e^{-(kL+\mu\theta)}$——由表 8-6 查得。

表 8-5　系数 k 及 μ 值表

序号	孔道成型方式	k	μ	
			钢丝束、钢绞线、光面钢筋	变形钢筋
1	预埋铁皮管道	0.003	0.35	0.40
2	橡胶管抽芯成型	0.0015	0.55	0.60
3	钢管抽芯成型	0	0.55	0.60
4	预埋波纹管道	0.0006~0.001	0.16~0.19(钢绞线)	

表 8-6　$e^{-(kx+\mu\theta)}$ 值表

$kx+\mu\theta$	0.00	0.01	0.02	0.03	0.04	0.05	0.06	0.07	0.08	0.09
0	0.000	0.010	0.020	0.030	0.040	0.049	0.058	0.068	0.077	0.086
0.1	0.095	0.104	0.113	0.122	0.131	0.139	0.148	0.156	0.165	0.173
0.2	0.181	0.189	0.197	0.205	0.213	0.221	0.229	0.237	0.244	0.252
0.3	0.259	0.267	0.274	0.281	0.288	0.295	0.302	0.309	0.316	0.323
0.4	0.330	0.336	0.343	0.349	0.356	0.362	0.368	0.357	0.381	0.387
0.5	0.393	0.398	0.405	0.411	0.417	0.423	0.429	0.434	0.440	0.446
0.6	0.451	0.457	0.462	0.467	0.473	0.478	0.783	0.488	0.493	0.498
0.7	0.503	0.508	0.513	0.518	0.523	0.528	0.532	0.537	0.542	0.546
0.8	0.551	0.555	0.560	0.564	0.568	0.573	0.577	0.581	0.585	0.539
0.9	0.593	0.597	0.601	0.605	0.609	0.613	0.617	0.621	0.625	0.628
1.0	0.632	0.636	0.639	0.643	0.647	0.650	0.654	0.657	0.660	0.664

（2）伸长量的量测与计算。

预应力钢筋张拉时的实际伸长值 Δl 在建立初应力后方可开始测量。量得的伸长值还应加上初应力以下的推算伸长值：

$$\Delta l = \Delta l_1 + \Delta l_2$$

对后张法，混凝土在张拉过程中的弹性压缩一般可省略。

符号意义：

Δl_1——从初应力到最大张拉应力的实测伸长量；

Δl_2——初应力以下的推算伸长量，推算时应以实际伸长值与实测应力之间的关系曲线为依据。

2. 张拉程序

后张预应力筋的张拉应符合设计要求；设计无规定时，其张拉程序可参照表 8-7 进行。

表 8-7　后张法预应力筋张拉程序

预应力筋		张拉程序
钢筋、钢筋束		0→初应力→1.05s_{con}（持荷 2 min）→s_{con}（锚固）
钢绞线束	对于夹片式等具有自锚性能的锚具	普通松弛力筋：0→初应力→1.03s_{con}（锚固）
		低松弛力筋：0→初应力→s_{con}（持荷 2 min，锚固）
	对于其他锚具	0→初应力→1.05s_{con}（持荷 2 min）→s_{con}（锚固）
钢丝束	对于夹片式等具有自锚性能的锚具	普通松弛力筋：0→初应力→1.03s_{con}（锚固）
		低松弛力筋：0→初应力→s_{con}（持荷 2 min，锚固）
	对于其他锚具	0→初应力→1.05s_{con}（持荷 2 min）→0→s_{con}（锚固）
精轧螺纹钢筋	直线配筋时	0→初应力→s_{con}（持荷 2 min，锚固）
	曲线配筋时	0→s_{con}（持荷 2 min）→0（上述程序可反复几次）→初应力→s_{con}（持荷 2 min，锚固）

注：①表中 s_{con} 为张拉时的控制应力，包括预应力损失值。②两端同时张拉时，两端千斤顶升降压、画线、测伸长、插垫等工作应基本一致。③梁的竖向预应力筋可一次张拉到控制应力，然后持荷 5 min 后测伸长和锚固。

3. 两次张拉工艺

（1）预应力梁在混凝土强度达到设计强度之前（如达到设计强度的 60% 时），先张拉一部分预应力筋，对梁体施加较低的预压应力，使梁体能承受自重荷载，提前将梁移出生产台座。

（2）预制梁移出生产台座后，继续进行养护，待达到混凝土设计强度后，进行其他预应力筋的张拉工作。

4. 张拉要点

（1）预应力筋的张拉顺序应符合设计要求；当设计未规定时，可采取分批、分阶段对称张拉。

（2）对曲线预应力筋或长度大于等于 25 m 的直线预应力筋，宜在两端张拉；对长度小于 25 m 的直线预应力筋，可在一端张拉。

5. 断丝和滑丝处理

后张预应力筋断丝和滑丝不得超过表 8-8 中的控制数。

表 8-8　后张预应力筋断丝和滑丝限制

类别	检查项目	控制数
钢丝束和钢绞线束	每束钢丝断丝或滑丝	1 根
	每束钢绞线断丝或滑丝	1 丝
	每个断面断丝之和不超过该断面钢丝总数的比例	1%
单根钢筋	断丝或滑丝	不容许

注：①钢绞线断丝指单根钢绞线内钢丝的断丝。②超过表列控制数时，原则上应更换；当不能更换时，在许可的条件下，可采取补救措施，如提高其他束预应力值，但须满足设计上各阶段极限状态的要求。

（1）加强对设备、锚具、预应力筋的检查。

（2）严格执行张拉工艺，防止滑丝和断丝。

（3）滑丝和断丝的处理。

①钢丝束放松。

②单根滑丝单根补拉。

③人工滑丝放松钢丝束。

8.6.5　孔道压浆和封锚

1. 压浆目的

压浆的目的是使梁内预应力筋免于锈蚀，并使预应力筋与混凝土梁体相黏结而形成整体（图 8-29）。水泥浆应具有以下适当的性质：

（1）为使灌浆作业容易进行，灰浆应具有适当的稠度。

（2）没有收缩性，应具有适当的膨胀性。

（3）应具有规定的抗压强度和黏结强度。

图 8-29　压浆

2. 压浆工艺

（1）压浆前，应对孔道进行清洁处理。

（2）压浆时，对曲线孔道和竖向孔道，应从最低点的压浆孔压入，由最高点的排气孔排气和泌水。压浆顺序宜先压注下层孔道。

（3）压浆应使用活塞式压浆泵，不得使用压缩空气。压浆应达到孔道另一端饱满和出浆，并应达到排气孔排出与规定稠度相同的水泥浆。

（4）压浆过程中及压浆后 48 h 内，结构混凝土的温度不得低于 5 ℃，否则应采取保温措施。当气温高于 35 ℃时，压浆宜在夜间进行。

（5）压浆后应从检查孔抽查压浆的密实情况；如有不实，应及时处理和纠正。

3. 压浆注意事项

（1）浇筑之前管道应畅通、不塌陷、不堵塞。

（2）拌和水泥浆应注意检查配合比、计量的准确性、材料往拌和机掺放的顺序、拌和时间、水泥浆的流动性等。

（3）水泥浆进入压浆泵之前应过筛，压浆应缓慢进行，检查排气孔的水泥浆浓度，尤其在排气孔关闭之后，泵压应为 0.5 MPa 以上，并要保持一定时间。

（4）压浆作业不能中断，应连续进行。

（5）在寒冷季节压浆时，做到压浆前管道周围的温度在 5 ℃以上，水泥浆的温度为 10~20 ℃，尽量减小水灰比。

（6）为了避免高温引起水泥浆的温度上升和产生硬化，应掺加缓凝剂并尽快结束压浆作业，一般夏季中午不得进行压浆施工。

4. 封锚

压浆后应先将其周围冲洗干净并将梁端混凝土凿毛，然后设置钢筋网浇筑封锚混凝土（图 8-30）。封锚混凝土的强度应符合设计规定，一般不宜低于构件混凝土强度等级值的 80%。必须严格控制封锚后的梁体长度。长期外露的锚具，应采取防锈措施。

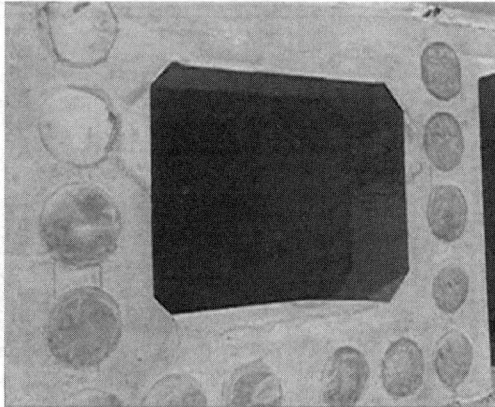

图 8-30　封锚

8.7 无黏结预应力技术

无黏结预应力混凝土结构是指预应力筋全长不与混凝土黏结（能与混凝土发生相对滑动），依靠锚具传力的一种预应力混凝土结构。无黏结预应力是后张预应力技术的一个重要分支，于20世纪50年代起源于美国；20世纪70年代末被我国引进并开始研究，20世纪80年代初成功应用于实际工程中，是国家"八五"重点推广技术之一，现已广泛应用于土木工程结构中。

无黏结预应力施工时，直接将预应力筋按照设计要求铺设在相应的位置，待混凝土浇筑并达到规定强度后（一般不低于混凝土设计强度标准值的75%），张拉预应力筋并锚固，如图8-31所示。这种工艺的优点是无须预留孔道与灌浆，施工简单，张拉时摩阻力小，预应力筋具有良好的抗腐蚀性，并易弯成多跨曲线状，适用于曲线配筋的结构，常用于多层、高层建筑大柱网板柱结构（平板或密肋板）、大跨度梁类结构及大荷载的多层工业厂房楼盖体系等。但该技术的预应力筋强度不能充分发挥（一般要降低10%~20%），对锚具的要求也较高。

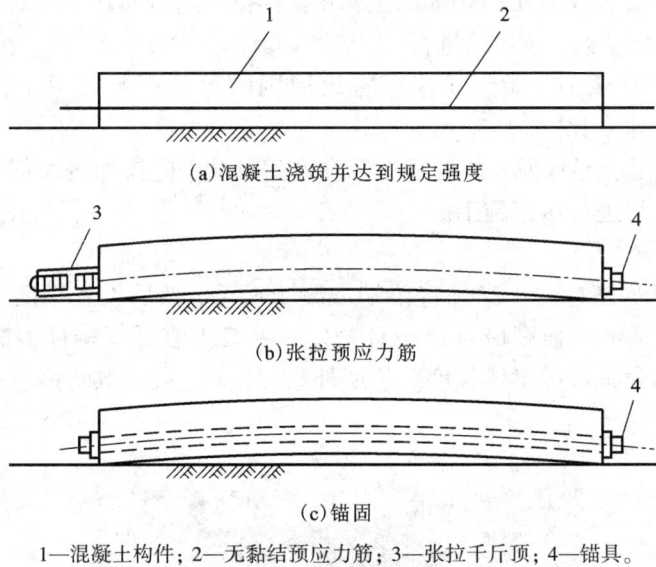

（a）混凝土浇筑并达到规定强度

（b）张拉预应力筋

（c）锚固

1—混凝土构件；2—无黏结预应力筋；3—张拉千斤顶；4—锚具。

图8-31　无黏结后张法工艺流程

1. 无黏结预应力筋的组成

无黏结预应力筋由无黏结筋、涂料层和外包层三部分组成，如图8-32所示。

（1）无黏结筋。

无黏结筋宜采用柔性较好的预应力筋制作，选用$7\phi5$钢绞线或钢丝束。

（2）涂料层。

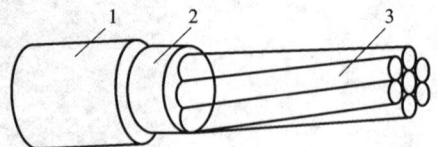

1—外包层；2—涂料层；3—无黏结筋。

图8-32　无黏结预应力筋构成图

无黏结预应力筋的涂料层可采用防腐油脂、防腐沥青制作。涂料层的作用是使无黏结预应力筋与混凝土隔离，减少张拉时的摩擦损失，防止无黏结筋腐蚀等。因此，要求涂料性能

202

符合下列要求：①在-20℃至+70℃温度范围内，不流淌、不开裂、不变脆，并有一定韧性；②使用期内化学稳定性高；③润滑性能好，摩擦阻力小；④不透水、不吸湿；⑤防腐性能好。

（3）外包层。

无黏结预应力筋的外包层可用高压聚乙烯塑料带、塑料管制作。外包层的作用是使无黏结筋在运输、储存、铺设和浇筑混凝土等过程中不会发生不可修复的破坏。因此要求外包层应符合下列要求：①在-20℃至+70℃温度范围内，低温不脆化，高温化学稳定性好；②必须具有足够的韧性，抗破损性强；③对周围材料无侵蚀作用；④防水性强。

制作单根无黏结预应力筋时，宜优先选用防腐油脂做涂料层，其塑料外包层应用塑料注塑机注塑成型，防腐油脂应填充饱满，外包层松紧适度；制作成束无黏结预应力筋时，可用防腐沥青、防腐油脂做涂料层，当使用防腐沥青时，应用密缠塑料带做外包层，塑料带各圈之间的搭接宽度应不小于带宽的 1/2，缠绕层数不小于 4 层。要求防腐油脂涂料层无黏结筋的张拉摩擦系数不应大于 0.12；防腐沥青涂料层无黏结筋的张拉摩擦系数不应大于 0.25。

2. 无黏结预应力筋的制作

无黏结预应力筋的制作一般采用挤压涂层工艺和涂包成型工艺两种。

（1）挤压涂层工艺。

挤压涂层工艺主要是使无黏结筋通过涂油装置涂油，然后通过塑料挤压机涂刷塑料薄膜，再经冷却筒槽使塑料套管成型。这种挤压涂层工艺的特点是效率高、质量好、设备性能稳定。它与电线、电缆包裹塑料套管的工艺相似，如图 8-33 所示。

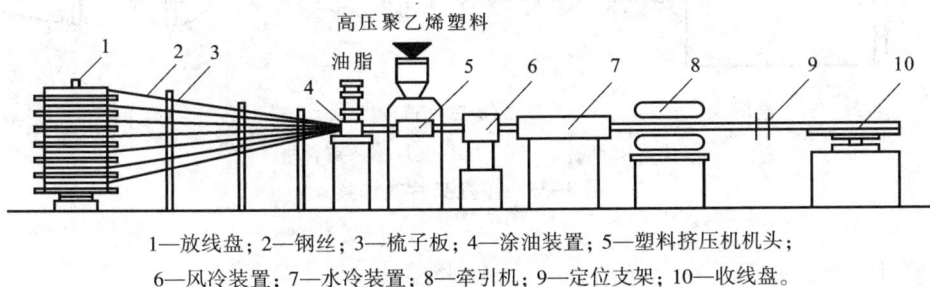

1—放线盘；2—钢丝；3—梳子板；4—涂油装置；5—塑料挤压机机头；
6—风冷装置；7—水冷装置；8—牵引机；9—定位支架；10—收线盘。

图 8-33　挤压涂层工艺流程图

（2）涂包成型工艺。

涂包成型工艺主要是无黏结筋经过涂料槽涂刷涂料后，再通过归束滚轮成束并进行补充涂刷，涂料厚度一般为 2 mm，涂好涂料的无黏结筋随即通过绕布转筒，其能自动在无黏结筋上交叉缠绕两层塑料布，当达到需要的长度后即切割，便成为一根完整的无黏结预应力筋。这种涂包成型工艺的特点是质量好、适应性较强，如图 8-34 所示。

3. 无黏结预应力筋的锚具

在无黏结预应力混凝土构件中，锚具是把无黏结筋的张拉力传递给混凝土的工具。无黏结预应力筋的锚具不仅受力比有黏结预应力筋的锚具大，而且承受的是重复荷载。

我国主要采用高强钢丝和钢绞线作为无黏结筋。无黏结预应力筋根据设计需要，可在构件中配置较短的预应力筋，其一端锚固在构件端头作为张拉端，而另一端则直接埋入构件中形成有黏结的锚头。无黏结预应力筋的张拉端可选用单孔夹片式锚具、多孔夹片式锚具；固

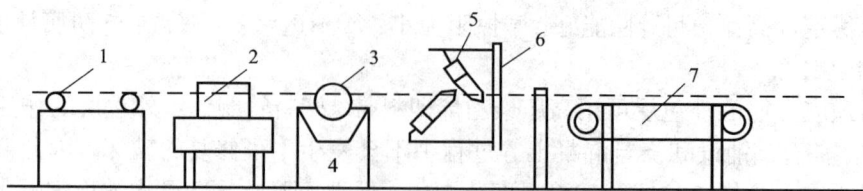

1—滚动支架；2—涂料槽；3—归束滚轮；4—二级涂料槽；
5—塑料布；6—穿心式包裹转盘；7—皮带输送机。

图 8-34　涂包成型工艺流程图

定端可选用挤压锚具；埋入端可选用压花锚具、锚板式锚具。

（1）单孔夹片式锚具。

单孔夹片式锚具由锚环和夹片组成，如图 8-35 所示。锚环采用 Q345 钢制作，夹片有三片式、二片式，三片式夹片按 120°铣分，二片式夹片的背面上部有一条弹性槽，可提高锚固能力。

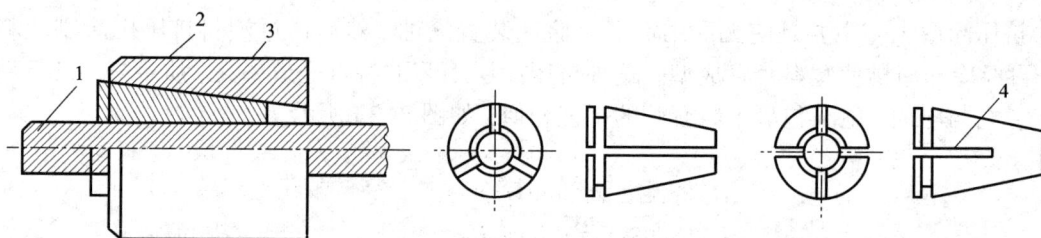

(a)组装图　　　　　　　(b)三片式夹片　　　　　(c)二片式夹片

1—钢绞线；2—锚环；3—夹片；4—弹性槽。

图 8-35　单孔夹片式锚具

（2）多孔夹片式锚具。

多孔夹片式锚具也称群锚，由多孔锚板、夹片组成（图 8-36）。其每个锥形孔内装有一副夹片，可夹持一根钢绞线。这种锚具的优点是每束钢绞线的根数不受限制，任何一根钢绞线锚固失效，都不会引起整束锚固失效。

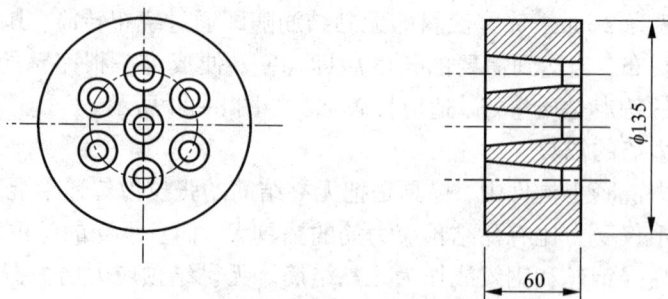

图 8-36　多孔夹片式锚具

204

对于多孔夹片式锚具，在采用大吨位千斤顶整束张拉有困难时，也可采用小吨位千斤顶逐根张拉锚固。

(3) 挤压锚具。

挤压锚具是利用液压挤压机将套筒挤紧在钢绞线端头上的锚具，用于埋入式固定端。挤压锚具组装时，液压挤压机的活塞杆推动套筒通过挤压模，使挤压套筒变细，而嵌套在钢绞线上，从而夹紧钢绞线，形成挤压头，如图 8-37 所示。

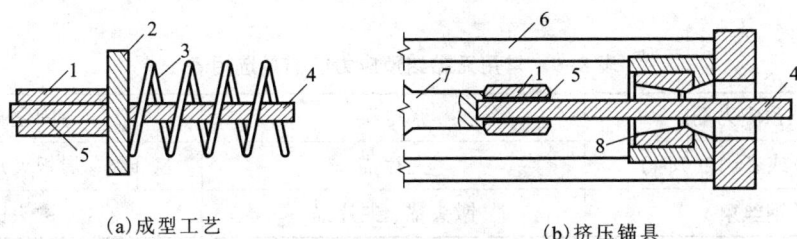

(a)成型工艺　　　　　　　　(b)挤压锚具

1—挤压套筒；2—垫板；3—螺旋筋；4—钢绞线；

5—硬钢丝衬圈；6—挤压机机架；7—活塞杆；8—挤压模。

图 8-37　挤压锚具及其成型

(4) 压花锚具。

压花锚具是利用液压压花机将钢绞线端头压成梨形散花状的一种锚具[图 8-38(a)]。对于 $\phi15$ 钢绞线，梨形头的尺寸不小于 $\phi95\times150$ mm。多根钢绞线梨形头应分排埋置在混凝土内。为提高压花锚具四周混凝土及散花状的头部、根部混凝土的抗裂强度，在散花状的头部配置构造筋，在散花状的根部配置螺旋筋。多根钢绞线压花锚具构造如图 8-38(b)所示。

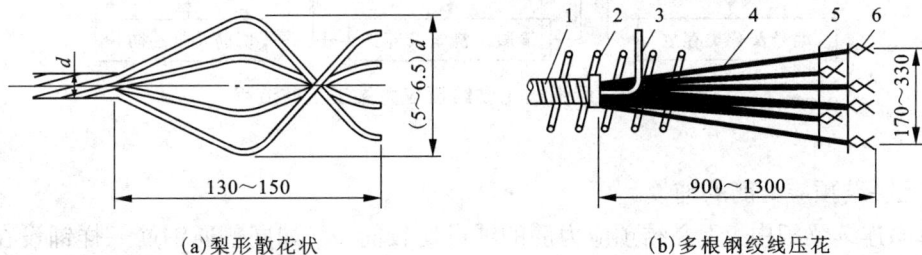

(a)梨形散花状　　　　　　　　(b)多根钢绞线压花

1—波纹管；2—螺旋筋；3—排气管；4—钢绞线；5—构造筋；6—压花锚具。

图 8-38　两种压花锚具

(5) 锚板式锚具。

采用无黏结钢丝束时，钢丝束在埋入端宜采用锚板式锚具并用螺旋筋加强，如图 8-39 所示。施工中如端头无结构配筋，则需要配置构造钢筋使埋入端锚板与混凝土之间有可靠的锚固性能。

工程设计单位应根据结构要求、产品技术性能和张拉施工方法，按表 8-9 选用无黏结预应力筋的锚具。

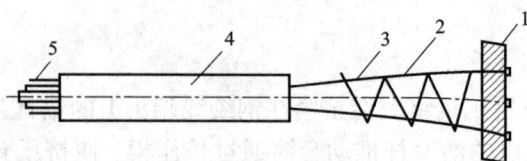

1—锚板；2—钢丝；3—螺旋筋；4—软塑料管；5—无黏结钢丝束。

图 8-39　锚板式埋入锚具

表 8-9　常用无黏结预应力筋锚具选用表

无黏结预应力筋	张拉端	固定端
$d=15(7\phi5)$ 或 $d=12(7\phi4)$	夹片锚	挤压锚、焊板夹片锚、压花锚
$7\phi5$ 钢丝束	镦头锚、夹片锚	镦头锚

4. 无黏结预应力筋的施工

后张法无黏结预应力混凝土构件制作工艺流程如图 8-40 所示。

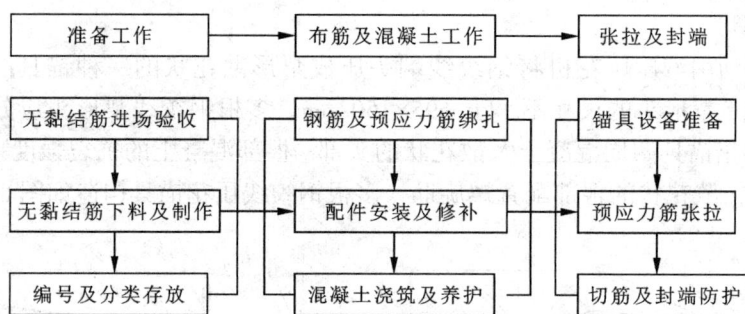

图 8-40　后张法无黏结预应力施工工艺流程

（1）无黏结预应力筋的铺设。

在单向连续梁板中，无黏结预应力筋的铺设比较简单，如同普通钢筋一样铺设在设计位置上；在双向连续平板中，无黏结预应力筋一般为双向曲线配筋，两个方向的无黏结预应力筋相互穿插，会给施工操作带来困难，因此确定铺设顺序很重要。铺设双向配筋的无黏结预应力筋时，应先铺设标高较低的无黏结预应力筋，再铺设标高较高的无黏结预应力筋，并应尽量避免两个方向的无黏结预应力筋相互穿插编结。人工编序比较烦琐而且极易出错，根据编序特点采用电子计算机处理较为合理。

无黏结预应力筋应严格按设计要求的曲线形状就位并固定牢靠。铺设无黏结预应力筋时，无黏结预应力筋的曲率可垫铁马凳控制。铁马凳高度应根据设计要求的无黏结预应力筋曲率确定，铁马凳间隔不宜大于 2.0 m 并应用铁丝将其与无黏结预应力筋扎紧。也可以用铁丝将无黏结预应力筋与非预应力钢筋绑扎牢固，以防止无黏结预应力筋在浇筑混凝土过程中发生位移，绑扎点的间距为 0.7~1.0 m。

206

（2）无黏结预应力筋的张拉。

由于无黏结预应力筋一般为曲线配筋，故应两端张拉。成束无黏结预应力筋正式张拉前，宜先用千斤顶往复抽动 1~2 次以降低张拉摩擦损失。无黏结预应力筋的张拉过程中，当有个别钢丝发生滑脱或断裂时，可相应降低张拉力，但滑脱或断裂的数量不应超过结构同一截面无黏结预应力筋总量的 2%。

无黏结预应力筋的张拉顺序：应根据其铺设顺序，先铺设的先张拉，后铺设的后张拉。梁中预应力筋宜对称张拉。

（3）无黏结预应力筋的端部锚头处理。

端部锚头处理方法取决于无黏结预应力筋及锚具种类。在无黏结预应力筋采用钢丝束镦头锚具时，其张拉端头处理如图 8-41（a）所示。其中，塑料套筒供钢丝束张拉时锚环从混凝土中拉出来，软塑料管是用来保护无黏结钢丝束端部不因穿锚具而损坏的塑料管。无黏结钢丝束的锚头防腐处理应特别重视。当锚环被拉回来后，塑料套筒内产生空隙，必须用油枪通过锚环的注油孔向塑料套筒内注满防腐油脂，灌油后将外露锚具封闭好，避免长期与大气接触造成锈蚀。无黏结钢丝束的锚固端可采用扩大头的镦头锚板设置在构件内，如图 8-41（b）所示，并用螺旋状钢筋加强。若施工中端头无结构配筋，则需要配置构造钢筋，使锚固端锚板与混凝土之间有可靠锚固性能。

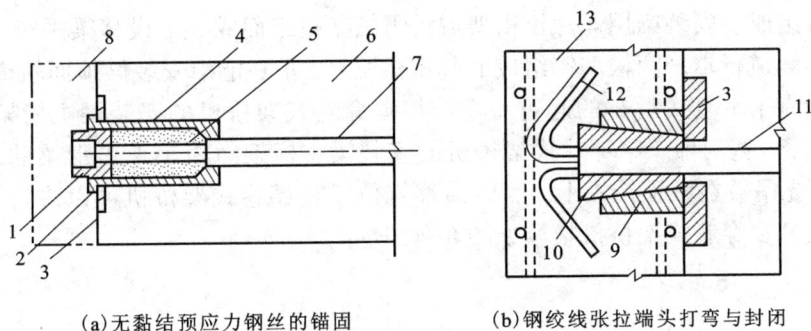

(a)无黏结预应力钢丝的锚固　　　(b)钢绞线张拉端头打弯与封闭

1—锚环；2—螺母；3—预埋件；4—塑料套筒；5—建筑油脂；6—构件；7—软塑料管；
8—C30 混凝土封头；9—锚环；10—夹片；11—钢绞线；12—散开打弯钢丝；13—圈梁。

图 8-41　无黏结预应力筋张拉端详图

8.8　装配式梁桥的安装

预制梁（板）的安装是预制装配式混凝土梁桥施工中的关键性工序，应结合施工现场条件、工程规模、桥梁跨径、工期条件、架设安装的机械设备条件等具体情况，以安全可靠、经济简单和加快施工速度等为原则，合理选择架梁的方法。

我国新建公路、铁路的中、小跨度普通钢筋混凝土梁和预应力混凝土梁，多采用工厂预制、现场架设的方法。预制混凝土简支梁的架设，包括起吊、纵移、横移、落梁等工序。铁路梁更多地采用专用架桥机架设；公路梁重量相对轻一些，除专用架桥机外，另有多种灵活、简便的架设方法。

从架梁的工艺类别来分，有陆地架设、浮吊架设以及利用安装导梁、塔架、缆索的高空架设等。每一类架设工艺中，按起重、吊装等机具的不同，又可分成各种独具特色的架设方法。

8.8.1 架桥机架梁

由于大型预制构件的大量应用，架桥机在公路、铁路中的应用十分普遍。架桥机架梁速度快，不受桥高、水深的影响。架桥机架梁时，一般需要专用的运梁设备，将梁由预制场地或桥头临时存梁地点运至架桥机尾部，但运架一体式架桥机除外。

目前，我国使用的架桥机类型很多。既有20世纪60—29世纪70年代研制并逐渐改进的传统架桥机，也有20世纪90年代以后研制的新型、大吨位架桥机；既有国外产品，也有国内厂商研制的产品。目前没有统一的架桥机命名、分类标准。

公路架桥机早期以联合架桥机、拼装式双梁架桥机为主，近年来也发展了若干专用架桥机，如DFⅢ型系列架桥机、JQL架桥机等。另外，上述用于铁路的架桥机稍加改进也可架设公路梁。以下介绍几种铁路、公路常用架桥机的特点及架梁步骤。

1. 穿巷式架桥机架梁

架设公路的多片简支T形梁，在桥高、水深尤其是桥较长的情况下，可用穿巷式架桥机（或称闸门式架桥机）架梁。该架桥机主要由两根分离布置的安装梁、两根起重横梁和可伸缩钢支腿三部分组成。安装梁用4片钢桁架或贝雷桁架拼组而成。下设移梁平车，可沿铺在已架设梁顶面的轨道行走。两根型钢组成的起重横梁，支承在能沿安装梁顶面轨道行走的平车上。横梁上设有不带复式滑车的起重小车。根据穿巷式架桥机的安装梁主桁架间净距的大小，其可分为窄、宽两种。窄穿巷式架桥机的安装梁主桁架净距小于T形梁肋之间的距离。因此，边梁要先吊放在墩顶托板上，然后横移就位。宽穿巷式架桥机可以进行边梁的起吊，以及横移就位。宽穿巷式架桥机架梁如图8-42所示。

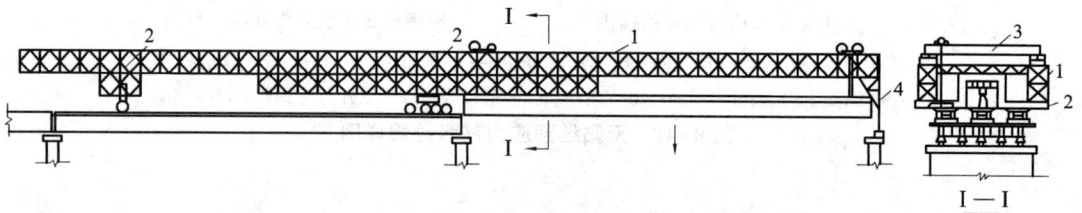

1—安装梁；2—支承横梁；3—起重横梁；4—可伸缩钢支腿。

图8-42 宽穿巷式架桥机架梁

宽穿巷式架桥机架梁步骤如下：

（1）一孔架完后，前后横梁移至尾部做平衡重。

（2）架桥机沿梁顶轨道向前移动一孔位置，并使前支腿支撑在墩顶上。

（3）吊起前横梁的 T 形梁，梁的后端仍放在运梁平车上，继续前移。

（4）吊起后横梁的 T 形梁，缓慢前移，对准纵向梁位后，先固定前后横梁，再用横梁上的吊梁小车横移梁就位。

2. 联合架桥机架梁（蝴蝶架架梁）

架设中、小跨度公路简支梁时，常用联合架桥机架梁，如图 8-43 所示。该架桥机架梁过程中不影响桥下通航、通车，预制梁的纵移、起吊、横移、就位都较方便。其架设设备用钢量较多，但可周转使用。

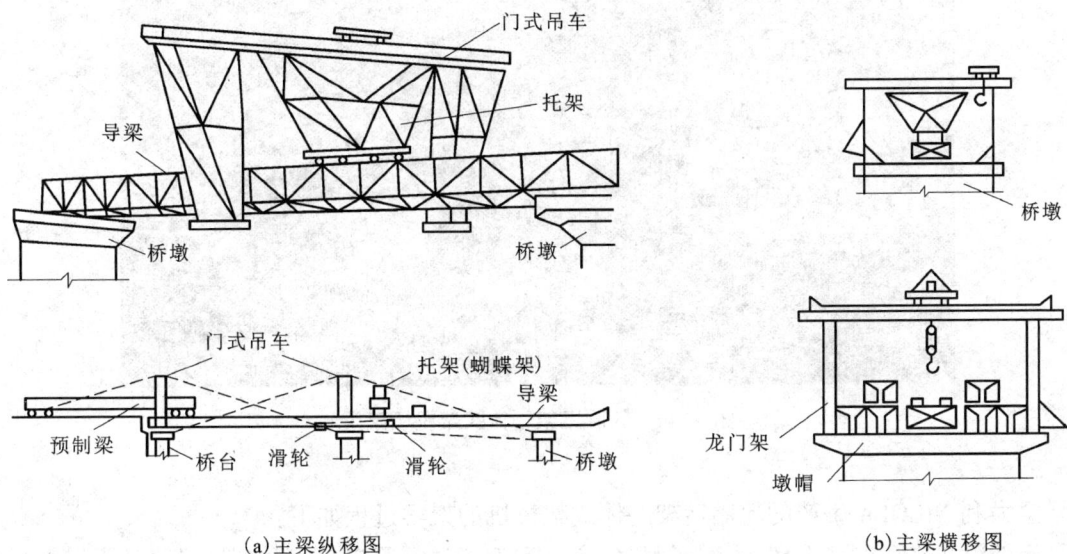

（a）主梁纵移图　　　（b）主梁横移图

图 8-43　联合架桥机架梁

联合架桥机由一根两跨长的（钢）导梁、两个门式吊车和一个托架（又称蝴蝶架）三部分组成。导梁顶面铺设运梁平车和托架行走的轨道。门式吊车车顶横梁上设有吊梁用的行走小车。为了不影响架梁的净空位置，门式吊车立柱底部还可做成在横向内倾斜的小斜腿。这样的门式吊车俗称拐脚龙门架。门式吊车由工字梁组成。导梁由贝雷梁装配。托架是专门用来托运、转移门式吊车的，它由角钢组成。

联合架桥机架梁步骤如下：

（1）在桥头拼装导梁，梁顶铺设钢轨，并用绞车纵向拖拉导梁就位。

（2）拼装托架和门式吊车，用托架将两个门式吊车移运至架梁孔的桥墩（台）上。

（3）通过平车轨道运送预制梁至架梁孔位，将导梁两侧可以安装的预制梁用两个门式吊车吊起，横移并落梁就位。

（4）将导梁所占位置的预制梁临时安放在已架设好的梁上。

（5）用绞车纵向拖拉导梁至下一孔后，将临时安放的预制梁用门式吊车架设就位，完成一孔梁的架设工作，并用电焊将各梁连接起来。

（6）在已架设的梁上铺接钢轨，再按顺序用托架将两个门式吊车托起并运至前一孔的桥墩上。

（7）如此反复，直至将各孔梁全部架设好为止。

3. 轮胎运架一体式架桥机架梁

轮胎运架一体式架桥机是集吊、运、架梁于一体的多功能桥梁施工设备。它主要由运架梁机和导梁两大部分组成。运架梁机的两组轮胎可以纵横向移动，解决了在预制场内将箱梁从存梁场（或直接从制梁台座）吊出横行的问题。轮胎运架一体式架桥机架梁如图 8-44 所示。

图 8-44　轮胎运架一体式架桥机架梁

意大利 NICOLA 生产的轮胎运架一体式架桥机的架梁过程如下：

运架梁机在预制场取梁→运架梁机运梁→运架梁机前行走轮组驶到导梁滚动小车上托梁→导梁与桥墩锚固，运架梁机携梁沿导梁前行就位→稳固运架梁机，导梁前行至下一墩位→腾出落梁位置→安装桥梁支座→落梁就位→导梁后移一段距离→运架梁机前轮组驶下导梁→运架梁机退出→进行下一个循环。

4. 下导梁式架桥机架梁

下导梁式架桥机由下梁、上梁、前支腿、后支腿、喂梁支腿、起重小车等组成。其中，下梁为导梁，上梁为吊装梁（主梁）。架设时，运梁车从后部行驶至两梁之间，此时上梁的后支腿先向上折起，然后落下后支腿于已架好的梁体上。将下梁作为运输通道，用运梁车将混凝土梁运到被架桥跨上方，通过靠近支腿位置的起重小车将混凝土梁提离运梁车，运梁车退出后将下梁往前纵移一跨，让出梁体位置，起重小车再将上梁准确落到正式支座上。

8.8.2　陆地架梁法

1. 自行式吊车架梁

在桥不高、场内又可设置行车便道的情况下，用自行式吊车（汽车吊车或履带吊车）架设中、小跨径的桥梁十分方便。大型的自行式吊车逐渐普及，且自行式吊车本身有动力，架设

210

迅速，可缩短工期，不需要架设桥梁用的临时动力设备，不必进行任何架设设备的准备工作，不需要其他方法架梁时所具备的技术工种，因此，一般中、小跨径的预制梁（板）的架设安装越来越多地采用自行式吊车。此法视吊装重量不同，可以采用一台吊车架设、两台吊车架设、吊车和绞车配合架设等方法。

当预制梁重量不大，而吊车又有相当的起重能力，河床坚实无水或少水，允许吊车行驶、停车时，可用一台吊车架设安装，如图 8-45 所示。

用两台吊车架设，即用两台自行式吊车各吊住梁（板）的一端，将梁（板）吊起并架设安装。此法应注意两台吊车的互相配合。

吊车和绞车配合架设时，预制梁一端用拖履、滚筒支垫，另一端用吊车吊起，前方用绞车或绞盘牵引预制梁前进。预制梁前进时，吊车起重臂随之转动。预制梁前端就位后，吊车行驶到后端，提起后端取出拖履、滚筒，再将预制梁放下就位。

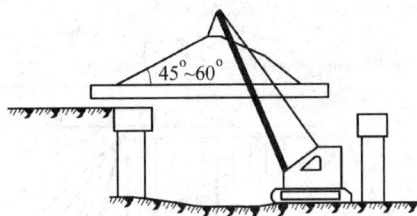

图 8-45　自行式吊车架梁

2. 跨墩门式吊车架梁

在桥不太高、架梁孔数又多、沿桥墩两侧铺设轨道不困难的情况下，可以采用一台或两台跨墩门式吊车架梁。此时，除了吊车行走轨道外，在其内侧还应铺设运梁轨道，或者设便道用拖车运梁。梁运到后，就用门式吊车起吊、横移，并安装在预定位置（图 8-46）。

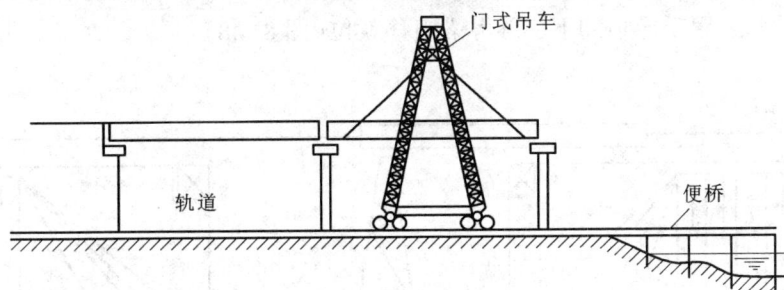

图 8-46　跨墩门式吊车架梁

3. 摆动式支架架梁

本法是将预制梁(板)沿路基牵引到桥台上并稍悬出一段,悬出距离根据梁的截面尺寸和配筋确定。在从桥孔中心河床上悬出的梁(板)端底下设置人字扒杆或木支架,如图8-47所示,前方用牵引绞车牵引梁(板)端,此时支架随之摆动而到对岸。为防止摆动过快,应在梁(板)的后端用制动绞车牵引制动。

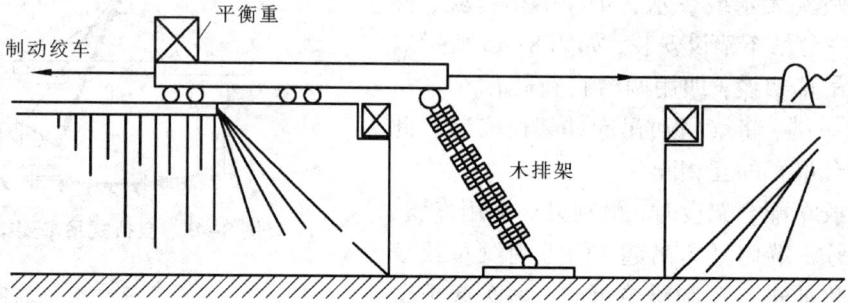

图 8-47 摆动式支架架梁

摆动式支架架梁较适宜于桥梁高跨比稍大的场合。当河中有水时也可用此法架梁,但需在水中设一个简单小墩,以供设立木支架用。

4. 移动式支架架梁

此法是在架设孔的地面上,顺桥轴线方向铺设轨道,其上设置可移动支架,预制梁的前端搭在支架上,通过移动支架将梁移运到要求的位置后,再用龙门架或人字扒杆吊装;或者在桥墩上设枕木垛,用千斤顶卸下,再将梁横移就位(图8-48)。

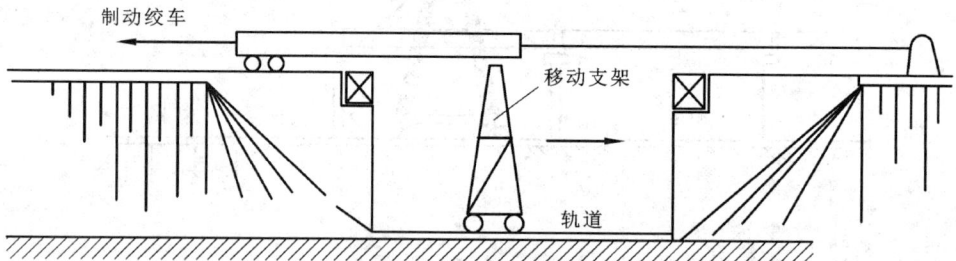

图 8-48 移动式支架架梁

利用移动支架架设,不仅设备较简单,而且可安装重型的预制梁;无动力设备时,可使用手摇卷扬机或绞盘移动支架进行架设。但此法不宜在桥孔下有水、地基过于松软的情况下使用,为保证架设安全,一般也不适宜桥墩过高的场合。

8.8.3 浮吊架设法

1. 浮吊船架梁

在海上和深水大河上修建桥梁时,用可回转的伸臂式浮吊架梁比较方便[图8-49(a)]。这种架梁方法高空作业少,施工比较安全,吊装能力也大,工效也高,但需要大型浮吊。鉴于浮吊船来回运梁航行时间长，费用增加，一般采取用装梁船储梁后成批一起架设的方法。

浮吊船架梁前需在岸边设置临时码头移运预制梁。架梁时，浮吊要认真锚固。如流速不大，则可用预先抛入河中的混凝土锚作为锚固点。

2. 固定式悬臂浮吊架梁

在缺乏大型伸臂式浮吊时，也可用钢制万能杆件或贝雷钢架拼装固定式的悬臂浮吊进行架梁[图8-49(b)]。

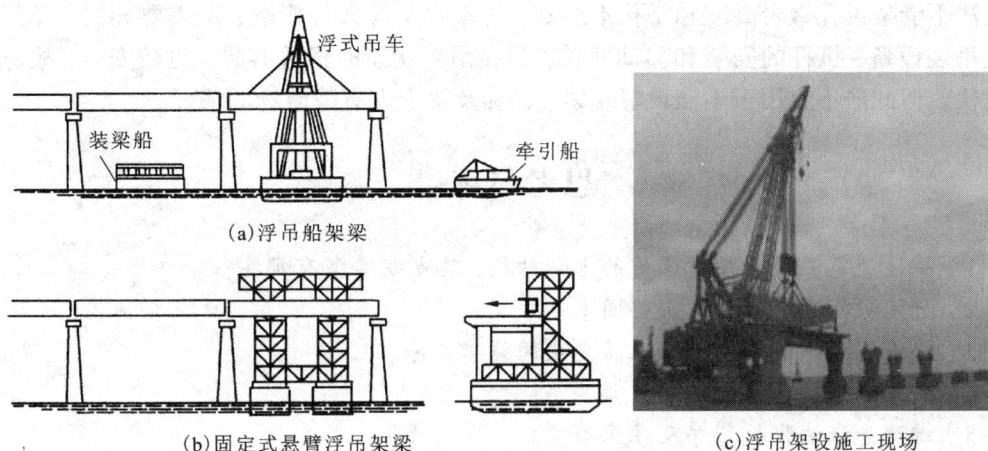

(a)浮吊船架梁

(b)固定式悬臂浮吊架梁

(c)浮吊架设施工现场

图 8-49 浮吊架设法架梁

8.8.4 高空架设法

架桥机架梁也属于高空架设法。在此简单介绍架桥机以外的高空架设法工艺特点。

1. 自行式吊车桥上架梁法

在预制梁跨径不大、质量较轻且梁能运抵桥头引道上时，可直接用自行式伸臂吊车(汽车吊或履带吊)架梁(图8-50)。对于架桥孔的主梁，当横向尚未连成整体时，必须核算吊车通行和架梁工作时的承载能力。此种架梁方法简单方便，几乎不需要任何辅助设备。

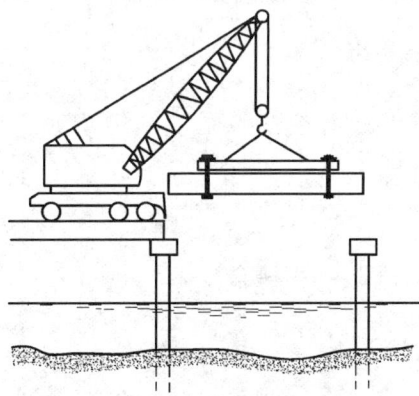

图 8-50 自行式吊车桥上架梁法

2. 扒杆纵向"钓鱼"架梁法

此法是利用立在安装孔墩台上的两副人字扒杆，配合运梁设备，以绞车互相牵吊，在梁下无支架、导梁支托的情况下，把梁悬空吊过桥孔，再横移落梁、就位安装，如图8-51所示。

用此法架梁时，必须根据预制梁的质量和墩台间跨径，在竖立扒杆、放倒扒杆、转移扒杆或吊着梁进行横移等各工作阶段，对扒杆、牵引绳、控制绳、卷扬机、锚碇和其他附属零件进行受力分析和应力计算，以确保设备的安全，并且还需对各工作阶段的操作安全性进行检查。

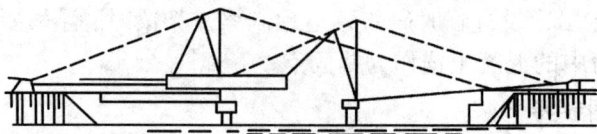

图 8-51 扒杆纵向"钓鱼"架梁法

此法不受架设孔墩台高度和桥孔下地基、河流水文等条件影响，不需要导梁、龙门吊车等重型吊装设备，扒杆的安装和移动简单，梁在吊着状态时横移容易，也较安全，故总的架设速度快。但此法不宜用于不能设置缆索、锚碇及梁上方有障碍物的情况。

思考与练习

8-1 就地浇筑混凝土简支梁桥的上部结构，其支架类型有哪些？

8-2 确定预拱度时应考虑哪些因素？

8-3 简述就地浇筑钢筋混凝土简支梁的施工工序。

8-4 先张法张拉台座的类型有哪些？

8-5 综述先张法张拉程序及注意事项。

8-6 综述后张法张拉程序及注意事项。

8-7 装配式梁桥的安装方法有哪些？

情境四

连续梁桥施工

第9章
混凝土连续梁施工

【知识目标】

1. 概述逐孔架设法、移动模架法施工要点；
2. 辨析顶推法施工和悬臂施工的原理与施工步骤；
3. 使用挂篮进行悬臂浇筑法施工；
4. 辨别混凝土连续梁桥的不同施工方法的区别。

【能力目标】

1. 培养学生善于分析、归纳总结施工方案的能力；
2. 提升学生根据实际情况解决问题的能力。

【素养目标】

1. 传承并发扬精益求精的工匠精神；
2. 厚植学生的职业理想和家国情怀。

9.1 概述

从混凝土连续梁桥的发展可以清楚地看到，施工技术的发展对桥梁的跨径、桥梁的线形、截面形式等方面起着重要作用。初期的混凝土连续梁桥采用搭设支架就地浇筑的施工方法，桥梁的跨径多为 30~40 m，由于施工工期长，且耗用大量木材，因此建造连续桥梁数量很少。20 世纪 60 年代初期，悬臂施工方法从钢桥引入预应力混凝土桥后，使预应力混凝土连续梁桥得到了迅速发展。它可以不用或少用支架，不影响河道通航，可以将桥梁逐段悬臂施工，其跨越能力在 200 m 以上，因而扩大了混凝土连续梁桥的适用范围。预应力混凝土连续梁桥因具有跨径大、造型协调、行车条件优越等特点，近 20 年来在桥梁方案的竞争中常常取胜。

桥梁结构的发展对施工方法提出了各种不同的要求，促进了施工方法的发展以满足各种结构的需要。桥梁的跨径主要考虑经济分孔，跨径为 30~50 m 时常采用等截面，在施工上需要连续多跨施工，并要求施工快速、简便，能使用一套机具设备连续作业，因此逐孔架设法、移动模架法等施工方法出现了。就一种施工方法而言，也有多种情况适应不同的要求。如逐孔架设法，既有分节段拼装的逐孔施工又有整孔预制吊装的逐孔施工，既可使用大型起重机具又可只用简易起重设备,可以根据不同要求选择。移动模架法是采用大型施工设备,就地逐跨完成桥梁施工,即在桥位上完成模板、钢筋、混凝土浇筑、张拉工艺、养护等一系列工作后纵移施工设备进行连续施工。它相当于将桥梁的预制场移到桥位上,在高空中施工。因此,移动模架法有"活动预制场"之称。它使大型桥梁工程的施工走向工厂化、机械化、自动化和标准化,且不需移运、吊装工序,是一种有益的尝试。

顶推法施工用于建造预应力混凝土连续梁桥,使这种桥梁获得了更大的生命力。顶推法仅采用少量的施工设备来完成大桥的施工,而且能保证预制质量,易于施工管理,对周围环境没有噪声影响。近年来,采用顶推法施工的预应力混凝土连续梁桥数量上有所增加,该法的适用性也在不断提高。随着科学技术的发展和对施工的不同要求,还会出现更多的、适应各种条件的施工方法。

预应力混凝土连续梁桥的施工方法很多,不同的施工方法所需的机具设备、劳力不同,施工的组织、安排和工期也不一样,为了便于阐述,本书对比较相近的方法做了适当归并。至于施工方法的选择,应根据桥梁的设计、施工现场、环境、设备、经验等因素决定。绝对相同的施工方法与施工组织是不存在的,因此必须结合具体情况,切忌生搬硬套。施工方法的选择是否合理将影响整个工程造价,涉及施工质量和工期。在当今的桥梁工程建设中,施工起着更加重要的作用。

9.2 逐孔架设法

逐孔施工是中等跨径预应力混凝土梁桥较常采用的一种施工方法,它使用一套设备从桥梁的一端逐孔施工。桥越长,施工设备的周转次数越多,经济效益越高。

逐孔架设法是逐孔装配、逐孔现场浇筑。逐孔架设是连续施工的一种方法,在施工过程中,将简支梁或悬臂梁转换为连续梁,一般来说,逐孔架设施工快速、简便。采用逐孔施工的第一个特点是施工能连续操作,可以使桥梁结构选择最佳的施工接头位置和合理的结构形式;第二个特点是由于连续施工,接长的预应力索筋便于使用,不仅简化了施工操作,而且可按最优的位置布置索筋,节省高强材料;第三个特点是在施工的过程中,结构的体系将不断转换,这也是本节各法中带有共性的特点。

9.2.1 移动支架法

将每孔梁分成若干预制节段,使用移动式脚手架临时支承节段自重,待本孔安装就位后,张拉预应力索筋,使安装桥跨就位,然后将脚手架移至前一孔逐孔安装施工。

我国目前用于逐孔施工节段拼装混凝土简支梁的移动支架,主要由带有导梁的长度大于两跨桥长的拼梁桁架、下托梁、叉式梁节升降装置、活动纵梁、梁节移送小车及梁节调位装置、桁架拖拉滚筒等组成,如图9-1所示。

9.2.2 用临时支承组拼预制节段逐孔施工

美国长礁桥由101跨(每跨36 m)和两个边跨(每跨35.6 m)组成,为8跨一联预应力混凝土连续梁桥。每跨由7块预制节段组成,节段高2.1 m,长5.4 m,宽11.8 m,节段的腹板处有齿键,顶板和底板有企口缝,这些可使接缝剪应力传递更加均匀并便于节段拼装就位。由

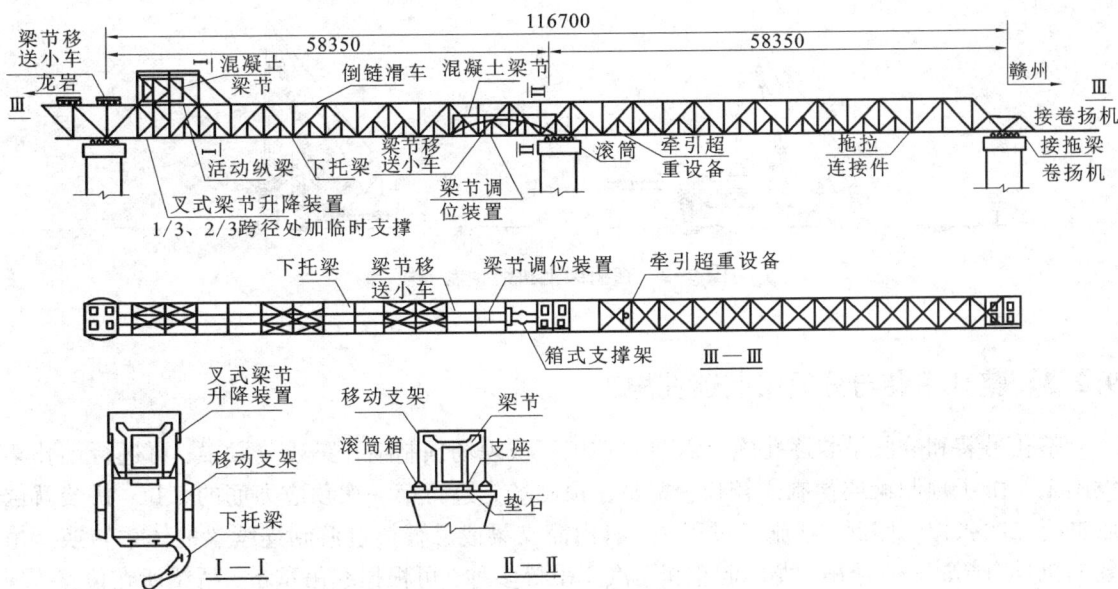

图 9-1　移动支架逐孔施工

于采用了体外索,即预应力筋设置在箱内,以聚乙烯套管作为防腐保护,故节段间采用干接缝。

节段组拼在钢桁梁上进行,钢桁梁通过 9 个角点临时钢柱支承在 V 形墩的下横撑上,每个角点设液压千斤顶调整高程。为了便于节段在钢桁梁上移动,在每一节段下面放有聚四氟乙烯板,它与钢桁梁上的不锈钢轨形成的滑动面上滑动组拼。钢桁梁的预拱度,按箱梁自重全部加载后,上弦杆呈水平状态设置,同时还准备了附加垫件,用于临时调整节段高程。当桁梁就位并调整好高度后,由吊车安装从驳船运来的预制节段,如图 9-2 所示。

随后在前一跨墩块与安装跨第一节段间安装一块 152 mm 厚的混凝土块填充接缝空隙,经初预应力定位后就地灌注封闭接缝,当达到一定强度后,张拉预应力筋。钢桁架重833.6 kN,在跨中装有小悬臂,由浮吊进行整孔装拆,十分方便。钢桁架从拆、运、装完毕仅用 3 h。由于该桥为等截面梁,预制节段生产速度为每周 14 块(两跨梁),平均安装速度3 跨/周,即每周完成 108 m。

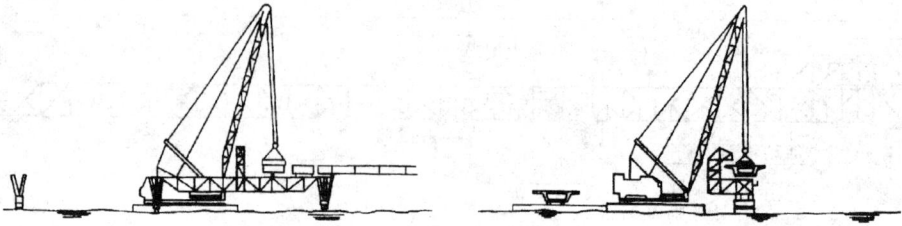

图 9-2 在桁架上拼装预制节段

9.2.3 整孔吊装与分段吊装逐孔施工

整孔吊装和分段吊装逐孔施工需要先在工厂或现场预制整孔梁或分段梁，再进行逐孔架设施工。由于预制梁或预制段较长，需要在预制场先进行第一次预应力筋的张拉，拼装就位后进行二次张拉。因此，在施工过程中，有由简支梁或悬臂梁过渡到连续梁的体系转换。吊装的机具有桁式吊、浮吊、龙门起重机、汽车吊等多种，可根据起吊重量、桥梁所在位置、现有设备及机具操作的熟练程度等因素确定。图 9-3 为使用桁式吊逐孔架设的施工方案。

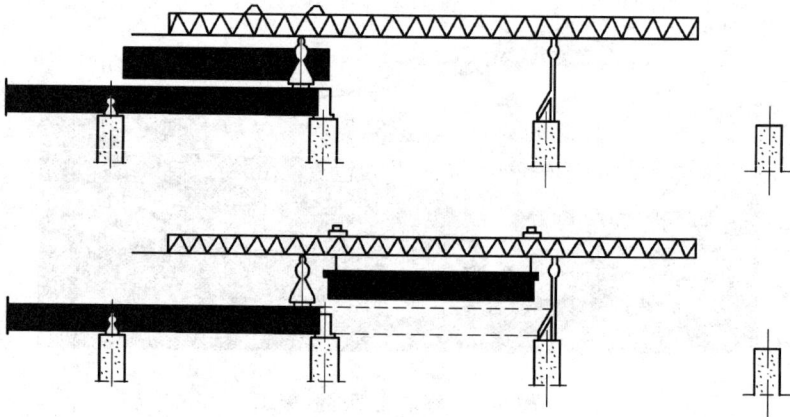

图 9-3 用桁式吊逐孔架设施工

以上所述的逐孔架设施工的三种典型方法的共同特点是需要一定的辅助设备或较强大的起重设备。在逐孔施工过程中均有体系转换，通常由简支梁或悬臂梁转化为连续梁，多跨连续梁还要经历不同跨数连续梁的转换。因此，在施工过程中，梁的各截面内力是随着施工进程而不断变化的。逐孔架设相对其他方法而言，它的施工速度比较快，特别是横向整体的整孔架设施工速度最快，但起重能力要求最大。解决施工速度和起重能力矛盾的方法是进行纵向分段、横向分段或纵横向同时分段。分段越多，起重能力要求越低，但接头的工作量越大，要采取必要的分段施工措施来保证整体性。在当今起重能力逐步提高的情况下，不宜采用纵横向同时分段的方式，以避免出现过多的现浇接头。此外，逐孔架设施工由于受到辅助设备和较强大的起重设备的限制，桥梁的跨径不宜过大，以中等跨径的长桥最为合适，其经济效益较高。这三种施工方法都有其各自的特点，见表 9-1。

220

表 9-1　逐跨架设各种施工方法的比较

项目	逐孔拼装施工	移动支架逐孔现浇施工	整孔或分段架设	
			有现浇接头	无现浇接头
临时支架	需要	相对数量较多	可能需要	不需
临时支座	不需	不需	可能需要	不需
现浇接头	可能需要接缝	不需	可能需要	不需
二次张拉	不需	不需	需要	需要
起重能力	一般要求 <980.7 kN	无特殊要求	有一定要求 490.3~4903 kN	要强 980.7~29420 kN
预制要求	精度高，场地大	要求有材料堆放地	场地大	精度高，场地大
施工难易	精度要求高	比较方便	比较方便	要求较高
施工速度	快	较慢	较快	最快
对结构要求	等截面梁	等截面梁	宜等截面 T、I 梁	无特殊要求
桥梁跨越对象	河道、海湾、山谷、交通线	宜跨线	跨河跨线	跨河跨线
适用跨径	30~50 m	<50 m	30~60 m	30~100 m
桥梁长度	宜用于长桥	宜用于长桥	可用于长桥	宜用于长桥

合理选择施工程序是十分重要的，对于一联桥跨，大多数采取在中间跨或中间墩上合龙的施工程序，预制节段或梁段的运输有从纵向沿着已建成的桥跨运到桥位的，也有从桥位下面竖直吊装就位的。在考虑施工程序时，要便于构件的预制、堆放和尽量减少搬运，要有一个合理的生产线使施工保持连续性。此外，连续梁的徐变内力和温度应力与施工程序有关，因此要考虑几种可能的方案，选取对结构内力影响最小的施工程序。逐孔架设把接头位置设在弯矩较小的部位，对结构的受力和变形是十分有利的，近年来在国内外桥梁施工中常被采用。

9.3　移动模架法

移动模架法是使用移动式的脚手架和装配式的模板在桥位上逐孔现浇施工。由于移动模架法是随着施工进程不断移动连续现浇施工，因此也称为"活动的桥梁预制场""造桥机"。这种施工方法自从 1959 年在德国的克钦卡汉桥（该桥总长 511.5 m，13 孔，跨径 39.2 m）使用以来，得到了较广泛的应用，特别对桥长孔多的高架桥，使用十分方便。常用的移动模架可分为移动悬吊模架和活动模架两种。

9.3.1　移动悬吊模架施工

移动悬吊模架的形式很多，各有差异，其基本结构包括三部分：承重梁；从承重梁伸出的肋骨状的横梁；支承主梁的移动支承。

承重梁通常采用钢梁，长度大于两倍跨径，是承受施工设备自重、模板系统重力和现浇混凝土重力的主要构件。承重梁的后段通过可移式支承落在已完成的梁段上，将重量传给桥墩(或直落在墩顶)；承重梁的前端支承在桥墩上，呈单臂梁工作状态。承重梁除起承重作用外，在一孔梁施工完成后，作为导梁与悬吊模架一起纵移至下一施工孔，承重梁的移位及内部运输由数组千斤顶或起重机完成，并通过中心控制操作。

从承重梁两侧悬臂伸出的许多横梁覆盖板梁全宽，承重梁左右各用2~3组钢索拉住横梁，以增加其刚度。横梁的两端垂直向下，到主桥的下端再呈水平状态，形成下端开口的框架并将主梁包在内部。当模板支架处于浇筑混凝土的状态时，模板依靠下端的悬臂梁和锚固在横梁上的吊杆定位，并用千斤顶固定模板浇筑混凝土。当需要运送模架时，放松千斤顶和吊杆，模板固定在下端悬臂上，转动该梁的前端可动部分，可使模架顺利地通过桥墩，如图9-4所示。

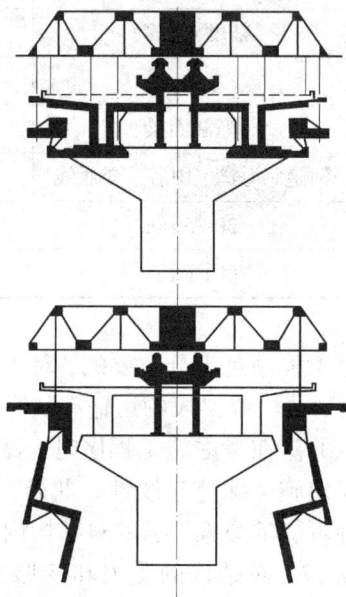

图9-4 移动悬吊模架的横截面构造

9.3.2 活动模架施工

活动模架的构造形式较多，其中的一种构造形式由承重梁、导梁、台车和桥墩托架等构件组成。在混凝土箱形梁的两侧各设置一根承重梁以支撑模板和承受施工重量，承重梁的长度要大于桥梁跨径，浇筑混凝土时承重梁支承在桥墩托架上。导梁主要用于运送承重梁和活动模架，因此需要有大于两倍桥梁跨径的长度，当一跨梁施工完成后进行脱模卸架，由前方台车(在导梁上移动)和后方台车(在已完成的梁上移动)沿纵向将承重梁和活动模架运送至下一跨，承重梁就位后导梁再向前移动，如图9-5所示。

活动模架的另一种构造形式是采用两根长度大于两倍跨径的承重梁分设在箱梁面的翼缘板下方，兼具支承和移动模架的功能，因此不需要再设导梁。两根承重梁置于墩顶的临时横梁上。两根承重梁用支承上部结构模板的钢螺栓框架连接起来，移动时为了跨越桥墩前进，

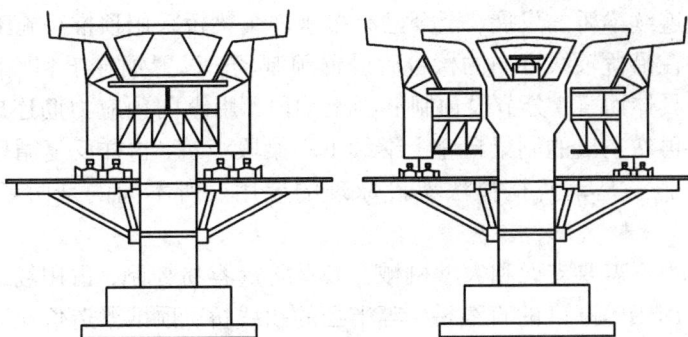

图 9-5　活动模架的构造

需要解除连接杆件,承重梁逐根向前移动。

活动模架施工是从岸跨开始的,每次施工接缝设在下一跨的 13 m 处($L/5$ 附近),当正桥和两岸引桥施工完成后,在主跨锚孔设置临时墩现场浇筑连接段使全桥合龙。

对于每个箱梁,采用两次浇筑施工法。当承重梁定位后,用螺旋千斤顶调整外模,浇底板混凝土,然后安装设在轨道上的内模板,浇筑腹板及顶板混凝土。在一跨施工结束需移动模架时,将连接杆件从承重梁上松开,半撤除纵向缆索后将承重梁逐根纵移。由于附有连接杆和模板的承重梁在移动时不稳定,为了达到平衡,在承重梁的另一侧设有外托架和混凝土平衡梁。每跨桥的施工期在正常情况下为 4 周。

采用移动模架法施工时,无论选用哪一种形式,其特点都是高度机械化的,其模板、钢筋、混凝土和张拉工艺等整套工序均可在模架内完成。同时,由于施工作业是按周期进行的,且不受气候和外界因素干扰,既便于工程管理,又能提高工程质量、加快施工速度。中等跨径的桥梁采用移动模架法施工较为适宜。此外,该法在弯桥和坡桥上的应用都有成功的先例。

不过,移动模架法需要一整套设备及配件,除耗用大量钢材外还需有整套机械动力设备和自动装置,一次投资是相当大的。为了提高使用效率,必须解决装配化和科学管理的问题。装配化就是设备的主要构件采用装配式,能适用不同桥梁跨径、不同桥宽和不同形状的桥梁,扩大设备的使用面,降低施工成本。科学管理的目的在于充分发挥设备的使用能力,因此必须做到机械设备的配套,注意设备的维修养护。如果能够做到具有专业队伍、固定操作,并能持久地在它所适用的桥梁上施工,必将收到较好的经济效益。

9.4　顶推法

9.4.1　概述

自 1959 年德国的莱昂哈特(Leonhardt)和鲍尔教授在奥地利的阿格尔桥首次使用顶推法以来,世界各国采用顶推法施工的大桥已超过 200 座。我国于 1974 年首先在狄家河铁路桥采用顶推法施工,该桥为 4×40 m 预应力混凝土连续梁桥;在此之后,湖南望城沩水河桥使用柔性墩多点顶推连续梁桥的施工，为我国采用顶推法施工创造了成功的经验，有力地推动了我国预应力混凝土连续梁桥的发展，至今已有多座连续梁桥采用顶推法施工完成。

顶推法施工是在沿桥轴线方向的桥台后设置预制场，设置钢导梁和临时墩、滑道、水平千斤顶施力装置。具体而言，分节段预制混凝土梁段，用纵向预应力筋连成整体，将梁逐段顶出去(拖出去)，再在空出的制梁台座上继续下一梁段浇筑，这样反复循环施工的方法即顶推法施工。顶推法施工是钢桥拖拉法架设原理的应用。所不同的是两者滑动和施力装置不同。

顶推法的特点为不需要支架和大型机械，工程质量容易控制，占用场地少，不受季节影响。但顶推法仅适用于等高度的直线桥、等半径的曲线桥，顶推梁造价比同等跨径简支梁和现浇变截面连续梁造价高。

顶推法施工不仅可用于连续梁桥(包括钢桥)，也可用于其他桥型如简支梁桥，也可先连续顶推施工，就位后解除梁跨间的连续；拱桥的拱上纵梁，可在立柱间顶推施工；斜拉桥的主梁采用顶推法施工等。

预应力混凝土连续梁桥的上部结构采用顶推法施工的顺序可大致用图 9-6 表示，这一施工框图主要反映了我国目前采用顶推法施工的主要工序。连续梁桥的主梁采用顶推法施工的概貌如图 9-7 所示。

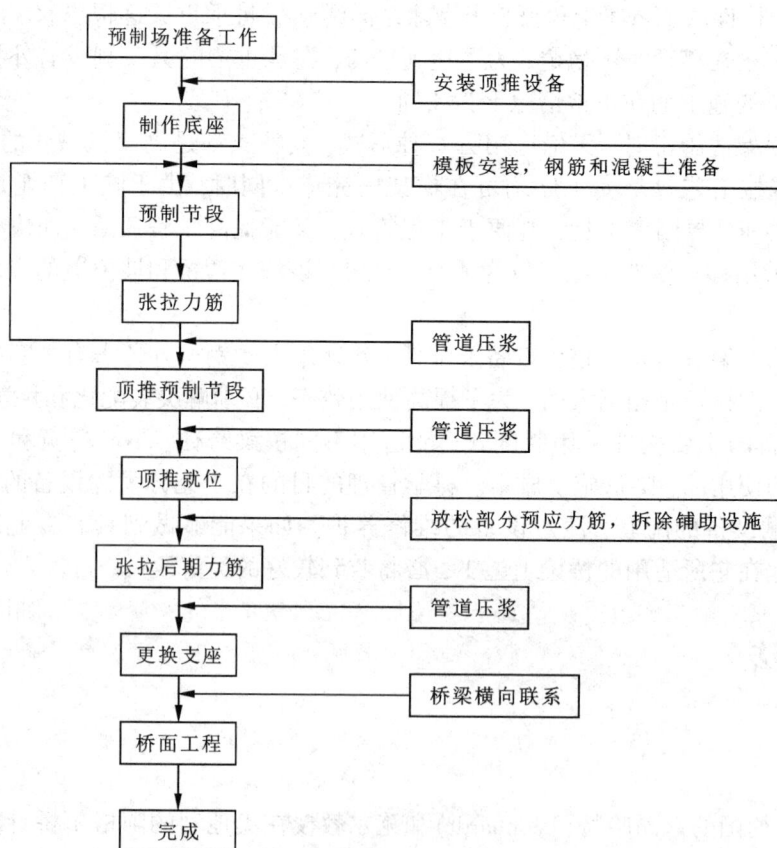

图 9-6　顶推法施工的一般程序

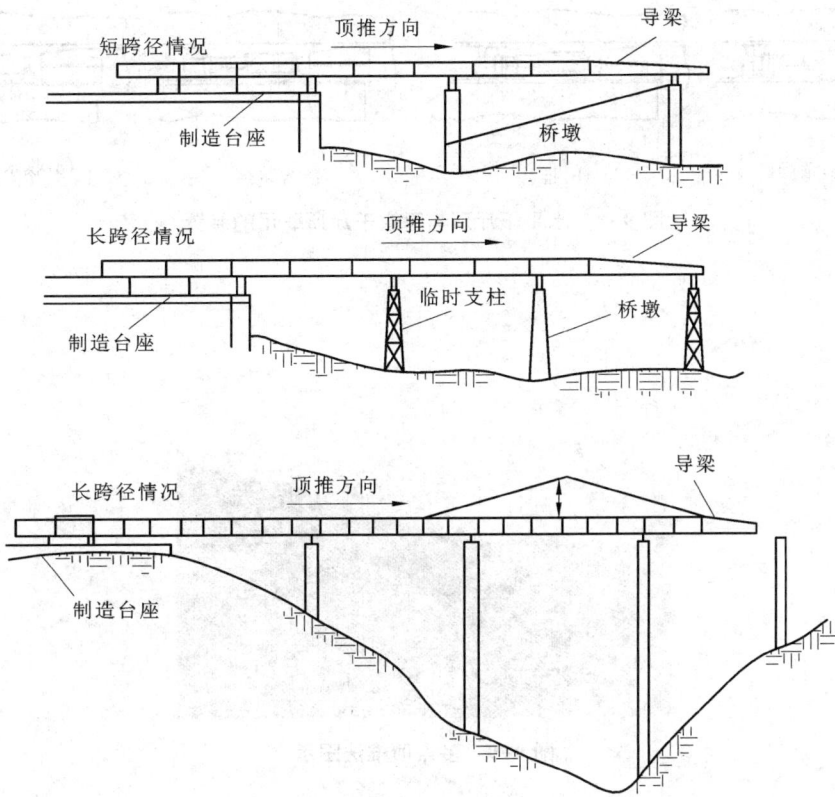

图 9-7　顶推法施工概貌

9.4.2　顶推方法与设备

1. 顶推方法

顶推施工前，应根据主梁长度、设计顶推跨度、桥墩能承受的水平推力、顶推设备和滑动装置等条件，选择适宜的顶推方式。

(1) 单点顶推法：限用于直线桥、顶推梁段长度较短、桥墩可承受较大水平荷载、后座能提供足够的水平反力的情况，多数在箱梁两侧安设顶推千斤顶或拉杆牛腿。顶推的装置集中在主梁预制场附近的桥台或桥墩上，前方墩各支点上设置滑动支承。顶推时，滑块在不锈钢板上滑动，并在前方滑出，通过在滑道后方不断喂入滑块，带动梁身前进，如图 9-8 所示。它的施工程序为顶梁→推移→落下竖直千斤顶→收回水平千斤顶的活塞杆。单点顶推在国外称为 TL(taktshiebe leonhardt)。

(2) 多点顶推法：在每个墩台上设置一对小吨位(400~800 kN)的水平千斤顶，将集中的顶推力分散到各墩上。由于利用水平千斤顶传给墩台的反力来平衡梁体滑移时在桥墩上产生的摩阻力，使桥墩在顶推过程中只承受较小的水平力，所以可以在柔性墩上采用多点顶推施工。同时，多点顶推所需的顶推设备吨位小，容易获得，故我国在近年来用顶推法施工的预应力混凝土连续梁桥较多地采用了多点顶推法(图 9-9)。多点顶推在国外称 SSY 顶推施工法。

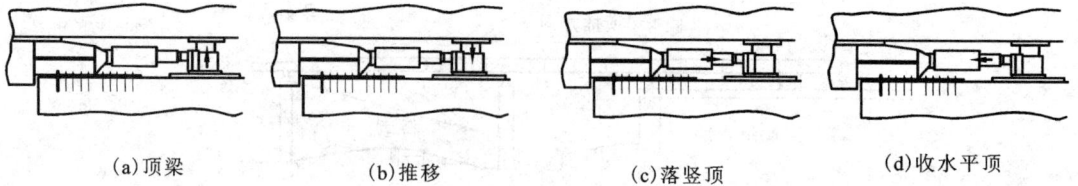

(a)顶梁   (b)推移   (c)落竖顶   (d)收水平顶

图9-8 水平千斤顶与垂直千斤顶联用的装置

图9-9 多点顶推法图示

多点顶推法与单点顶推法相比较,可以免去大规模的顶推设备,能有效地控制顶推梁的偏离,墩身受到的水平推力小,便于在柔性墩上采用。在弯桥采用多点顶推时,各墩施力均匀。

2.顶推设备

(1)滑道。

如何减小摩阻力是顶推施工的关键技术问题。施工中通过在梁底、墩顶设置滑道的办法来解决。

滑道由聚四氟乙烯板和镍钢(不锈钢)板组成,滑移面的摩擦系数很小,为0.02~0.04;顶推时,组合的聚四氟乙烯滑块在不锈钢板上滑动,并在前方滑出,通过在滑道后方不断喂入滑块,带动梁身前进。

滑道常用临时支承,由光滑的不锈钢板与组合的聚四氟乙烯滑块组成,其中的滑块由四氟乙烯板与具有加筋钢板的橡胶块构成。临时支承搁置在混凝土临时垫块上,待主梁就位后拆除,再更换正式支座(图9-10)。

也可将滑道设置在永久支座上,但为避免支座在顶推过程中损坏,应对支座进行必要的防护。通常的做法是在支座周边设置垫块,使滑道板的压力通过垫块传递给墩台而不是直接经支座传递,这样可使支座的安装、更换工作更加方便,并提高支座的安装精度(图9-11)。

226

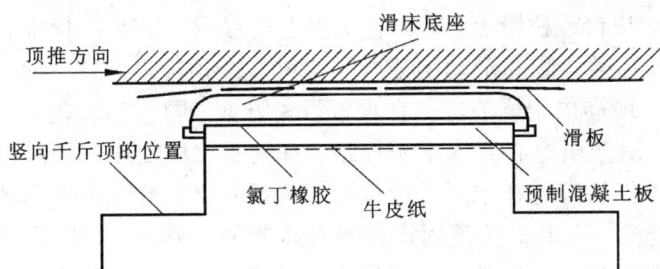

图 9-10　滑道装置示意图

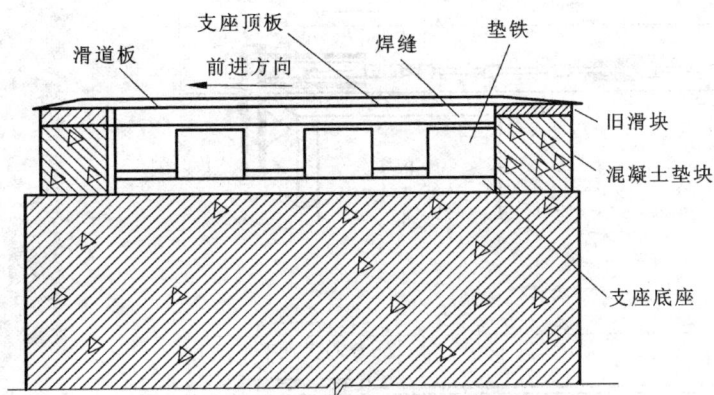

图 9-11　在永久支座上布置滑道

还有一类滑动装置为连续滑动装置,其构造似坦克的履带(图 9-12),其卷绕装置使滑动带连续、循环滑动,从而实现不间断顶推。这种装置在施工完成后即成为永久支座,无须拆除,但支座本身的构造复杂、造价高。这种施工方法称为 RS 施工法(ribbon sliding method)。

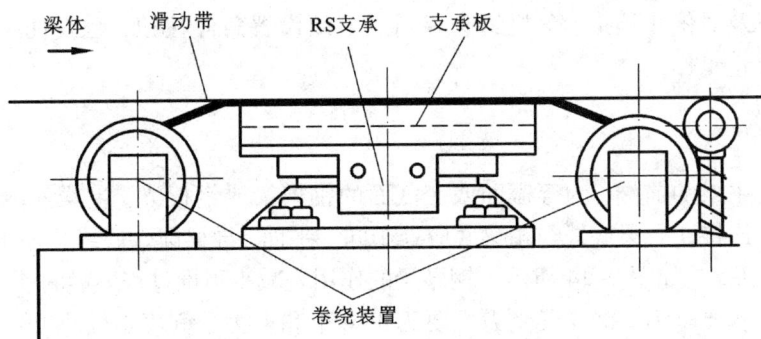

图 9-12　RS 支承构造

（2）千斤顶与油泵。

顶推装置集中在主梁预制场附近的桥台或桥墩上，前方各支点上设置滑动支承。顶推装置分为两种：一种是由水平千斤顶通过箱梁两侧的牵动钢杆给预制梁一个顶推力；另一种是由水平千斤顶与竖直千斤顶配合使用，顶推预制梁前进。在顶推设备方面，国内一般较多采用拉杆式顶推方案，每个墩位上设置一对液压穿心式水平千斤顶，每侧的拉杆使用一根或两根 $\phi25$ 高强螺纹钢筋，杆的前端通过锥楔块固定在水平千斤顶活塞杆的头部，另一端使用特制的拉锚器、锚定板等连接器与箱梁连接，水平千斤顶固定在墩身特制的台座上，同时在梁位下设置滑板和滑块。当水平千斤顶施顶时，带动箱梁在滑道上向前滑动，拉杆式顶推装置如图9-13所示。

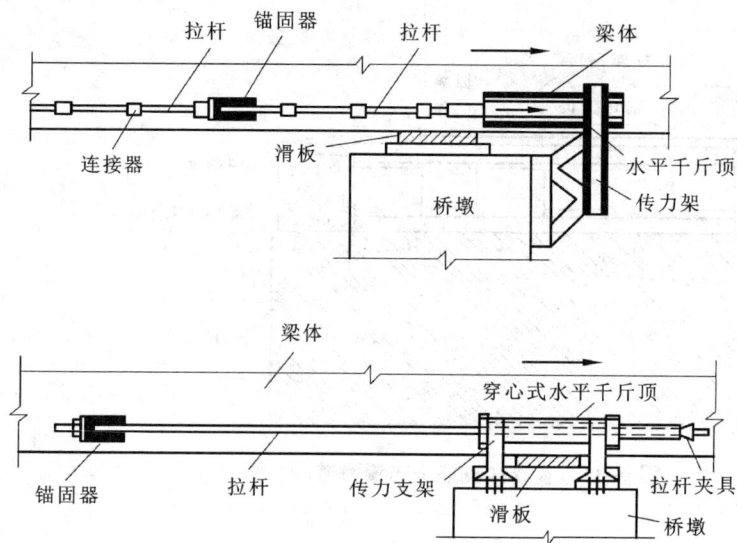

图9-13 拉杆式顶推装置

保证各个千斤顶同时、同步施力是多点顶推施工的关键。一般采用一套液压与电路相结合的控制系统，采用集中控制、分级调压的措施，保证同时启动、同步前进、同时停止。为保证在意外情况下及时停止顶推，各机组和观测点上须设置急停按钮，触发任一急停按钮，全部机组能同时停止工作。

3. 临时设施

（1）导梁。

导梁设置在主梁的前端，为等截面或变截面的钢桁梁或钢板梁，主梁前端装有预埋件与钢导梁栓用螺栓连接。导梁底缘与箱梁底应处于同一平面，导梁前端底缘呈向上圆弧形，便于顶推时顺利通过桥墩，如图9-14所示。钢导梁的作用是减小顶推过程中梁的前端悬臂负弯矩。

钢导梁的技术要求为：钢导梁受力主要为正弯矩和剪力，负弯矩较小，其长度一般为顶推跨径的 0.6~0.7 倍，较长的导梁可以减小主梁悬臂负弯矩，合理的导梁长度应使主梁最大悬臂负弯矩与使用状态(运营阶段)支点负弯矩基本接近。导梁的刚度宜选主梁的 1/9 ~ 1/5 倍。在导梁的刚度满足稳定和强度的条件下，选用较小的刚度及变刚度的导梁。钢导梁要考

图 9-14　顶推前导梁

虑动力系数，使结构有足够的安全储备。

钢导梁与箱梁的连接措施为：

①将钢导梁的上、下 T 字板都埋入箱梁 2 m 以上，相应的箱梁端设计了锚固钢导梁的异形段。

②钢导梁与箱梁之间张拉了精轧螺纹钢筋预应力筋。

由于钢导梁在施工中正、负弯矩反复出现，连接螺栓易松动，导梁与主梁连接处易有变形或混凝土开裂，在顶推中每经历一次反复均须检查和重新拧紧螺栓。施工时要随时观测导梁的挠度。

曲线桥顶推施工也可设置导梁，其导梁的平面线形沿呈圆曲线的切线方向；当曲线半径较小时，也可采用折线形导梁。

（2）临时墩。

临时墩的作用与钢导梁相似，通过设置临时墩（图 9-15）来减小顶推的标准跨径，减小梁顶推过程中交替变化的正、负弯矩，特别适用于顶推跨径超过 50 m 的桥梁，或者顶推其他形式的桥梁，如斜拉桥、钢管系杆拱桥、连续钢构桥梁采用。

临时墩的设计原则为：

①临时墩受力主要为梁体的垂直荷载和顶推水平摩阻力。同时要考虑顶推的启动和停止的惯性作用，以及施工期间通航和洪水杂物作用对临时墩的影响。

②临时墩要满足强度和刚度要求。要考虑临时墩的变形（受力和温度）对顶推高程误差的影响。

图 9-15　顶推法设置临时墩

③要考虑临时墩拆除、恢复航道方案，这笔费用也要列入成本。

临时墩的基础一般采用桩基。墩身结构形式见表9-2。

表9-2　临时墩墩身结构形式

结构形式	优点	缺点	备注
钢管临时墩	安装、拆除快，回收价值高	刚度小，温差影响大，一次投入大	适应于水中临时墩
钢筋混凝土空心墩	刚度大，拆除快	施工麻烦	适应于水中临时墩
钢筋混凝土实心墩	刚度大，造价低	拆除困难	适应于岸上临时墩
薄钢管混凝土空心墩	施工速度快，造价低，拆除快，刚度大	—	是比较合理的临时墩

9.4.3　顶推施工中的几个问题

1. 确定分段长度和预制场布置

顶推法制梁有两种方法：一种是在梁轴线的预制场上连续预制逐段顶推；另一种是在工厂制成预制块件，运至桥位，连接后进行顶推。后者必须根据运输条件决定节段的长度（长度一般不超过5 m）和重量，同时增加了接头工作，需要起重、运输设备。因此，以前者即现场预制为宜。

预制场（图9-16）是预制箱梁和顶推过渡的场地，包括主梁节段的浇筑平台和模板、钢筋和钢索的加工场地，混凝土搅拌站，以及砂、石、水泥的运输路线用地。预制场一般设在桥台后，长度须有预制节段长的3倍以上。顶推过渡场地需要布置千斤顶和滑移装置，因此它又是主梁顶推的过渡孔。

图9-16　顶推法的预制场

主梁节段预制完成后，要将节段向前顶推，空出浇筑平台以继续浇筑下一节段。对于顶出的梁段，要求顶推后无高程变化，梁的尾端不能产生转角，因此在到达主跨之前要设置过渡孔，并通过计算确定分孔和长度。主梁的节段长度划分主要考虑段间的连接处不要设在连续梁受力最大的支点与跨中截面，同时应考虑便于制作加工，尽量减少分段，缩短工期。因此一般常取每段长 10~30 m。同时根据连续梁反弯点的位置,参考国外有关设计规范,连续梁的顶推节段长度应使每跨梁不多于 2 个接缝缝。

2. 节段的预制工作

节段的预制对桥梁施工质量和施工速度起决定作用。由于预制工作固定在一个位置上进行周期性生产,所以完全可以仿照工厂预制桥梁的条件设临时厂房、吊车,使施工不受气候影响,减轻劳动强度,提高工效。

(1)模板制作——保证预制质量的关键。

箱梁模板由底模、侧模和内模组成。一般来说,采用顶推法施工多选用等截面,模板可以多次周转使用。因此宜使用钢模板,以保证预制梁尺寸的准确性。

底模板安置在预制平台上,平台的平整度必须严格控制,因为顶推时微小高差就会引起梁内力的变化,而且梁底不平整将直接影响顶推工作。通常预制平台要有一个整体的框架基础,要求总下沉量不超过 5 mm;其上部是型钢及钢板制作的底模和在腹板位置的底模滑道。在底模和基础之间设置卸落设备,放下时,底模能自动脱模,将节段落在滑道上,如图 9-17 所示。

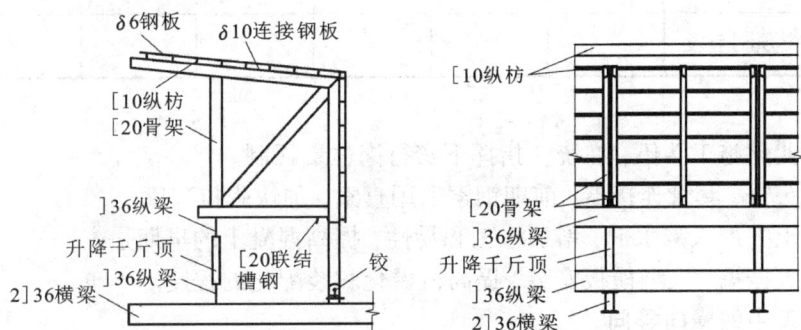

图 9-17　预制模板构造图示

(2)预制周期——加快施工速度的关键。

根据统计资料得知,梁段预制工作量占全部结构总工作量的 55%~65%,加快预制工作的速度对缩短工期具有十分重要的意义。为达到此目的,除在设计上尽量减少梁段的规格外,在施工上应采取一定的措施以加快预制周期。目前国内外的预制梁段周期为 7~15 d,预制工作的标准周期见表 9-3。为缩短预制周期,在预制时可以考虑采取以下施工措施:

表 9-3 预制工作标准周期

工作内容	天数						
	1	2	3	4	5	6	7
整理底模，安装侧模	—						
安装底板钢筋		—					
浇筑底板混凝土			—				
安装内模板及外侧板，安装腹板、顶板混凝土			—				
浇筑腹板、顶板混凝土				—			
养护					—	—	
拆模						—	
张拉先期预应力筋						—	
降低底模，顶推预制节段							—

①组织专业化施工队伍，在统一指挥下实行岗位责任制。

②采用镦头锚、套管连接器，前期钢索采用直索，加快张拉速度。

③在混凝土中加入减水剂，增加施工和易性，提高混凝土的早期强度。

④采用强大振捣，大型模板安装，提高机械化和装配化的程度。

3. 顶推施工中的横向导向

为了使顶推能正确就位，施工中的横向导向是不可少的。通常在桥墩台上主梁的两侧各安置一个横向水平千斤顶，千斤顶的高度与主梁的底板位置平齐，由墩台上的支架固定千斤顶位置。在千斤顶的顶杆与主梁侧面外缘之间放置滑块，顶推时千斤顶的顶杆与滑块的聚四氟乙烯板形成滑动面，顶推时由专人负责不断更换滑块。顶推时的横向导向装置如图 9-18 所示。

横向导向装置在顶推施工中一般只设置在两个位置：一个设置在预制梁段刚刚离开预制场的部位；另一个设置在顶推施工最前端的桥墩上，因此梁前端的导向位置将随着顶推梁的前进不断更换位置。施工中发现梁的横向位置有误而需要纠偏时，必须在梁顶推前进的过程中进行调整。对于曲线桥，由于超高而形成单面横坡，横向导向装置应比直线处强劲，且数量要增加，同时应注意在顶推时，内外弧两侧前进的距离是否不同，要加强控制和观测。

4. 落梁

落梁是将顶推到位的箱梁顶起来，拆除顶推临时滑道装置，安装永久支座，再将梁平稳地降落在支座上。

(1)落梁前的准备工作。

①拆除临时索，张拉预应力索，所有管道必须灌浆。

②复测桥墩位的高程，检查桩基是否有沉降，特别是摩阻桩基。

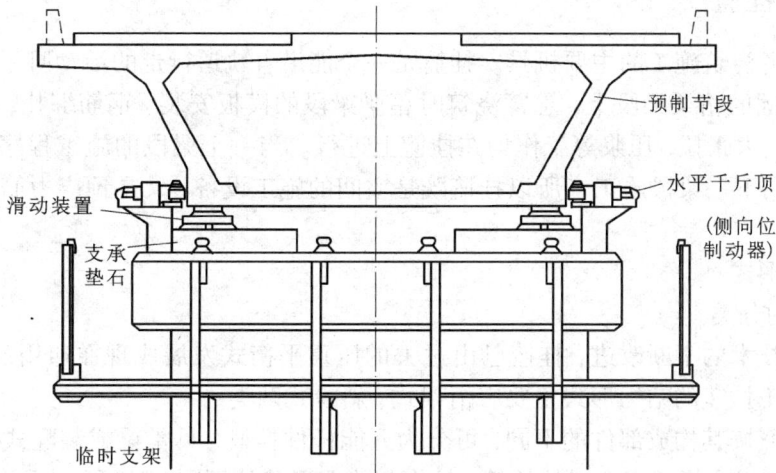

图 9-18　顶推施工的横向导向装置

③清理桥墩盖梁平面,解除对梁体的约束。

(2)落梁的方法。

因为箱梁是长条形,故采取分段落梁方案。例如,每次顶起 3 个桥墩(台)完成 2 个桥墩落梁,其中 1 个桥墩作为高差过渡,相邻两墩台顶高程(相对设计高程)差控制在 ±10 mm 以内。

(3)落梁的原则。

①充分做好准备工作,尽量使顶起、落梁的时间越短越好。

②确定千斤顶的布置位置,要求纵、横对称,既考虑桥墩盖梁受力,又考虑箱梁梁体受力都处于有利部位。

③竖直千斤顶要求有足够的富余的顶力和工作行程,顶起时,桥墩的垫石与箱梁底必须有保险装置。

④尽量控制梁的顶起高度,注意顶起和降落的顺序,一个墩上千斤顶起落要同步均匀,纵向桥墩顶起高度要合理分配。

⑤注意纵向梁的温度伸缩,注意固定墩和伸缩缝桥墩支座的安装。

9.5　悬臂浇筑施工法

悬臂浇筑施工是将墩柱部位的上部结构浇筑完成后,在专供悬臂浇筑用的活动脚手架(称为挂篮)上,向墩柱两边对称、平衡地逐段浇筑悬臂梁段,每浇筑完一对梁段并待混凝土达到强度要求后就张拉预应力束,待浇筑部分可以受力时向前移动挂篮,再进行下一梁段的施工,一直推进到悬臂端为止。下面,从施工挂篮、悬臂浇筑施工程序、施工控制三个方面进行较详细的介绍。

9.5.1 施工挂篮

挂篮是悬臂浇筑施工的主要机具。挂篮是一个能沿着轨道行走的活动脚手架。挂篮悬挂在已经张拉锚固的箱梁梁段上，悬臂浇筑时箱梁梁段的模板安装、钢筋绑扎、管道安装、混凝土浇筑、预应力张拉、压浆等工作均在挂篮上进行。当一个梁段的施工程序完成后，挂篮解除后锚，移向下一梁段施工。所以挂篮既是空间的施工设备，又是预应力筋未张拉前梁段的承重结构。

1. 挂篮的形式

（1）挂篮的分类。

随着施工技术的不断改进，挂篮已由过去的压重平衡式发展成现在通用的自锚平衡式。自锚平衡式施工挂篮的结构形式主要有桁架式、斜拉式两类。

桁架式挂篮按其构成部件的不同，可分为万能杆件挂篮、贝雷梁或装配式公路钢桁梁组合式挂篮、型钢组合桁架组合式挂篮等；按桁架构成形状的不同，又可分为平行桁架式挂篮、平弦无平衡重式挂篮、三角形组梁式挂篮、弓弦式挂篮、菱形式挂篮等多种，如图9-19所示。

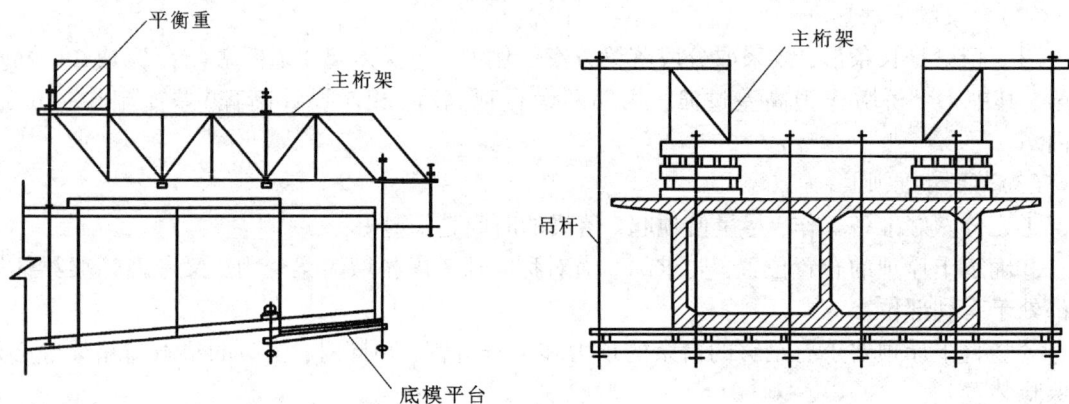

（a）平行桁架式挂篮

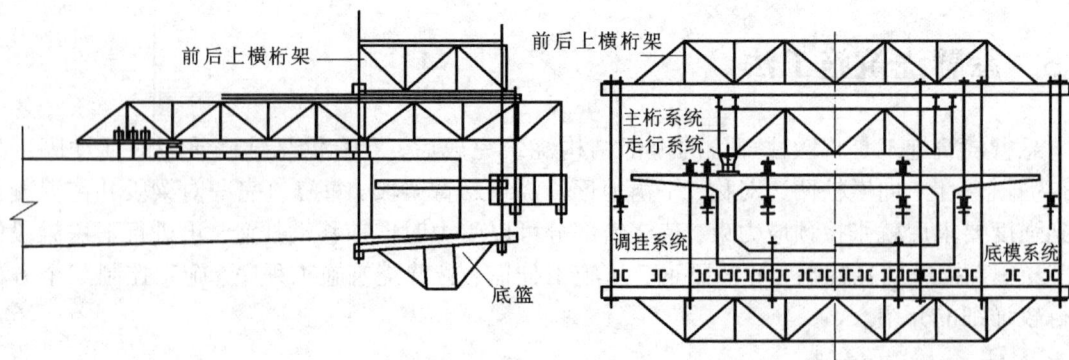

（b）平弦无平衡重式挂篮

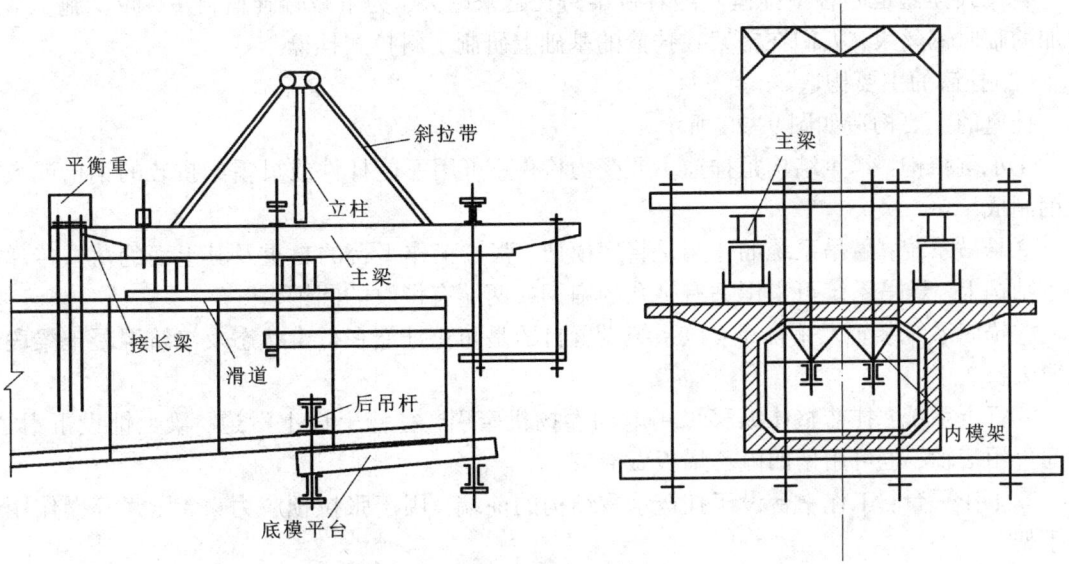

(c)三角形组梁式挂篮

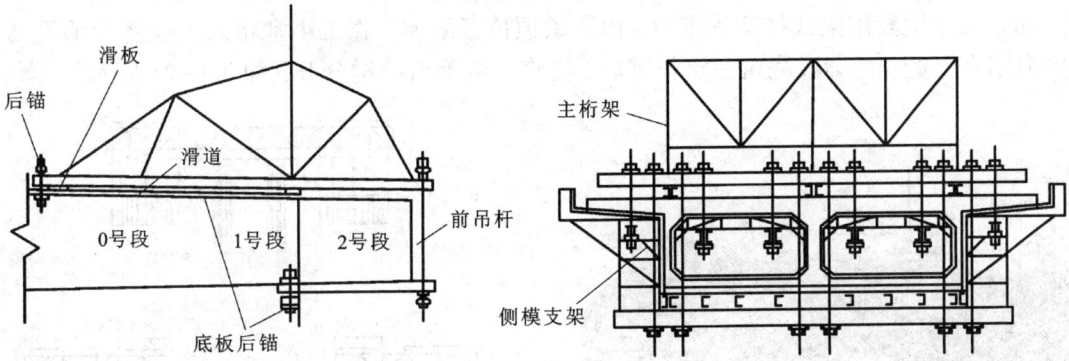

(d)弓弦式挂篮

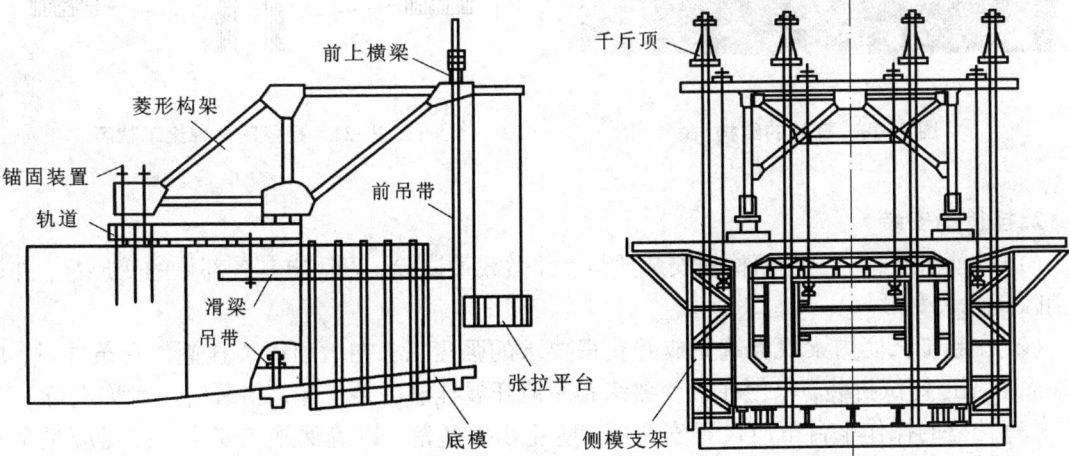

(e)菱形式挂篮

图 9-19　常用桁架式挂篮类型

斜拉式挂篮也叫轻型挂篮。随着桥梁跨径越来越大，为了减轻挂篮自重，减少施工节段增加的临时钢丝束，人们在桁架式挂篮的基础上研制了斜拉式挂篮。

（2）挂篮的主要构造。

挂篮的主要构造如图 9-20 所示。

①承重结构：承重结构是挂篮主要受力构件，可用万能杆件或贝雷梁拼装的钢桁或大号型钢制成。

②悬吊系统：悬吊系统的作用是将底模架、张拉工作平台的自重及其上面的荷重传递到承重结构上。悬吊系统可采用钻有销孔的扁钢或两端有螺纹的圆钢。

③锚固系统装置及平衡重：该系统设置目的是防止挂篮在行走状态及浇筑混凝土梁段时倾覆失稳。

④行走系统：挂篮整体纵移采用电动卷扬机牵引，挂篮上设上滑道，梁上铺设下滑道，中间可用滚轴，也可用聚四氟乙烯板做滑道。

⑤工作平台：工作平台设于挂篮承重结构的前端，用于张拉预应力束、压浆等操作用的脚手架。

⑥底模架：底模架是供立模板、绑扎钢筋、浇筑混凝土、养护等工序用。

初始几个梁段用梁式挂篮施工时，由于墩顶位置限制，施工中常将两侧挂篮的承重结构临时联结在一起，待梁段浇筑一定长度后，再将两侧承重结构分开，如图 9-21 所示。

图 9-20 挂篮的结构

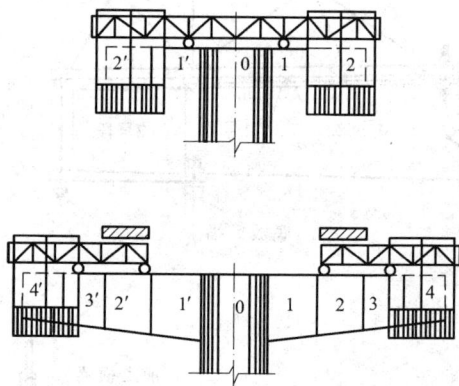

图 9-21 挂篮的两种施工状态

2. 挂篮的安装

（1）挂篮拼装后，应全面检查安装质量，并做载重试验，以测定其各部位的变形量，并设法消除其永久变形。

（2）在起步长度内梁段浇筑完成并获得要求的强度后，在墩顶拼装挂篮。有条件时，应在地面上先进行试拼装，以便在墩顶熟练有序地开展挂篮拼装工作。拼装时应对称进行。

（3）挂篮的操作平台下应设置安全网，防止物件坠落，以确保施工安全。挂篮应呈全封闭形式，四周设围护，上、下应有专用扶梯，方便施工人员上、下挂篮。

（4）挂篮行走时，须在挂篮尾部压平衡重，以防倾覆。浇筑混凝土梁段时，必须在挂篮尾部将挂篮与梁进行锚固。

3. 挂篮的试压

为了检验挂篮的性能和安全,并消除结构的非弹性变形,应对挂篮试压。试压通常采用试验台加压法和水箱加压法等。

(1)试验台加压法。

新加工的挂篮可用试验台加压法检测桁架受力性能和状况。试验台可利用桥台或承台和在岸边梁中预埋的拉力筋锚住主桁梁后端,前端按最大荷载计算值施加压力,并记录千斤顶逐级加压变化情况,测出挂篮弹性变形和非弹性变形参数,用作控制悬浇高程的依据,如图 9-22 所示。

(2)水箱加压法。

对就位待浇混凝土的挂篮,可用水箱加压法检查挂篮的性能和状况。加压的水箱一般设于前吊点处,后吊杆穿过紧靠墩顶梁段边的底篮和纵桁梁,锚固于横桁梁上,或穿过已浇箱梁中的预留孔,锚于梁体,在后吊杆的上端装设带压力表的千斤顶,反压挂篮上横桁梁,计算前后施加力后,分级分别进行灌水和顶压,记录全过程挂篮变化情况即可求得控制数据,如图 9-23 所示。

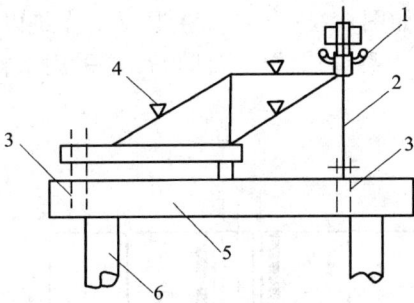

1—压力表千斤顶;2—拉杆;3—预埋钢筋;
4—观测点;5—承台;6—桩。

图 9-22　菱形挂篮试验台加压示意图

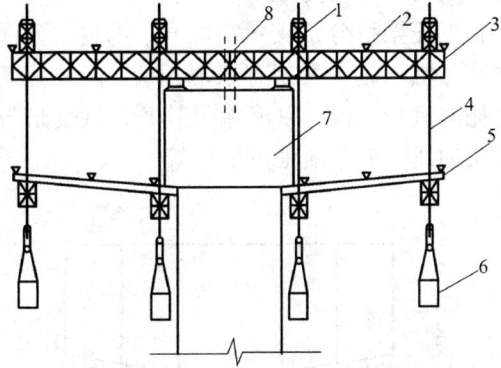

1—横桁梁;2—观测点;3—纵桁梁;4—吊杆;
5—底篮;6—水箱;7—墩顶梁段;8—后锚固。

图 9-23　挂篮水箱加压示意图

9.5.2　悬臂浇筑施工程序

悬臂浇筑施工时,梁体一般分四大部分浇筑,如图 9-24 所示。A 为墩顶梁段(0 号段),B 为 0 号段两侧对称分段悬臂浇筑部分,C 为边孔在支架上浇筑的部分,D 为主梁在跨中合龙部分。A 段(0 号段)一般为 5~10 m,B 段一般每段为 3~5 m,C 段一般为 B 段的 2~3 倍,D 段(合龙段)一般为 1~3 m。

1. 一般施工程序

(1)在墩顶托架上浇筑 0 号段并在墩梁设置临时固结系统。

(2)在 0 号段上安装悬臂挂篮,向两侧依次对称地分段浇筑主梁至合龙前段。

(3)在临时支架或梁端与边墩间的临时托架上支模浇筑梁段。

(4)合龙段可在改装的简支挂篮托架上浇筑。多跨合龙段浇筑顺序按设计或施工要求进行。

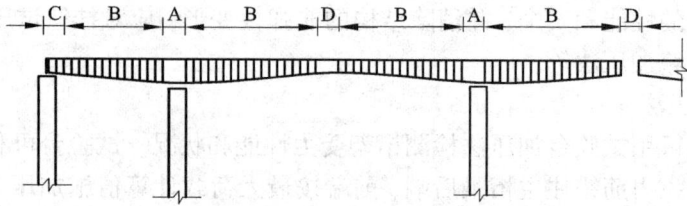

A—墩顶梁段；B—对称悬臂浇筑段；C—支架现浇梁段；D—合龙梁段。

图 9-24　悬臂浇筑分段示意图

2. 0 号段施工

0 号段结构复杂，预埋件、钢筋(束)、孔道、锚具密集交错，视其结构形式及高度，一般分 2~3 次浇筑，先底板，再肋板，后顶板。由于墩顶位置受限，无法设置挂篮，故 0 号段施工通常采用在托架上立模现浇的方法，并在施工过程中设置临时梁墩锚固，使其能承受悬臂施工产生的不平衡力矩。

施工托架可分别支承在墩身、承台、地面上。托架可采用万能杆件、贝雷梁、型钢等构件拼装。常用施工托架有扇形托架、门式托架等形式，如图 9-25 所示。在混凝土浇筑以前，应对托架进行试压，以消除因其非弹性变形导致的混凝土裂缝。试压方法可反复采用水箱灌水多次加压、千斤顶张拉加压等。

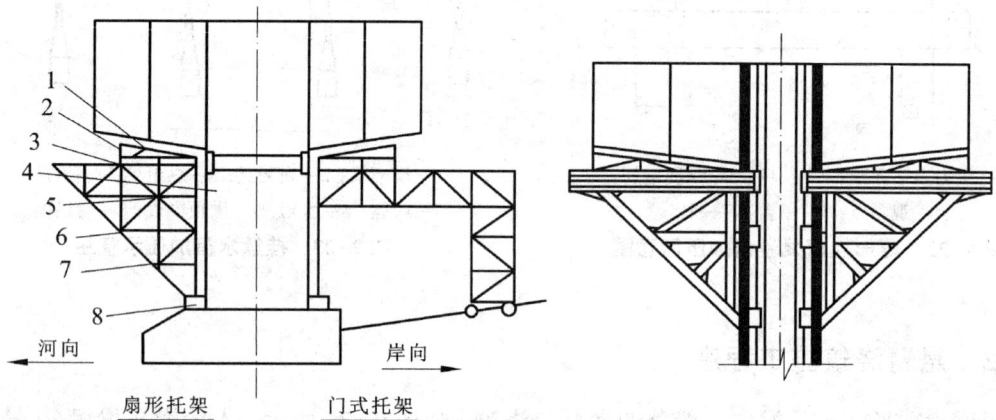

1—木制三角垫架；2—木楔；3—工字钢垫梁；4—墩柱；5—预埋钢筋；6—托架；7—硬木垫块；8—混凝土垫块。

图 9-25　常用施工托架

3. 梁墩临时固结措施

采用悬臂法施工时，如结构为 T 形刚构，因墩身与梁本身采用刚性连接，所以不存在梁墩临时固结问题。悬臂梁桥及连续梁桥采用悬臂施工时，为了承受施工过程中可能出现的不平衡力矩，需要采取墩顶 0 号梁段与桥墩间临时固结或支承措施。临时固结或支承措施有下列几种形式：

238

（1）将0号梁段与桥墩钢筋或预应力筋临时固结，待需要解除固结时切断，如图9-26所示。

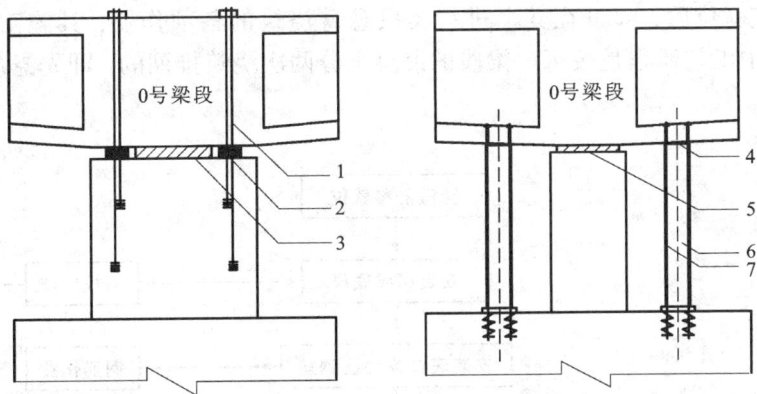

1—临时支座；2—永久支座；3—临时支撑；4—预应力钢绞线；5—锚固钢筋；6—临时支座；7—永久支座。

图9-26　0号梁段与桥墩的临时固结构造

（2）在桥墩一侧或两侧加临时支承墩，如图9-27所示。

（3）将0号梁段临时支承在扇形托架或门式托架的两侧。

（4）临时支承可用硫黄水泥砂浆块、砂筒或混凝土块等卸落设备，以使体系转换时，较方便地撤除临时支承。

图9-27　临时支承墩的设置与解除

4. 预应力管道的设置

为确保预应力筋布置、穿管、张拉、灌浆的施工质量，必须确保预应力管道的质量，一般采用预埋铁皮管、铁皮波纹管、橡胶抽拔管。三向预应力筋管孔铁皮管、波纹管需由专用设备加工卷制，孔径按设计要求而定，橡胶抽拔管管壁用多层橡胶夹布，在专业厂家制作，宜在混凝土浇筑150~200 ℃·h（混凝土全部埋设胶管时间与平均温度的乘积）内抽拔。拔时用尼龙绳锁住外露胶管，启动卷扬机拖拔，视管的长度和阻力一次可抽拔5~8根。为避免抽拔时塌孔，宜将波纹管与橡抽拔胶管相间布置，采用架立钢筋固定管道的坐标位置。浇筑后的铁皮管和橡胶抽拔管后的管道，必须用内径小于 10 mm 的梭形钢锤清孔，以便清除异物、补救塌孔，保证预应力筋穿孔畅通。

5. 悬臂段浇筑施工工艺流程

当挂篮安装就位后，即可在其上进行梁段悬臂浇筑的各项作业，其施工工艺流程如图 9-28 所示。图中工艺流程是按每一梁段的混凝土分两次浇筑排列的，即先浇筑底板、后浇肋板及顶板。

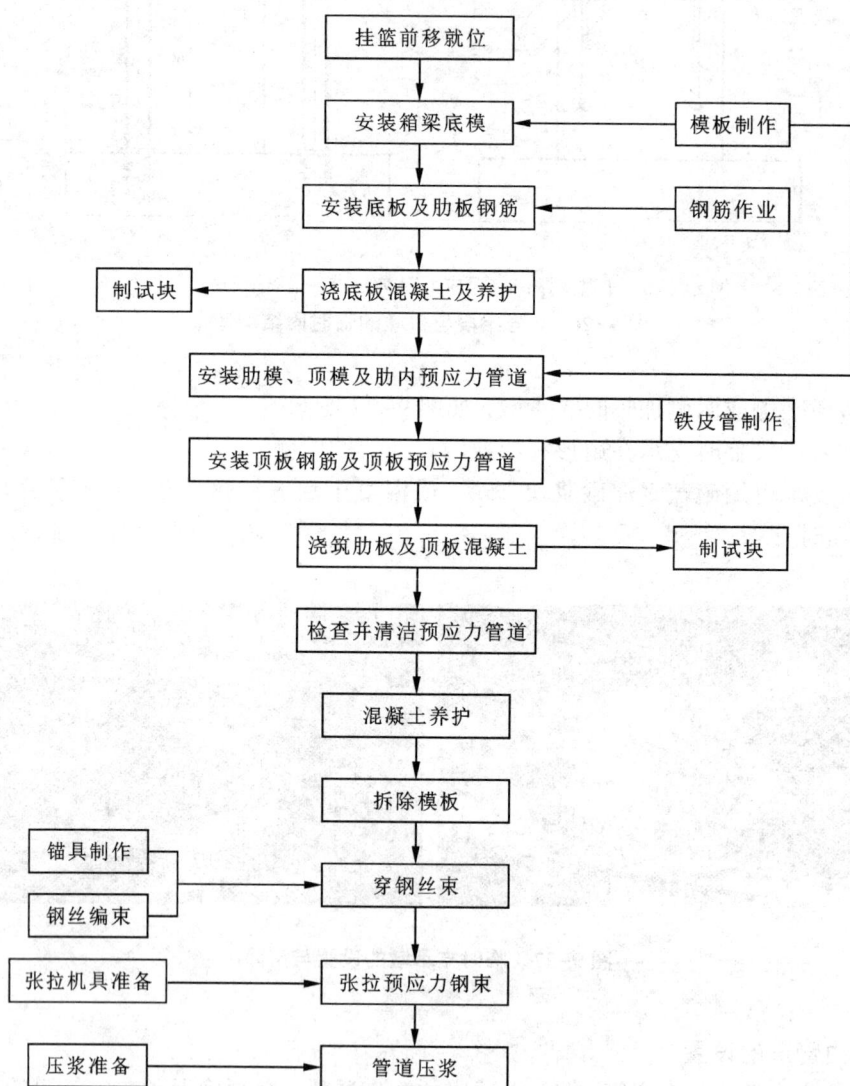

图 9-28 悬臂段浇筑施工工艺流程

（1）模板安装应核准中心位置及高程，上一节段施工的误差应在模板安装时予以调整。

（2）安装预应力预留管道时，应与前一段预留管道接头严密对准，并用胶布包贴，防止灰浆渗入管道。管道四周应布置足够的定位钢筋，确保预留管道位置正确、线形和顺。

240

（3）梁段拆模后，应对梁端的混凝土表面进行凿毛处理，以加强接头混凝土的连接。

（4）箱梁梁段分次浇筑混凝土时，为了不使后浇混凝土的重力引起挂篮变形，导致先浇混凝土开裂，要有消除后浇混凝土引起挂篮变形的措施。

6. 体系转换

预应力混凝土连续梁及悬臂梁采用悬臂施工时须进行体系转换，即在悬臂施工时，梁墩采取临时固结，结构为T形刚构；合龙前，撤销梁墩临时固结，结构呈悬臂梁受力状态；待结构合龙后形成连续梁体系。施工时，梁墩临时锚固的放松应均衡、对称进行，确保逐渐、均匀释放。在放松前应测量各梁段高程，在放松过程中，注意各梁段的高程变化，如有异常情况，应立即停止作业，找出原因。

7. 合龙段施工

合龙段施工时先拆除一个挂篮，用另一个挂篮走行跨过合龙段至另一端悬臂梁段上，形成合龙段施工支架。合龙段施工是悬臂浇筑施工的关键，为减轻温差、混凝土收缩徐变、结构恒载及体系转换等带来的不利影响，须采取必要措施，以保证合龙段的质量。

（1）合龙段长度在满足施工操作要求的前提下应尽量缩短，一般多采用1.4~2.0 m。

（2）合龙宜在低温时进行，遇夏季应在晚上合龙，并用草袋等覆盖，并加强接头混凝土养护。

（3）合龙段混凝土中宜加入减水剂、早强剂，以便混凝土及早达到设计强度，及时张拉预应力筋。

（4）合龙段采用临时锁定措施（图9-29），采用型钢或预制的混凝土柱安装在合龙段上、下部做支撑，然后张拉部分预应力筋，待混凝土达到要求强度后，张拉其余预应力筋，最后拆除临时锁定装置。

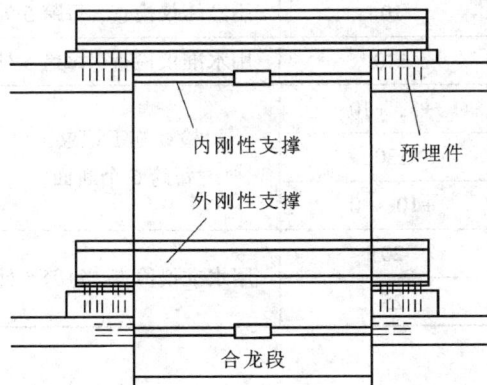

图9-29 合龙段临时锁定

（5）为保证合龙段施工时混凝土始终处于稳定状态，在浇筑之前各悬臂端应附加与混凝土质量相等的配重（或称压重）。加配重时要按桥轴线对称加载，按浇筑重量分级卸载。

9.5.3 施工控制

1. 高程控制

为保证箱形连续梁结构在跨中正确位置合龙，符合设计竖曲线高程要求，各箱梁段施工中间的梁端的高程控制是施工中关键问题之一。各节段施工高程受以下4个因素控制：

（1）各箱梁段在自重作用之下产生的挠度应符合设计要求，因而各箱梁段浇筑混凝土量应与设计要求相符。

（2）各节段施加预应力的大小误差应在设计要求范围内，同时要注意不要发生同号的累积差。

（3）各节段在挂篮及施工机具上的重量要严格控制，不宜忽大忽小。

（4）各节段原设计的竖曲线高程要逐日在温度平均时进行检查，并同设计要求进行核对。

2. 浇筑悬臂箱梁段挂篮施工控制

悬臂箱梁的施工，主跨与边跨应同时、对称地进行，要求主墩两侧箱梁施工位置、挂篮停放位置及钢筋、混凝土浇筑等各施工工序必须同步一致；对可能产生的施工工序时间差所造成的不平衡力矩，必须控制在主墩固结及抗不平衡措施所能够提供的抗不平衡力矩范围之内，以确保悬臂挂篮浇筑混凝土施工工艺的安全稳定。

悬臂浇筑箱梁段允许偏差值见表9-4。

表 9-4　悬臂浇筑箱梁段允许偏差值

序号	检查项目		允许偏差	检查方法和频率
1	混凝土强度		在合格标准内	按 GB/T 50107—2010 检查
2	轴线偏位/mm		10	用经纬仪检查，每跨 5 处
3	顶面高程/mm		±10	用水准仪检查，每跨 5 处
4	断面尺寸 /mm	高度	+5，−10	检查施工记录，每跨 5 个断面
		顶宽	±30	
		顶、底腹板厚	+10，−0	
5	同跨对称点高程差/mm	连续梁、连续刚构	20	用水准仪检查，每跨 5 处
		带挂梁的 T 构	25	

9.6　悬臂拼装施工法

悬臂拼装施工是将悬臂梁先分段预制成若干块件，当下部结构完成后，将预制块件运到桥下，用活动吊机向一边或两边逐段起吊、拼装就位、施加预应力，使其逐段对称延伸连接成整体。悬臂拼装的分段主要取决于悬拼吊机的起重能力，一般节段长 2~5 m。在悬臂根部，因截面面积较大，节段长度一般较短，以后向端部逐渐增长。现分别介绍悬臂施工中的主要工序。

9.6.1　块件预制

悬臂拼装用的预制块件，要求各部分尺寸准确，拼装时接缝密贴，预留管道对接顺畅。箱梁块件通常采用长线或短线的立式预制方法。

1. 长线预制

长线预制是按桥梁下缘曲线制作固定的底座，在底座上安装底模进行块件预制工作。底座制作有多种方法，可以利用预制场的地形堆筑土胎，经加固夯实后铺砂石并在其上做混凝土底板；山区可用圬工砌筑成所需的梁底形状；地质条件较差的预制场地，必须打短桩基础加固，再搭设排架形成梁底曲线。排架可用木材或型钢制成，图 9-30 所示为某 T 形刚构件的箱梁预制台座的构造。长线法的台座可靠，梁体线形较好，但占地较大，宜用于具有固定梁底缘形状的多跨桥。

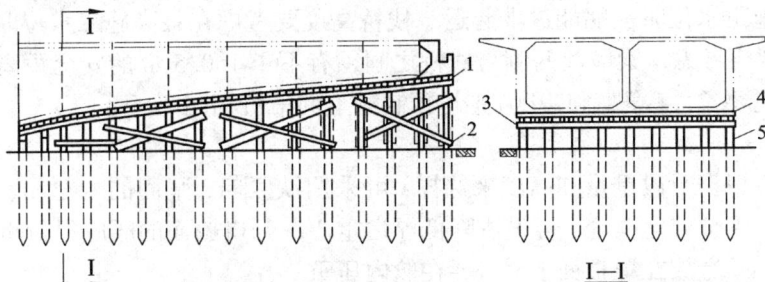

1—底板；2—斜撑；3—帽木；4—纵梁；5—木桩。

图 9-30　长线预制箱梁块件台座

2. 短线预制

短线预制是按箱梁纵剖面的变化尺寸设计出单个浇筑单元，在配有纵移及调整底板高度设备的底模上浇筑梁段。梁段一端是刚度很大、平整度很好的固定端模，称封闭模；另一端是已浇筑梁端，称配合单元。当浇筑好的梁段达到强度时，则从浇筑位置移到配合位置，原来的配合单元即可移到存梁场检修、暂存待装运，所需预制底座只要 3 倍梁段长度即可，如图 9-31 所示。此法亦称活动底座法。

可以看出，采用长线预制梁段，成桥后梁体线形较好。长线台座使梁段存储有较大余地，但占地较大，地基要求坚实，混凝土的灌筑和养护移动分散。短线预制场地相对较小，灌筑模板及设备基本不需移动，可调的底、侧模便于平、竖曲线梁段的预制，但要求精度高、施工严、周转不便、工期相对较长。

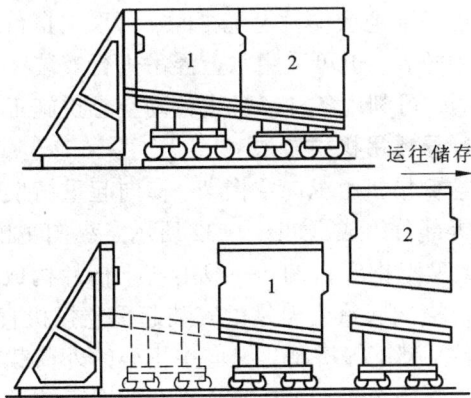

图 9-31　梁块短线预制

9.6.2　梁段运输

梁段运输有水、陆、栈桥及缆吊等各种形式。

梁体节段自预制底座上出坑后，一般先存放于存梁场。拼装时节段由存梁场移至桥位处的运输方式，一般可分为场内运输、装船和浮运三个阶段。

1. 场内运输

节段的出坑和运输一般由预制场上的龙门吊机担任。节段上船也可用预制场的龙门吊机。当运输节段时，若预制场与栈桥距离较远，应首先考虑采用平车运输。

当采用无转向架的运梁平车时，运输轨道不得设为平曲线，纵坡一般应为平坡。当受地形条件限制时，最大纵坡也不得大于1%。

2. 装船

梁段装船在专用码头上进行。码头的主要设施是施工栈桥和节段装船吊机。栈桥的长度应保证在最低施工水位时驳船能进港起运。栈桥高度要考虑在最高施工水位时栈桥主梁不被水淹；栈桥宽度要考虑运梁驳船两侧与栈桥之间须有不小于0.5m的安全距离。栈桥起重机的起重能力和主要尺寸(净高和跨度)应与预制场上的吊机相同。

3. 浮运

浮运船只应根据节段重量和高度来选择，可采用铁驳船、坚固的木趸船、水泥驳船或用浮箱装配。为了保证浮运安全，应设法降低浮运重心。开口舱面的船应尽量将节段置于船舱底板。当梁段必须置放在甲板面上时，要在舱内压重。

节段的支垫应按底面坡度用碎石子堆成，满铺支垫或加设三角形垫木，以保证节段安放平稳。节段一般较大，还需用缆索将节段系紧固定。

9.6.3　梁段拼装

预制节段的悬臂拼装，可根据现场布置和设备条件采用不同的方法。当靠岸边的桥跨不高且可在陆地或便桥上施工时，可采用自行式起重机(如履带起重机)、门式起重机拼装。对于河中桥孔，也可采用水上浮吊进行安装。如果桥墩很高，或水流湍急而不便在陆上、水上施工时，可利用各种吊机进行高空悬拼施工。

1. 悬臂吊机拼装法

悬臂吊机由纵向主桁架、横向起重桁架、锚固装置、平衡重、起重系统、行走系统和工作挂篮等部分组成，如图9-32所示。纵向主桁架为吊机的主要承重结构，可由贝雷架、万能杆件、大型型钢等拼制，一般由若干桁片构成两组，用横向联结系连成整体，前后用两根横梁支承。横向起重桁架是供安装起重卷扬机直接起吊箱梁节段之用的构件，多采用贝雷架、万能杆件、型钢等拼制。纵向主桁架的外荷载就是通过横向起重桁架传递给它的。横向起重桁架支承在轨道平车上，轨道平车搁置于铺设在纵向主桁架上弦的轨道上。起重卷扬机安置在横向起重桁架上弦。这种起重机结构简单、使用方便，施工单位可自行拼制。

2. 浮吊拼装法

重型的起重机械装配在船舶上，全套设备在水上作业就位方便，40m的吊高范围内起重力大、辅助设备少、施工速度较快，但台班费用较高。一个对称干接悬拼的工作面1d可完成2~4段的吊拼。

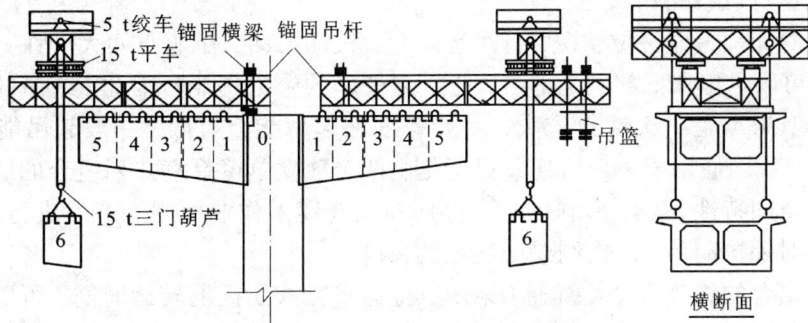

图 9-32　悬臂吊机拼装示意图

3. 连续桁架(闸式吊机)拼装法

连续桁架悬拼施工可分移动式和固定式两类。移动式连续桁架的长度大于桥的最大跨径。桁架支承在已拼装完成的梁段和待拼墩顶上，由吊车在桁架上移运节段进行悬臂拼装。固定式连续桁架的支点均设在桥墩上，而不增加梁段的施工荷载。移动式连续桁架吊机，其长度大于 2 个跨度，有 3 个支点。这种吊机每移动一次可以同时拼装两孔桥跨结构，其首次悬拼了国内最大跨度为 96 m 铁路混凝土连续梁湘江大桥，最大吊重为 2×160 t。本支架也可悬臂拼装、灌筑跨度 64~96 m 铁路、公路预应力混凝土梁，也可整孔吊装跨度 32 m T 形梁和 40 m 箱形梁。移动式连续桁架拼装如图 9-33 所示。

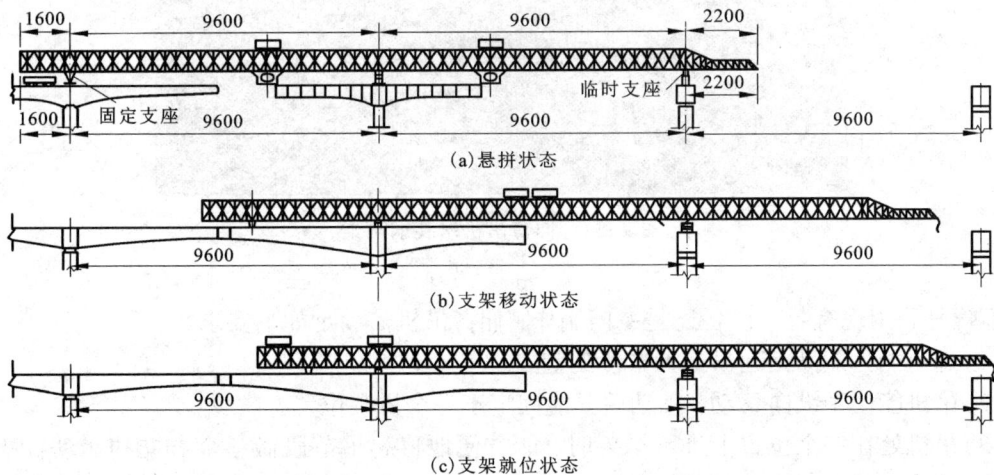

图 9-33　移动式连续桁架拼装示意图

4. 缆索起重机(缆吊)拼装法

使用缆吊时无须考虑桥位状况,且吊运结合,机动灵活,作业空间大。在一定设计范围内,缆吊几乎可以承担从下部到上部、从此岸到彼岸的施工作业。因此,缆吊的利用率和工作效率很高。其缺点是一次性投入大,设计跨度和起吊能力有限,一般起吊能力不宜大于500 kN。目前,我国使用缆吊悬拼连续梁都是由两个独立单箱单室并列组合的桥型。为了充分利用缆吊的空间特性,特将预制场及存梁区布设在缆吊作业面内。缆吊进行拼合作业时,增加风缆和临时手拉葫芦,以控制梁段就位的精度。

缆吊运吊结合的优势,大大缩短了采用其他运吊方式所需的转运时间,可以将梁段从预制场直接吊至悬拼结合面。施工速度可达日拼2个作业面4段,甚至可达3个作业面6段。

5. 起重机拼装法

还可采用伸臂吊机(图9-34)、龙门吊机、人字扒杆、汽车吊、履带吊、浮吊等起重机进行悬臂拼装。根据吊机的类型和桥孔处具体条件的不同,吊机可以支承在墩柱上、已拼好的梁段上或处在栈桥上、桥孔下。

图9-34 伸臂吊机吊装钢箱梁

不管是利用现有起重设备还是专门制作,伸臂吊机需满足如下要求:

(1)起重能力能满足起吊最大节段的需要。

(2)吊机能便于纵向移动,移动后又能固定于一个拼装位置。

(3)吊机处在一个位置上进行拼装时,能方便地将起吊节段做三个方向的运动:竖向提升和纵、横向移动,以便调整节段拼装位置。

(4)吊机的结构尽量简单,便于装拆。

9.6.4 接缝处理

悬臂拼装时,预制块件间接缝的处理分干接缝、湿接缝、胶接缝等几种方法。

(1)干接缝是相邻块件拼装时,将两端面直接贴合,接缝上的内力通过预施力及肋板上的齿形键传递。这种接缝不易保证接缝密合,易受水汽侵袭而导致钢筋锈蚀,且容易产生局部应力集中现象。

（2）湿接缝是在相邻块件间现浇一段 10~20 cm 宽的高强度等级的砂浆或小石子混凝土，将块件连接成整体。这种接缝工序复杂，且现浇混凝土需要养护，致使工期延长。因此通常只在悬臂的个别地点(例如墩柱顶现浇的 0 号块件与预制的 1 号悬臂块件之间)设置，以保证接缝的密合，并用以调整拼装误差。

（3）胶接缝是在接缝端面涂一薄层环氧树脂等胶结材料(图 9-35)，可提高相邻接缝端的整体刚度和不透水性。它既具有湿接缝的优点又不影响工期，因此我国国内近来较多采用。在采用胶接缝时，应注意胶层的厚薄均匀，一般厚 0.8 mm 左右。如悬臂过长，还可在悬臂中部或端部设置湿接缝。

图 9-35　接缝涂抹环氧树脂

9.6.5　拼装程序

1. 0 号梁段施工

0 号梁段大多在墩旁的托架上就地浇筑施工。在后面的悬拼过程中，悬拼吊机必须有一定的起步长度和工作空间。为此，有时将 0 号、1 号梁段都在墩顶现浇，甚至将 0~2 号梁段现浇施工。

2. 其他梁段拼装

其他梁段利用悬拼吊机分块对称拼装，其施工程序可参考图 9-36。1 号块件是悬臂梁的基准块件，是全跨安装质量的关键。因此，必须确保其定位的精度。

3. 合龙段施工

合龙段的施工常采用现浇和拼装两种方法。现浇合龙段预留 1.4~2 m，主梁高程调整后，现场浇筑混凝土合龙。节段拼装合龙对预制和拼装的精度要求较高，但工序简单、施工简单、施工速度快。合龙时间以在当天低温时为宜。如图 9-37 所示为合龙段施工支架结构。

9.6.6　施工控制

（1）桥位纵轴线的观测：桥梁纵轴线的施工控制是悬拼法的主要控制点之一。为此，在主桥上部结构施工前，应在桥梁两端搭设测量三角架，其高度应保证在施工时经纬仪(最好用全站仪)能直视全桥桥面结构表面的各测点，以便随时测量各测点的位置是否有偏差。

```
                    ┌─────────────┐
                    │  吊机就位    │
                    └──────┬──────┘
                           │
                    ┌──────┴──────────┐
                    │ 提升、起吊1号梁段 │
                    └──────┬──────────┘
                           │
                    ┌──────┴──────┐
                    │  安设铁皮管   │
                    └──────┬──────┘
                           │
                    ┌──────┴──────┐
                    │  中线测量    │
                    └──────┬──────┘
                           │
                    ┌──────┴──────────┐
                    │ 丈量湿接缝的宽度 │
                    └──────┬──────────┘
                           │
                    ┌──────┴──────┐
                    │  调整铁皮管   │
                    └──────┬──────┘
                           │
                    ┌──────┴──────┐
                    │  高程测量    │
                    └──────┬──────┘
                           │
                    ┌──────┴──────┐
                    │  检查中线    │
                    └──────┬──────┘
                           │
                    ┌──────┴──────┐
                    │  固定1号梁段  │
                    └──────┬──────┘
                           │
                    ┌──────┴──────────┐
                    │  安装湿接缝的模板 │
                    └──────┬──────────┘
                           │
┌─────────────┐    ┌──────┴──────────┐    ┌─────────────┐
│ 混凝土配合比试验 │──▶│  浇筑湿接缝混凝土 │──▶│  试件制作和养护 │
└─────────────┘    └──────┬──────────┘    └─────────────┘
                           │
                    ┌──────┴──────────┐
                    │ 湿接缝的养护、拆模 │
                    └──────┬──────────┘
                           │
┌─────────────┐    ┌──────┴──────┐    ┌──────┐
│ 水泥浆配合比试验 │──▶│  张拉力筋    │──▶│ 压浆  │
└─────────────┘    └─────────────┘    └──┬───┘
                                          │
                                   ┌──────┴──────┐
                                   │  试件制作和养护 │
                                   └─────────────┘
```

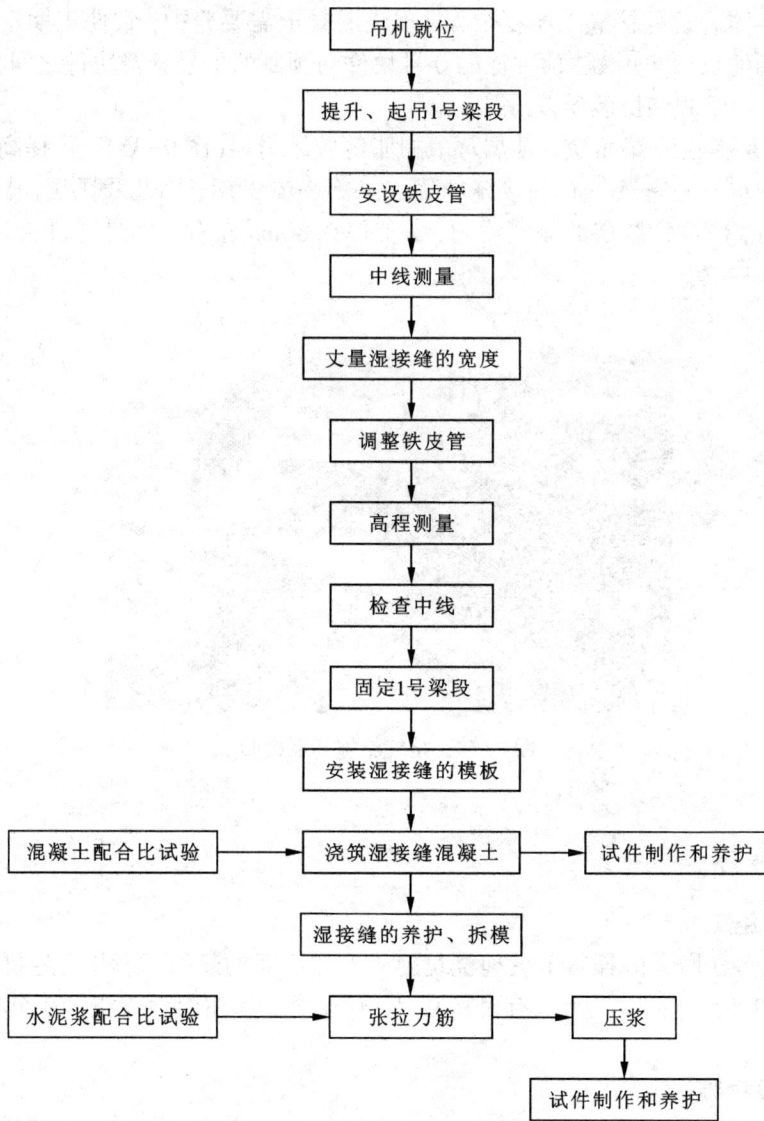

图 9-36　1 号梁段湿接缝拼装程序

（2）拼装块件各点的高程应根据浇制块件假定的相对高程值，通过实测逐点计算出各相应点的绝对高程，以便悬拼时控制。

（3）块件的拼装：为便于控制，在预制成形拆模后，在块件两外侧各画一道通长的色线，在块件表面亦同样画一道通长墨线，在吊装前操作工人直接控制三线吻合，则可节约测量时间，质量也容易掌握。

（4）0 号块件与 1 号块件的测量工作要精益求精，使后期吊装易于控制。

（5）在块件吊装时，如果发生线形误差，最好及时用湿接缝纠正，以免误差加大，造成明显的线形偏差。

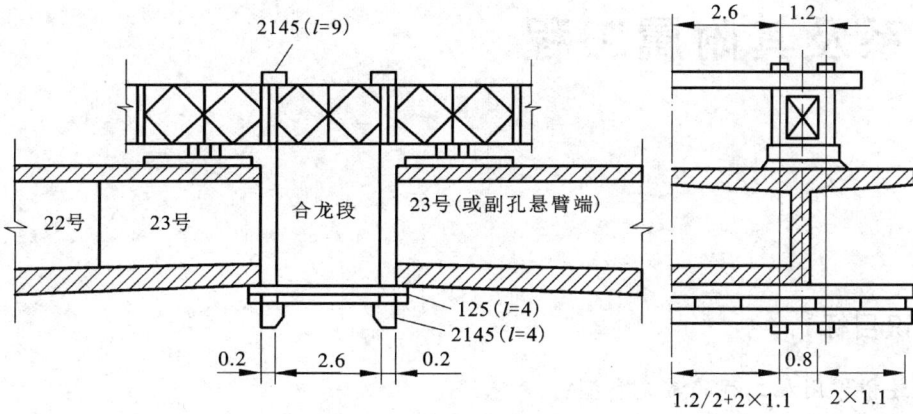

图 9-37　合龙段施工支架结构

思考与练习

9-1　逐孔架设法的主要特点是什么？

9-2　移动模架法的主要特点是什么？

9-3　简述顶推法施工的基本原理及适用条件。

9-4　顶推法有哪几种？

9-5　简述挂篮分类及其主要构造。

9-6　简述悬臂浇筑施工的工序。

9-7　简述悬臂拼装施工的原理。

第10章
桥面系及其附属工程

【知识目标】

1. 概述桥梁附属工程的常见类型；
2. 辨析各附属工程施工程序和要点。

【能力目标】

培养学生善于对比总结、敢于创新的思维能力。

【素养目标】

增强学生胆大心细、严格守规的职业素养。

桥面系通常包括桥面铺装、防水和排水设施、伸缩及梁间铰结装置、人行道(或安全带)、路缘石、栏杆和灯柱等构造(图10-1)。桥面系虽然不是主要的承重结构，但它对桥梁功能的正常发挥、主梁的保护，以及行车的舒适性、车辆行人的安全性、桥梁的美观性等都十分重要。因此，应对桥面系的设计和施工给予足够的重视。

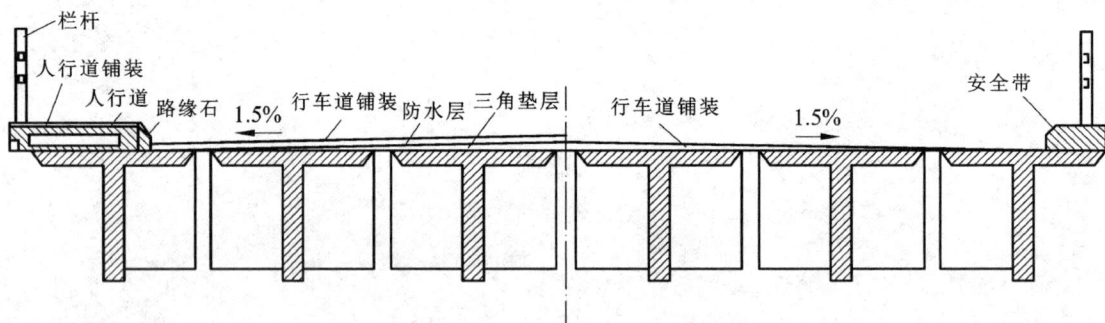

图 10-1　桥面部分一般构造

10.1　桥面铺装

桥面铺装即行车道铺装。它能保护桥面板防止车轮、履带带来的直接磨损，并使其免受雨水的侵蚀，且对车辆轮重的集中荷载起分布作用。

行车道铺装通常采用的类型有：水泥混凝土、沥青混凝土、沥青表面处治和泥结碎石等。

特大桥、大桥的桥面铺装宜采用沥青混凝土桥面铺装。水泥混凝土和沥青混凝土桥面铺装适用范围较广，沥青表面处治和泥结碎石铺装的耐久性较差，仅在低等级公路桥梁上使用。

装配式钢筋混凝土、预应力混凝土梁桥常采用水泥混凝土和沥青混凝土桥面铺装。水泥混凝土铺装造价低，耐磨性能好，适应重载交通，但养护期长，日后修补较麻烦。沥青混凝土铺装质量轻，维修省时，养护方便，但易老化和变形。

10.1.1　沥青混凝土桥面铺装

桥面铺装宜由黏结层、防水层、保护层及沥青面层组成。采用沥青混凝土铺装时，为防止沥青混凝土中的骨料损坏防水层，宜在防水层上先铺一层沥青砂做保护层。沥青混凝土铺装的典型结构为：

(1)单层式：50 mm 中粒式沥青混凝土。

(2)双层式：上面层 30 mm(40 mm)细粒式或中粒式沥青混凝土；下面层 40 mm(50 mm、60 mm、70 mm)中粒式沥青混凝土。

(3)三面层：上面层 30 mm(40 mm)细粒式或中粒式沥青混凝土；中面层 40 mm(50 mm)中粒式沥青混凝土；下面层 50 mm(60 mm 或 70 mm)粗粒式沥青碎石。

高速公路、一级公路上桥梁的沥青混凝土桥面铺装宜采用性能较好的改性沥青混凝土。沥青混合料的级配类型宜与相邻桥头引道上沥青表面层的混合料的级配相同，以便与桥头引道部分连续施工。

10.1.2　水泥混凝土桥面铺装

混凝土桥面铺装层直接承受车辆轮压的作用，既是保护层，又是受力层，因此必须有足够的强度、良好的整体性，以及抗冲击与耐疲劳的特性，同时还应具有防水性及对温度的适应性。水泥混凝土桥面铺装层的厚度不宜小于 80 mm，对于高速公路和一级公路的桥面铺装层，还应适当增加厚度，有条件时，可采用钢纤维混凝土或钢筋混凝土防水层设置。其有两种铺设方式：一种方式是全桥面铺装防水混凝土，其厚度一般为 6~8 cm；另一种方式是在桥面铺装上再设置 7 cm 厚的防水混凝土，如

图 10-2　钢筋混凝土桥面铺装

图 10-2 所示。防水混凝土层铺筑完成后，须及时覆盖和养护，并在混凝土达到设计强度后才能通车。

10.1.3　桥面铺装施工注意事项

对预应力混凝土梁式桥，不论是预制梁还是现浇梁，由于预应力的作用，在抵消自重影响后，梁体将产生上挠；之后又因混凝土的徐变收缩、预应力损失等作用因素而对梁体挠度造成一定影响。上挠过大时会导致桥面铺装层在跨中较薄而支点处较厚，从而不能满足设计

厚度的要求。因此，除应在梁体施工时采取有效措施控制过大的上挠外，当梁体的实际上挠度已较大，并不可避免将对桥面铺装层的施工造成不利影响时，应采取调整桥面高程等措施，以保证铺装层的厚度。

10.2 伸缩装置及其安装

10.2.1 伸缩缝的基本概念及分类

伸缩缝是桥梁结构的重要组成部分。为了适应材料温度变形对结构的影响，桥梁结构的两端设置了一定的间隙，称为伸缩缝；为了使车辆平稳通过桥面并满足桥面变形的需要，桥面伸缩接缝处设置有各种装置，统称为伸缩装置。伸缩装置应能满足梁体的自由伸缩，并要求具有较好的耐久性、行驶的舒适性、良好的防水性及施工的方便性，且维修简便、价格合理。在桥梁结构中，伸缩装置要适应温度的变化，以及混凝土的收缩徐变、梁端的旋转、梁的挠度等因素引起的伸缩变化等。

我国桥梁工程上使用的伸缩装置种类繁多，按其受力方式及构造特点可以分为对接式、钢制支承式、橡胶组合剪切式、模数支承式、无缝式5大类，具体见表10-1。

表 10-1　桥梁伸缩缝装置分类

类别	形式	种类举例	说明
对接式	填塞对接型	沥青、木板填塞	以沥青、木板、麻絮、橡胶等材料填塞缝隙的构造（在任何状态下，都处于压缩状态）
		U 型镀锌铁皮	
		矩形橡胶条	
		组合式橡胶条	
		管形橡胶条	
	嵌固对接型	W 型	采用不同形状的钢构件将不同形状橡胶条（带）嵌固，以橡胶条（带）的拉压变形吸收梁变位的构造
		SW 型	
		M 型	
		SDII 型	
		PG 型	
		FV 型	
		GNB 型	
		GQF-C 型	
钢制支承式	钢制型	钢梳齿板型	采用面层钢板或梳齿钢板的构造
		钢板叠合型	

续表10-1

类别	形式	种类举例	说明
橡胶组合剪切式	板式橡胶型	BF、JB、JH、SD、SC、SB、SG、SEG 型	将橡胶材料与钢件组合,以橡胶的剪切变形吸收梁的伸缩变位,桥面板缝隙支承车轮荷载的构造
		SEJ 型	
		UG 型	
		BSL 型	
		CD 型	
模数支承式	模数式	TS 型	采用异型钢材或钢组焊件与橡胶密封带组合的支承式构造
		J-75 型	
		SSF 型	
		SG 型	
		XF 斜向型	
		GQF-MZL 型	
无缝式	暗缝式	GP 型(桥面连续)	在路面施工前安装伸缩构造以路面等变形吸收梁体变位的构造
		TST 弹塑体	
		EPBC 弹性体	

10.2.2　伸缩装置的施工程序

在《公路工程质量检验评定标准》(JTG F80/1—2017)中,桥面的平整度是一个很重要的指标,而影响桥面平整度的重要因素之一则是桥梁的伸缩装置。由于施工程序不合理或施工不慎,在 3 m 长度范围内,其高程与桥面铺装的高程有正负误差,造成行车不适,严重时则会造成跳车,这种现象在高等级公路上的后果更为严重。车辆跳跃的反复冲击,将很快导致桥梁伸缩装置的破坏,所以,按照伸缩装置的施工程序谨慎施工是桥梁伸缩装置成功的重要保证。伸缩装置在安装前应检查钢构件,其外观应光洁、平整,表面不得有大于 0.3 mm 的凹坑、麻点、裂纹、结疤、气泡和夹杂,不得有机械损伤,且上、下表面应平整,长度大于 5 mm 的毛刺应清除。伸缩装置的设置应保证桥梁接缝处的变形自由、协调,车辆能够平稳、安全地通过,并适应接缝周围可能出现的少量错位,不致因此而引起伸缩装置部件的受损和脱落。

前面已将桥梁伸缩装置分成了 5 大类,第 1~4 类的简化示意图如图 10-3 所示,第 5 类的简化示意图如图 10-4 所示。

图 10-3 形式的伸缩装置与图 10-4 形式的伸缩装置施工程序是不同的,可分别用框图表示如下:

(1)图 10-3 形式的桥梁伸缩装置,其施工程序如图 10-5 所示。

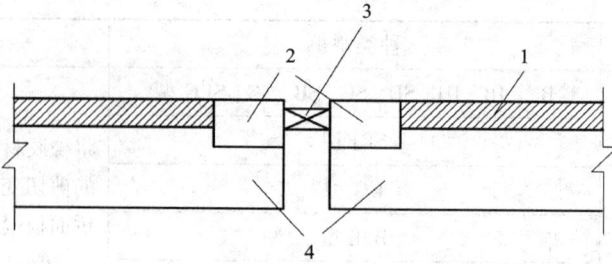

1—桥面铺装；2—伸缩装置的锚固系统；3—伸缩装置的伸缩体；4—梁（板）体。

图 10-3　第 1~4 类伸缩装置示意图

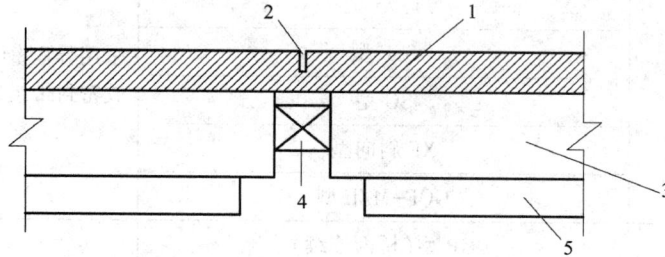

1—桥面铺装；2—锯缝；3—桥面整体化混凝土；4—伸缩装置的伸缩体；5—梁（板）体。

图 10-4　第 5 类伸缩装置示意图

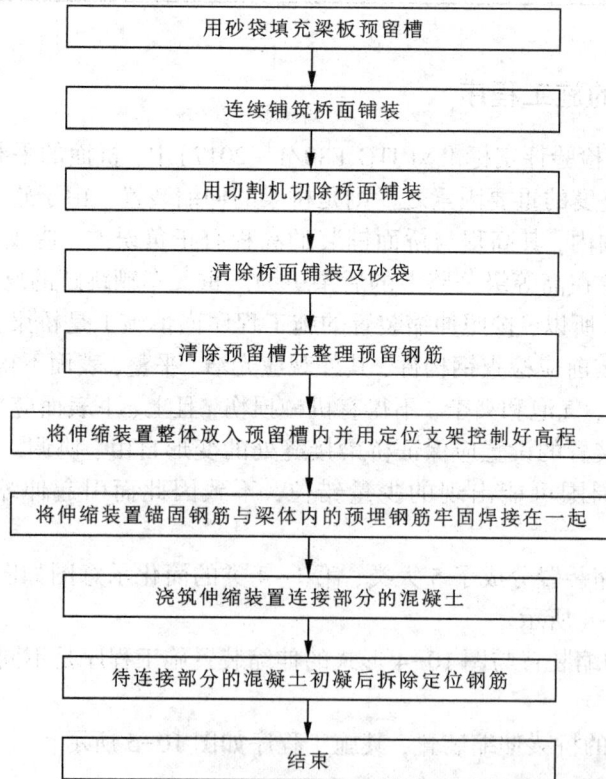

图 10-5　第 1~4 类伸缩装置的施工程序

254

（2）图 10-4 形式的桥梁伸缩装置一般用于伸缩量较小的小桥，其上部多为板式结构，在板上面还设有约 10 cm 厚的整体化桥面混凝土。根据这一特点，此类伸缩装置的施工程序如图 10-6 所示。

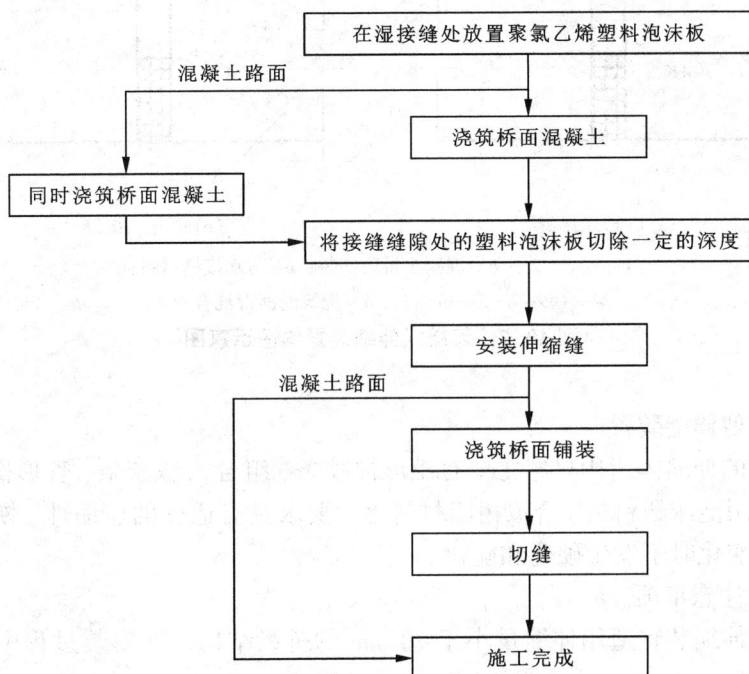

```
          在湿接缝处放置聚氯乙烯塑料泡沫板
混凝土路面                    │
       ┌──────────────┐      ▼
       │              浇筑桥面混凝土
       ▼                     │
  同时浇筑桥面混凝土          │
       │                     │
       └──────►将接缝缝隙处的塑料泡沫板切除一定的深度
                             │
                             ▼
                        安装伸缩缝
混凝土路面                   │
       ┌─────────────┐      ▼
       │            浇筑桥面铺装
       │                    │
       │                    ▼
       │                  切缝
       │                    │
       └───────────►    施工完成
```

图 10-6　第 5 类伸缩装置的施工程序

10.2.3　伸缩装置的锚固

根据调查，桥梁伸缩装置破坏的原因多数与锚固系统有关，锚固系统薄弱，本身就容易破坏，锚固系统范围内的高程控制不严，容易造成跳车，车辆的反复冲击会导致伸缩装置过早破坏，因此，伸缩缝的锚固系统相当重要。下面就伸缩装置锚固系统的基本要求作简要介绍。

1. 无缝式伸缩装置

此类伸缩装置适用于伸缩量小于 5 mm 的沥青混凝土整体桥面铺装。其构造如图 10-7 所示。

施工要求：

（1）防水接缝材料应具有较强的抗老化性能，较强的黏结力（与壁面结合），能适应反复的伸缩变形，恢复性能好，并具有一定强度，以抵抗砂石材料的刺破力。

（2）塞入物需要有足够的可压缩性能，用于防止未固化的接缝材料往下流动，通常在施工桥面板的现浇层时就把它当作接缝处的模板，如泡沫橡胶或聚乙烯泡沫塑料板等。

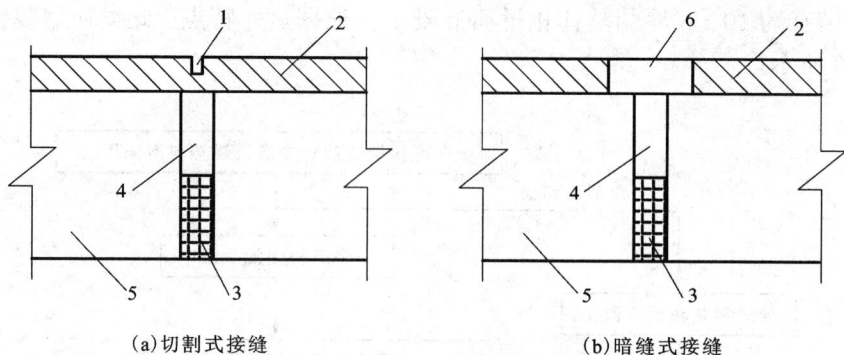

(a)切割式接缝　　　　　　　　　(b)暗缝式接缝

1—锯缝；2—沥青混凝土桥面铺装；3—防水接缝材料；
4—塞入物；5—桥面板；6—浇筑的沥青混合料。

图 10-7　无缝式伸缩装置构造示意图

2. 填塞对接型伸缩装置

该类伸缩缝的伸缩体所用材料主要有矩形橡胶条、组合式橡胶条、管形橡胶条、M 形橡胶条等，也可采用泡沫塑料板、合成树脂材料等。要求具有适度的压缩性、恢复性和抗老化性，在气温发生变化时不发生硬化和脆化。

1）施工中的注意事项

填塞对接型伸缩装置适用伸缩量小于 20 mm 的桥梁结构。在安装过程中应注意以下几个问题：

（1）所用的伸缩体产品质量要符合有关规定。

（2）安装伸缩装置一定要遵循图 10-5 的施工程序，这样才能保证其安装质量。

（3）在图 10-3 中，2 部分为现浇 C50 混凝土，应在混凝土内适当地布置一些钢筋或钢筋网，此钢筋或钢筋网要与梁（板）体钢筋焊接在一起；C50 混凝土的厚度不能小于 12 cm，顺桥方向的宽度不小于 30 cm。

（4）安装时一定要保证伸缩体在设计的最低温度时，仍处于压缩状态。

（5）安装时一定要保证伸缩体与混凝土的可靠黏结（一般采用胶黏剂）。

（6）伸缩体一定要低于桥面高程，安装时应保证伸缩体在最大压缩状态下，同时不会高出桥面高程。

2）胶黏剂

PG-308 聚氨酯胶黏剂，具有可控制固化时间、黏结牢固的特点，与混凝土相黏结的强度大于 2 MPa，使用方法见下。

（1）配胶：本胶黏剂为双组分，Ⅰ型 A、B 两组分之比为 100：10（质量比），A、B 组分混合搅拌均匀后即可使用。

（2）操作：将接缝处混凝土表面泥土、杂质清除干净，并用钢丝刷刷一遍，用吹灰机将浮土吹尽，保证接合面干燥。

（3）涂胶和贴合：涂胶层厚度以不小于 1 mm 为宜。

（4）将伸缩体压缩放入接缝缝隙内。

（5）固化：在常温下，24 h 内固化（也可根据需要调整固化时间）。

3. 嵌固对接型伸缩装置

此类型有 RG 型、FV 型、GNB 型、SW 型、SD 型、GQF-C 型等，其特点是将不同形状的橡胶条用不同形状的钢构件嵌固起来，然后通过锚固系统将其与接缝处的梁体锚固成整体。RG 型、FV 型伸缩装置如图 10-8 所示。此类伸缩装置适用于伸缩量小于 60 mm 的桥梁结构，即接缝宽度为 20~80 mm。

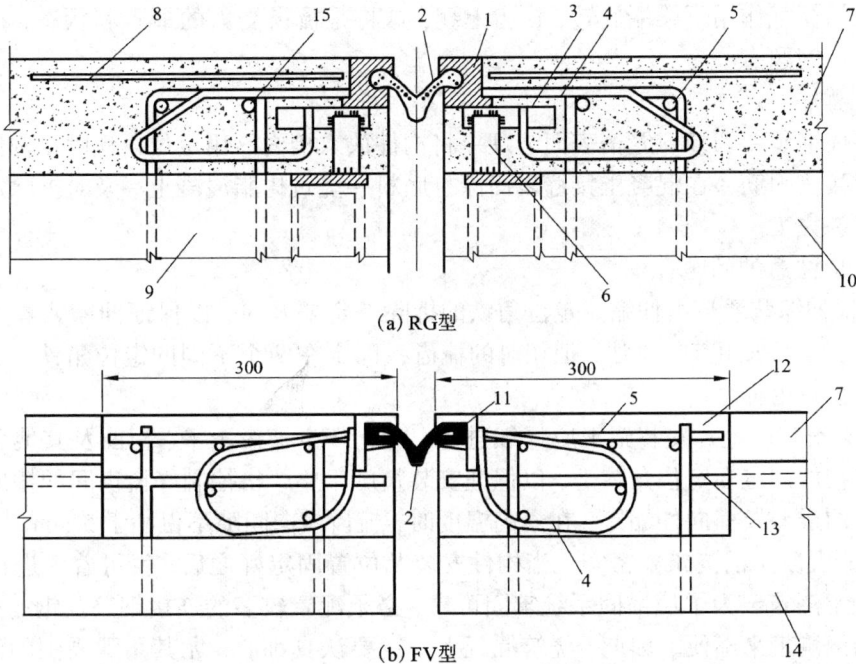

(a) RG 型

(b) FV 型

1—异型钢；2—密封橡胶带；3—锚板；4—锚筋；5—预埋筋；6—连接钢板；7—桥面铺装；8—钢筋网；9—梁（墩台）；10—梁；11—F 形钢件；12—填料；13—梁主筋；14—行车道板；15—横向水平筋。

图 10-8　嵌固对接型伸缩装置

（1）首先要处理好伸缩装置接缝处的梁端，因为梁预制时的长度有一定误差，再加上吊装就位时的误差，会使伸缩接缝处的梁端参差不齐，故首先要处理好梁端，以便伸缩装置的安装。

（2）切除桥梁伸缩装置处的桥面铺装，并彻底清理梁端预留槽及预留埋钢筋，槽深不得小于 12 cm。

（3）用 4~5 根角铁做定位角铁，将钢构件点焊或用螺栓固定在定位角铁上，一起放入清理好的预留槽内，立好端模（用聚乙烯泡沫塑料片材做端模，可以不拆除），并检查有无漏浆可能。

（4）将连接钢筋与梁体预埋筋牢固焊接，并布置两层钢筋网，钢筋网的钢筋直径为 8 mm，然后浇筑 C50 混凝土或 C50 环氧树脂混凝土，浇捣密实并严格养护；当混凝土初凝后，应立即拆除定位角铁，以防止气温变化导致梁体伸缩引起锚固系统的松动。

(5)安装密封橡胶条。

4. 钢制支承式伸缩装置

钢梳齿型桥梁伸缩装置是由梳齿板、连接件及锚固系统组成的。有的钢梳齿型桥梁伸缩装置在梳齿之间填塞有合成橡胶,具有防水的作用。

钢梳齿型桥梁伸缩装置,根据梳齿的支承情况分为支承式和悬臂式。从实际调查情况看,悬臂式的钢梳齿型桥梁伸缩装置,多半是钢梳齿根部的焊缝及锚固系统在车辆荷载的反复冲击作用下,最先产生破坏。梳齿是一个钢制悬臂梁,如果相对的两个梳齿不平整,再加上因梁体在活荷载作用下梁端旋转,梳齿上翘,这将是梳齿受力的最不利状态,在设计时应充分考虑这一问题。

1)施工程序

桥面整体铺装→切缝→缝槽表面清理→将构件放入槽内→用定位角铁固定构件位置及高程→布设焊接锚固筋→在混凝土接缝表面涂打底料→浇筑树脂混凝土→及时拆除定位角铁→养护→填缝→完工。

2)施工应注意的问题

(1)保证伸缩装置自由伸缩。定位角铁的拆除一定要及时,以保证伸缩装置因温度变化而自由伸缩;也可采用其他方法,把相对的梳齿板固定在两个不同的定位角铁上,让它们连同相应的角铁自由伸缩。

(2)控制安装误差。安装施工应仔细进行,防止产生梳齿不平、扭曲及其他变形。安装时一定要将构件固定在定位角铁上,以保证安装精度。要严格控制好梳齿间的槽向间隙。由于伸缩方向的误差及横向伸缩等,在最高温度时,梳齿横向间隙不得小于 5 mm。

(3)树脂混凝土的浇筑要密实。当构件安装及位置固定好之后,就可着手进行锚固系统的树脂混凝土浇筑。为了使锚固系统牢固可靠,必须配置较多的连接钢筋及钢筋网,这给树脂混凝土的浇筑带来不便。因此,浇筑混凝土一定要认真细心,尤其角隅周围的混凝土,一定要捣固密实,千万不可有空洞。在钢梳齿根部可适当钻些直径为 20 mm 的小孔,以利于浇筑混凝土时空气的排除。

(4)对于小规模的伸缩装置,由于清扫和维修非常困难,故一般都不设接缝内的排水设施,但此时必须考虑支座防水、台座排水、及时清扫等。所以该装置只能用于跨河流或不怕漏水场地的桥跨结构。

(5)定期养护。这种伸缩装置在营运中须进行养护,及时清除掉梳齿之间的灰尘及石子之类的杂物,以保证它的正常使用。

(6)对于焊接而成的梳齿型构件,一定要考虑汽车反复冲击下焊缝的疲劳强度。

5. 组合剪切板式橡胶伸缩装置

组合剪切板式橡胶伸缩装置在我国应用约 40 年,全国范围的生产厂家比较多,而该产品的名称各不相同。我们按伸缩体的受力变形机理把它分成剪切型板式橡胶伸缩装置与对接组合型板式橡胶伸缩装置两类。

板式橡胶伸缩装置具有构造简单、安装方便、经济适用等优点,主要适合于伸缩量为 30~60 mm 的二级以下的公路桥梁。

1)剪切型板式橡胶伸缩装置

(1)构造与安装程序。

剪切型板式橡胶伸缩装置由橡胶伸缩体与锚固系统组成,如图 10-9 所示。

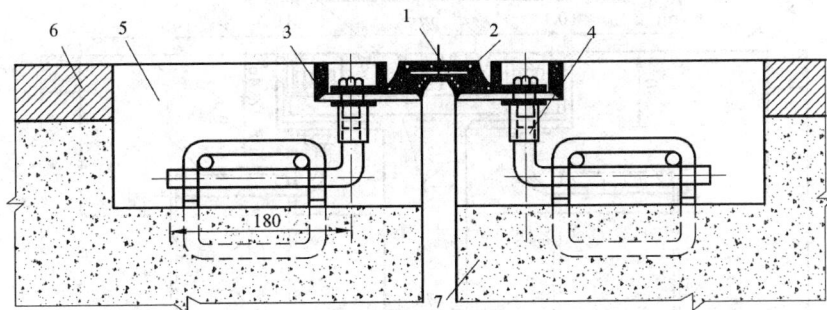

1—支承钢板;2—橡胶体;3—底板角钢;4—L 形锚固螺栓;
5—现浇 C50 树脂混凝土;6—桥面铺装;7—梁体。

图 10-9 剪切型板式橡胶伸缩装置

施工程序为:桥面整体铺装→切缝→预留槽清理→将 L 形锚固螺栓和底板角钢固定在定位支架上,一起放入预留槽内→布设横向钢筋,同预埋筋焊接在一起→在混凝土接缝表面涂打底料→浇筑锚固系统的树脂混凝土→及时拆除定位支架→养护→安装伸缩体→完工。

(2)施工注意事项:

①桥面铺装完成后方可进行伸缩装置的安装工作,以确保桥面与伸缩装置之间的平整度。

②伸缩装置安装一定要按照安装程序进行。尤其要注意及时拆除定位支架顺桥向的联系角钢。

③梁端角钢下的混凝土一定要饱满密实,不可有空洞,且角钢要设排气孔。

④一定要将伸缩装置的锚固螺栓筋及其他钢筋与预埋筋、桥面钢筋焊为一体,且锚固螺栓筋的直径不得小于 18 mm。

2)对接组合型板式橡胶伸缩装置

(1)构造与安装程序。

对接组合型板式橡胶伸缩装置,由上、下开槽的防水表层橡胶体、梳型支承钢板、槽体角钢及锚固系统 4 大部分组成,如图 10-10 所示。

施工程序为:桥面整体铺装→切缝→缝槽表面清理→将底板角钢及锚固螺栓固定在定位角铁上,一起放入预留槽内→布设横向钢筋,同预埋筋焊接在一起→在混凝土接缝表面涂打底料→浇筑锚固系统的树脂混凝土→及时拆除定位角铁→养护→安装承托板→安装表面橡胶体→完工。

(2)施工注意事项:

①桥面施工完成后方可进行伸缩装置的安装工作,以保证桥面与伸缩装置之间的平整度。

②伸缩装置的安装一定要按照安装程序进行。

③将底板角钢及锚固螺栓固定在定位角铁上时,一定要仔细控制好各部位的尺寸高程。

④底板角钢下的混凝土一定要饱满密实,不可有空洞,锚固系统的现浇树脂混凝土厚度不得小于 15 cm。

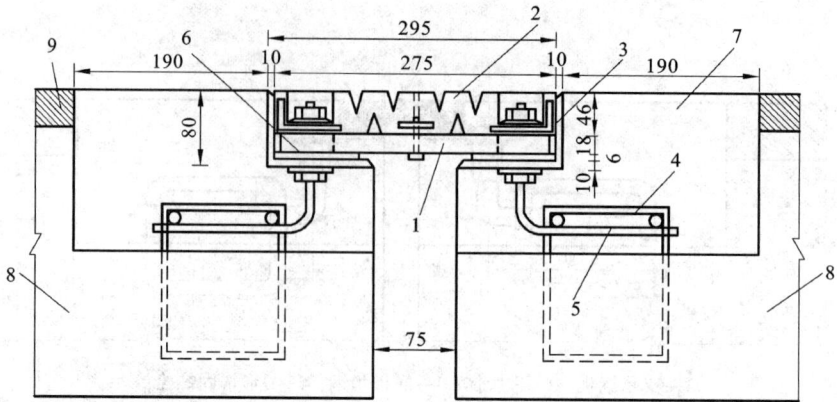

1—支承钢板；2—橡胶体；3—角钢；4—预埋钢筋；5—锚固螺栓；
6—缓冲橡胶垫；7—现浇 C50 混凝土；8—行车道板；9—桥面铺装。

图 10-10　对接组合型板式橡胶伸缩装置

⑤一定要将伸缩装置的锚固螺栓筋及其他钢筋与预埋筋、桥面钢筋焊为一体，且锚固螺栓筋的直径不得小于 18 mm。

⑥浇筑 C50 混凝土(或 C50 环氧树脂混凝土)，浇捣密实，严格养护。当混凝土初凝之后，立即拆除定位角铁，以防气温变化造成梁体伸缩而使锚固松动。

⑦在吊装大梁时，一定要严格掌握梁端的间隙。

6. 无缝式 TST 弹塑体伸缩缝

该伸缩缝是将专用特制的弹塑体材料 TST 加热熔化后灌入经清洗加热的碎石中，形成 TST 碎石桥梁弹性接缝，其由碎石支承车辆荷载，用专用的黏合剂保证界面强度，其构造如图 10-11 所示。

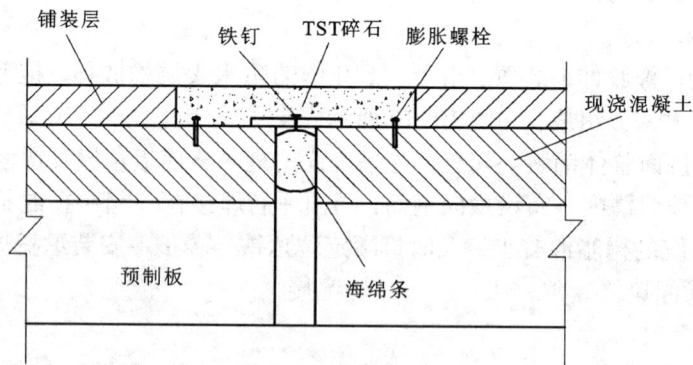

图 10-11　TST 伸缩装置构造

其适用于温度为-25~60℃、伸缩量在 50 mm 以下的公路桥梁、城市立交桥、高架桥的伸缩接缝。它的特点如下：

260

（1）TST 碎石直接平铺在桥梁接缝处，与前、后的桥面和路面铺装形成连续体，桥面平整无缝，行车平稳、舒适、无噪声、振动小，且具有便于维护、清扫、除雪等优点。

（2）构造简单，不需装设专门的伸缩构件和在梁端预埋锚固钢筋，施工方便快速，铺装冷却后即可开放交通。

（3）能吸收各方向的变形和振动，且阻尼系数高，对桥梁减震有利，可满足弯桥、坡桥、斜桥、宽桥的纵、横、竖三个方向的伸缩与变形。

（4）用于旧桥更换伸缩缝时，有可半边施工、不中断交通的优点。

（5）接缝与桥面铺装连成一体，密封防水性好，耐酸碱腐蚀。

施工步骤为：①切割槽口或拆除旧装置；②设置膨胀螺栓和钢筋；③清洗烘干；④涂黏合剂；⑤放置海绵、钢盖板；⑥主层施工；⑦表层施工；⑧振碾；⑨修整。

外观要求为：表面 TST 不高于石料面 2 mm，表面间断凹陷应小于 35 mm，不深于 3 mm。一般情况下施工后 1~3 h 即可开放交通。

10.3　梁间铰接缝施工

10.3.1　简支板桥铰接缝施工

简支板桥纵向铰接缝如图 10-12 所示。

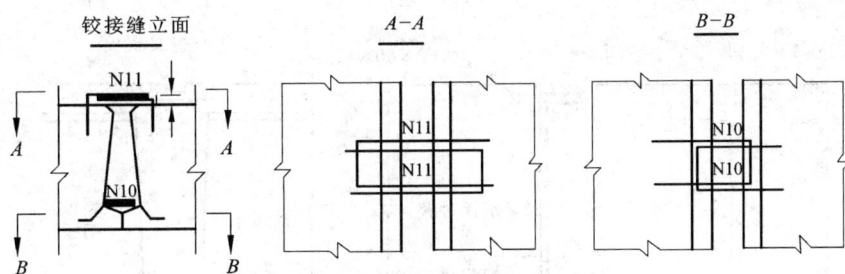

图 10-12　简支板桥纵向铰接缝

10.3.2　简支梁桥梁间接缝施工

常用简支梁桥有 T 形梁和箱形梁。T 形梁的梁间接缝按梁体设计不同有干接缝和湿接缝两种，箱形梁的梁间接缝通常采用混凝土现浇湿接缝。

1. 干接缝

干接缝即用钢板或螺栓将相邻两片梁的翼板和横隔板焊接起来形成横向联系的方法。该方法的优点是施工方便，连接速度快，焊接后能立即承受荷载。但该方法耗费钢材较多，需要有现场焊接设备，且有时需在桥下进行仰焊，有一定困难，整体性效果稍差一些。T 形梁的连接构造如图 10-13 所示。在 T 形梁翼缘板和横隔梁相应位置预埋钢板，梁架设安置好后，把对应位置的钢板焊接相连，使其形成整体。

端横隔梁干接缝施工方法如图 10-14 所示。

261

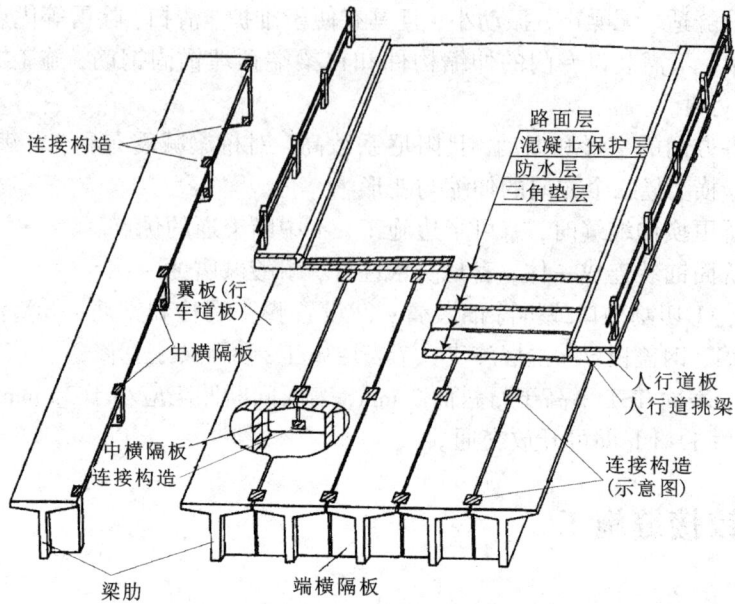

图 10-13　T 形梁的连接构造

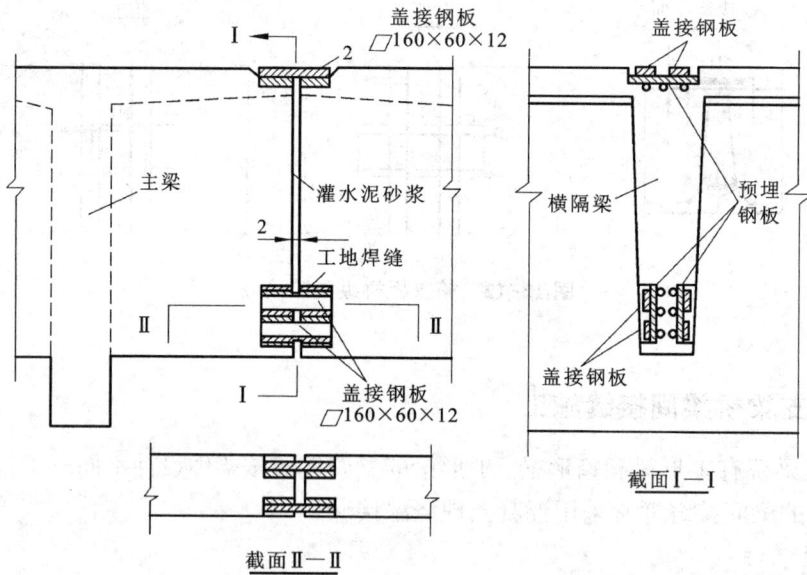

图 10-14　端横隔梁干接缝施工

在横隔梁靠近下部边缘的两侧和顶部的翼板内均埋有焊接钢板 A 和 B。焊接钢板预先与横隔梁的受力钢筋焊接在一起做成安装骨架。当 T 形梁安装就位后，即在横隔梁的预埋钢板上加焊盖接钢板使其连成整体。端横隔梁的焊接钢板接头构造与中横隔梁相同，但由于其外侧(近墩台一侧)不好施焊,故焊接接头只设于内侧。相邻横隔梁之间的缝隙最好用水泥砂浆填满,所有外露钢板也应用水泥浆封盖。

2. 湿接缝

湿接缝即主梁预制时,将翼板端部预留出一部分,钢筋外伸。梁架设就位后,将相邻两翼板的钢筋焊接相连,然后支撑板现浇接缝混凝土,使各片梁横向连接形成整体。该方法的优点是节省钢板用量,整体性好;缺点是施工较复杂,接缝混凝土养护达到初期后方能承受荷载。

翼板接缝混凝土施工的方法为:先分段安吊装模板,由底梁支撑模板,其重量靠连接螺杆传递给支承横木,而横木支承在两边的翼缘板上。施工时先用螺杆把底梁与支承横木相连,再在底梁上钉设模板,钉好后拧紧连接螺杆上的螺栓,使模板固定牢靠,然后现浇混凝土,如图 10-15 所示。拆模时松开连接螺杆上的螺栓,用绳子将底梁和模板徐徐放至桥下,以便回收利用。若为高空作业,桥下水流湍急,也可使用一次性模板,松开螺杆后其掉至河中,不再使用。

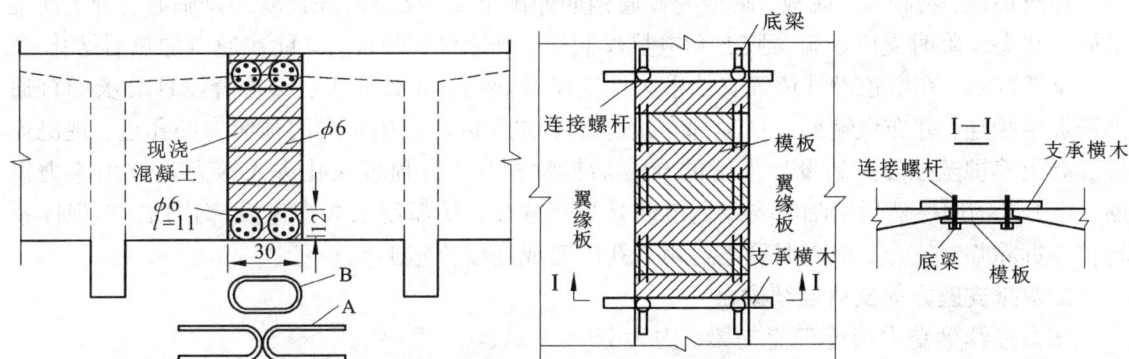

图 10-15　翼板接缝混凝土施工

横隔板的湿接缝施工难度较大,应在翼板接缝之前施工。端横隔板的施工较简单,工人可以站在墩台帽上立模浇筑接缝混凝土。中横隔板接缝施工则较为困难,若条件允许可在下设临时支架或用高空作业车将工人送至预定高度立模浇筑。若桥下有水,则应设法从桥面向下悬吊施工,不仅横板要有悬吊设施,人员也要系安全带从桥面悬吊下去施工,要特别注意施工安全。

10.3.3　先简支后连续梁桥梁端接缝施工

先简支后连续的梁桥,在墩顶处有单排支座和双排支座两种施工方法,其施工工艺和体系转换方法有所不同。

1. 单排支座先简支后连续梁桥

这种连续梁桥建成后在墩顶连续处只有一排支座,内力分配效果好,负弯矩峰值较高,能大幅削减跨中正弯矩,使内力分布均衡,但施工方法较为麻烦,且连续处要设置顶部预应力钢筋,施工过程如图 10-16 所示。

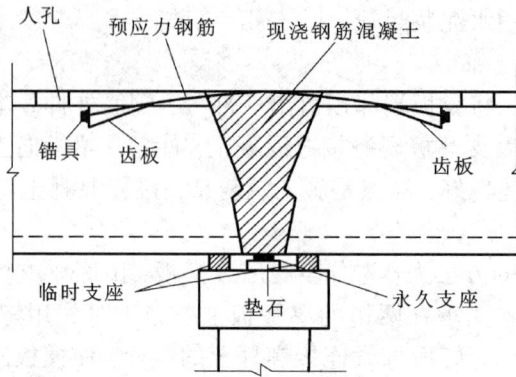

图 10-16 单排支座先简支后连续梁桥施工

预制顶梁时在梁端顶板上预留预应力孔道，并预设齿板，预留工作人孔。凡做连续一端均不做封锚端，将顶板、底板、腹板的普通钢筋伸出梁端，架梁时先设置两排临时支座，使梁呈简支状态。临时支座用硫黄胶泥和电热丝制作，既能保证强度，又能在通电加热后熔化。

梁架好后，在墩顶设计位置安放永久性支座及垫石，布置模板，将符合设计要求的普通钢筋焊接相连，并布设箍筋。在顶部布设与原梁体预留孔道相对应的预应力筋孔道，现浇连接混凝土养护至强度达到设计强度的 90% 后拆除模板，自顶板人孔进入穿束张拉预应力钢筋，并予以锚固。然后给临时支座通电使其受热软化，从而使永久支座发挥作用，实现体系转化。拆除临时支座，现浇混凝土封闭人孔即完成连续化施工。

2. 双排支座先简支后连续梁桥

该类连续梁受力接近于简支梁，内力分布不均匀，但由于施工简单，体系转化方便。其施工方法如图 10-17 所示。预制大梁时，连续一端的梁端不进行封端处理，将顶板、底板、腹板的普通钢筋外伸，梁架设前一次性将两排永久性支座安放牢固，梁架设就位后在梁端底部和两边梁外侧安放模板，中间以端模梁为模，将两架端外留钢筋焊接相连，注意使搭接长度和位置满足规范要求，然后现浇与梁体相同标号的混凝土，养护达到要求后即实现体系转化，完成连续化施工。这种方法不用更换支座，也不用在梁顶施加预应力，故简单实用。注意：由于连接

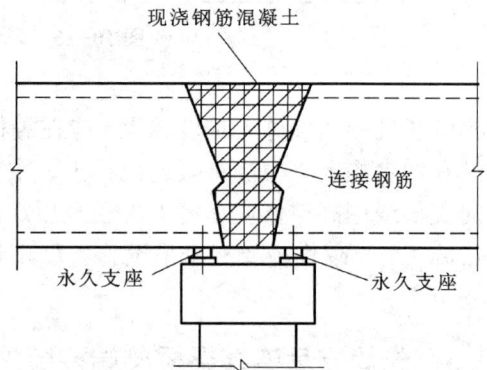

图 10-17 双排支座先简支后连续梁桥施工

处墩顶有负弯矩，而又未施加预应力，必然会产生正常裂缝，为防止桥面水从缝中渗入锈蚀钢筋，须在梁顶前、后各 4 m 范围内设置防水层。

10.4　桥面防水、排水设施

10.4.1　桥面防水层

桥面的防水层,设置在行车道铺装层下边,它将透过铺装层渗下的雨水汇集到排水设施排出。对于防水程度要求高,或桥面板位于结构受拉区而可能出现裂纹的混凝土梁式桥,应在铺装层内设置防水层。

铺设桥面防水层时应注意下列事项:

(1)防水层材料应通过检查,在符合规定标准后方可使用。

(2)防水层通过伸缩装置或沉降缝时,应按设计规定铺设。

(3)防水层应横桥向闭合铺设,底层表面应平顺、干燥、干净。沥青防水层不适合在雨天或低温条件下铺设。

(4)水泥混凝土桥面铺装层应当采用油毛毡或织物与沥青黏合的防水层时,应设置隔断缝。

桥面防水层主要有以下两种类型。

1. 卷材防水层

热铺卷材防水层,应采用石油沥青油毡、沥青玻璃布油毡、再生胶油毡等。铺贴石油沥青卷材,必须使用石油沥青胶结材料;铺贴焦油沥青卷材,必须使用焦油沥青胶结材料。

防水层所用的沥青,其软化点应较基层及防水层周围介质的可能最高温度高出 20~25℃,且不低于40℃。沥青胶结材料的加热温度,应符合国家标准《屋面工程质量验收规范》(GB 50207—2012)有关规定。耐酸沥青胶应采用角闪石粉、辉绿岩粉、石英粉或其他耐酸矿物粉为填充料;耐碱沥青胶应采用滑石粉、石棉粉、石灰石粉、白云石粉或其他耐碱矿物粉为填充料。

底板卷材防水层可以垫层混凝土或水泥砂浆找平层作为基层,侧墙卷材防水层可以水泥砂浆找平层或直接以钢筋混凝土侧墙作为基层。基层必须牢固、平整、洁净;铺贴卷材前应尽量干燥;基层表面的阴阳角处,均应做成圆弧形或钝角。

铺贴卷材前,表面应用冷底子油满涂铺匀,待冷底子油干燥后方可铺贴卷材。卷材铺贴应符合下列规定:

(1)卷材铺贴前应保持干燥,并应将表面的云母、滑石粉等清除干净。

(2)卷材搭接长度长边不应小于 10 cm,短边不应小于 15 cm;上、下两层和相邻两幅卷材的接缝应相互错开,上、下层卷材不得相互垂直。

(3)在转角处卷材的搭接缝应留置在底面上距侧墙不小于60 cm 处。

(4)粘贴卷材的沥青胶厚度一般为 1.5~2.5 mm,不得超过 3 mm。

(5)粘贴卷材应展平压实,卷材与基层和各层卷间必须黏结紧密,并将多铺的沥青胶结材料挤出;搭接缝必须封缝严密,防止出现水路;粘贴完最后一层卷材后,表面应再涂一层厚为 1~1.5 mm 的热沥青胶结材料。

(6)底板和墙角面处的卷材防水层,应在铺设前先将转角抹成钝角或圆弧形,铺设时应在防水层上加铺附加层,附加层一般可采用二层同样的油毡或一层沥青玻璃布油毡,铺贴时应按转角处的形状粘贴紧密；当转角由三个不同方向表面构成时，除附加层外，应加一层沥青玻璃布油毡或金属片予以加固。

（7）卷材防水层铺贴时的气温不应低于5℃，否则应在暖棚中进行。沥青胶工作温度不低于150℃。

2. 涂料防水层

涂料防水层是在混凝土结构表面上涂刷防水涂料以形成防水层或附加防水层。涂料可使用沥青胶结材料或合成树脂、合成橡胶的乳液或溶液。在较潮湿的基面上涂刷防水涂料时，应采用湿固型涂料或乳化沥青、阳离子氯丁橡胶乳化沥青等亲水性涂料。各层防水涂料之间可放置玻璃纤维布、合成纤维布、麻布或无纺增强布，以形成一种增强涂料防水层。涂料防水层施工前的基层表面必须平整、密实、洁净。

1）沥青胶结材料防水层施工的规定

（1）基层表面应满涂冷底子油，并宜使其干燥。

（2）沥青胶结材料防水层一般涂2层，每层厚1.5～2.0 mm。

（3）沥青胶结材料所用沥青的软化点、加热温度和使用温度，可参照卷材防水层。

（4）沥青胶结材料防水层施工温度不得低于−20℃，如温度过低，必须采取保温措施。在炎热季节施工时，应采取遮阳措施，防止烈日暴晒，沥青流淌。

2）合成树脂或合成橡胶乳液、溶液的防水涂料施工的规定

（1）乳液或溶液防水涂料的配合比应按照设计规定或涂料说明书，配制时应搅匀。

（2）防水涂料可用手工抹压、涂刷或喷涂，厚度应均匀、一致，每道涂料厚度应按不同涂料确定，一般为1.0～3.0 mm。

（3）第一层涂层涂刷完毕，必须干燥结膜后，方可涂刷下一层。一般涂2～3层。涂刷第一层时必须与混凝土密实结合，不得夹有空隙。

（4）涂料中如配有挥发性溶剂时，应在3～4 h内完成。

（5）涂料防水层中有玻璃丝布等夹层时，应在涂刷一遍涂料后，逐条紧贴玻璃丝布并扫平、压紧，使胶结材料吃透布面。涂贴应均匀，不得有起鼓、翘边、皱折、流淌等现象。玻璃丝布搭接要求，可参照卷材防水层办理。最后一层玻璃丝布上应涂刷一遍胶结材料及一层保护层。

（6）当采用水乳型橡胶沥青时，施工时气温不应低于5℃。雨天及大风天不得施工。

10.4.2 桥面排水设施

钢筋混凝土结构不宜经受时而湿润时而干晒的交替作用。一方面，渗入混凝土微细裂纹和大孔隙内的水分因严寒而结冰时会导致混凝土发生破坏，并随着冻融的交替作用使结构裂缝不断扩大；另一方面，水分侵袭钢筋会使其锈蚀。因此，为防止雨水滞积于桥面并渗入梁体而影响桥梁的耐久性，除在桥面铺装内设置防水层外，还应使桥上的雨水迅速引导排出桥外。

通常当桥面纵坡大于2%而桥长小于50 m时，雨水可流至桥头从引道上排出，桥上就不必设置专门的泄水孔道。为防止雨水冲刷引道路基，应在桥头引道的两侧设置流水槽。当桥面纵坡大于2%而桥长超过50 m时，宜在桥上每隔12～15 m设置一根排水管；当桥面纵坡小于2%时，则宜每隔6～8 m设置一根排水管。排水管的过水面积通常为每平方米桥面不少于

2 cm²。排水管可以沿行车道两侧左、右对称排列，也可交错排列，其离缘石距离为 20~50 cm。

混凝土梁式桥上的排水方式有以下几种形式。

1. 金属排水管

图 10-18 所示为一种构造比较完备的
铸铁排水管。排水管的内径一般为 100~
150 mm，管下端应伸出行车道板底面以下
150~200 mm，以防渗湿主梁梁肋表面。安
设排水管时其与防水层的接合处要做得特
别仔细，防水层的边缘要紧夹在排水管顶
缘与泄水漏斗之间，以便防水层的渗水通
过漏斗上的过水孔流入管内。这种铸铁排
水管使用效果好，但结构较为复杂，根据
具体情况可以做简化改进，例如采用钢管
和钢板的焊接构造等。它适用于有防水层
的铺装结构。

图 10-18　铸铁排水管

2. 钢筋混凝土排水管

在制作时，可将金属栅板直接作为钢筋混凝土管的端模板，并在栅板上焊上短筋，锚固
于混凝土中。这种预制的排水管构造比较简单，可以节省钢材。它适用于不设防水层而采用
防水混凝土的桥面铺装。

3. 横向排水孔道

对于一些跨径小、不设人行道的小桥，为了简化构造、节省材料，可以直接在行车道
两侧的安全带或缘石上预留横向孔道，用铁管或竹管等将水排出桥外，管口要伸出构件
0.02~0.03 m，以便滴水。但这种做法易淤塞。

4. 封闭式排水

城市桥梁、立交桥及高速公路上的桥梁，应该避免排水管直接挂在板下，影响桥梁外观、
妨碍公共卫生。完整的排水系统是将排水管道直接引向地面，使流入排水管中的雨水汇集在
纵向排水管（或排水槽）内，并通过设在墩台处的竖向排水管（落水管）流入地面排水设施中。

10.4.3　桥梁纵横坡

可在桥面设置纵横坡，以利雨水迅速排除，防止或减少雨水对铺装层的渗透，从而保护
行车道板，延长桥梁使用寿命。在桥面上设置纵坡，原则是首先有利于排水，同时，在平原
地区，还可以在满足桥下通航净空要求的前提下降低墩台高程，减少桥头引道土方量，从而
节省工程费用。桥面的纵坡，一般都做成双向，在桥中心设置曲线，纵坡一般以不超过 3% 为
宜。桥面的横坡，一般采用 1.5%~3%。对于沥青混凝土或水泥混凝土铺装，行车道通常采
用抛物线形横坡，人行道采用直线形横坡。通常有 3 种设置形式：

（1）对于板桥（矩形板或空心板）或就地浇筑的肋板式梁桥，将桥梁上部构造做成双向倾
斜，铺装层在整个桥宽上做成等厚，可节省铺装材料并减轻恒载。

（2）在装配式肋板式梁桥中，通常横坡直接设在行车道板上，使主梁构造简单，架设与

拼装方便。做法是先铺设一层厚度变化的混凝土三角形垫层，形成双向倾斜，再铺设等厚的混凝土铺装层。

（3）在比较宽的桥梁（或城市桥梁）中，采用上述方法会导致恒载增加太多。因此，可将行车道板做成倾斜的，从而形成横坡。它的缺点是主梁构造复杂，制作麻烦。

10.5　其他附属工程

桥面上设置的护轮安全带、路缘石、人行道、栏杆（护栏）、灯柱、装饰块等都属于桥面系施工的范畴。

对于大多数桥梁而言，桥面系施工的主要工作内容是小型块件的预制和安装。随着公路等级的提高和长大桥梁的不断兴建，现浇混凝土防撞护栏和金属防撞护栏的施工也已非常普遍。由于小型块件的混凝土体积较小，工序虽简单但较烦琐，块件数量多，所耗费的工时也多，而施工产值却不高，所以块件预制和安装的质量往往不被重视。

桥面系的施工，不仅要满足桥梁使用功能上的要求，对外观质量也有较高的要求。在施工中，除应采取合理的工艺控制方法保证预制块件的质量外，安装（或现浇）施工的重点是控制好线形和高程两个方面，使其协调一致、平顺美观。

10.5.1　护轮安全带和路缘石

在快速路、主干路、次干路上的桥梁或行人稀少地区的桥梁，若两侧无人行道，则两侧应设护轮安全带，宽度为 0.50~0.75 m。近年来，不少桥梁设计中，为了保证行车的安全，安全带的高度已大于或等于 0.4 m。

护轮安全带可以做成预制块件安装或与桥面铺装层一起现浇。预制的安全带块件有矩形截面和肋板截面两种，以矩形截面最为常用。现浇的安全带宜每隔 2.5~3 m 做一断缝，以避免与主梁的收缩不一致而被拉裂（图 10-19）。

预制块件若采用人工搬运安装，每个块件的安装质量最大不应超过 200 kg。安装前要精确放样，弯桥、坡桥要注意线形的平顺。块件必须坐浆安装，要落位准确，全桥对直，安装后线条直顺、整齐、美观。

图 10-19　现浇的安全带及防撞护栏

路缘石一般宽 8~35 cm，其施工的方法和工艺要求与护轮安全带相同。

10.5.2　人行道

位于城镇和近郊的桥梁均应设置人行道，其宽度和高度一般根据周围环境和行人的交通量来确定。人行道顶面一般高出桥面 25~30 cm，宽度为 0.75 m 或 1 m；当宽度要求大于 1 m 时，应按 0.5 m 的倍数增加。人行道板按安装在主梁上的位置分为搁置式和悬臂式，如图 10-20 所示。

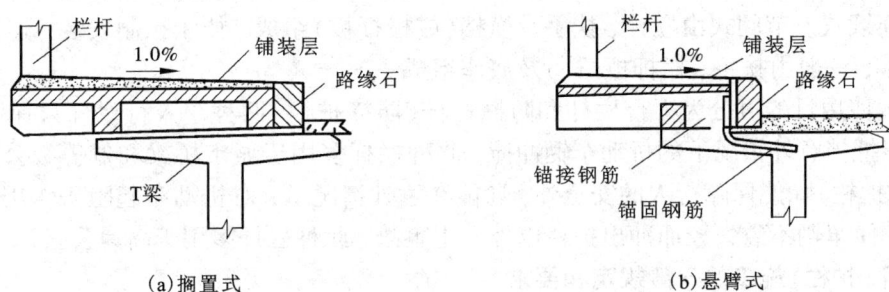

(a)搁置式　　　(b)悬臂式

图 10-20　人行道板

人行道按预制块件的不同分为整体式和分块式，如图 10-21 所示。在吊装能力允许的条件下，人行道板和梁整体采用分块预制，整块悬砌出边梁之外，可使施工快而方便。分块式人行道板，预制块件小而轻，但施工烦琐，整体性差。人行道板一般是预制拼装，也可现浇。在预制或现浇人行道板时，要注意预留出安装灯柱、栏杆的位置，埋设好预埋件。

人行道梁必须采用稠水泥砂浆坐浆安装，并以此来形成人行道顶面倾向桥面 1%~1.5% 的横向排水坡。城市桥梁人行道顶面可铺设彩砖，以增加美观。安装悬臂式人行道板时，需注意将构件上的钢板与桥面板内的锚栓焊牢，在完成了人行道梁的锚固后，才可安装或浇筑人行道板。对无锚固设计的人行道梁，

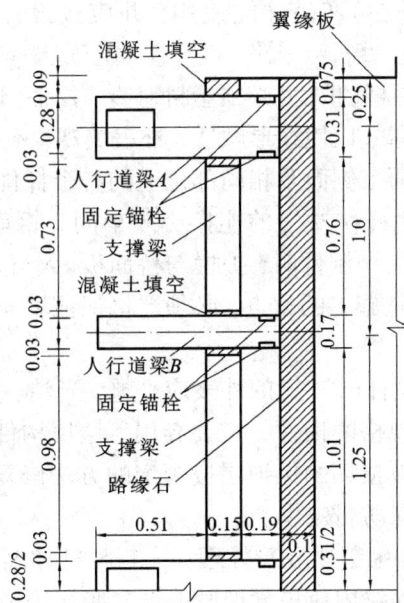

图 10-21　预制装配悬臂式人行道的构造(单位：m)

人行道板的铺设应按照由里向外的次序操作。人行道应在桥面断缝处设伸缩缝。

人行道防水层通过人行道板在路缘石砌缝处与桥面防水层连成整体。

10.5.3 栏杆(护栏)

栏杆是桥梁工程中必不可少的重要组成部分,对桥梁工程的评价起着直观的作用。栏杆设置及施工不仅要保证质量,满足使用功能的要求,同时还要满足桥梁整体的美观要求。但是对于高速公路与城市道路,栏杆所起的作用不一样。

1. 栏杆的种类

栏杆常用混凝土、钢筋混凝土、金属或金属与混凝土混合材料制作,从形式上可以分为节间式与连续式。节间式由立柱、扶手及横挡(或栏杆板)组成,便于预制安装;连续式具有连续的扶手,一般由扶手、栏杆板(柱)及底座组成。

栏杆按使用目的可分为人行栏杆和防撞栏杆(防撞护栏)两种。人行栏杆只保障行人安全,却不能抵挡意外情况下的机动车辆冲撞,此种栏杆多用于城市桥梁和低等级公路;防撞栏杆(防撞护栏)除能保障行人的安全外,还能在意外情况下,对机动车起阻碍作用,抵挡车辆的冲撞,使车辆不致失控而冲出护栏以外发生事故,此种栏杆多用于高速公路。

2. 栏杆(护栏)施工的一般规定和要求

(1)安装或现浇栏杆(护栏)应在人行道板施工完成后进行。钢筋混凝土护栏的施工,还必须在跨间的支架及脚手架拆除以后,桥跨处于自承的状态下才可进行。

(2)金属制栏杆(护栏)构件在安装前应进行质量检查和试验,只有被确认符合质量标准的栏杆(护栏)产品才能使用,并应按设计图或产品供货商提供的详细施工安装方法进行施工。

(3)栏杆(护栏)必须全桥对直、校平(弯桥、坡桥要求平顺);栏杆(护栏)顶的高程应符合设计要求,以使线形顺适、外表美观,不得有明显的下垂和拱起。竣工后的栏杆(护栏)中线、内外两个侧面及相同部位上的各个杆件等,均应分别在一条直线或一个平面上。

(4)栏杆(护栏)的连接必须牢固。钢筋混凝土墙式护栏宜采用就地浇筑的方法进行施工。当采用预制件时,护栏与桥面板(人行道板)间需进行特殊的连接设计。人行栏杆立柱就位和嵌固是施工的重点,必须严格保证填充水泥砂浆(或混凝土)的强度、捣实及养护工作符合要求。

(5)栏杆(护栏)的外表应平整、光洁、美观,钢筋混凝土栏杆(护栏)不应出现蜂窝、麻面,不合规格的构件一定要弃用。金属构件在安装过程中应尽量避免损坏保护层,安装完成后,应对被损坏的保护层按规定的方法修复。钢栏杆或混合式栏杆的外露钢筋,要采用双层防腐,确保防腐效果。

(6)伸缩缝要妥善处理。人行栏杆伸缩缝的设置和施工质量需保证栏杆节间随主梁一同伸缩,伸缩缝内应填满橡胶或沥青胶泥等弹性、不透水的材料,不应有松散的砂浆和活动时有可能剥落的砂浆薄皮。

3. 金属护栏施工

(1)放样前应选择桥梁伸缩缝或胀缝附近的端部立柱作为控制点,并在控制点之间测距定位。

(2)立柱放样时,当间距出现零数时,可用分配的办法使之符合横梁规定的尺寸。立柱一般宜等距设置。

(3)定位后,在桥面板(或人行道板)上准确地设置预埋件(如锚固螺栓或套筒),并采取适当措施,保护预埋件在桥梁施工期间免遭损坏。

(4)护栏安装前应对立柱预埋件的位置进行复测,符合设计要求后方能安装立柱和横梁。

(5)安装前应做好施工场地的各项准备工作,安装过程中应特别注意控制螺栓扭矩、焊缝间距、桥梁伸缩缝和胀缝的设置间距。

(6)横梁和立柱的位置应准确。连接螺栓和拼装螺栓初始不宜过早拧紧,以便在安装过程中充分利用横梁和立柱法兰盘的长圆孔进行调整,使其线形顺适。不应出现局部的凹凸现象。最后拧紧螺栓。

(7)对于焊接的金属护栏,所有外露接头在焊接后应做磨光或补漏的清面工作。

10.5.4　灯柱

灯柱常用钢管或铸铁管架立,一般采用钢筋(或钢板)焊接(或螺栓锚固)在桥面预埋的锚栓上,再用水泥砂浆填缝固定。安装灯柱时,必须在全桥对直和校平,对坡桥、斜桥则要求平顺。灯柱施工的一般要求为:首先,在安装前对构件进行全面检查,符合质量要求才能使用;其次,灯柱按设计的位置准确放样,保证灯柱的连接必须牢固,线条顺直、整齐、美观,电路安全可靠。

思考与练习

10-1　简要说明桥面系由哪几部分组成。

10-2　桥面常用的伸缩缝类型有哪些?

10-3　桥面铺装的作用是什么?桥面铺装常用哪几种类型?各自的优缺点是什么?

10-4　桥梁的横坡有哪几种设置形式?是如何设置的?

情境五

其他结构施工

第11章
拱桥施工

【知识目标】

1. 概述拱架的类型和拱桥就地浇筑施工要点；
2. 辨析拱桥缆索吊施工的原理与施工要点；
3. 分析拱桥转体施工工艺与要点；
4. 结合实际情况计划不同拱桥的施工方法。

【能力目标】

1. 培养学生结合拱桥的受力特点，分析、选用施工方案的能力；
2. 提升学生根据实际情况解决问题的能力。

【素养目标】

1. 夯实学生的力学基础；
2. 发扬创新的工匠精神。

11.1 拱桥就地浇筑施工

当拱桥的跨径不大、拱圈净高较小或孔数不多时，可以采用就地浇筑方法来进行拱圈施工。就地浇筑方法可分为两种：拱架浇筑法和悬臂浇筑法。现就这两种施工方法做详细介绍。

11.1.1 有支架的拱桥浇筑施工

1. 拱架

拱架是拱桥有支架施工必不可少的辅助结构，在整个施工期间，用以支承全部或部分拱圈和拱上建筑的重量，并保证拱圈的形状符合设计要求。因此，要求拱架具有足够的强度、刚度和稳定性。

1）拱架的结构类型

拱架的种类很多，按使用材料可分为木拱架、钢拱架、扣件式钢管拱架、斜拉式贝雷平梁拱架、竹拱架、竹木混合拱架、钢木组合拱架及土牛胎拱架等；按结构形式可分为排架式、撑架式、扇形式、桁架式、组合式、叠桁式、斜拉式等。

2）拱架的构造

（1）木拱架。

木拱架有排架式、撑架式、扇形式、叠桁式及木桁架式等形式。前四种在桥孔中间设有一定的支架，统称满布式拱架；最后一种可采用三铰木桁架形式，在桥孔中完全不设支架。

①满布立柱式木拱架。

满布立柱式木拱架一般采用木材制作，图 11-1 是这种拱架的一般构造示意图。它的上部由弓形木、立柱、斜撑和水平拉杆组成拱形桁架，又称拱盔；它的下部由立柱和横向联系（斜夹木和水平夹木）组成支架，上下部之间放置卸架设备（木模或砂筒等）。满布立柱式木拱架的优点是施工可靠，技术简单，对木材和铁件规格要求较低，但这种支架的立柱数目较多，只适合于桥梁高度不大、跨度不大、洪水期漂浮物少且无通航要求的拱桥施工时采用。

图 11-2 为满布立柱式木拱架节点构造图。

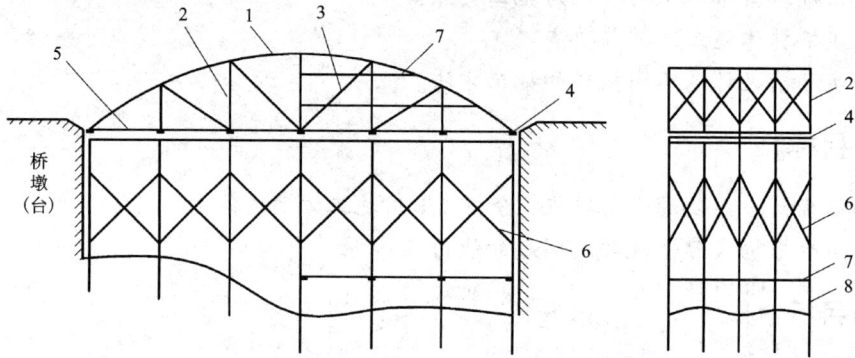

1—弓形木；2—立柱；3—斜撑；4—卸架设备；5—水平拉杆；6—斜夹木；7—水平夹木；8—桩木。

图 11-1　满布立柱式木拱架

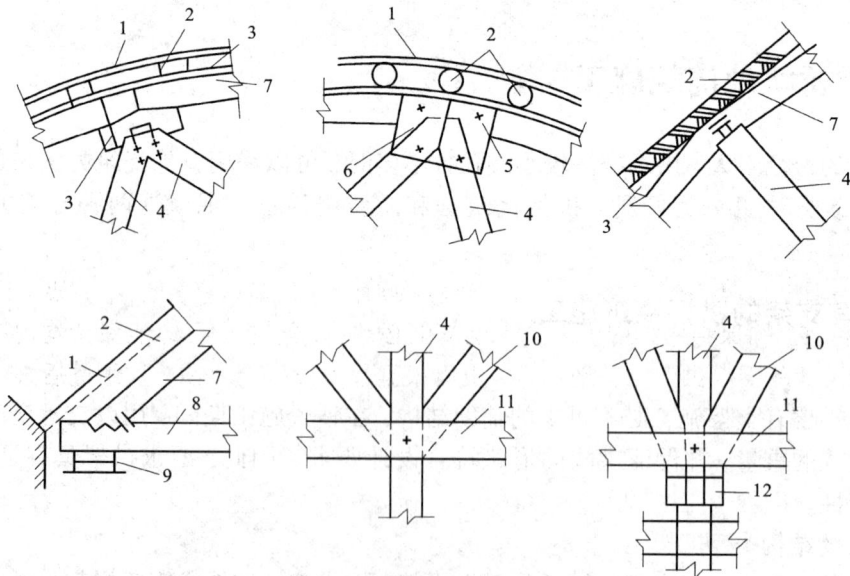

1—模板；2—横梁；3—填木；4—斜撑；5—螺栓；6—铁（木）板；7—弓形木；
8—拉梁；9—卸架设备；10—立柱；11—水平夹木；12—垫木。

图 11-2　满布立柱式木拱架节点构造图

②撑架式木拱架。

这种拱架的上部与满布立柱式木拱架相同，下部是用少数框架式支架加斜撑来代替数量较多的立柱，因此其木材用量相对较少，如图 11-3 所示。这种拱架构造并不复杂，而且能在桥孔下留出适当的空间，减小洪水及漂流物的威胁，并在一定程度上满足通航的要求。因此，它是实际中采用较多的一种拱架形式。

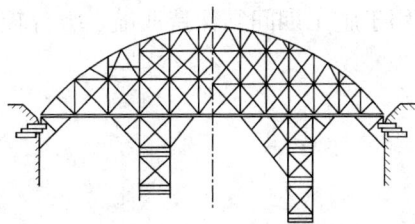

图 11-3　撑架式木拱架

③三铰桁式木拱架。

三铰桁式木拱架是由两片对称弓形桁架在拱顶处拼装而成，其两端直接支承在墩台所挑出的牛腿上或者紧贴墩台的临时排架，跨中一般不另设支架，如图 11-4 所示。这种拱架不受洪水、漂流物的影响，在施工期间能维持通航，适用于墩高、水深、流急或要求通航的河流。与满布立柱式拱架相比，其木材用量少，可重复使用，损耗率低，但对木材规格和质量要求较高，同时要求有较高的制作水平和架设能力。由于这种拱架在拱铰处结合较弱，所以，除在结构构造上须加强纵横向联系外，还须设置抗风缆索，以加强拱架的整体稳定性；在施工中应注意对称、均匀浇筑混凝土，并加强观测。

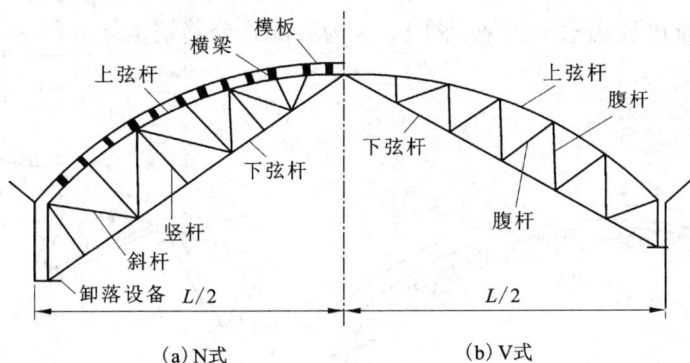

图 11-4　三铰桁式木拱架

拱架制作安装时，拱架尺寸和形状要符合设计要求，立柱位置准确且保持直立，各杆件连接接头要紧密，支架基础要牢固，高拱架应特别注意其横向稳定性。拱架全部安装完成后，应全面检查，确保结构牢固可靠。支架基础必须稳固，承重后应能保持均匀沉降且下沉量不得超过设计范围。拱架可就地拼装，也可根据起吊设备能力预拼成组件后再进行安装。

（2）钢拱架与钢木组合拱架。

①工字梁钢拱架。

工字梁钢拱架可采用两种形式：一种是有中间木支架的钢木组合拱架；另一种是无中间木支架的工字梁活用钢拱架。

钢木组合拱架是在木支架上用工字钢梁代替木斜梁，以加大斜梁的跨度，减少支架用量。工字钢梁顶面可用垫木垫成拱模弧形线。钢木组合拱架的支架常采用框架式，如图 11-5 所示。

工字梁活用钢拱架,构造简单,拼装方便,且可重复使用,其构造形式如图11-6所示。它适用于施工期间须保持通航、墩台较高、河水较深、地质条件较差的桥孔。

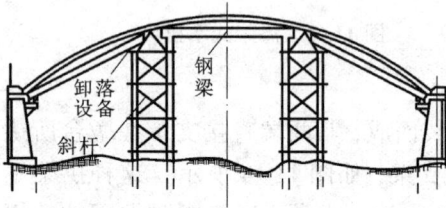

图 11-5 钢木组合拱架

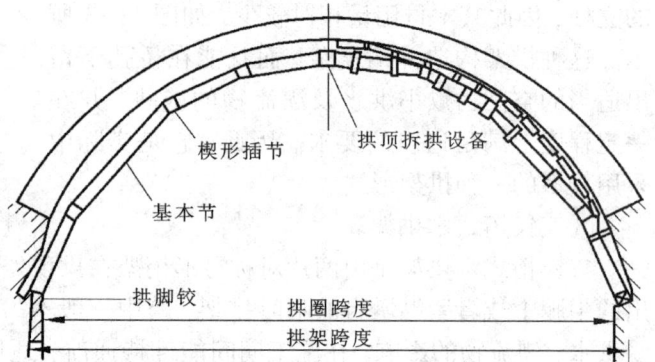

图 11-6 工字梁活用钢拱架

②钢桁架拱架。

钢桁架拱架的结构类型通常有常备拼装式桁架拱架、装配式公路钢桁架节段拼装式拱架、万能杆件拼装式拱架、装配式公路钢桁架、万能杆件桁架与木拱盔组合的钢木组合拱架。

图11-7为常备拼装式桁架拱架,图11-8为装配式公路钢桁架节段拼装式拱架。

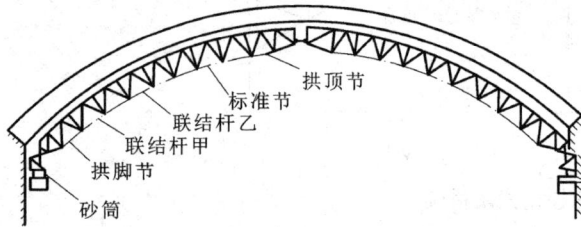

图 11-7 常备拼装式桁架拱架

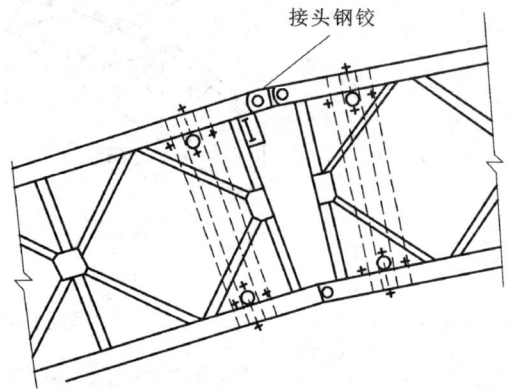

图 11-8 装配式公路钢桁架节段拼装式拱架

③扣件式钢管拱架。

扣件式钢管拱架一般有满堂式、预留孔满堂式及立柱式扇形等几种。扣件式钢管拱架一般不分支架和拱盔部分,它是一个空间框架结构,一般由立柱(立杆)、小横杆(顺水流向)、大横杆(涵桥轴向)、剪刀撑、斜撑、扣件和缆风索等组成,所有杆件(钢管)通过各种不同形式的扣件实现联结,不需设置卸落拱架。图11-9为满堂式钢管拱架构造图。

278

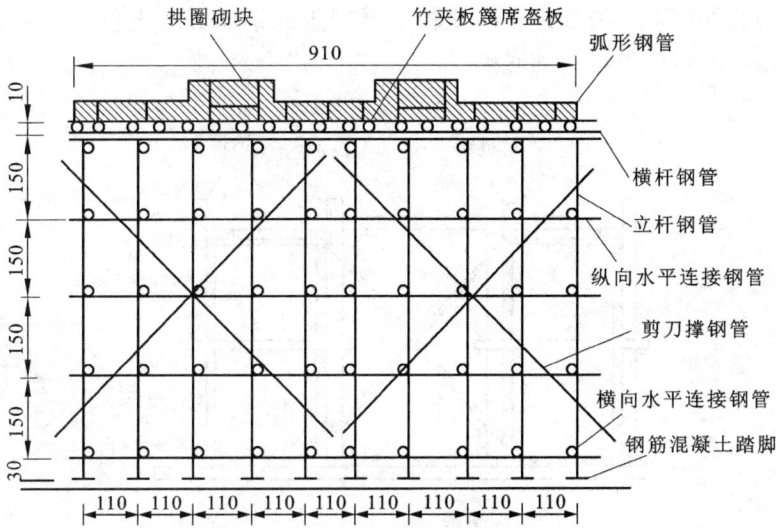

图 11-9 满堂式钢管拱架构造图

3）拱圈模板

（1）板拱拱圈模板。

板拱拱圈模板（底模）厚度应根据弧形木或横梁间距的大小来确定：一般有横梁的底模板厚度为 4~5 cm，直接搁在弧形木上的底模板厚度为 6~7 cm。有横梁时，为使顺向放置的模板与拱圈内弧形圆顺一致，可预先将木板压弯。压弯的方法：每 4 块木板一叠，将两端支起，在中间适当加重，使木板弯至符合要求为止，施压需半个月左右的时间。40 m 以上跨径的拱桥模板可不必事先压弯。

石砌板拱拱圈模板，应在其拱顶处预留一定空间，以便于拱架的拆卸。

模板顶面高程误差不应大于计算跨径的 1/1000，且不应超过 3 cm。

（2）肋拱拱肋模板。

拱肋模板构造如图 11-10 所示。其底模与混凝土或钢筋混凝土板拱拱圈底模基本相同。拱肋之间及横撑间的空位也可不铺底模。

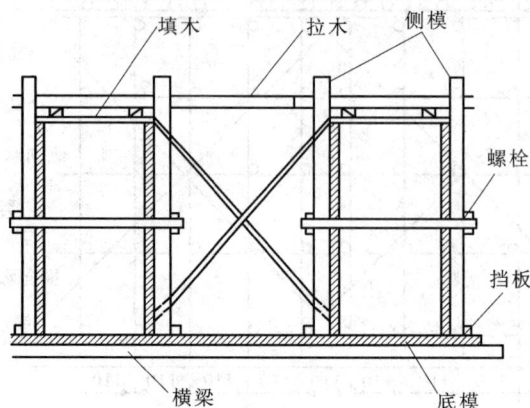

图 11-10　拱肋模板构造图

拱肋侧面模板，一般应预先按样板分段制作，然后拼装在底模上，并用拉木、螺栓拉杆及斜撑等固定。安装时，应先安置内侧模板，等钢筋入模后再安置外侧模板。模板宜在适当长度设一道变形缝（缝宽约 2 cm），以避免在拱架沉降时模板间相互顶死。

拱肋间的横撑模板与上述侧模构造基本相同，处于拱轴线较陡位置时，可用斜撑支撑在底模板上。

2. 现浇混凝土拱桥

1）施工程序

现浇混凝土拱桥施工工序一般分 3 个阶段进行：

第 1 阶段，浇筑拱圈（或拱肋）及拱上立柱的底座；

第 2 阶段，浇筑拱上立柱、联结系及横梁等；

第 3 阶段，浇筑桥面系。

前一阶段的混凝土达到设计强度的 75% 后才能浇筑后一阶段的混凝土。拱架则在第 2 阶段或第 3 阶段混凝土浇筑前拆除，但必须事先对拆除拱架后拱圈的稳定性进行验算。若设计文件对拆除拱架另有规定，应按设计文件执行。

双曲拱桥的拱波，应在拱肋强度或间隔缝混凝土强度达到设计强度的 75% 后开始砌筑。

2）拱圈或拱肋的浇筑

（1）浇筑流程。

满堂式拱架浇筑流程：支架设计→基础处理→拼设支架→安装模板→安装钢筋→浇筑混凝土→养护→拆模→拆除支架。满堂式拱架宜采用钢管脚手架、万能杆件拼设；模板可以采用组合钢模、木模等。

拱式拱架浇筑流程：钢结构拱架设计→拼设拱架→安装模板→安装钢筋→浇筑混凝土→养护→拆模→拆除拱架。拱式拱架一般采用六四式军用梁（三角架）、贝雷架拼设。

（2）连续浇筑。

跨径小于 16 m 的拱圈（或拱肋），应按其全宽度，自两端拱脚向拱顶对称地连续浇筑混凝土，并在拱脚处混凝土初凝前全部完成。如预计不能在限定时间内完成，则需在拱脚处预留一个间隔缝并最后浇筑间隔缝混凝土。

薄壳拱的壳体，混凝土一般从四周向中央进行浇筑。

（3）分段浇筑。

大跨径（跨径≥16 m）拱桥的拱圈或拱肋，为避免拱架变形而产生裂缝，以及减小混凝土的收缩应力，应采用分段浇筑的施工方法。分段长度一般为 6~15 m。分段长度应以能使拱架受力对称、均匀及变形小为原则，拱式拱架宜设置在拱架受力反弯点、拱架节点、拱顶及拱脚处，满堂式拱架宜设置在拱顶 $L/4$ 部位、拱脚及拱架节点等处。各段的接缝面应与拱轴线垂直。

分段浇筑程序应符合设计要求。分段浇筑应对称于拱顶，使拱架变形保持对称、均匀。填充间隔缝混凝土时，应由两拱脚向拱顶对称进行。拱顶及两拱脚间隔缝应在最后封拱时浇筑，间隔缝与拱段的接触面应事先按施工缝进行处理。间隔缝的位置应避开横撑、隔板、吊杆及刚架节点等处。间隔缝的宽度以便于施工操作和钢筋连接为宜，一般为 5~100 cm。间隔缝混凝土的浇筑应在拱圈分段混凝土强度达到 75% 设计强度后进行；为缩短拱圈合龙和拱架拆除的时间，间隔缝内的混凝土强度可采用比拱圈混凝土高一等级的半干硬性混凝土。封拱合龙温度应符合设计要求，如设计无规定时，一般宜在接近当地的年平均温度或 5~15 ℃进行。

（4）箱形截面拱圈（或拱肋）的浇筑。

大跨径拱桥一般采用箱形截面拱圈（或拱肋），为减轻拱架负担，一般采取分环、分段浇筑的方法。分段浇筑的方法与上述相同。分环的方法一般是分成 2 环或 3 环。分 2 环时，先分段浇筑底板（第 1 环），然后分段浇筑肋墙、隔墙与顶板（第 2 环）；分 3 环时，先分段浇筑底板（第 1 环），然后分段浇筑肋墙脚（第 2 环），最后分段浇筑顶板（第 3 环）。

分环、分段浇筑时，可采取分环填充间隔缝合龙、全拱完成后最后一次填充间隔缝合龙两种不同的合龙方法。图 11-11 为箱形截面拱圈分环、分段浇筑的施工程序示意图。

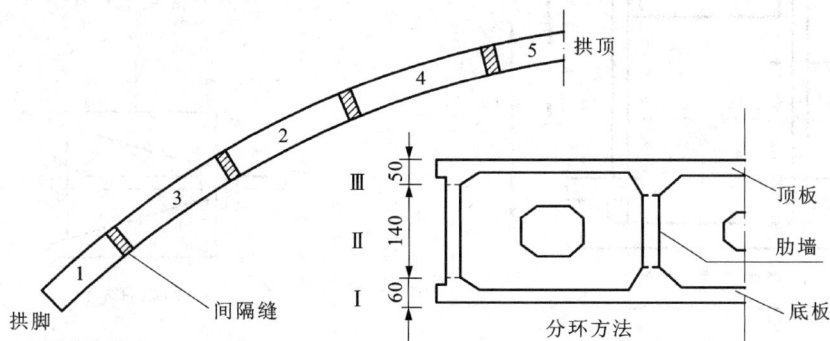

图 11-11　箱形截面拱圈分环、分段浇筑的施工程序示意图（单位：cm）

3）卸拱架

采用就地浇筑施工的拱架，卸拱架环节相当关键。拱架拆除必须在拱圈砌筑完成后20~30 d、待砂浆砌筑强度达到设计强度的 75% 后方可拆除。此外还必须考虑拱上建筑、拱背填料、连拱等因素对拱圈受力的影响，尽量选择对拱体产生应力最小的时候卸落拱架。为了使拱架所支承的拱圈重力能逐渐转给拱圈自身来承受，拱架不能突然卸除，而应按一定的程序进行。

（1）卸架设备。

为保证拱架按设计要求均匀下落，专门的卸架设备必不可少。常用的卸架设备有砂筒、木模和千斤顶。

①砂筒。

砂筒一般用钢板制成，筒内装入已烘干的砂，上部插入活塞（木制或混凝土制）。

卸落是靠砂子从筒下部的预留泄砂孔流出，因此要求筒内的砂子干燥、均匀、清洁。砂筒与活塞间用沥青填塞，以免砂子受潮而不易流出。以砂子泄出量来控制拱架卸落高度，这样就能靠泄砂孔的开与关来分次进行卸架，并能使拱架均匀下降而不受振动，使用效果良好。图 11-12 为砂筒构造图。

②木模。

木模有简单木模和组合木模等不同构造。图 11-13 为木模构造图，其中图 11-13（a）为简单木模，由两块 1∶(6~10)斜面的硬木模组成，落架时，只需轻轻敲击木模小头，将木模取出，拱架即下落；图 11-13（b）为组合木模，由三块楔形木和一根拉紧螺栓组成，卸架时只需扭松螺栓使木模下降，拱架即降落。

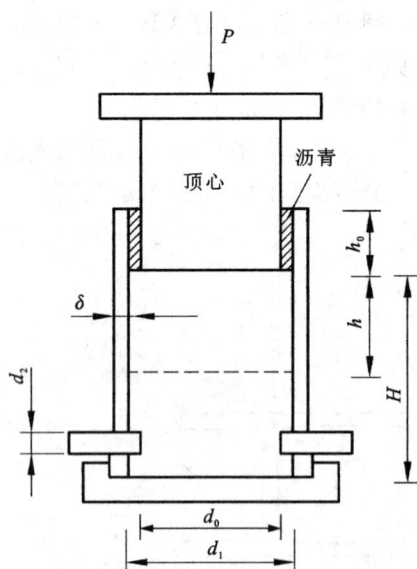

图 11-12　砂筒构造图

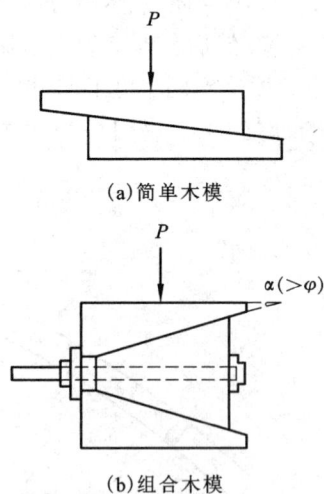

(a)简单木模

(b)组合木模

图 11-13　木模构造图

③千斤顶。

采用千斤顶卸除拱架常与拱圈调整内力同时进行。一般在拱顶预留放置千斤顶的缺口，再用千斤顶来消除混凝土的收缩、徐变及弹性压缩的内力，使拱圈脱离拱架。

（2）卸架程序。

①满布立柱式木拱架的卸落。

满布立柱式木拱架可根据算出和分配的各支点的卸落量，从拱顶开始，逐次同时向拱脚对称地卸落。多孔连续拱桥，拱架的卸落应考虑相邻孔的影响。若桥墩设计为单向推力墩，就可以直接卸落拱架，否则应多孔同时卸落拱架。

②工字梁活用钢拱架的卸落。

这种拱架的卸落设备一般放于拱顶，卸落布置如图 11-14 所示。

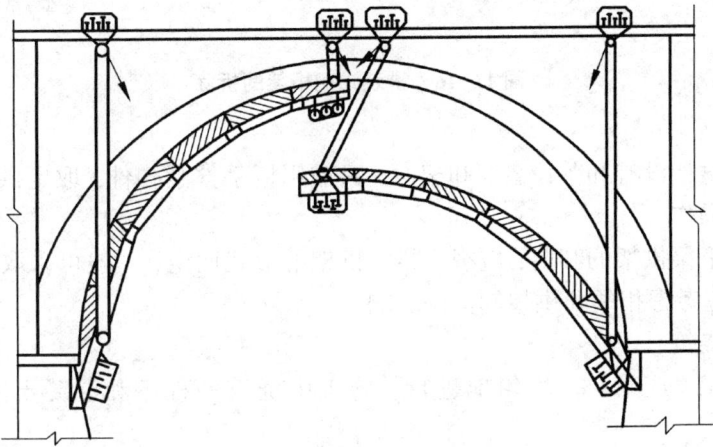

图 11-14　工字梁活用钢拱架的卸落

卸落拱架时，先将绞车摇紧，然后将拱顶卸拱设备上的螺栓松两圈，即可放松绞车，敲松拱顶卸拱木，如此循环松降，直至达到设定的卸落量。

③钢桁架拱架的卸落。

当钢桁架拱架的卸落设备架设于拱顶时，可在系吊或支撑的情况下，逐次松动卸架设备，逐次卸落拱架，直至拱架脱离拱圈后，才将拱架拆除。当卸架设备架设于拱脚时（一般为砂筒），为防止拱架与墩台顶紧、阻碍拱架下降，拱脚三角垫与墩台之间应设置木楔，如图 11-15 所示。卸落拱架时，先松动木模，再逐次、对称地泄砂落架。

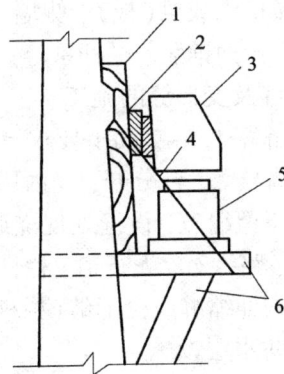

1—垫木；2—木楔；3—混凝土三角垫；
4—斜拉杆；5—泄砂筒；6—支架。

图 11-15　钢桁架拱架拱脚处卸落设备

拼装式钢桁架拱架可利用拱圈体进行拱架的分节拆除，拆除后的拱架节段可用缆索吊车吊移。拼装式钢桁架的拆除如图 11-16 所示。

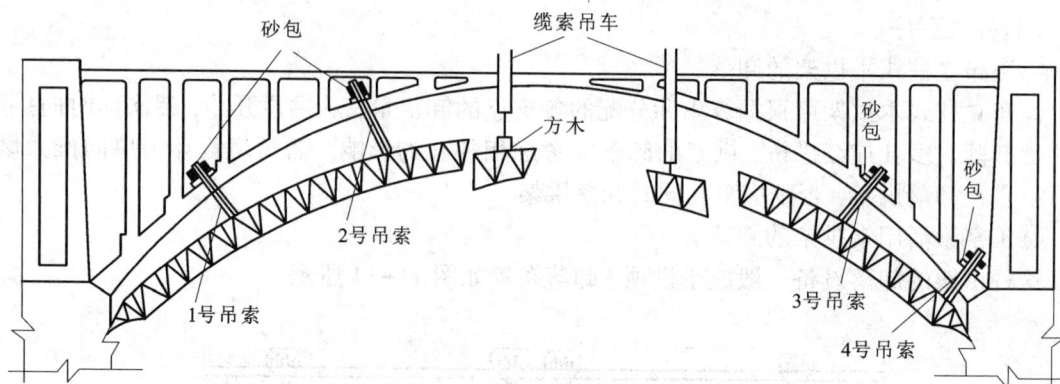

图 11-16　拼装式钢桁架的拆除

扣件式钢管拱架没有卸落设备，卸架时，只需用扳手拧紧扣件，取走拱架杆件即可，可以由点到面多处操作。

斜拉式贝雷平梁拱架的卸落，应视平梁上拱架的形式而定，一般可采取满布式的卸架程序和方法，同时应考虑相邻孔拱架卸落的影响。

3. 拱上建筑浇筑

拱上建筑施工，应对称、均匀地进行。施工中浇筑的程序和混凝土数量应符合设计要求。

在拱上建筑施工过程中，应对拱圈的内力和变形及墩台的位移进行监测和控制。

在这里简单介绍上承式拱桥拱上建筑的浇筑。

主拱圈拱背以上的结构物称为拱上建筑，主要包括横墙座、横墙、横墙帽或立柱座、立柱、盖梁、腹拱圈或梁(板)、侧墙、拱上结构伸缩缝及变形缝、护拱、拱上防水层、拱腔填料、排水管、桥面铺装、栏杆系等。

1)伸缩缝及变形缝的施工

伸缩缝缝宽 1.5~2 cm，要求笔直、两侧对应贯通。现浇混凝土侧墙，须预先安设塑料泡沫板，将侧墙与墩、台分开，缝内用锯末、沥青按 1∶1(质量比)配制成填料填塞。

变形缝不留缝宽，设缝处现浇混凝土时用油毛毡隔断，以适应主拱圈变形。

当护拱、路缘石、人行道、栏杆和混凝土桥面跨越伸缩缝或变形缝时，要在相应位置设置贯通桥面的伸缩缝或变形缝(栏杆扶手一端做成活动的)。

2)拱上防水层设施

(1)拱圈混凝土自防水。

拱圈混凝土自防水一般采用优良品质的粗、细集料和优质粉煤灰或硅灰制作高耐久性的混凝土，同时严格控制施工工艺。

(2)拱背防水层。

小跨径拱桥可采用石灰土防水层。对于具有腹拱的拱腔防水，可采用砂浆或小石子混凝

284

土防水层。大型拱桥及冰冻地区的砖石拱桥一般设沥青毡防水层，其做法常为三油两毡或二油一毡。

当防水层经过拱上结构的伸缩缝或变形缝时，要做特殊处理。一般采用"U"形防水土工布过缝，或橡胶止水带过缝。排水管处的防水层，要紧贴排水管漏斗之下铺设，防止漏水。在拱腔填料填充前，要在防水层上填筑一层砂性细粒土，以保证防水层完好。

3）拱圈排水处理

拱桥的台后要设排水设施，将水集中于盲沟或暗沟并排出路基外。拱桥的桥面纵向、横向均应设坡度，以利顺畅排水。桥面两侧与护轮安全带交接处间隔15~20 m设排水管。拱桥除桥面和台后应设排水设施外，对渗入拱腹内的水，应通过防水层汇积于预埋在拱腹内的排水管排出。排水管可采用混凝土管、陶管或PVC管。排水管内径一般为6~10 cm，严寒地区须适当增大，但不宜大于15 cm，宜尽量避免采用长管和弯管。排水管进口处周围防水层应做积水坡度，并用大块碎石做成反滤层，以防堵塞。

4）拱背填充

拱背填充应采用透水性强的材料，一般可用天然砂砾、片石、碎石夹砂混合料及矿渣等材料。填充时应按拱上建筑施工的顺序和时间，对称而均匀地分层填充并碾压密实，但须防止损坏防水层、排水管和变形缝。

11.1.2　拱桥的悬臂浇筑施工

国外在拱桥就地浇筑施工中，多采用悬臂浇筑法。以下介绍塔架斜拉索法和斜吊式悬臂浇筑法两种施工方法。

1. 塔架斜拉索法

这是国外采用最早、最多的大跨径钢筋混凝土拱桥无支架施工的方法。这种方法的要点为：在拱脚墩、台处安装临时的钢塔架或钢筋混凝土塔架，用斜拉索（或斜拉粗钢筋）将拱圈（或拱肋）用挂篮浇筑一段、系吊一段，从拱脚开始，逐段向拱顶悬臂浇筑，直至拱顶合龙。塔架的高度和受力应按拱的跨径、矢跨比等确定。斜拉索可用预应力钢筋或钢束，其面积及长度由所系吊拱段的长度和位置确定。用设在已浇完的拱段上的悬臂挂篮逐段悬臂浇筑拱圈（或拱肋）混凝土，整个拱圈混凝土的浇筑工作应从两拱脚开始，对称进行，最后在拱顶合龙。塔架斜拉索法一般多用于悬浇施工，也可用悬拼法施工，但后者用得较少。图 11-17 为塔架、斜拉索及挂篮浇筑拱圈的施工工序示意图。

2. 斜吊式悬臂浇筑法

这种方法是借助专用挂篮，使用斜吊钢筋，将拱圈、拱上立柱和预应力混凝土桥面板等齐头并进地边浇筑边构成桁架的悬臂浇筑方法。施工时，用预应力钢筋临时作为桁架的斜吊杆和桥面板的临时拉杆，将桁架锚固在后面的桥台（或桥墩）上。此过程中，作用于斜吊杆的力是通过布置在桥面板上的临时拉杆传至岸边的地锚（也可利用岸边桥墩做地锚）上的。但用这种方法修建大跨径拱桥时，极小的施工误差对整体工程质量的影响很大，对施工测量、材料规格和强度、混凝土的浇筑等必须进行严格检查和控制。在施工技术管理方面，值得重视的问题有斜吊钢筋的拉力控制、斜吊钢筋的锚固和地锚地基反力的控制、预拱度的控制、混凝土应力的控制等。其施工步骤如图 11-18 所示。

图 11-18（a）、图 11-18（b）为边孔完成后，在桥面板上设置临时拉杆，在吊架上浇筑第

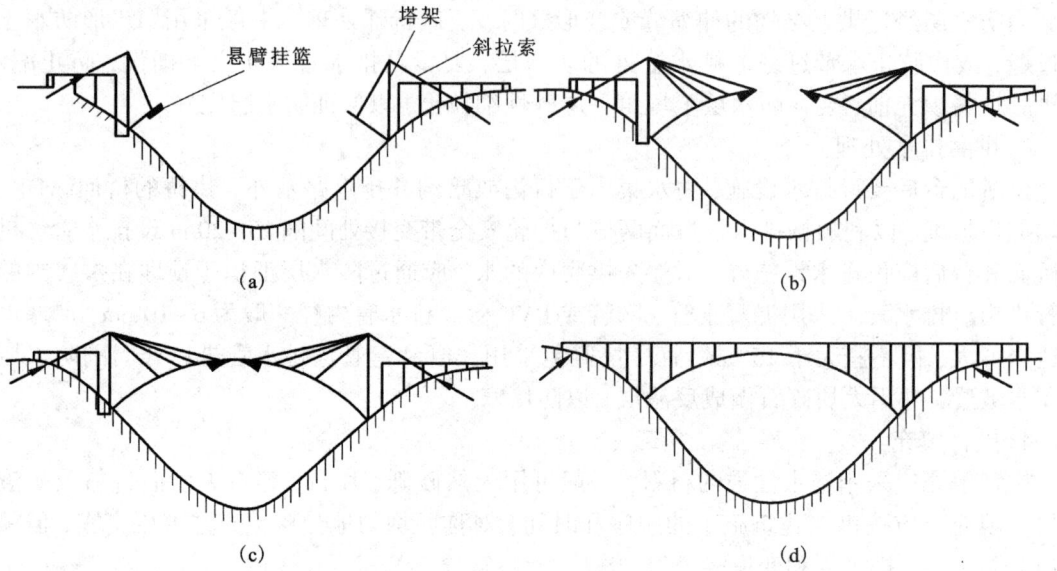

图 11-17　塔架、斜拉索及挂篮浇筑拱圈的施工工序示意图

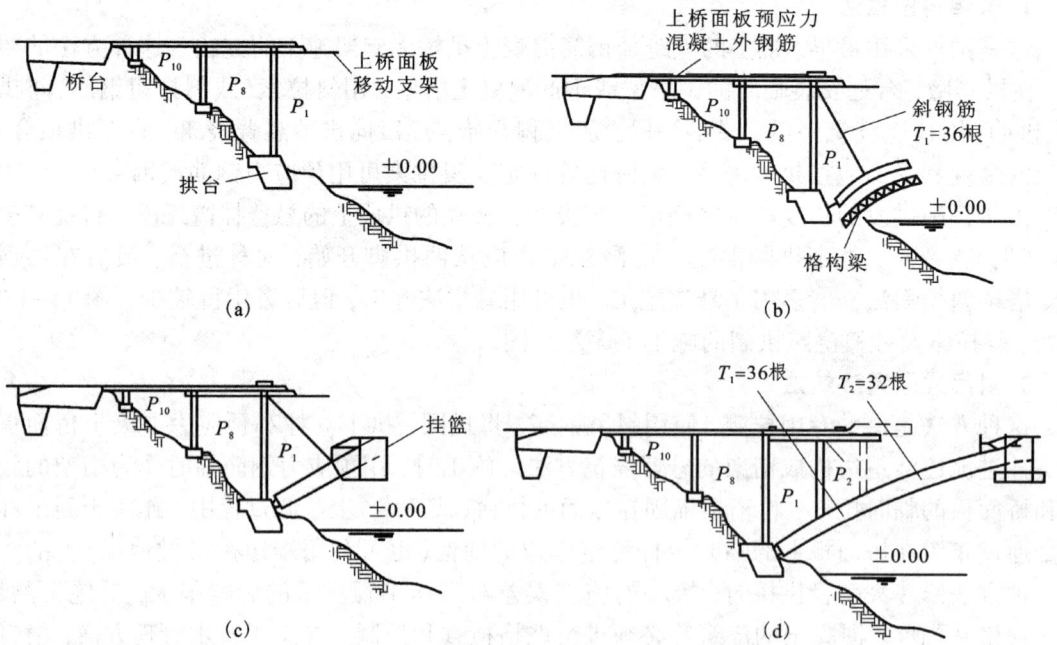

图 11-18　斜吊式悬臂浇筑法的主要施工步骤

一段拱圈。待此段混凝土达到要求强度后，在其上设置临时预应力拉杆，并撤去吊架，直接系吊于斜吊杆上，然后在其前端安装悬臂挂篮。

图 11-18（c）、图 11-18（d）为用挂篮逐段悬臂浇筑拱圈。当挂篮通过拱上立柱 P_2 位置后，须立即浇筑立柱 P_2 及 P_1 至 P_2 间的桥面板，然后用挂篮继续向前悬臂浇筑，直至通过下一个立柱后，再安装 P_1 至 P_2 间桥面板的临时拉杆及斜吊杆，并浇筑下一个立柱及其与前一个立柱之间的桥面板。每当挂篮前进一步，须将桥面板拉杆收紧一次。这样，一面用斜吊钢筋构成桁架，另一面向前悬臂浇筑，直至施工到拱顶附近，撤去挂篮，再用吊架浇筑拱顶合龙混凝土。

当拱圈为箱形截面时，每段拱圈施工应按箱形截面拱圈的施工程序进行浇筑。

为加快施工进度，拱上桥面板混凝土宜用活动支架逐孔浇筑。

11.2 装配式拱桥施工

梁桥上部的轻型化、装配化大大加快了梁桥的施工速度。要提高拱桥的竞争能力，拱桥也必须向轻型化和装配化的方向发展。从双曲拱桥至桁架拱桥、刚架拱桥、箱形拱桥、桁式组合拱桥、钢管混凝土拱桥，均将沿着这一方向发展。混凝土装配式拱桥主要包括双曲拱、肋拱、组合箱形拱、悬砌拱、桁架拱、钢管拱、刚架拱和扁壳拱等。

在无支架施工或脱架施工的各个阶段，拱圈（或拱肋）的截面强度和稳定性均有一定要求。但实际施工过程中拱圈（或拱肋）的强度和稳定性常低于成桥后的强度和稳定性，因此，拱圈（或拱肋）必须在预制、吊运、搁置、安装、合龙、裸拱卸架及施工加载等各个阶段进行强度和稳定性的验算，以确保桥梁安全和工程质量。对于在吊运、安装过程中的验算，应根据施工机械设备、操作熟练程度和可能发生的撞击等情况，考虑 1.2~1.5 的冲击系数。

在拱圈（或拱肋）及拱上建筑施工过程中，应经常对拱圈（或拱肋）进行挠度观测，以便控制拱轴线的线形。

目前在大跨径拱桥中，较多采用箱形截面，因此本节将着重介绍箱形截面拱桥的装配式施工。

为叙述方便，下面均以拱肋进行介绍，如无特殊说明，同样适合于板拱。

在本节以缆索吊装施工为例来介绍拱桥的装配式施工。

11.2.1 缆索吊装的应用

在峡谷或水深流急的河段上，或在通航的河流上，搭设支架是极为困难的。由于缆索吊装具有跨越能力大，水平和垂直运输机动灵活，适应性广，施工比较稳妥、方便等优点，因此其成为拱桥施工中使用最为广泛的方案。

采用缆索吊机吊装拱肋时，为在起重索的偏角不超过 15° 的限度内减少主索横向移动次数，可采用两组主索或增加主索塔架高度的方法施工。

在采用缆索吊装的拱桥上，为了充分发挥缆索的作用，拱上建筑也可以采用预制装配施工。缆索吊装对加快桥梁施工速度、降低桥梁造价等方面起到很大作用。图 11-19 为缆索吊装布置示意图。

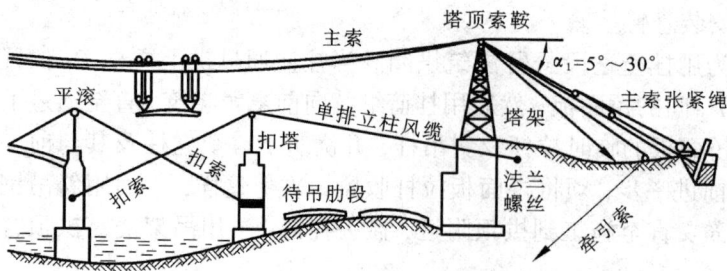

图 11-19 缆索吊装布置示意图

11.2.2 构件的预制、运输与堆放

1. 预制方法

1）拱肋构件坐标放样

装配式混凝土拱桥的拱肋坐标放样与有支架施工的拱肋坐标放样相同。

2）拱肋立式预制

采用立式浇筑方法预制拱肋，具有起吊方便、节省木材的优点。底模采用土牛拱胎密排浇筑时，能减小预制场地，是预制拱肋最常用的方法。该法尤其适用于大跨径拱桥。

（1）土牛拱胎立式预制。

该法施工方便，适用性较强。填筑土牛拱胎时，应分层夯实，宜在表面土中掺入适量石灰，并加以拍实，然后用模板套出圆滑的弧线，如图 11-20 所示。为便于固定侧模，拱胎表层宜按适当距离埋入横木，也可用粗钢筋或钢管固定侧模。

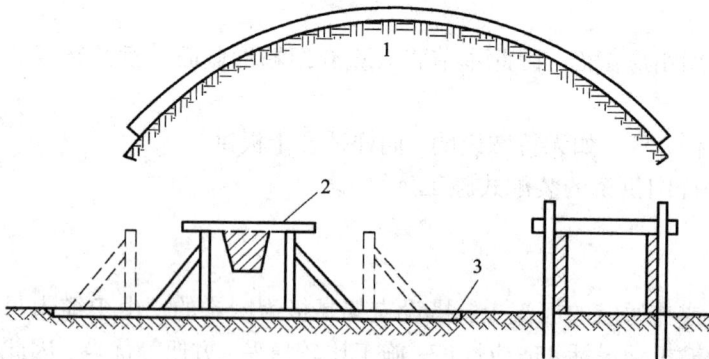

1—土牛拱胎；2—凹形拱肋扶手；3—横木。
图 11-20 土牛拱胎立式预制拱肋

（2）木架立式预制。

当取土及填土不方便时，可采用木支架进行装模和预制，但拆除支架时须注意拱肋的强度和受力状态，防止拱肋产生裂纹。

（3）条石台座立式预制。

条石台座由数个条石支墩、底模支架和底模等组成，如图 11-21 所示。

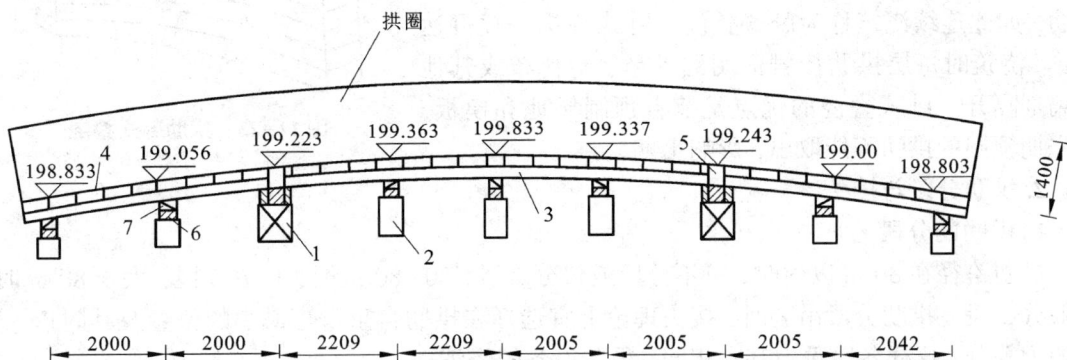

1—滑道支墩；2—条石支墩；3—底模支架；4—底模；5—船形滑板；6—木楔；7—混凝土帽梁。

图 11-21　条石台座（单位：高程以 m 计，其余以 mm 计）

3）拱肋卧式预制

卧式预制可使拱肋的形状和尺寸较易控制，特别是空心拱肋，在浇筑混凝土时操作方便，且节省木材，但起吊时容易损坏。卧式预制一般有下列几种方法。

（1）木模卧式预制。

预制拱肋数量较多时，宜采用木模，如图 11-22（a）所示。浇筑截面为 L 形或倒 T 形时（双曲拱拱肋），拱肋的缺口部分可用黏土砖或其他材料垫砌。

（2）土模卧式预制。

如图 11-22（b）所示，在平整好的土地上，根据放样尺寸，挖出与拱肋尺寸大小相同的土槽，然后将土槽壁仔细抹平、拍实，铺上油毛毡或铺筑一层砂浆，便可浇筑拱肋。虽然此法节省材料，但土槽开挖较费工且容易损坏，尺寸也不如木模精确，仅适用于预制少量的中小跨拱桥。

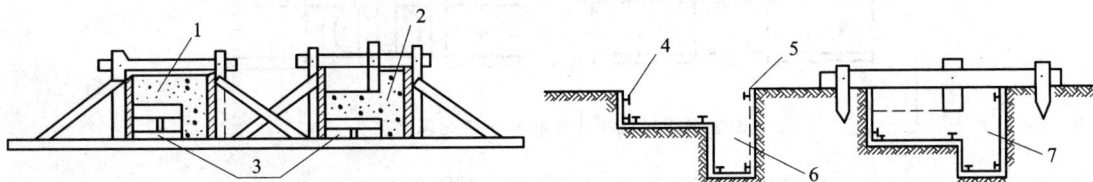

（a）木模卧式预制　　　　　　　　　　（b）土模卧式预制

1、6—边肋；2、7—中肋；3—砖砌垫块；4—圆钉；5—油毛毡。

图 11-22　拱肋卧式预制

（3）卧式叠浇。

如图 11-23 所示，采用卧式预制的拱肋混凝土强度达到设计强度的 30%后，在其上安装侧模，浇筑下一片拱肋，如此连续浇筑称为卧式叠浇。卧式叠浇一般可达 5 层。浇筑时每层拱肋接触面用油毛毡、塑料布或其他隔离剂隔开。卧式叠浇的优点是节省预制场地和模板，但先期预制的拱肋不能取出，影响工期。

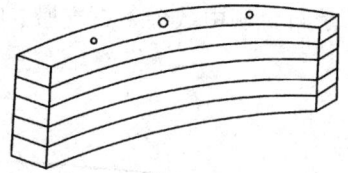

图 11-23　拱肋卧式叠浇

2. 拱肋分段与接头

1）拱肋的分段

拱肋跨径在 30 m 以内时，可不分段或仅分 2 段；30~80 m 时，可分 3 段；大于 80 m 时，一般分 5 段。拱肋分段吊装时，接头理论上宜选择在拱肋自重弯矩最小的位置及其附近，但一般为等分，这样各段重力基本相同，吊装设备较经济。

2）拱肋的接头形式

（1）对接接头。

为方便预制、简化构造，拱肋分两段吊装时多采用对接形式，如图 11-24（a）及图 11-24（b）所示。吊装时先使中段拱肋定位，再将边段拱肋向中段拱肋靠拢，以防中段拱肋搁置在边段拱肋上，增加扣索拉力及中段拱肋搁置弯矩。

对接接头在连接处为全截面通缝，要求接头的连接材料强度高，一般采用螺栓或电焊钢板等。

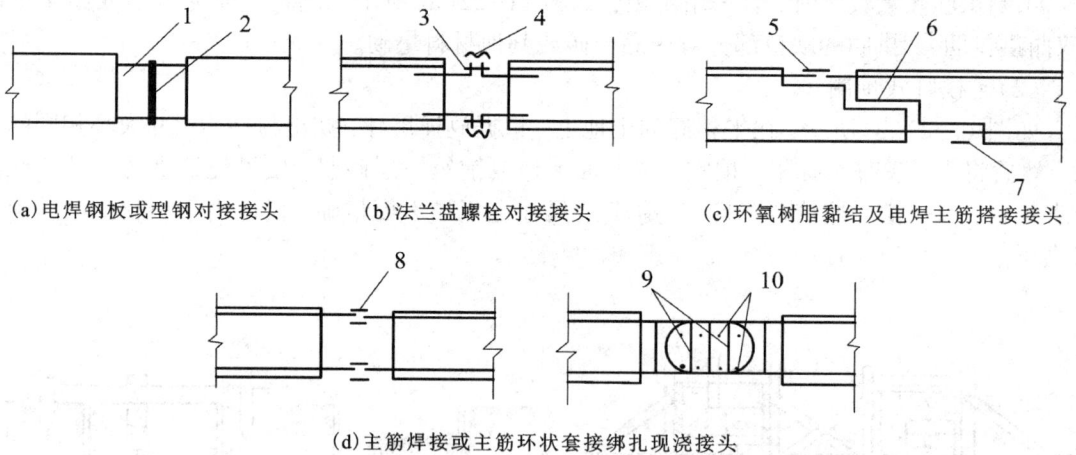

（a）电焊钢板或型钢对接接头　　（b）法兰盘螺栓对接接头　　（c）环氧树脂黏结及电焊主筋搭接接头

（d）主筋焊接或主筋环状套接绑扎现浇接头

1—预埋钢板或型钢；2—电焊缝；3—螺栓；4、5、7—电焊；
6—环氧树脂；8—主筋对接和绑焊；9—箍筋；10—横向插销。

图 11-24　拱肋接头形式

（2）搭接接头。

分 3 段吊装的拱肋，因接头处在自重弯矩较小的部位，一般宜采用搭接形式，如图 11-24（c）所示。拱肋吊装时，采用边段拱肋与中段拱肋逐渐靠拢的合龙工艺，拱肋通过搭接混凝土接触面来传递轴向力而快速成拱。然而中段拱肋部分质量搁置在边段拱肋上,扣索拉力和中段肋自重弯矩较大,设计扣索时必须考虑这种影响。分 5 段安装的拱肋,边段与次边段拱肋的接头也可采用搭接形式。

搭接接头受力较好,但构造复杂,预制也较困难,须用样板校对、修凿,确保拱肋安装质量。

(3)现浇接头。

用简易排架施工的拱肋,可采用主筋焊接或主筋环状套接绑扎现浇接头,如图 11-24(d)所示。

3)接头连接方法及要求

用于拱肋接头的连接材料,有电焊型钢、钢板或型钢螺栓、电焊拱肋钢筋、环氧树脂水泥胶等,其优缺点见表 11-1。

接头处的混凝土强度等级应比拱肋混凝土强度等级高一级。对连接钢筋、钢板(或型钢)的截面要求,通过计算确定。钢筋的焊缝长度,应满足《公路桥涵施工技术规范》(JTG/T 3650—2020)的有关规定。

表 11-1　用于拱肋接头的连接材料优缺点

连接材料	优点	缺点
电焊型钢	接头基本固结,强度高	钢材用量大,高空焊接量大,焊固后不能调整高程
钢板或型钢螺栓	拱肋合龙时不需要电焊,安装方便,可反复调整,接头能承受部分弯矩	拱肋预制精度要求高
电焊拱肋钢筋	拱肋受力具有连续性,钢材用量小,施工方便	拱肋钢筋未电焊前,接头不能承受拉力
环氧树脂水泥胶	加强接头混凝土接触面的黏结,填补钢结构的空隙	硬化时间不能受力,应严格控制配比,不能单独做连接措施

3. 拱座

拱肋与墩台的连接称为拱座。拱座主要有如图 11-25 所示的几种形式,其中插入式及方形拱座因构造简单、钢材用量小、嵌固性能好而被普遍采用。

4. 拱肋起吊、运输及堆放

1)拱肋脱模、运输、起吊时间的确定

装配式拱桥构件在脱模、移运、堆放、吊装时,混凝土的强度不应低于设计所要求的吊装强度;若无设计要求,一般不得低于设计强度的 75%;为加快施工进度,可掺入适量早强剂;在低温环境下,可用蒸汽养护。

2)场内起吊

拱肋移运、起吊时的吊点位置应按设计图上的设计位置实行,如设计图上无要求应结合拱肋的形状、拱肋截面内的钢筋布置,以及吊运、搁置过程中的受力情况综合考虑确定,以保证移运过程中的稳定安全。

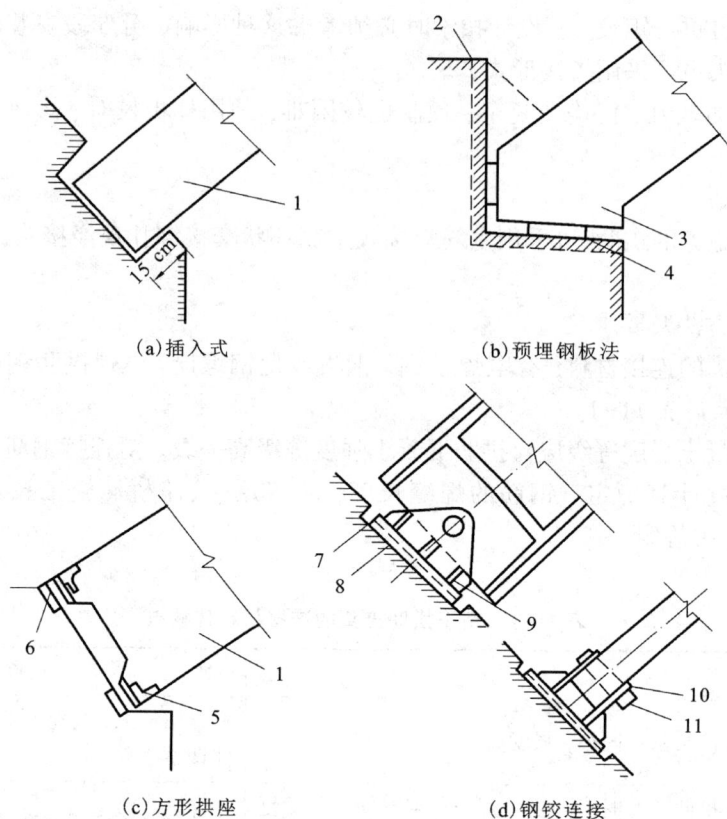

（a）插入式 （b）预埋钢板法

（c）方形拱座 （d）钢铰连接

1—拱肋；2—预留槽；3—肋座；4—铸铁垫板；5—预埋角钢；6、8—预埋钢板；
7—铰座底板；9—加劲钢板；10—铰轴支承；11—钢铰轴。

图 11-25　拱座形式

大跨径拱桥拱肋构件的脱模起吊一般采用龙门架，小跨径拱桥拱肋及小型构件可采用三角扒杆、马凳、吊车等。

3）场内运输（包括纵横移）

场内运输可采用龙门架、胶轮平板挂车、汽车平板车、轨道平车、船只等。

4）构件堆放

拱肋堆放时应尽可能卧放，特别是矢跨比小的构件（拱肋、拱块）。卧放时应垫三点，垫木位置应在拱肋中央及离两端 $0.15L$ 处，三个垫点应同高。如必须立放时，应搁放在符合拱肋曲度的弧形支架上，如无此种支架，则应垫搁三个支点，其位置在中央及距两端 $0.2L$ 处，各支点高度应符合拱肋曲度，以免拱肋折断。

堆放构件的场地应平整夯实，不积水。当因场地有限而采用堆垛时，应设置垫木。堆放高度依构件强度、地面承载力、垫木强度及堆放的稳定性而定，一般以 2 层为宜，不应超过 3 层。

构件应按吊运及安装次序堆放，并留适当通道，防止吊运难度加大。

11.2.3　吊装程序

根据拱桥的吊装特点,其一般吊装程序为:边段拱肋吊装及悬挂,次边段拱肋吊装及悬挂(对于 5 段吊装);中段拱肋吊装及拱肋合龙;拱上构件的吊装或砌筑安装等。

全桥拱肋的安装可按下列原则进行:

(1)单孔桥吊装拱肋顺序常由拱肋合龙的横向稳定方案决定;多孔桥吊装应尽可能在每孔合龙数片拱肋(一般不少于两片)后再推进。对于肋拱桥,在吊装拱肋时应尽早安装横系梁;为加强拱肋的稳定性,须设横向临时连接系,以加快施工进度。但合龙的拱肋片数所产生的单向推力应不超过桥墩的承受能力。

(2)对于高墩,应以桥墩的墩顶位移值控制单向推力,位移值应小于 $L/400$。

(3)设有制动墩的桥跨,可以制动墩为界分孔吊装,先合龙的拱肋可提前进行拱肋接头、横系梁及拱波等的安装工作。

(4)采用缆索吊装时,为减少主索的横向移动次数,可将每个主索位置下的拱肋全部吊装完毕后再移动主索。一般将起吊拱肋的桥孔安排在最后吊装,必要时该孔的最后几段拱肋可在两肋之间用"穿孔"方法起吊。

(5)为减少扣索往返拖拉次数,可按推进方向进行吊装。缆索吊装施工工序为:在预制场预制拱肋(箱)和拱上结构→将预制拱肋和拱上结构通过平车等运输设备移运到缆索吊装位置→将分段预制的拱肋吊运至安装位置→利用扣索对分段拱肋进行临时固定→吊装合龙段拱肋→对各段拱肋进行轴线调整→主拱圈合龙→拱上结构安装。

11.2.4　吊装准备工作

1)预制构件质量检查

预制构件起吊安装前必须进行质量检查,不符合质量标准和设计要求者不准使用,有缺陷者应予以修补再使用。

拱肋接头和端头应用样板校验,突出部分应予以凿除,凹陷部分应用环氧树脂砂浆抹平。接头混凝土接触面应凿毛,钢筋应除锈;螺栓孔应用样板套孔,如不合适应适当扩孔。拱肋接头及端头应标出中线。

应仔细检测拱肋上、下弦长,如与设计不符者,应将长度大的弧长凿短。拱肋在安装后如发生接合面张口现象,可在拱座和接头处垫塞钢板。

2)墩台拱座尺寸检查

墩台拱座混凝土面要修平,水平顶面高程应略低于设计值,预留孔长度应不小于计算值,拱座后端面应与水平顶面垂直,并与桥墩中线平行。在拱座面上应标出拱肋安装位置的台口线及中线,用红外线测距仪或钢尺(装拉力计)复核跨径,每个拱座均应至少丈量两次。用装有拉力计的钢尺丈量时,丈量结果要进行温度和拉力的修正。

3)跨径与拱肋的误差调整

每段拱肋预制时,拱背弧长宜小于设计弧长 0.5~10 cm,以使拱肋合龙时接合面保留上缘张口,便于嵌塞钢片和调整拱轴线。通过丈量和计算所得的拱肋长度和墩台之间净跨的施工误差,可在拱座处垫铸铁板加以调整,如图 11-26 所示。背调整垫板的厚度一般比计算值增加 1~12 cm,以缩短跨径。合龙后,应再次复核接头高程以修正计算中一些未考虑的因素和丈量误差。

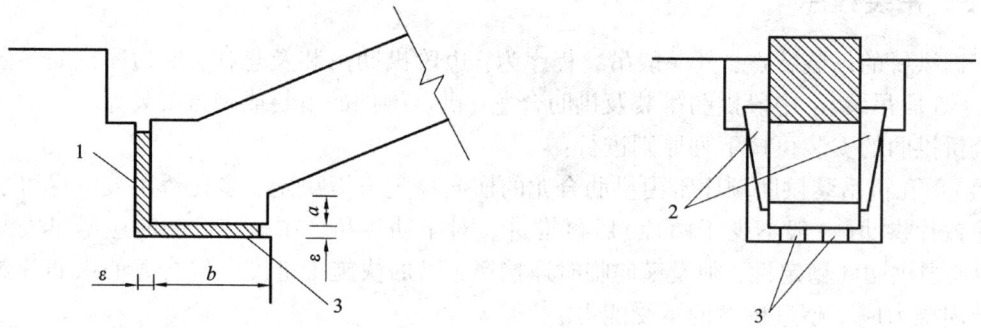

1—背调整垫板；2—左、右木模；3—底调整垫板。

图 11-26 拱肋施工误差的调整

11.2.5 缆索设备的试拉和试吊

缆索吊装设备在使用前必须进行试拉和试吊。

1）地锚试拉

一般每一类地锚取一个进行试拉。缆风索的土质地锚要求位移小，因此在有条件时宜全部试拉，使其预先完成一部分位移。可利用地锚相互试拉，受拉值一般为设计荷载的 1.3～1.5 倍。

2）扣索对拉

扣索是悬挂拱肋的主要设备，因此必须通过试拉来确保其可靠性。可将两岸的扣索用卸甲连在一起，将收紧索收紧进行对拉，这样可全面检查扣索、扣索收紧索、扣索地锚和动力装置等是否达到了要求。

3）主索系统试吊

主索系统试吊一般分为跑车空载反复运转、静载试吊和吊重运行 3 个步骤。待每一步骤检查、观测工作完成并无异常现象后，方可进行下一步骤。试吊重物可以利用钢筋混凝土预制构件、钢轨和钢梁等，一般按设计吊重的 60%、100%、130%，分几次进行。

试吊后应综合各种观测数据和检查情况，对设备的技术状况进行分析和鉴定，然后提出改进措施，确定能否进行正式吊装。

11.2.6 拱肋缆索起吊

拱肋由预制场运到主索吊点下后，一般用起重索直接起吊。当不能直接起吊时，可采用下列方法。

1）翻身

卧式预制拱肋在吊装前，需要翻身成立式，常用就地翻身和空中翻身两种方法。

（1）就地翻身。如图 11-27（a）所示，先用枕木垛将平卧拱肋架至一定高度，使其在翻身后两端头不碰到地面，然后用一根短千斤顶将拱肋吊点与吊钩相连，边起重拱肋，边翻身直立。

294

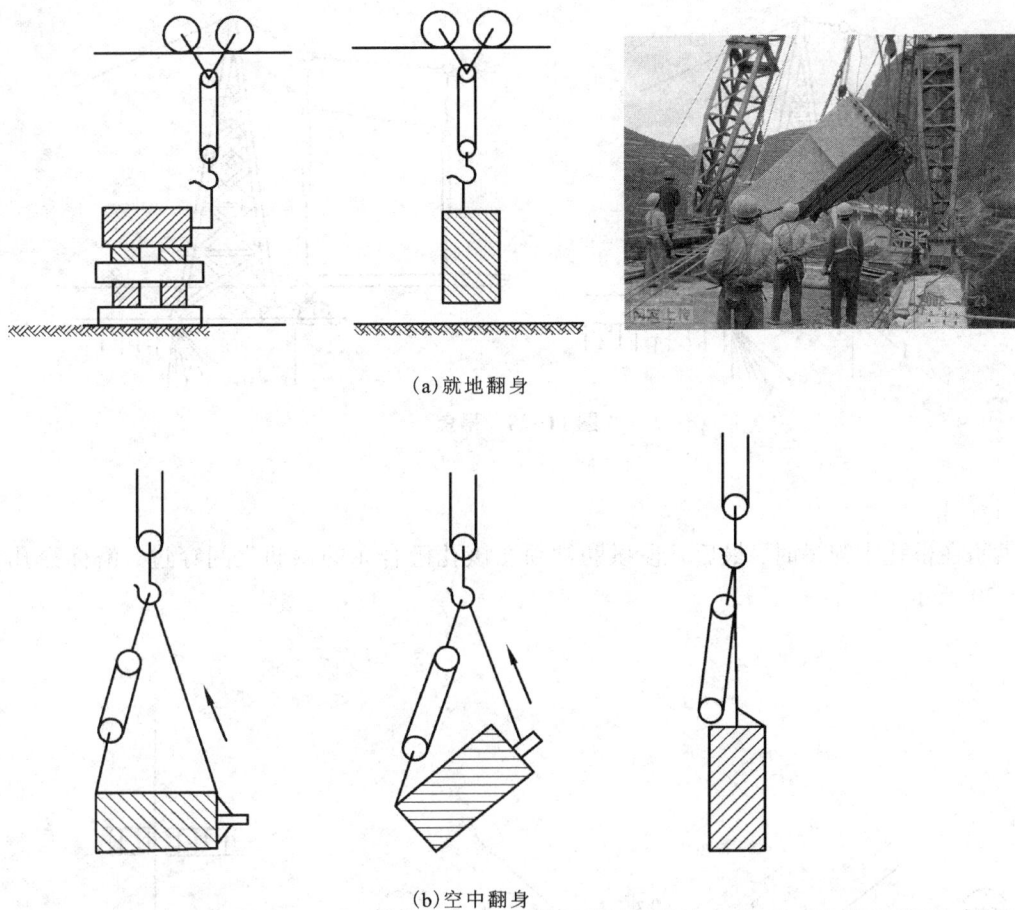

(a) 就地翻身

(b) 空中翻身

图 11-27　拱肋翻身

（2）空中翻身：如图 11-27(b) 所示，在拱肋的吊点处用一根串有手链滑车的短千斤顶穿过拱肋吊环，将拱肋兜住，挂在主索吊钩上，然后收紧起重索起吊拱肋。当拱肋起吊至一定高度时，缓慢放松手链滑车，使拱肋翻身为立式。

2）掉头

为方便拱肋预制，边段拱肋有时采用同一方向预制，这样，部分拱肋在安装时，掉头方法常因设备不同而异。

（1）在河中起吊时，可利用装载拱肋的船进行掉头。

（2）在平坦场地采用胶轮平车运输时，可将跑车与平车配合起吊将拱肋掉头。

（3）用一跑车吊钩将拱肋吊离地面约 50 cm，再人工拉动麻绳使拱肋旋转 180° 掉头放下，当一辆跑车承载力不够时，可在两辆跑车下另加一钢扁担起吊，旋转掉头。

3）吊鱼

如图 11-28 所示，当拱肋从塔架下面通过后，在塔架前起吊而塔架前场地不足时，可先用一辆跑车吊起一个吊点并向前牵出一段距离后，再用另一辆跑车吊起第二个吊点。

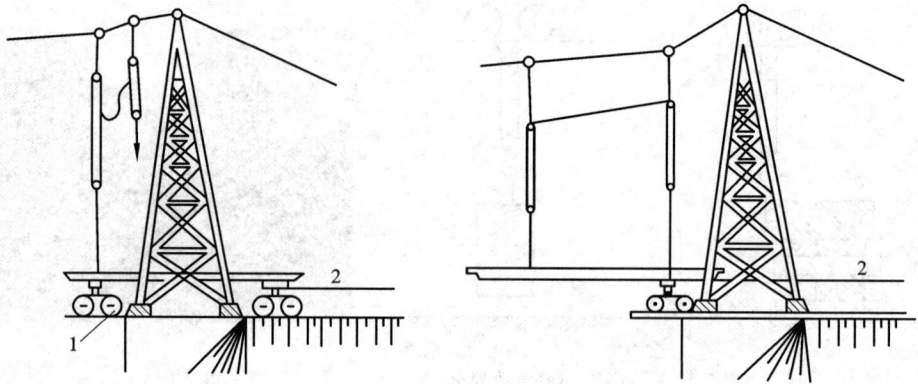

图 11-28 吊鱼

4）穿孔

拱肋在桥孔中起吊时，最后几段拱肋常须在该孔已合龙的拱肋之间穿过，俗称穿孔，如图 11-29 所示。

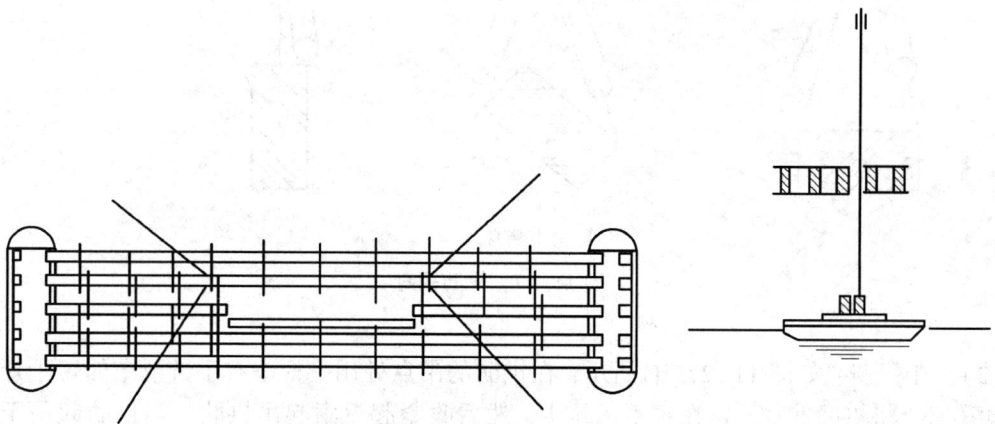

图 11-29 穿孔

穿孔前，应将穿孔范围内的拱肋横夹木暂时拆除，在拱肋两端另加稳定缆风索。穿孔时应防止碰撞已合龙的拱肋，故主索宜布置在两拱肋中间。

5）横移起吊

当主索布置在对中拱肋位置，不宜采用穿孔工艺起吊时，可以用横移索帮助拱肋横移起吊。

11.2.7　缆索吊装边段拱肋悬挂方法

在拱肋无支架施工中，边段拱肋及次边段拱肋均用扣索悬挂。扣索按支撑的结构物的位置和扣索本身的特点分为天扣、塔扣、通扣、墩扣等类型，可根据具体情况选用，也可混合使用。边段拱肋悬挂方法如图 11-30 所示。

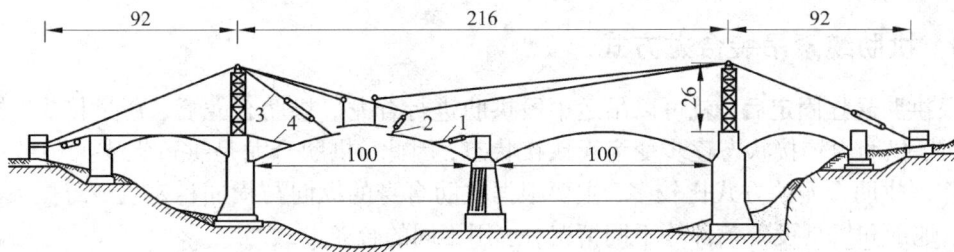

1—墩扣；2—天扣；3—塔扣；4—通扣。

图 11-30　边段拱肋悬挂方法(单位：m)

图 11-30 中扣索 1 锚固在桥墩上，简称墩扣；扣索 2 是用另一组主索跑车将拱肋悬挂在天线上，简称天扣；扣索 3 支承在主索塔架上，简称塔扣；扣索 4 一直贯通到两岸地锚前收紧，简称通扣。

扣索一般都设置有一对收紧滑轮组。在不同的悬挂方法中，收紧滑轮组的位置也各不相同。在墩扣和天扣中，其设置在拱肋扣点前；在通扣中，则设置在地锚前；在塔扣中，如用粗钢丝绳做扣索，为方便施工，收紧滑轮组设在两岸地锚前，如为单孔桥且扣索为细钢丝绳时，则收紧滑轮组设在塔架和拱肋扣点之间。

在横桥方向，按扣索和主索的相互位置的不同，可以有几种不同的悬挂就位方法，如图 11-31 所示。

在墩扣和通扣中，扣索和主索不在同一高度上，可采用正扣正就位和正扣歪就位方

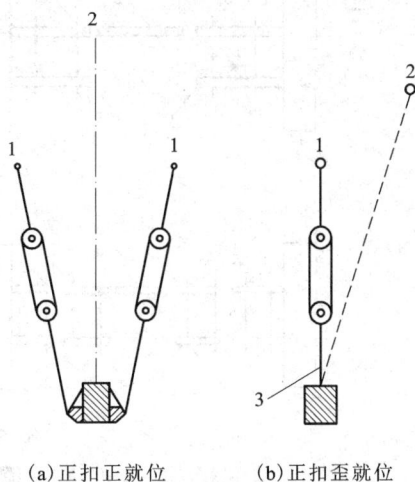

(a)正扣正就位　　　(b)正扣歪就位

1—扣索；2—主索；3—横移索。

图 11-31　拱肋悬挂就位方法

法施工。在塔扣和天扣中，由于扣索和主索均布置在塔架上，因此都采用正扣歪就位的方法施工。

11.2.8 拱肋缆索吊装合龙方式

边段拱肋悬挂固定后，就可以吊运中段拱肋进行合龙。拱肋合龙后，通过接头、拱座的联结处理，拱肋由铰接状态逐步变为无铰接状态，因此，拱肋合龙是拱桥无支架吊装中一项关键工作。拱肋合龙的方式比较多，主要根据拱肋自身的纵向与横向稳定性、跨位大小、分段多少、地形和机具设备条件等不同情况，选用不同的合龙方式。

1) 单基肋合龙

拱肋整根预制吊装或分两段预制吊装的中小跨径拱桥，当拱肋高度大于 $0.009L(L$ 为跨径)时，拱肋底面宽度为肋高的 $0.6\sim1.0$ 倍；在横向稳定系数不小于 4 时，可以进行单基肋合龙，嵌紧拱脚后，松索成拱，如图 11-32(a)所示。这时，其横向稳定性主要依靠拱肋接头附近所设的缆风索来加强，因此缆风索必须十分可靠。

单基肋合龙的最大优点是所需要的扣索设备少，相互干扰也少，因此也可用在扣索设备不足的多孔桥跨中。

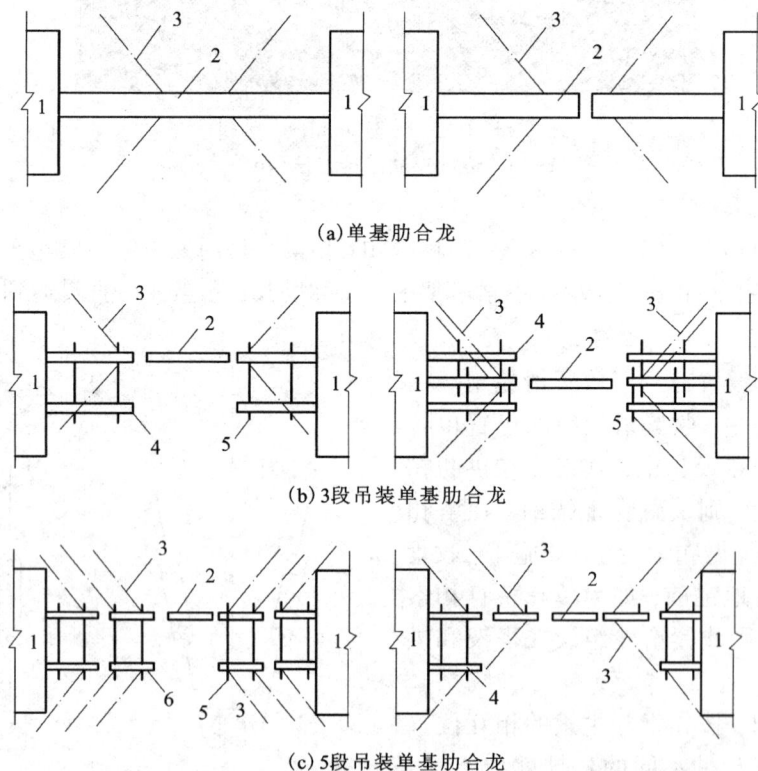

(a)单基肋合龙

(b)3段吊装单基肋合龙

(c)5段吊装单基肋合龙

1—墩台；2—基肋；3—风缆；4—拱脚段；5—横夹木；6—次拱脚段。

图 11-32 拱肋合龙示意图

298

2)悬挂多段拱脚段或次拱脚段拱肋后单基肋合龙

拱肋分 3 段或 5 段预制吊装的大、中跨径拱桥,当拱肋高度不小于跨径的 1/100 且其单肋合龙横向稳定安全系数不小于 4 时,可采用悬扣边段或次边段拱肋:用横夹木临时连接两拱肋后,设置稳定缆风索,单根拱肋合龙,成为基肋;待第 2 根拱肋合龙后,立即安装两肋拱顶段及次边段的横夹木,并拉好第 2 根拱肋的风缆,如横系梁采用预制安装,应将横系梁逐根安上,使两拱肋尽早形成稳定、牢固的基肋;其余拱肋的安装,可依靠与基肋的横向连接来达到稳定,如图 11-32(b)、图 11-32(c)所示。

3)双基肋同时合龙

当拱肋跨径大于等于 80 m 或虽小于 80 m 但单肋合龙横向稳定安全系数小于 4 时,应采用双基肋同时合龙的方法。即当第 1 根拱肋合龙并调整轴线,楔紧拱脚及接头缝后,松索压紧接头缝,但不卸掉扣索和起重索,然后将第 2 根拱肋合龙,并使两拱肋横向连接固定;拉好风缆后,再同时松卸两拱肋的扣索和起重索。这种方法需要两组主索设备。

4)留索单肋合龙

在采用两组主索设备吊装而扣索和卷扬机设备不足时,可以先用单肋合龙方式吊装一根拱肋合龙。待合龙的拱肋松索成拱后,将第 1 组主索设备中的牵引索、起重索用卡子固定,抽出卷扬机和扣索移到第 2 组主索中使用。等第 2 根拱肋合龙并将两根拱肋用横夹木横向连接、固定后,再松起重索并将扣索移到第 1 组主索中使用。

11.2.9 拱上构件吊装

主拱圈以上的结构部分均称为拱上构件。拱上构件的砌筑同样应按规定的施工程序对称、均匀地进行,以免产生过大的拱圈应力。为了能充分发挥缆索吊装设备的作用,可将拱上构件中的立柱、盖梁、行车道板、腹拱圈等做成预制构件,用缆索吊装施工,以加快施工进度。但因这些构件尺寸小、质量轻、数量多,其吊装方法与吊装拱肋的方法有所不同。常用的吊装方法如下。

1. 运入主索下起吊

这种方法适用于主索跨度范围内有起吊场地时的起吊。它是将构件从预制场运到主索下,由跑车直接起吊安装。

1)墩台上起吊

预制构件只能运到墩、台两旁,先利用辅助机械设备,如摇头扒杆、履带吊车等将构件吊到墩、台上,然后由跑车进行起吊安装。

2)横移起吊

当地形和设备都受到限制时,必须在横移索的辅助下将跑车起吊设备横移到桥跨外侧的构件位置上起吊。使用这种起吊方式时,对于腹拱圈,可以直接起吊安装;对于其他构件,则须先吊到墩、台上,再起吊安装。

2. "横扁担"吊装法

由于拱上构件数目多、横向安装范围广,为减少构件横移就位工作,加快施工进度,可采用"横扁担"装置进行吊装。

1)构造形式

"横扁担"装置可以就地取材,采用圆木或型钢等制作,其构造形式如图 11-33 所示。

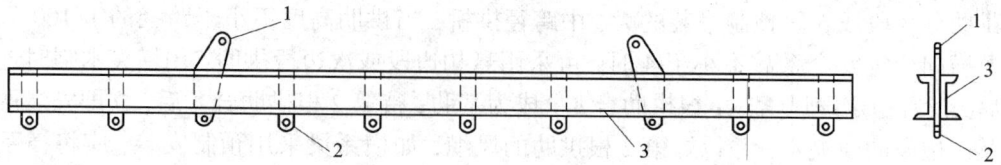

1—起吊板；2—构件吊装点；3—槽钢扁担梁。

图 11-33 "横扁担"构造图

2）主索布置

根据拱上构件的吊装特点，主索一般有以下 3 种布置形式：

（1）将主索布置在桥的中线位置上，跑车前后布置，并用千斤索联结。每辆跑车的吊点上安装一副"横扁担"，如图 11-34 所示。这种布置比较简单，多用在一组主索的桅杆式塔架的吊装方案中。但其吊装的稳定性较差，起吊构件须左右对称、质量相等。

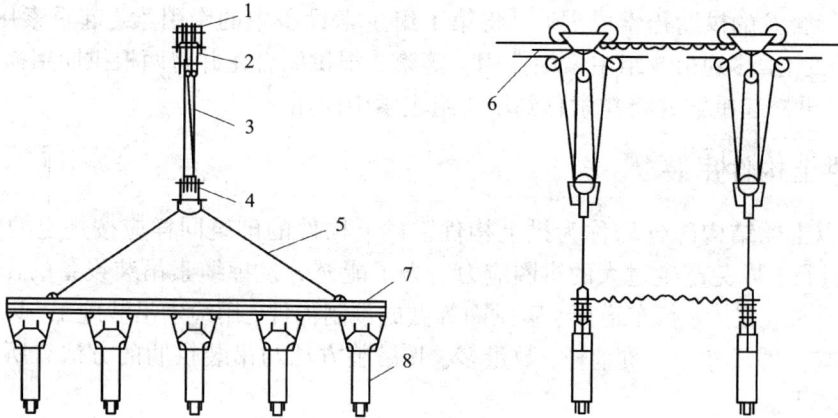

1—跑车；2—主索；3—起重索；4—吊点；5—千斤索；6—牵引索；7—"横扁担"；8—构件。

图 11-34 一组主索吊装

（2）将一根主索分成两组布置，每组主索上安置一辆跑车，横向并联起来。"横扁担"装置直接挂在两跑车的吊点上，如图 11-35 所示。这种吊装的稳定性好，吊装构件不一定要求均匀对称，灵活性大，但主索布置工作量稍大，且只能安装一副"横扁担"。

（3）在双跨缆索吊装中，将两跑车拆开，每一跨缆索中安装一辆，用一根长钢丝绳联结起来（钢丝绳长度等于两跨中较大一跨的长度）。这种布置，两跑车只能平行运行，因此两跨不能同时吊装构件，如图 11-36 所示。

3）吊装

用"横扁担"吊装时，应根据构件的不同形状和大小采取不同的吊装方法。对于短立柱，可直接直立吊运；对于长立柱，因受到吊装高度的限制，须先进行卧式吊运，待运到安装位置后，再竖立起来，放下立柱的下端进行安装；对于盖梁，一般可直接采用卧式吊运和安装的方法；对腹拱圈、行车道板的吊装，为减小立柱所承受的单向推力，应在横桥方向上分组，沿桥跨方向逐次安装。

300

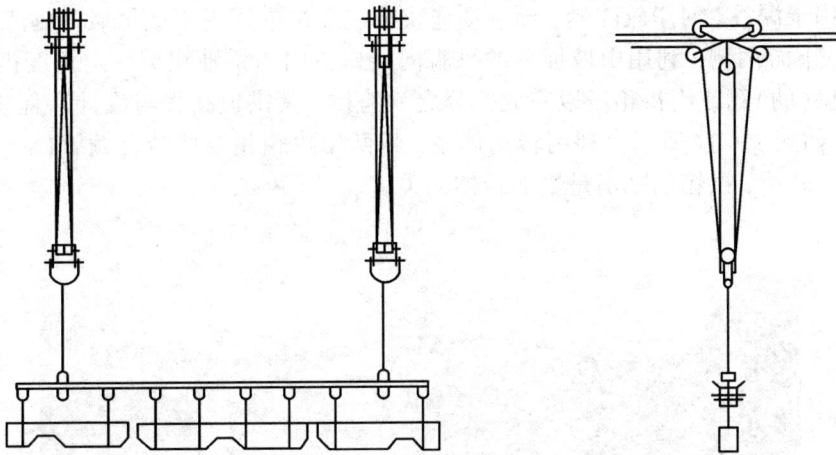

图 11-35 两组主索吊装

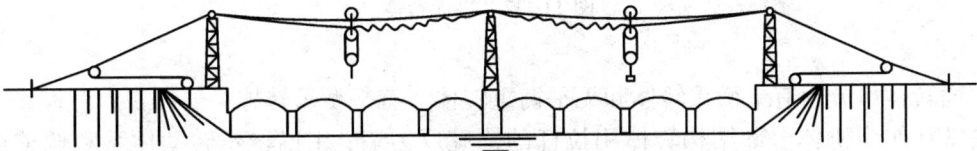

图 11-36 双跨主索单跑车吊运

11.3 转体施工法

11.3.1 概述

转体施工法一般适用于单孔或三孔拱桥的施工。其基本原理为：将拱圈或整个上部结构分为两个半跨，分别在河流两岸利用地形或简单支架现浇或预制装配半拱，然后利用一些机具设备和动力装置将其两半跨拱体转动至桥轴线位置(或设计高程)并合龙成拱。转体施工法的特点为：结构合理，受力明确，节省施工用材，减少安装架设工序，变复杂的、技术性强的水上高空作业为岸边陆上作业，施工速度快，不但施工安全、质量可靠，而且在通航河道或车辆频繁的跨线立交桥的施工中可不干扰交通、不间断通航，减少对环境的损害，减少施工费用和机具设备，是具有良好的经济效益和社会效益的桥梁施工方法之一。近年来，钢管混凝土拱桥在国内快速发展，为钢管混凝土拱桥转体施工法创造了有利条件。

转体的方法可以采用平面转体、竖向转体、平竖结合转体，目前已应用在拱桥、梁桥、斜拉桥、斜腿刚架桥等不同桥型上部结构的施工中。

1. 平面转体

该法适用于深谷、河岸较陡峭、预制场地狭窄或无法采用现浇或吊装的施工现场。在桥墩、台的上、下游两侧，利用山坡地形的拱脚向河岸方向与桥轴线呈一定角度搭设拱架，在拱架上现浇拱(肋)箱或组拼箱段以完成二分之一跨拱，其拱顶高程与设计高程相同(应设置预留高度)，如图 11-37 所示。利用转动体系，将两岸拱箱相继旋转合龙就位。要使得拱箱平衡稳定旋转就位，拱箱的平衡是平面转体的关键。

图 11-37　平面转体

平面转体可分为有平衡重转体和无平衡重转体。有平衡重转体一般以桥台背墙作为平衡重，并以其作为桥体上部结构转体用拉杆的锚碇反力墙，用以稳定转动体系和调整重心位置。为此，平衡重部分不仅在桥体转动时用作平衡重量，还要承受桥梁转体重量的锚固力。无平衡重转体则不需有一个作为平衡重的结构，而是以两岸山体岩土锚洞作为锚碇来锚固半跨桥梁悬臂状态时产生的拉力，并在立柱下端设转盘，通过转动体系进行平面转体。该法主要适用于刚构桥、斜拉桥、钢筋混凝土拱桥及钢管拱桥。

2. 竖向转体

该法适用于桥址地势平坦、桥孔下无水或水浅的情况，在一孔中的两端桥墩、台从拱座开始顺桥向各搭设半孔拱架(或土拱胎)，在其上现浇或组拼拱箱(肋或钢管肋)，利用敷设在两岸桥台(或墩)上的扣索(扣索一端系在拱顶端，另一端通过桥台或墩顶进入卷扬机)，先收紧一端扣索，拱箱(肋)即以拱座铰为中心，竖直旋转，使拱顶达到设计高程。再以同样方法收紧另一端扣索，合龙，如图 11-38 所示。

根据河道情况、桥位地形和自然环境等方面的条件和要求，竖向转体施工有以下两种方式：

(1)竖直向上预制半拱，然后向下转动成拱。其特点是施工占地少，预制可采用滑模施工，工期短，造价低。需注意的是，在预制过程中应尽量保持半拱轴线垂直，以减小新浇混凝土重力对尚未凝结混凝土产生的弯矩，并在浇筑一定高度后加设水平拉杆，以避免因拱形曲率影响而产生的较大弯矩和变形。

(2)在桥面以下俯卧预制半拱，然后向上转动成拱。其主要适用于转体重量不大的拱桥或某些桥梁预制部件(塔、斜腿、劲性骨架)。

图 11-38　竖向转体

3.平竖结合转体

　　由于受到河岸地形条件的限制，拱桥采用转体施工时，可能遇到既不能按设计高程处预制半拱，也不可能在桥位竖平面内预制半拱的情况(如在平原区的中承式拱桥)。此时，拱体只能在适当位置预制后既平转又竖转才能就位。这种平竖结合转体的基本方法与前述相似，但其转轴构造较为复杂。当地形、施工条件适合时，混凝土肋拱、刚架拱、钢管混凝土可选用此法施工。

11.3.2　有平衡重的平面转体施工

　　有平衡重的平面转体施工的特点是转体重量大，施工的关键是转体。要使数百吨重的转动体系顺利、稳妥地转到设计位置，主要依靠以下两项措施实现：一是正确的转体设计；二是制作灵活可靠的转体装置，并布设牵引驱动系统。目前，国内使用的转体装置有两种，都是通过了转体实践考验的、行之有效的方法。第一种是以四氟乙烯作为滑板的环道平面承重转体，第二种是以球面转轴支承辅以滚轮的轴心承重转体，如图 11-39 所示。

　　第一种转体装置是利用了四氟材料摩擦系数特别小的物理特性，使转体成为可能。根据试验资料，四氟板之间的静摩擦系数为 0.035~0.055，动摩擦系数为 0.025~0.032，四氟板与不锈钢板或镀铬钢板之间的摩擦系数比四氟板间的摩擦系数要小，一般静摩擦系数为 0.032~0.051，动摩擦系数为 0.021~0.032，而且随着正压力的增大而减小。

　　第二种转体装置是用混凝土球面铰作为轴心承受转动体系重力，四周设保险滚轮，转体设计时要求转动体系的重心落在轴心上。这种装置一方面由于铰顶面涂了二硫化钼润滑剂减小了牵引阻力，另一方面由于牵引转盘直径比球面铰的直径大许多倍，而且又用了牵引增力滑轮组，故转体也是十分方便可靠的。我国桥梁转体施工的实践证明：桥梁转体施工不但在理论上是可行的，而且实际施工中也是容易实现的。

　　牵引驱动系统通常由卷扬机(绞车)、倒链、滑轮组、普通千斤顶等机具组成。近来又出现了采用自动连续顶推系统作为转体动力设备的实例，其特点为：转体能连续、同步、匀速、平稳且一次到位，结构紧凑，占地少，施工方便。

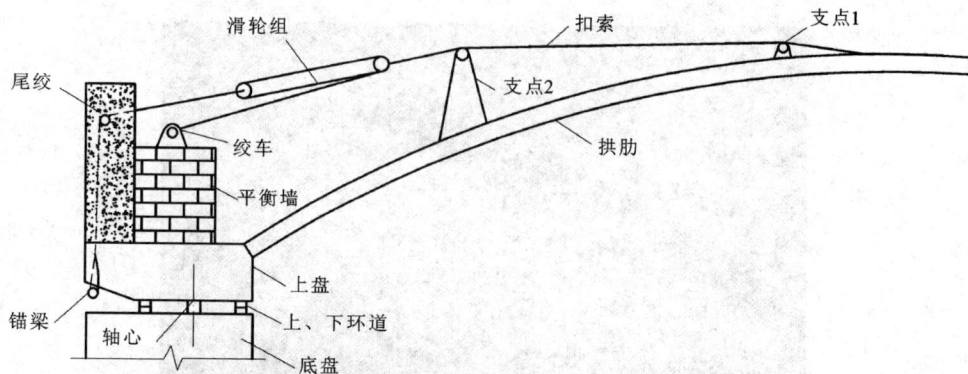

(a)四氟乙烯滑板环道转体

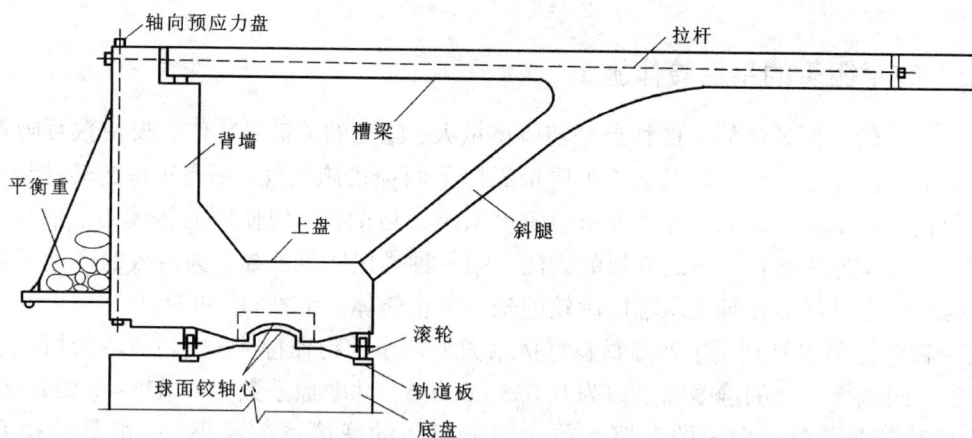

(b)球面转轴辅以滚轮转体

图 11-39 转动装置

1. 转动体系的构造

从图 11-39 中可知，转动体系主要由底盘、上盘、背墙、桥体上部构造、锚扣系统、拉杆（或拉索）、环道等组成。

1）底盘和上盘

底盘和上盘都是桥台基础的一部分。底盘固定，上盘与转体形成整体并可在底盘上旋转，从而实现拱体转动。通常选用中心单支承式转盘，底盘和上盘之间设有能使其相互间灵活转动的转体装置,底盘上方设置下环道和轴座,或者轨道板和球铰,上盘下方设置上环道和轴帽,或者滚轮和铰盖。

2) 背墙

背墙一般就是桥台的前墙,它不但是转动体系的平衡重,而且是转体阶段桥体的锚碇反力墙。

3) 桥体上部构造

拱体可以是半跨拱肋(箱),也可以是完成拱上立柱的半跨结构,对桁架拱、刚构拱则是半跨拱片。

4) 锚扣系统

设置锚扣系统的目的是把支承在支架、环道、滚轮上的拱体、上盘与背墙全部联结成一个转动体系并脱离其周边支承,形成一个支承在转动轴心或铰上的悬空平衡体。

(1) 外锚扣体系。

外锚扣体系适用于箱(肋)拱、钢管混凝土拱等,如图 11-40 所示。该体系在接近拱顶截面中线处设置横梁、上系扣索,以承受半拱水平力。扣索通过设于拱背适当部位的钢支架锚于上盘顶部的顶梁上,顶梁的前方设有锚梁,锚梁借助尾铰锚固于转盘尾部。锚梁与顶梁之间设有千斤顶,以调整扣索拉力和使半拱脱离支架而呈悬空状。

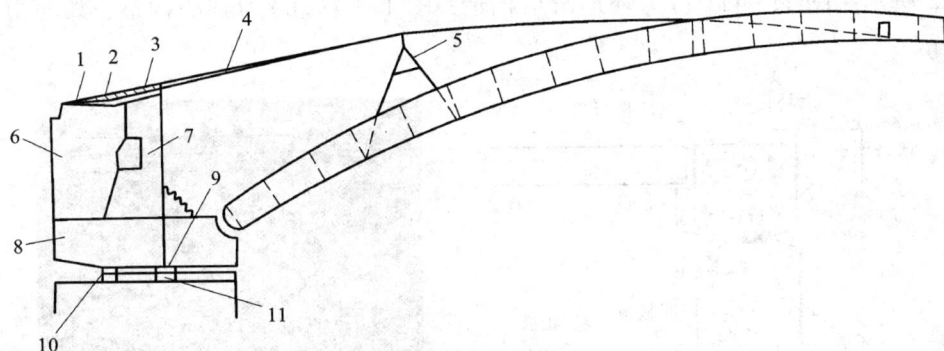

1—尾索;2—顶梁;3—锚索;4—扣索;5—钢架;6—平衡重;
7—墩身;8—转盘上板;9—轴心;10—环道;11—中心支承。
图 11-40　外锚扣体系示意图

(2) 内锚扣(上弦预应力钢筋)体系。

内锚扣体系适用于桁架拱、刚构拱等,它是以结构本身或在其杆件内部穿入拉杆作为扣杆的,如图 11-41 所示。

当采用内、外锚扣体系时,应满足《公路桥涵施工技术规范》(JTG/T 3650—2020)有关规定。

(3) 自平衡体系。

刚构梁式桥、斜拉桥为不需设锚扣的自平衡体系。

5) 拉杆(或拉索)

拉杆一般就是拱桥的上弦杆(桁架拱、刚架拱),或是临时设置的体外拉杆钢筋(或扣索钢丝绳)。拉杆(或拉索)是保证转体平衡的重要部件,其截面由扣力大小决定。

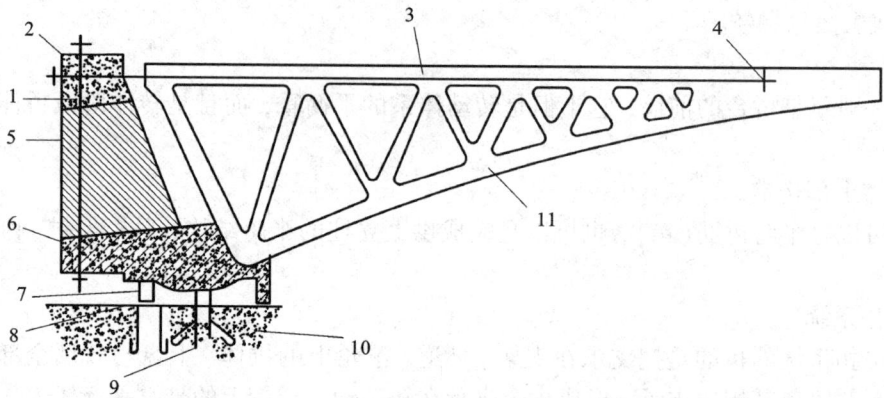

1—竖直螺杆；2—台帽；3—水平螺杆；4—实腹系点；5—台背；6—上转盘；
7—保险滚轮；8—轨道板；9—钢管圆头转轴；10—下盘；11—桁架。

图 11-41　内锚扣体系示意图

6）环道

（1）聚四氟乙烯滑板环道。

这是一种平面承重转体装置，由设在底盘和上盘间的轴心和环形滑道组成，具体构造如图 11-42 所示。图 11-42（a）为环形滑道构造；图 11-42（b）为轴心构造，其间由扇形板联结。

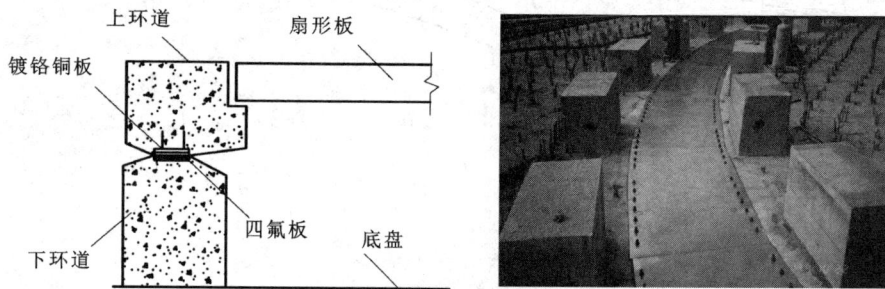

（a）环形滑道构造

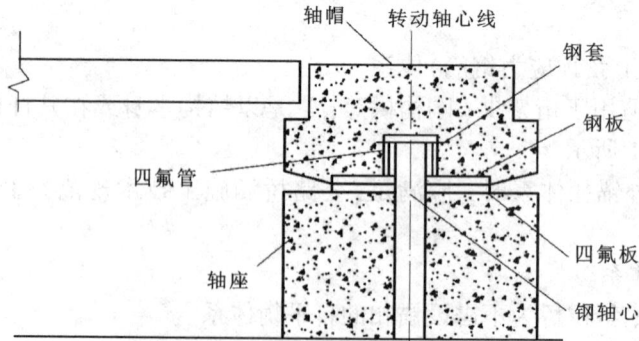

（b）轴心构造（由扇形板联结）

图 11-42　聚四氟乙烯滑板环道构造图

①环形滑道是一个以轴心为圆心，直径为 7~8 m 的圆环形混凝土滑道，宽为 0.5 m，上、下滑道高度约为 0.5 m。下环道混凝土表面要既平整又粗糙，以利于铺放 80 mm 宽的环形四氟板，上环道底面嵌设宽 100 mm 的镀铬钢板。最后用扇形预制板把轴帽和上环道连成一体，并浇上盘混凝土，这就形成了一个可以在转轴和环道上灵活转动的上盘。

这种装置平稳、可靠、承载力大，转动体系的重心与底盘轴心可以允许有一定数量的偏心值，适用于转体重力大、转动体系重心高的结构。

②转盘轴心由混凝土轴座、钢轴心和轴帽等组成。轴座是一个直径为 1.0 m 左右的 C25~C50 钢筋混凝土矮墩，它不但对固定钢轴心起着定位作用，而且支承上盘部分重力。合金钢轴心直径为 0.1 m，长为 0.8 m，下端 0.6 m 固定在混凝土轴座内，上端露出 0.2 m 车光镀铬，外套 10 mm 厚的聚四氟乙烯管。在轴座顶面铺四氟板，在四氟板上放置直径为 0.6 m 的不锈钢板，再套上外钢套。外钢套顶端封固，下缘与钢板焊牢，浇筑混凝土轴帽，凝固脱模后轴帽即可绕钢轴心旋转自如。

（2）球面铰辅以轨道板和钢滚轮（或移动千斤顶）。

这是一种以铰为轴心承重的转动装置。它的特点是整个转动体系的重心必须落在轴心铰上，球面铰既起定位作用，又承受全部转体重力，钢滚轮（或移动千斤顶）只起稳定保险作用。球面铰可以分为半球形钢筋混凝土铰、球缺形铰、钢球缺铰。前两种由于直径大，故能承受较大的转体重力。

各种球面铰辅以轨道板和钢滚轮构造如图 11-43 所示。

2. 拱体预制

拱体预制应按设计桥型、两岸地形情况，设置适当的支架和模板（或土胎模），预制应按《公路桥涵施工技术规范》（JTG/T 3650—2020）有关规定进行，同时还应注意以下两点：

（1）充分利用地形，合理布置场地，使拱体转动角度小，支架或土胎用料少，易于设置转动装置。

（2）严格控制拱体各部分高程、尺寸，特别要控制好转盘施工精度。

3. 转体拱桥的施工

有平衡重平面转体拱桥的主要施工程序如下：

制作底盘→制作上盘→试转上盘到预制轴线位置→浇筑背墙→浇筑主拱圈上部结构→张拉拉杆，使上部结构脱离支架，并和上盘、背墙形成一个转动体系，通过配重基本把重心调到轴心处→牵引转动体系，使半拱平面转动合龙→封上盘和底盘，夯填桥台背土，封拱顶，松拉杆，实现体系转换。

1）制作底盘（以钢球面铰为例）

底盘设有轴心（磨心）和环形轨道板，轴心起定位和承重作用。轴心顶面上的球面形钢铰上盖要加工精细，使接触面为 70% 以上。钢铰与钢管焊接时，焊缝要交错间断并辅以降温，防止变形。轴心定位要反复核对，轨道板要求高差在 ±1 mm 以内。注意底盘与混凝土应接触密实，不能有空隙。

2）制作上盘

在轨道板上按设计位置放好承重滚轮，滚轮下面垫有 2~3 mm 厚的小薄铁片，当上盘转动后此铁片即可取出，这样便可在滚轮与轨道板间形成一个 2~3 mm 的间隙。这是保证转动体系的重力压在轴心上而不压在滚轮上的一个重要措施。它还可用来判断滚轮与轨道板接触

（a）球面铰

（b）轨道板和滚轮

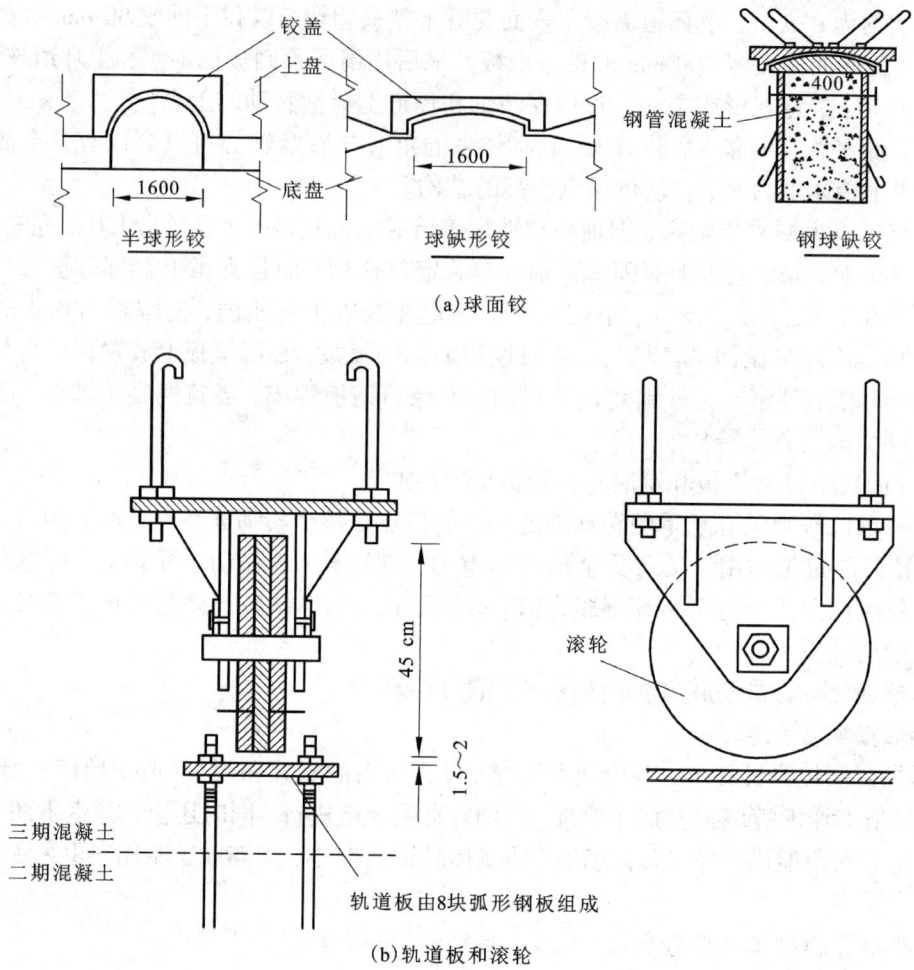

图 11-43　球面铰辅以轨道板和钢滚轮构造图

的松紧程度，调整重心。滚轮通过小木盒保护定位后，可用砂模或木模做底模，在滚轮支架顶板面涂以黄油、在钢球铰上涂以二硫化钼做润滑剂，盖好上铰盖并焊上锚筋，绑扎上盘钢筋，预留灌封盘混凝土的孔洞，即可浇上盘混凝土。

3）布置牵引系统的锚碇及滑轮，试转上盘

该步骤要求主牵引索基本在一个平面内。上盘混凝土强度达到设计要求后，在上盘前方或后方配临时平衡重，把上盘重心调到轴心处，最后牵引上盘到预制拼装上部构造的轴线位置。第一次试转，一方面它可检查、试验整个转动牵引系统，另一方面也是正式开始预制拼装上部结构前的一道工序。为了使牵引系能够供正式转体时使用，布置转向轮时，应使其连线通过轴心且与轴心距离相等，这样求得正式转体时的牵引力也是一对平行力偶。

4）浇筑背墙

上盘试转到上部构造预制轴线位置后，即可准备浇筑背墙。背墙往往是一个重量很大的实体，为了使新浇筑背墙与原来的上盘形成一个整体，必须有一个坚固的背墙模板支架。为

308

了保证墙上部截面的抗剪强度(主要指台帽处背墙的横截面),应尽量避免在此处留施工缝(如一定要留,也应使所留斜面往外倾斜),也可另用竖向预应力来确保该截面的抗剪安全。

5)浇筑主拱圈上部结构

可利用两岸地形作为支架土模,也可采用扣件式钢管作为满堂支架,以节约木材。扣件式钢管能方便地形成所需的拱底弧形,不必截断钢管,可以重复周转使用。为防止混凝土收缩和支架不均匀沉降产生的裂缝,浇半跨主拱圈时应按规范留施工缝。

主拱圈也可采用简易支架,用预制构件组装的方法搭建。

6)张拉拉杆,使上部结构脱离支架,并和上盘、背墙形成一个转动体系,通过配重基本把重心调至轴心

当主拱圈混凝土达到设计强度后,即可进行安装拉杆钢筋、张拉脱架等工序。为了确保拉杆的安全可靠,要求每根拉杆钢筋都进行超荷载 50%的试拉。正式张拉前,应先张拉背墙的竖向预应力筋,再张拉拉杆。在实际操作中,应反复张拉 2~3 次,使各根钢筋受力均匀。为了防止横向失稳,要求两台千斤顶的张拉合力在拱桥轴线位置,不得有偏心。

通过张拉,把支承在支架、滚轮、支墩上的上部结构与上盘、背墙全部联结成一个转动体系,最后脱离其支承,形成一个悬空的平衡体系,并支承在轴心铰上。这是一个十分重要的工序,它将检验转体阶段的设计和施工质量。当拱圈全部脱离支架悬空后,上盘背墙下的支承钢木楔也陆续松脱,根据楔子与滚轮的松紧程度加片石调整重心,或以千斤顶辅助拆除全部支承楔子,让转动体系悬空静置 1 d,观测各部变形有无异常并检查牵引体系等,均确认无误后,即可开始转体。

7)牵引转动体系,使半拱平面转动合龙

把第一次试转时的牵引绳按相反的方向重新穿索、收紧,即可开始正式转体。为使其平稳转体,应控制角速度为 0.5 rad/min。当快合龙时,为防止转体超过轴线位置,应采用简易的反向收紧绳索系统,用手拉葫芦拉紧后再慢慢放松,并在滚轮前微量松动木楔的方法徐徐就位。

轴线对中以后,接着进行拱顶高程调整,以误差符合要求,合龙接口允许相对偏差为 ±1 cm,在上盘和底盘之间用千斤顶能很方便地实现拱顶升降,只是应先把前、后方向的滚轮拆除,并在上盘和底盘四周用混凝土预制块或钢楔等瞬时合龙措施将其楔紧、楔稳,以保证轴线位置不再变化。拱顶最后的合龙高程应该考虑桥面荷载及混凝土收缩、徐变等因素产生的挠度,并留够预拱度。当合龙温度与设计要求偏差 3 ℃或影响高程差的绝对值大于 1 cm 时,应计算温度的影响。轴线与高程调整至符合要求后,即可将拱顶钢筋用钢条焊接,以增加稳定性。

8)封上盘和底盘,夯填桥台背土,封拱顶,松拉杆,实现体系转移

封盘混凝土的坍落度宜选用 17~20 cm,且各边应宽出桥台 20 cm,要求灌注的混凝土从四周溢流,上盘和底盘间密实。封盘后接着浇筑桥台后座,当桥台后座达到设计要求强度后,即可选择夜间气温较低时浇封拱顶接头混凝土,待其达到设计要求后,分批、分级松扣,拆除扣锚索,实现桥梁体系的转化,完成主拱圈的施工。主拱圈完成后,即是常规的拱上建筑施工和桥面铺装,不再赘述。

11.3.3　无平衡重的平面转体施工

采用有平衡重转体施工修建拱桥，转动体系中的平衡重一般选用桥台背墙，但随着桥梁跨径的增大，需要的平衡重急剧增加，不但桥台不需如此巨大坞工，而且转体重量太大也增加了转体难度。与有平衡重转体相比，无平衡重转体施工是把有平衡重转体施工中的拱圈扣索拉力锚在两岸岩体中，从而节省了庞大的平衡重。锚碇拉力是由尾索预加应力传给引桥桥面板(或平撑、斜撑)，以压力的形式储备。桥面板的压力随着拱箱转体的角度变化而变化，到转体到位时达到最小。这样一来，不仅可使重量大大减轻，而且设备简单，施工工艺简化，虽施工所需钢材略有增加，但全桥坞工数量大为减少。无平衡重转体施工需有一个强大牢固的锚碇，因此宜在山区地质条件好或跨越深谷急流处建造大跨桥梁时选用。

根据桥位两岸的地形，无平衡重转体可以把半跨拱圈分为上、下游两个部件，同步对称转体；或在上、下游分别在不对称的位置上预制，转体时先转到对称位置，再对称同步转体，以使扣索产生的横向力互相平衡；或直接做成半跨拱体(桥全宽)，一次转体合龙。

1. 无平衡重转体一般构造

拱桥无平衡重转体施工是采用锚固体系代替平衡重平转法施工，利用了锚固、转动、位控3大体系构成平衡的转体系统，其一般构造如图11-44所示。

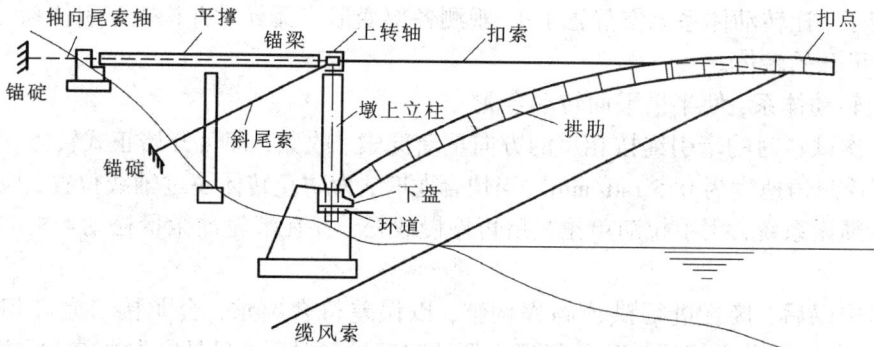

图11-44　拱桥无平衡重转体一般构造

1)锚固体系

锚固体系由锚碇、尾索、平撑、锚梁(或锚块)及立柱组成(图 11-45)。锚碇设在引道或边坡岩石中,锚梁(或锚块)支承于立柱上,两个方向的平撑及尾索形成三角形稳定体,稳定(锚块)和立柱顶部的上转轴使其成为一确定的固定点。拱体转至任意角度,由锚固体系平衡拱体、扣索力。当拱设计为双肋并采取对称同步平转施工时,非桥轴向(斜向)支撑可省去。

图 11-45 锚固体系

2)转动体系

转动体系由上转动构造、下转动构造、拱体及扣索组成。上转动构造由埋入锚梁(或锚块)中的轴套、转轴和环套组成,扣索一端与环套连接,另一端与拱体顶端连接。转轴在轴套与环套间均可转动,如图 11-46 所示。

下转动构造由底盘、下环道与下转轴构成。拱体通过拱座铰支承在底盘上,马蹄形的底盘中部卡套在下转轴上,并支承在下环道上,底盘下安装了许多聚四氟乙烯蘑菇头(千岛走板),底盘的走板可在下环道上沿下转轴作弧形滑动,底盘与下转轴的接触面涂有黄油四氟粉,以使拱体转动,如图 11-47 所示。扣索常采用直径 32 mm 的 HRB 500 级钢管,扣索将拱箱顶部与上转轴联结,从而构成转动体系。在拱体顶端张拉扣索,拱箱即可离架转动。

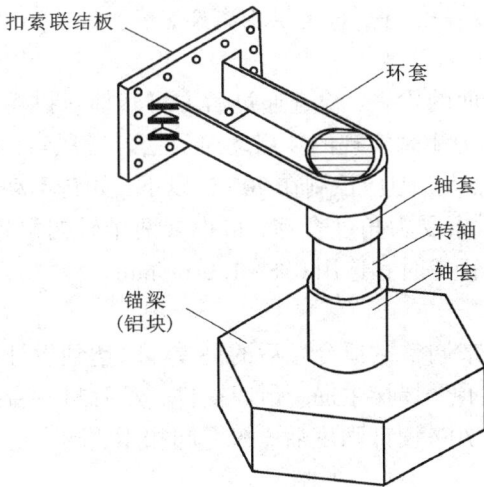

图 11-46 上转动构造示意图

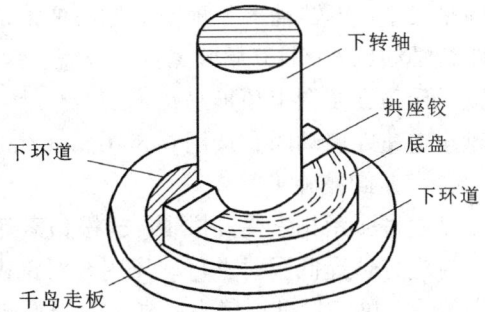

图 11-47 下转动构造示意图

3)位控体系

位控体系由系在拱体顶端扣点的缆风索与转盘牵引系统构成,用以控制在转动过程中转动体的速度和位置。

2. 无平衡重转体施工

拱桥无平衡重转体施工的主要内容和工艺有以下各项。

1）转动体系施工

（1）安装下转轴、转盘及浇筑下环道；

（2）浇筑转盘混凝土；

（3）安装拱脚铰、浇筑铰脚混凝土；

（4）拼装拱体；

（5）设必要的支架、模板，设置立柱；

（6）安装扣索；

（7）安装锚梁、上转轴、轴套、环套。

这一部分的施工主要保证转轴、转盘、轴套、环套的制作安装精度及环道的水平高差的精度。转轴与轴套应转动灵活，其配合误差应控制在 0.6~1.0 mm，环道上的滑道采用固定式，其平整度应控制在±1 cm 以内；并要做好安装完毕到转体前的防护工作。

2）锚碇系统施工

（1）制作桥轴线上的开口地锚；

（2）设置斜向洞锚；

（3）安装轴向、斜向平撑；

（4）尾索张拉；

（5）扣索张拉。

锚碇的施工应绝对可靠，以确保安全。尾索张拉在锚块端进行，扣索张拉在拱顶段拱箱内进行，要按设计张拉力分级、对称、均衡加力，要密切注意锚碇和拱箱的变形、位移和裂缝，发现异常现象应仔细分析研究，处理后再转入下一工序，直至拱箱离架。

3）转体施工

正式转体前应再次对桥体各部分进行系统、全面的检查，检查通过后方可转体。拱箱的转体是靠上、下转轴事先预留的偏心值形成的转动力矩来实现的。启动时放松外缆风索，转到距桥轴线约60°时开始收紧内缆风索，索力逐渐增大，但应控制在 20 kN 以下，如转不动则应以千斤顶在桥台上顶推马蹄形底盘。为了使缆风索受力角度合理，可设置两个转向滑轮。缆风索走速在启动时宜选用 0.5~0.6 m/min，一般行走时宜选用 0.8~1.0 m/min。

4）合龙卸扣施工

可通过张紧扣索提升拱顶、放松扣索降低拱顶来调整拱顶合龙后的高差，以达到设计要求。封拱宜选择低温时进行。先用 8 对钢楔楔紧拱顶，焊接主筋、预埋铁件，然后封桥台拱座混凝土，再浇封拱顶接头混凝土。当混凝土达到70%设计强度后，即可卸扣索，卸索应对称、均衡、分级进行。

11.3.4 拱桥竖向转体施工

当桥位处无水或水很浅时，可以在桥位将拱肋拼装成半跨，然后用扒杆起吊安装。

当桥位处水较深时，可以在桥位附近拼装成半跨，浮运至桥轴线位置，再用扒杆起吊安装。

1. 钢管拱肋竖转扒杆吊装的计算

钢管拱肋竖转扒杆吊装的工作内容：将中拱分成两个半拱并在地面胎架上焊接完成，经过对焊接质量、几何尺寸、拱轴线线形等验收且合格后，由竖在两个主墩顶部的两副扒杆分别将其拉起，在空中对接合龙。由于两边拱处地形较高，故边拱拱肋直接由吊车在胎架上就位拼装。扒轩吊装系统设计的主要工作：起吊及平衡系统的计算（含卷扬机、起重索、滑轮、平衡梁、索、吊扣等）；扒杆的计算；扒杆背索及主地锚的计算；设置拱脚旋转装置等。

2. 钢管拱肋竖转吊装

1）转动体系

转动体系由转动铰、提升体系（动、定滑车组，牵引绳等）、锚固体系（锚索、锚碇等）等组成，如图 11-48 所示。

2）竖转吊装的工作顺序

安装拱肋胎架→安装拱脚旋转装置→安装地锚→安装扒杆及背索→拼装钢管拱肋→安装起吊及平衡系统→起吊两侧半拱→拱肋合龙→拱肋高程调整→焊接合龙接头→拆除扒杆→封固拱脚。

3）扒杆安装

为了便于安装，扒杆分段接长，立柱

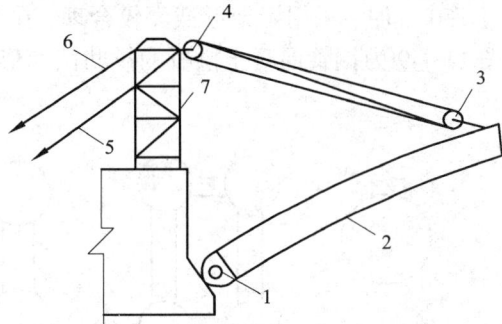

1—转动铰；2—桥体；3—动滑车组；4—定滑车组；
5—牵引绳（接卷扬机）；6—锚索（接锚碇）；7—塔架。

图 11-48　竖转施工转动体系示意图

钢管以 9 m 左右为一节，两节之间用法兰连接。安装时先在地面将两根立柱拼装好，用吊车将其底部吊于墩顶扒杆底座上，并用临时轴销锁定，待另一端安装完扒杆顶部横梁后，由吊车抬起扒杆头至一定高度，再改用扒杆背索的卷扬机收紧钢丝绳将扒杆竖起。

4）拱肋吊装

起吊采用慢速卷扬机，待拱肋脱离胎架至 10 cm 左右，停机检查各部运转是否正常，并根据对扒杆的受力与变形、钢丝绳的行走、卷扬机的电流变化等情况的观测结果，判断能否正常起用。当一切正常时，即进行拱肋竖向转体吊装。拱肋吊装完成后，进行拱肋轴线调整和跨中拱肋接头的焊接。

11.4　钢管混凝土拱桥施工

钢管混凝土拱桥是以钢管为拱圈外壁，在钢管内浇筑混凝土，使其形成由钢管和混凝土组成的拱圈结构。此时管壁内填满混凝土，提高了钢管壁受压稳定性；钢管内的混凝土受钢管的约束，提高了混凝土的抗压强度和延性。在施工中，钢管的重量轻、刚度大、吊装方便，钢管的较大刚度可以作为拱圈施工的劲性骨架，钢管本身就是模板等优点，给大跨度拱桥施工创造了十分有利的条件。钢管混凝土拱桥断面尺寸较小，结构很轻巧，钢管外壁常涂以色彩美丽的油漆，使拱桥建筑造型极佳。由于以上这些优点，钢管混凝土拱桥早期即在全国各地很快得到推广应用。特别是近年来，大跨度钢筋混凝土拱桥施工中常采用钢管混凝土结构作为拱圈施工的劲性骨架。

11.4.1 钢管混凝土拱桥构造特点

1)截面形式

钢管混凝土结构的主要特点之一是钢管对混凝土的套箍作用,使钢管内混凝土处于三向受力状态,提高了混凝土的抗压强度和抗变形能力。由于上述原因,目前的钢管混凝土拱桥基本上采用圆形钢管。当跨度较小时,可以采用单管形截面。当跨度在150 m以内时,一般采用两根圆形钢管上、下叠置的哑铃形截面,这是已建成拱桥中采用最多的截面形式;当跨径超过150 m时,采用桁架形截面较合理,在劲性骨架的钢筋混凝土拱桥中多采用桁架形截面。图11-49为钢管混凝土拱桥的拱肋截面形式。

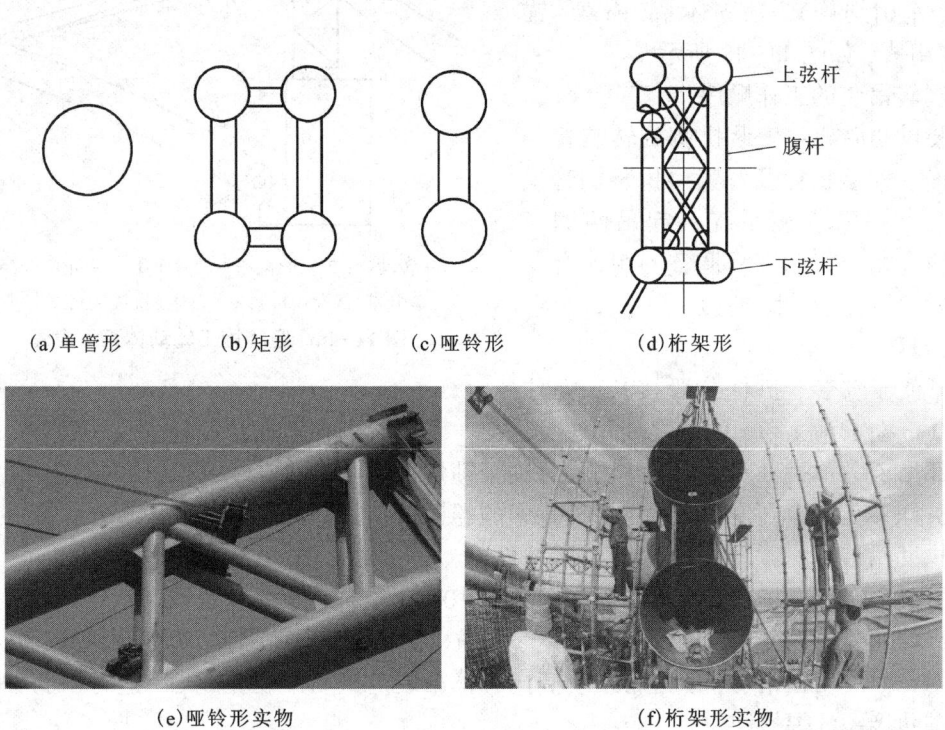

(a)单管形　　(b)矩形　　(c)哑铃形　　(d)桁架形

(e)哑铃形实物　　　　　　　(f)桁架形实物

图11-49　钢管混凝土拱桥的拱肋截面形式

2)结构形式

随着近几年钢管混凝土拱桥的发展,全国各地已修建了各种结构形式的钢管混凝土拱桥。

中承式肋拱桥是目前钢管混凝土拱桥中应用最多的一种。由于其桥面位置在拱的中部穿过,可以随引桥两端接线所需的高度上、下调整,所以适应性强。当地质条件较好时,一般采用有推力的中承式拱桥。当地质条件较差,桥墩不能承受较大水平推力,或受地形条件限制时,可以采用中承式带两个半跨的自锚结构形式。

当地质条件较差,或受城市道路接线高度的限制时,往往采用下承式系杆拱结构形式,拱脚的推力由系杆承受。

314

11.4.2　中承式、下承式钢管混凝土拱桥

图 11-50 为某中承式钢管混凝土拱桥。

图 11-50　中承式钢管混凝土拱桥

1. 施工程序及要点

1）施工程序

第 1 步，分段制作钢管及加工腹杆、横撑等，然后在样台上拼接钢管拱肋，应按先端段、后顶段逐段进行；第 2 步，吊装钢管拱肋就位合龙，从拱顶向拱脚对称施焊，封拱脚使钢管拱肋转为无铰拱，同时，从拱顶向拱脚对称安装肋间横梁、X 撑及 K 撑等结构；第 3 步，按设计程序浇筑钢管内混凝土；第 4 步，安装吊杆、拱上立柱及纵横梁和桥面板，浇筑桥面混凝土。

2）施工要点

（1）用钢板制作钢管时，下料要准确，成管直径误差应控制在 ±2 mm 内。

（2）拱肋拼接应在 1:1 大样的样台上进行，焊接时应采取措施减少焊接变形，并严格保证焊接质量。

（3）由于钢管直径大，一次浇筑混凝土量也较大，为避免浇筑过程中钢管混凝土出现过大的拉应力及保证管内混凝土的浇筑质量，每根钢管混凝土的浇筑应连续进行，上、下钢管及相邻钢管内混凝土按一定程序或设计要求进行。

（4）为保证空间桁架拱肋在施工中的纵、横向稳定性，应采取拱肋间设置横梁、X 撑、K 撑、八字浪风索，调整管内混凝土的浇筑程序等措施。

（5）钢管的防锈和柔性吊杆的防护及更换应有一定的措施。

（6）必须在钢管混凝土达到设计强度后才能进行桥面系的安装。

2. 钢管拱肋制作

钢管混凝土拱桥所用的钢管直径大，材料一般采用 A3 钢和 16 Mn 钢，钢管由钢板卷制成形，管节长度由钢板宽度确定，一般为 120~180 cm。采用桁架形截面时，上、下弦之间的

腹杆由于直径较小,可以直接采用无缝钢管。在有条件的情况下,优先选用符合国家标准的成品焊接管。拱肋制作的关键在于拱肋在放样平台上的精确放样和严格控制焊接质量。应尽量减少高空焊接,严格控制钢管拱肋的制作质量,为拱肋的安装和拱肋内混凝土浇筑提供安全保证。

1)钢管卷制和焊接

钢板利用焰割机切割,但应将宽度为3~5mm的热应力影响区钢板去掉。拱肋及横撑结构外表面均应先喷砂除锈,按一级表面清理。钢板卷制前,应根据要求将板端开好坡口,将钢板送入卷板机卷成直筒体,卷管方向应与钢板压延方向一致。钢板卷制焊接管可采用工厂卷制和工地冷弯卷制。前者卷制质量便于控制,检测手段齐全,为推荐方法。轧制的管筒的失圆度和对口错边偏差应满足施工规程要求。根据不同的板厚和管径,可采用螺旋焊缝和纵向直焊缝将卷成的钢管焊接成直管。由于钢管对混凝土起套箍作用,宜采用螺旋焊缝。对焊成的直钢管应进行检查和校正,以确保卷制的精度。

2)拱肋放样

卷制后的成品管通常为8~12m长的直管,一般在工地进行接头、弯制、组装,形成拱肋,如图11-51所示。首先根据设计图的要求绘制施工详图(包括零件图、单元构件图、节段单元图及组焊、拼装工艺流程图),然后将半跨拱肋在现场平台上按1:1进行放样。注意考虑温度和焊接变形的影响,放样的精度须达到设计和规范要求。沿放样的拱肋轴线设置胎架,在大样上放出吊杆位置、段间接头位置以及混凝土灌注孔位置。拱肋分段的长度应考虑从工厂到工地的运输能力,分段的长度可以适当变化,主要分段接头应避开吊杆孔和混凝土灌注孔位置。

图11-51 钢管拱肋预拼

按拱肋加工段长度进行钢管接长,首先应对两管对接端进行校圆,除成品管按相应的国家标准外,失圆度一般不大于3D/1000(D为钢管直径),达不到要求者必须进行调校。接下来进行坡口处理,包括对接端不平度的检查,然后焊接。工地弯管宜采用加热预压方式,加热温度不得超过800℃。钢管的对接焊缝可采用有衬管的单面坡口焊和无衬管的双面熔透焊。两对接环焊缝的间距应符合设计要求,设计无规定时,直缝焊接管的间距应不小于管的直径,螺旋焊接管的间距应不小于3m。对接径向偏差不得超过壁厚的0.2倍。纵向焊缝各管节应相互错开,施工时应严格控制,而且要将纵向焊缝全部置于两肋板中间,以免外表面焊缝影响美观。焊接完成后,严格按照设计要求对管缝焊接质量进行超声波探伤和X光拍片检查。

3)拱肋段的拼装

(1)精确放样和下料。

(2)对管段涂刷油漆作防锈(喷砂)防护处理。

(3)在1:1放样台上组拼拱肋。先进行组拼,然后作固定性点焊焊接,在拱肋初步形成后,详细检查调校尺寸。

316

（4）精度控制，主要着眼于拱肋节段的制作精度。

（5）防护。首先对所有外露面作喷砂除锈处理，达到规定除锈等级后作防护处理（目前一般采用热喷涂），其喷涂工艺以及厚度均应符合设计要求。

3. 拱肋安装和拱肋混凝土浇筑

1）拱肋安装

我国已建成的钢管混凝土拱桥中采用最多的施工方法为少支架或无支架缆索吊装、转体施工或斜拉扣索悬拼法施工。转体施工方法在前面章节中作了详细叙述，缆索吊装方法在前面章节"装配式拱桥施工"中也作了详细叙述，在此不再赘述。图 11-52 为钢管拱肋拼装流程示意图。

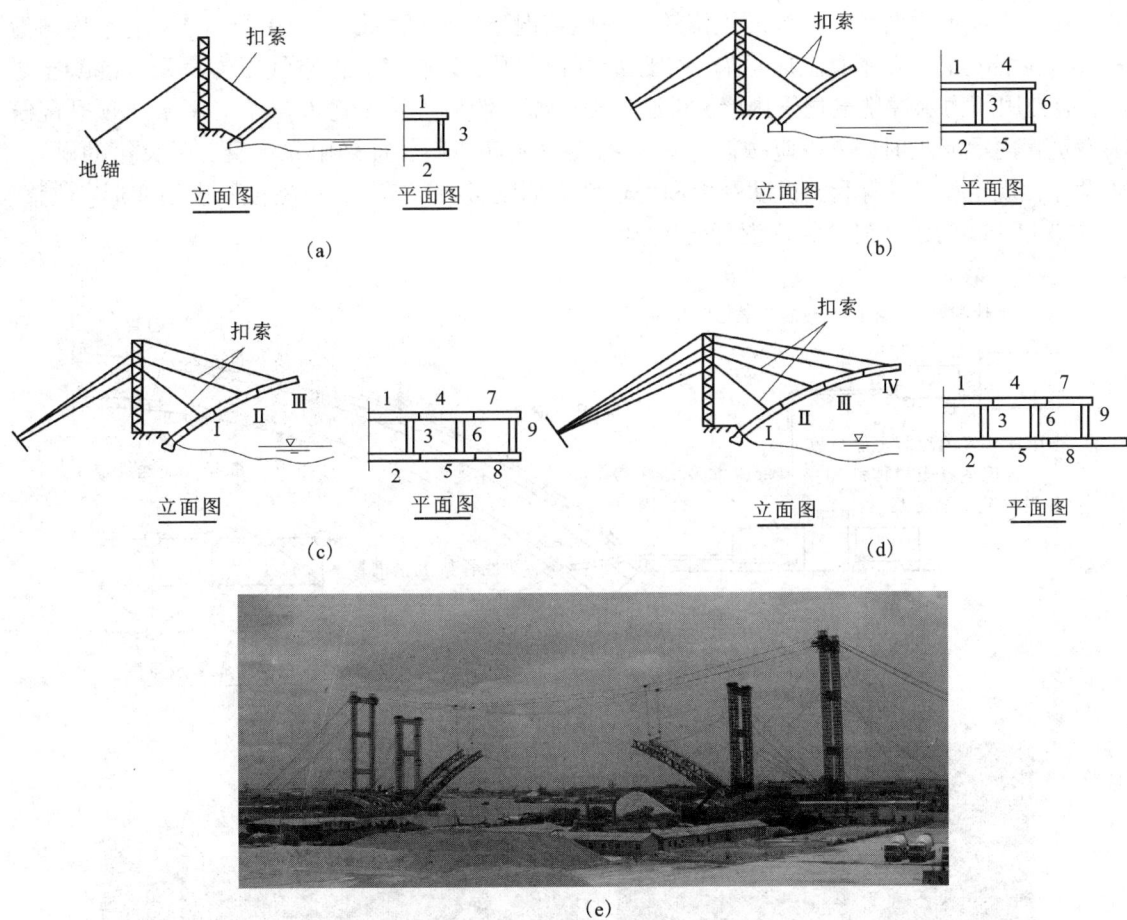

注：阿拉伯数字表示吊装就位顺序；罗马数字表示钢骨架分段。

图 11-52　钢管拱肋拼装流程示意图

在钢管拱肋成拱过程中，应同时安装横向联结系，未安装联结系的不得多于一个节段，否则应采取临时横向稳定措施。节段间环焊缝应对称进行，施焊前须保证节段间有可靠的临时连接并用定位板控制焊缝间隙，不得堆焊。

2) 拱肋混凝土浇筑

根据钢管拱肋的截面形式及施工设备，钢管混凝土浇筑可采用以下两种方法。

（1）人工浇筑法。这种方法是用索道吊点悬吊活动平台，在钢管拱肋顶部每隔 4 m 开孔作为灌注孔和振捣孔。混凝土由吊斗运至拱肋灌注孔，再由人工铲进，并由插入式和附着式振捣器振捣。所以人工浇筑法一般使用在拱肋截面为单管、哑铃形等实体形钢管拱肋混凝土浇筑中。哑铃形钢管拱肋的浇筑程序一般是先腹板，后下管，再上管。该法的加载顺序为从拱脚向拱顶，按对称、均匀的原则进行。同时，可通过严格控制拱顶上升及墩顶位移来调整浇筑顺序，以使施工中钢管拱肋的应力不超过规定值，并保证拱肋的稳定性，但应尽量采用泵送顶升浇筑法以保证质量。

（2）泵送顶升浇筑法。这种方法适用于桁架形钢管拱肋内混凝土的浇筑，也可用于单管、哑铃形等实体形拱肋截面的混凝土浇筑。一般情况下，输送泵设于两岸拱脚，对称、均匀地一次压注混凝土。在钢管上应每隔一定距离开设气孔，以减小管内空气压力。泵送混凝土之前，应先用压力水冲洗输送管内壁，再通水泥砂浆，然后连续泵送混凝土。用泵送顶升浇筑法浇筑管内混凝土时，一般应按设计规定的浇筑顺序进行，宜采用先钢管、后腹箱的顺序。如设计无规定，应以有利于拱肋受力和稳定性为原则进行浇筑，并严格控制拱肋变形、位移。

图 11-53 为泵送浇筑管内混凝土示例。

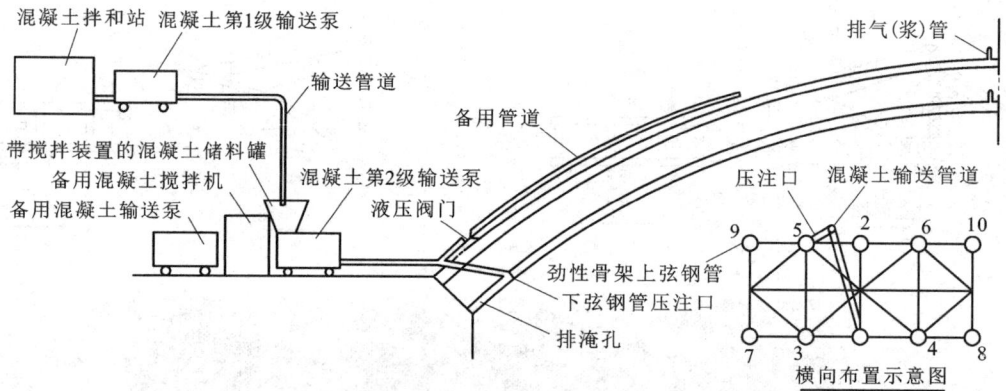

图 11-53　泵送浇筑管内混凝土示例

灌注混凝土的配合比除满足强度指标外，还应注意混凝土坍落度的选择。为满足坍落度的要求，应掺入适量减水剂。为减少收缩量，可掺入适量的混凝土微膨胀剂。

3）浇筑混凝土的注意事项

钢管混凝土填充的密实度是保证钢管混凝土拱桥承载能力的关键问题。钢管内混凝土没有灌满、混凝土收缩后与钢管壁形成空隙往往是问题所在。质量检测办法以超声波检测为主，人工敲击为辅。当然，采用小铁锤敲击钢管听声音的方法是十分简单和有效的。通过检测，有空隙部位必须进行钻孔压浆补强。施工中除应按设计要求进行外，还应注意以下几点。

（1）每根钢管的混凝土须由拱脚至拱顶一次连续浇筑完成，不得中断，且浇筑完成时间不宜超过第一盘入管混凝土的初凝时间。当钢管直径较大，混凝土初凝时间内不能浇完一根钢管时，可设隔板把钢管分为 3 段或 5 段，分段灌注。隔板钢板厚度应大于 1.5 倍钢管壁厚。下一段开口应紧靠隔板，使两段混凝土通过隔板严密结合。隔板周边应与钢管内壁焊接。

（2）浇筑入口应设在浇筑段根部，应从拱脚向拱顶对称浇筑。用泵送顶升浇筑法浇筑时，严禁从中部或顶部抛灌。

（3）浇筑混凝土的前进方向，应每隔 30 m 左右设一个排气孔，这样有助于排出空气，提高管内混凝土的密实度。

（4）桁架形钢管拱肋混凝土的浇筑顺序一般为先下管、后上管，或者上、下管和相邻管的混凝土浇筑按一定程序交错进行，或按设计要求进行。

（5）浇筑时环境气温应高于 5 ℃。当环境气温高于 40 ℃ 或钢管温度高于 60 ℃ 时，应采取措施降低钢管温度。

（6）浇筑时因管道较小，要求混凝土有较好的和易性，同时为减小混凝土凝结时收缩，施工时应加入适量的减水剂和微膨胀剂，并注意振捣密实。

（7）管内混凝土的配合比及外加剂等，应通过试验来确定，施工中须严格管理，以确保钢管混凝土的质量。

大跨径钢管混凝土拱桥的混凝土可以分环或分段浇筑，灌注时应从拱脚向拱顶对称进行。大跨径拱肋灌注混凝土时，应对拱肋变形和应力进行观测，并在拱顶附近配置压重，以保证施工安全。

11.4.3 中承式和下承式系杆施工

1. 系杆的作用和组成

无水平推力的钢管混凝土拱桥均有系杆，下承式系杆预应力钢束锚于拱脚，一般采用单跨形式。中承式系杆拱桥一般为 3 跨，两边跨为半跨形式的上承式拱桥，系杆预应力钢束锚于边跨拱肋端部。

下承式系杆拱桥的系杆一般采用两种形式：一种采用大尺寸的预应力梁组成的系杆，属于刚性拱和刚性系杆体系；另一种仅采用由体外预应力钢束组成的柔性系杆。

采用刚性拱和刚性系杆组成的下承式拱桥，系杆的施工方法与前面就地浇筑下承式钢筋混凝土拱桥基本相同，在此不再叙述。

下承式柔性系杆一般由预应力钢绞线组成，钢绞线防护采用 PE 套。系杆钢束要穿过钢管拱肋，因此拱肋在系杆钢束穿过处须开孔，且在钢束穿过拱肋处应有预留孔道，一般将预留孔道做成一只封闭的钢箱。下承式预应力钢束锚于拱脚后面的钢筋混凝土锚固块上。由于下承式柔性系杆拱肋拱脚处与桥墩刚性连接，桥墩需承受弯矩，为加强系杆锚固块的强度，在锚固块的垂直方向应加预应力钢筋。

柔性系杆的拱桥，结构受力类似于带拉杆的刚架，该结构自身的抗推能力很小。这就要求施工中加载的数量和系杆预应力钢束的张拉力基本平衡。因此柔性系杆拱桥的施工加载和系杆预应力钢束张拉及锚固块垂直方向所加预应力钢筋张拉必须严格按设计要求进行，以保证结构施工安全。由于施工加载分阶段，系杆的预应力钢束和锚固块垂直方向所加预应力钢筋也分阶段、分批张拉。系杆钢束全部张拉完成后，将拱肋和锚固块预留孔压浆封闭。

2. 施工程序及注意事项

1)施工程序

(1)搭架浇筑两边跨半拱。

(2)拱肋制作、吊装。

(3)系杆安装。拱肋合龙后安装横撑，穿系杆钢绞线，安装张拉设备，张拉部分系杆，以平衡钢管拱肋产生的水平推力。

(4)浇筑拱肋钢管内混凝土，安装桥面系(吊杆、横梁、纵梁及桥面板)并同步张拉系杆预应力束。要求按设计程序浇筑管内混凝土，同时按增加的水平推力张拉系杆预应力束，以达到推力平衡。按一定的加载程序安装横梁、桥面板、吊杆及桥面系其他部分，同步张拉系杆预应力束，最后封固系杆，形成系杆拱桥。

(5)拆除边跨支架，安装边跨支座。

2)施工注意事项

(1)钢管拱肋合龙时，因系杆预应力束无法马上张拉，故主墩必须能承受空钢管拱肋产生的水平推力或必须采取临时措施平衡此水平推力；如为单跨系杆拱桥，则在钢管拱肋吊装合龙且安装好横撑后，在封拱脚同时，浇筑拱脚两端的系杆锚墩，完成主拱拱脚固结。

(2)对拱肋的加载应与系杆张拉预应力束同步进行，施工中应严格控制主墩(或锚墩)的水平位移，以确保施工安全。

(3)桥面系施工、吊杆安装程序等应按设计程序对称、均匀施工。

(4)加载程序：先浇筑拱肋钢管内混凝土，然后施工桥面系，张拉竖向吊杆及水平向系杆钢束。

(5)钢管内混凝土可通过压浆、微膨胀混凝土、泵送连续浇筑等措施保证钢管内混凝土的密实性，完成后，要检查其质量及密实度。

(6)应采取措施使吊杆与后浇筑的系杆混凝土隔离。

11.4.4　钢管混凝土劲性骨架

由于钢管吊装重量轻，钢管内灌注混凝土后刚度大，钢管对混凝土的约束作用等提高了混凝土的强度和变形能力。以上这些突出的优点使钢管混凝土结构适宜作为大跨径钢筋混凝土拱桥的施工劲性骨架。这已经成为一个发展趋势。

此法采用不同形状的钢管(如单管形、哑铃形、矩形、三角形或集束形)，或者以无缝钢管作弦杆，以槽钢、角钢等作腹杆组成空间桁架形结构。具体程序：先分段制成钢骨架，然后吊装合龙成拱，再利用钢骨架作支架，浇筑钢管内混凝土，待钢管内混凝土达到一定强度后，形成钢管混凝土劲性骨架，然后在其上悬挂模板，按一定浇筑程序分环(层)、分段浇筑拱圈混凝土，直至形成设计拱圈截面。先浇的混凝土凝结成形后可作为承重结构的一部分与劲性骨架共同承受后浇各部分混凝土的重力；同时，钢管中混凝土同钢骨架共同承受钢骨架外包混凝土的重力，从而降低了钢骨架的用钢量，减少了钢骨架的变形。故利用钢管混凝土作为劲性骨架浇筑拱圈的方法比劲性骨架法更具优越性。图 11-54 为某钢管混凝土劲性骨架构造及浇筑顺序图。

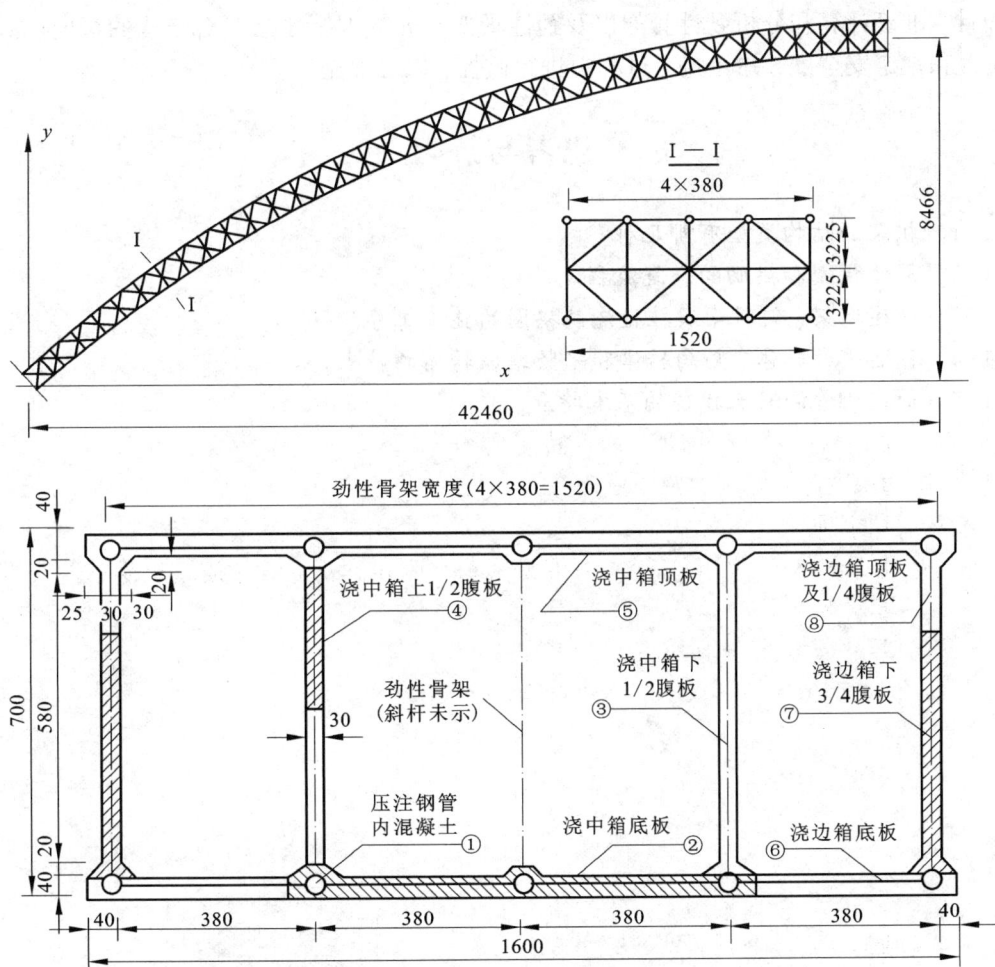

图 11-54 某钢管混凝土劲性骨架构造及浇筑顺序图(单位：cm)

吊装劲性骨架应分段进行。吊装时采用两副龙门架吊机和临时施工支架，先将两边段吊装就位，用临时支架支承，再用两台吊机将中段提升就位，用临时螺栓连接，拱脚为铰结。对合龙后的拱轴线进行调整，拱轴线调整完成后，将接头焊接并将拱脚固结。劲性骨架钢管内混凝土采用泵送顶升浇筑法。待钢管内混凝土达到强度后，设模板吊架，立模、绑扎钢筋。拱肋混凝土可采用分环多工作面均衡浇筑法、水箱压载分环浇筑法和斜拉扣挂分环连接浇筑法。用分环多工作面均衡浇筑法浇筑劲性骨架混凝土(拱肋)，工作面可根据模板长度分成若干工作段，各工作面要求对称均衡浇筑，两对应工作面浇筑进度差不多为一个工作段。用水箱压载分环浇筑法浇筑劲性骨架混凝土(拱肋)时，当混凝土浇筑至 $L/4$ 截面区段时，应严格控制好拱圈的竖向及横向变形；当浇筑数层(环)混凝土时，可在 $L/4$ 截面处设变形缝，变形缝宽 20 cm，待浇完第一层(环)后，用高等级混凝土填实。用斜拉扣挂分环连接浇筑法浇筑劲性骨架混凝土(拱肋)，应选择可靠和操作方便的扣挂及张拉系统，确定好扣点和索力，设计好扣索的张拉与放松程序，确保混凝土从拱脚向拱顶连续浇筑。

用钢管混凝土劲性骨架浇筑拱圈，施工过程中结构的稳定性是关键。浇筑前应进行加载程序设计，准确计算和分析劲性骨架以及劲性骨架与先期混凝土层联合结构的竖向、横向变形，应力和稳定安全度，并在施工过程中进行监控，以确保施工安全。

思考与练习

11-1 拱架的结构类型有哪几种？

11-2 简述拱圈和拱肋的浇筑流程。

11-3 简述塔架、斜拉索及挂篮浇筑拱圈的施工工序。

11-4 论述平面转体、竖向转体和平竖结合转体的特点。

11-5 简述钢管混凝土拱桥的基本特点。

第12章
斜拉桥及悬索桥施工

【知识目标】

1. 概述斜拉桥的构造和施工要点；
2. 概述悬索桥的构造和施工要点。

【能力目标】

培养学生擅于协作、和谐统一的团队精神。

【素养目标】

培养学生不畏困难、迎难而上的精神。

12.1 斜拉桥的分类及构造

12.1.1 斜拉桥的分类

斜拉桥(cable stayed bridge)又称斜张桥，是一种用斜拉索(或斜拉杆)悬吊桥面的桥梁。斜拉桥的优点：梁体尺寸较小，桥梁的跨越能力较大，受桥下净空和桥面高程的限制少；抗风稳定性比悬索桥好，不需要悬索桥那样的集中锚碇构造，便于采用悬臂施工等。其不足之处：它是多次超静定结构，设计计算复杂；索与梁或塔的连接构造比较复杂；施工中高空作业较多，且施工控制等技术要求严格。

斜拉桥的主要组成部分是主梁、斜拉索和索塔，是一种桥面系以主梁受轴向力或受弯为主，支承体系以斜拉索受拉和索塔受压为主的组合体系桥。根据主要组成部分的材料、构造形式及支承条件的不同，斜拉桥可以分为不同类型。

1. 按组成材料分

1) 混凝土斜拉桥

混凝土斜拉桥主梁为钢筋混凝土和预应力混凝土结构。其主要优点是刚度大、挠度小，抗风稳定性和抗潮湿性能好，后期养护费用较钢斜拉桥少。其不足之处是跨越能力不如钢斜拉桥大，施工安装速度不如钢斜拉桥快。

2) 钢斜拉桥

钢斜拉桥主梁及桥面系均为钢结构。其主要优点是跨越能力大，构件可以在工厂预制，质量可靠、施工速度快。其缺点是价格高、后期养护工作量大及抗风稳定性差。

3)钢-混凝土结合梁(叠合梁)斜拉桥

钢-混凝土结合梁(叠合梁)斜拉桥主梁为钢结构,桥面系为混凝土结构,主梁与桥面系结合在一起共同受力。其除具有与钢斜拉桥相同的优点以外,还能节省钢材用量,且刚度及抗风稳定性均优于钢斜拉桥。

2. 按索塔布置方式分

1)独塔(单塔)式斜拉桥

当跨越宽度不大或基础、桥墩工程量不是很大时,可采用如图12-1所示的独塔式斜拉桥。独塔式斜拉桥主孔较短,两侧可用引桥跨越,可降低总造价。

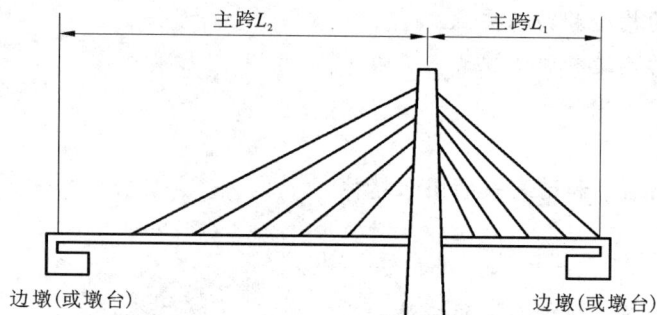

图 12-1 独塔双跨式斜拉桥

2)双塔式斜拉桥

当桥下净空要求较大时,多采用如图12-2所示的双塔式斜拉桥。

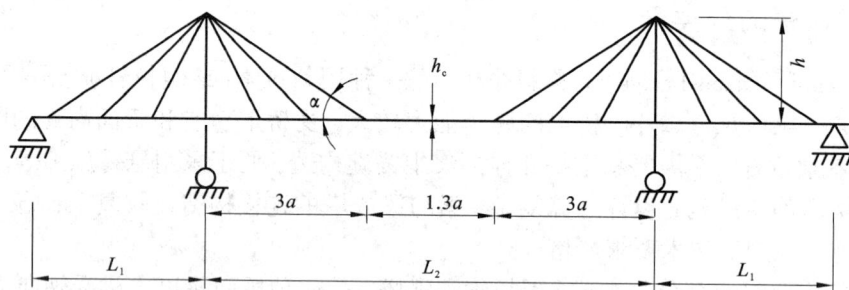

图 12-2 双塔三跨式斜拉桥总体布置示意图

3)多塔式斜拉桥

在跨越宽阔水面时,由于桥梁长度大,可采用如图12-3所示的多塔式(三塔)斜拉桥。

12.1.2 斜拉桥的体系

斜拉桥是由上部结构的主梁、拉索、索塔及下部结构的桥墩、桥台5种基本构件组成的组合体系桥梁。根据主梁、拉索、索塔和桥墩的不同结合方式及拉索的锚拉体系的不同,斜拉桥可以分成不同的结构体系。

324

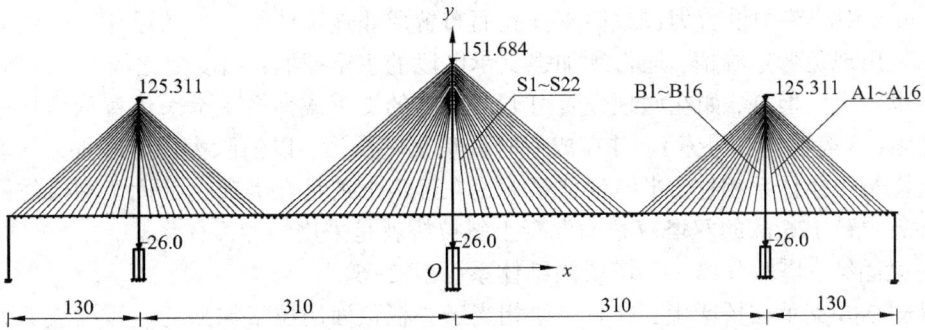

（a）多塔布置（三塔）

（b）湖南洞庭大桥

图 12-3　多塔式（三塔）斜拉桥（单位：m）

1. 梁、索、塔、墩的不同结合构成的 4 种结构体系

1）塔墩固结、塔梁分离——漂浮体系（图 12-4）

主梁除两端有支承外，其余部件由拉索作为支承，是一根在纵向可稍作浮动的具有多点弹性支承的单跨梁。漂浮体系的主要优点：满载时，塔柱处主梁不出现负弯矩峰值；温度变化较小，混凝土收缩、徐变内力均较小。在密索情况下，主梁各截面的变形和内力的变化较平缓，受力较均匀。地震时允许全梁纵向摆动，从而起抗震消能的作用。因此，地震烈度较高地区应优先考虑选择这种体系。如我国的武汉长江公路桥、上海南浦大桥和杨浦大桥都采用漂浮体系。

2）塔墩固结、塔梁分离，在塔墩处主梁下设置竖向支承——半漂浮体系（图 12-5）

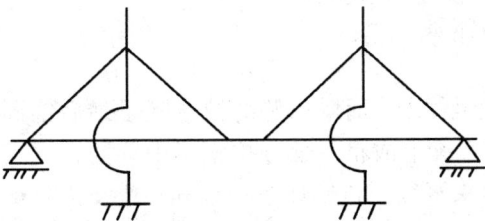

图 12-4　漂浮体系

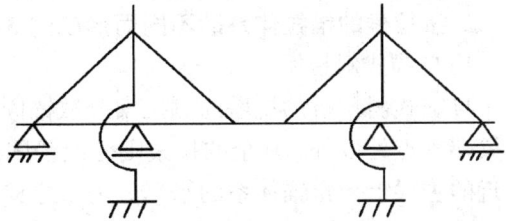

图 12-5　半漂浮体系

半漂浮体系的主梁在跨内形成具有多点弹性支承的连续梁或悬臂梁。主梁可布置成连续体系，也可在中跨跨中设剪力铰或简支挂孔而布置成非连续体系。半漂浮体系的主梁内力在塔墩支承处出现负弯矩峰值，通常须加强支承区段的主梁截面；温度变化较大，混凝土收缩、徐变内力也较大。但是，如在墩顶设置可调节高度的支座或弹簧支承来代替从塔柱中心悬吊下来的拉索(一般称为0号索)，并在成桥时调整支座反力，以消除大部分收缩、徐变等不利影响。这样与漂浮体系相比，半漂浮体系无论在经济上还是在美观上都优于漂浮体系。我国辽宁长兴岛主跨176 m的双塔双索面混凝土斜拉桥就是采用半漂浮体系。

3)塔梁固结、塔墩分离——塔梁固结体系(图12-6)

塔梁固结并支承在桥墩上，这时主梁相当于一根顶面用拉索加强的连续梁或悬臂梁。主梁和塔柱内的内力和挠度直接与主梁和塔柱的弯曲刚度比值有关。塔梁固结体系的主要优点是取消了承受很大弯矩的梁下塔柱部分，而以一般桥墩代之，使塔柱和主梁的温度内力极小，并可显著减少主梁中央段承受的轴向拉力。这种体系常用于小跨径的斜拉桥。

4)主梁、索塔、桥墩三者互为固结——刚构体系(图12-7)

梁、塔、墩固结，主梁成为在跨中有多点弹性支承的刚构体系。这种体系的优点是结构刚度大，主梁和塔柱的挠度均较小，不需要大吨位支座，最适合用悬臂法施工。但其刚构体系动力性能差，在用于窄桥时尤为明显。因此该体系用于地震区及风荷载较大的地区时，应认真进行动力分析研究，而且在固结处主梁负弯矩极大，此区段内主梁截面必须加大。为了消除固结点处及墩脚处产生的温度附加弯矩，可在双塔三跨式主梁跨中设置可以允许水平位移的剪力铰或挂梁。刚构体系一般比较适合于独塔双跨式斜拉桥。如我国的不对称布置的独塔两跨式混凝土斜拉桥——石门大桥，就是采用这种体系。

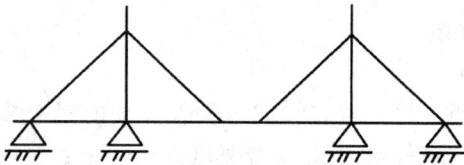

图12-6　塔梁固结体系　　　　　　　　　图12-7　刚构体系

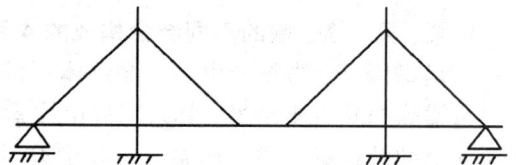

以上4种结构体系的斜拉桥我国都有，但漂浮体系具有充分的刚度，受力较均匀，主梁可作为等截面而简化了施工，且抗风、抗震性能也较好，是现代大跨径斜拉桥使用较多的一种体系。

2. 按拉索的锚拉体系的不同而形成的3种结构体系

1)自锚式斜拉桥

自锚式斜拉桥的桥塔前侧拉索分散锚固在主梁梁体上，而塔后侧的拉索除了最后锚固在主梁端支点处以外，其余的拉索则分散锚固在边跨主梁上或将一部分拉索集中锚固在端支点附近的主梁上。自锚体系的水平分力由主梁的轴力来平衡。自锚体系中锚固在端支点处的拉索索力最大，一般需要较大的截面，并且它对控制塔顶的变位起重要作用，是最重要的一根拉索，被称为端锚索或背索，如图12-8所示。

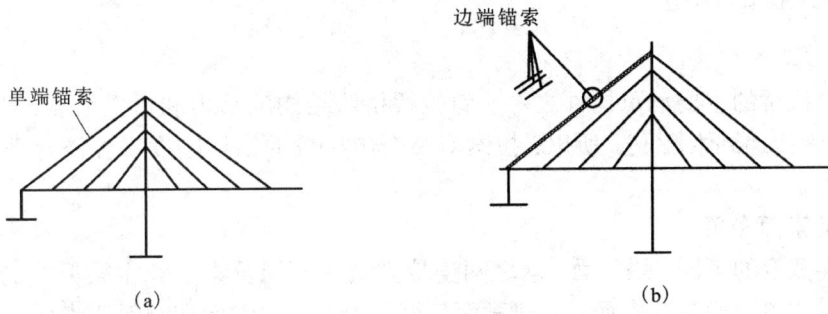

图 12-8　自锚体系斜拉桥的端锚索

2) 地锚式斜拉桥

　　单跨式斜拉桥一般采用地锚式，这时，全桥只需一个索塔。由于不存在边跨问题，塔后拉索只能采用地锚式，这时，由拉索的水平分力引起的梁内水平轴力必须由相应的下部结构即地锚来承担，如图 12-9 所示。

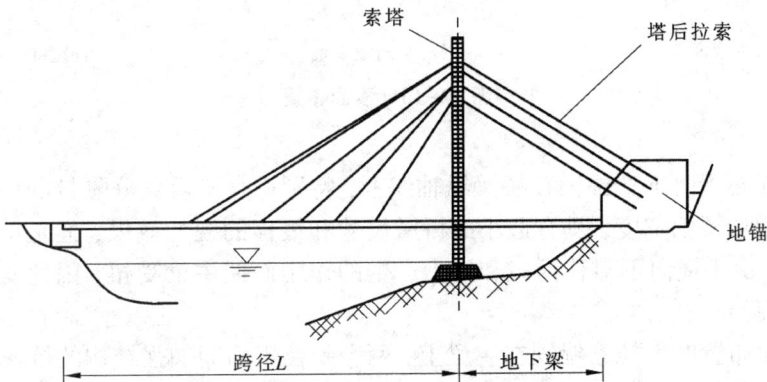

图 12-9　地锚式斜拉桥

3) 部分地锚式斜拉桥

　　无论双塔三跨式还是独塔双跨式斜拉桥，由于某种原因边跨相对于主跨很小时，可以将边跨部分拉索锚固在主梁上，而将部分拉索布置成地锚式。如我国主跨 414 m 的湖北郧阳汉江大桥就是这种部分地锚式的混凝土斜拉桥。部分地锚式斜拉桥桥塔两侧拉索的不平衡水平分力直接由边跨主梁传递给桥台(地锚)。

　　目前，国内外已建成的斜拉桥绝大部分采用自锚体系。这种体系的主梁处于完全受压状态，对抗压能力高、抗拉性能差的混凝土主梁来说，相当于施加了一定预应力，既能充分发挥高强材料的特性，又提高了梁的抗裂性。这对混凝土斜拉桥是十分有利的。而地锚体系对抗拉能力较高的钢主梁较为有利，但不适合于混凝土主梁。部分地锚体系主梁材料用量省，随着跨径的增大，部分地锚体系上部结构材料的节省量，有可能抵消下部结构地锚材料的额外增加量，从而具有一定的竞争力。

12.1.3 斜拉桥的构造

1. 拉索

拉索是斜拉桥的主要承重构件之一。斜拉桥桥跨结构的重力和桥上活载，绝大部分(或全部)通过拉索传递到索塔上。所以，拉索对整个斜拉桥的结构刚度和经济合理性起着重要的作用。

1)拉索的索面布置

由于桥面宽度的不同，塔、梁、索之间连接方式的不同及索塔和主梁形式的不同，斜拉索索面可布置成单索面和双索面，而双索面又可分为平行双索面和倾斜双索面。索面位置一般有如图 12-10 所示的 3 种类型，即单索面、竖向双索面和斜向双索面。

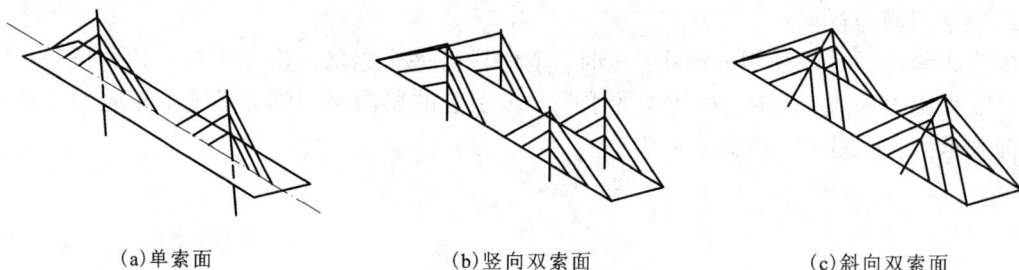

(a)单索面   (b)竖向双索面   (c)斜向双索面

图 12-10　索面布置

采用单索面布置时下端锚固在桥梁纵轴线上，特别适合于设置分隔带的桥梁。其特点是基本上不需要增加桥面宽度，具有最小的桥墩尺寸和最佳的视觉效果，但是单平面拉索只能支承竖向荷载，由于横向不对称活载和风力产生的作用而使主梁受扭，因此要求主梁采用抗扭刚度大的截面。

采用双索面布置时斜拉索锚固在主梁上，两个斜拉索面能加强结构的抗扭刚度。

2)拉索的索面形式

根据拉索在索面内的布置，可以分为如图 12-11 所示的辐射式、竖琴式和扇式 3 种形式。

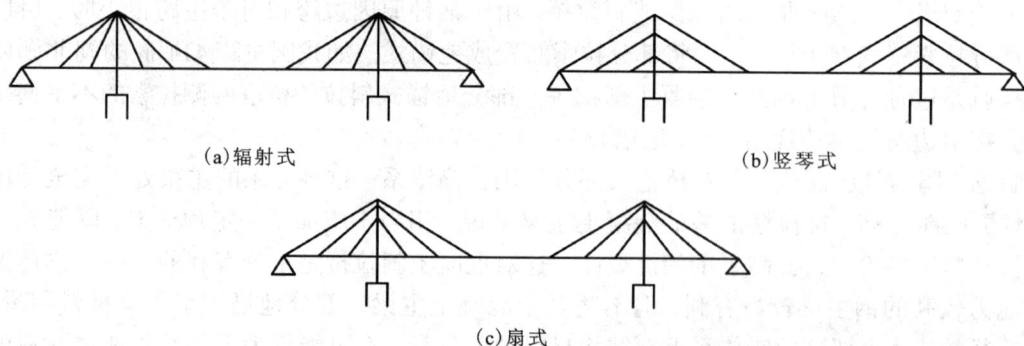

(a)辐射式   (b)竖琴式

(c)扇式

图 12-11　斜拉索立面布置方式(索面形式)

328

（1）辐射式。

这种布置方式是将全部拉索汇集至塔顶，使各根拉索都具有可能的最大倾角。由于该布置方式的索力主要依垂直力的需要而定，故拉索拉力较小。另外，辐射索能使结构形成几何不变体系，对变形及内力分布都有利。该方式的缺点：较多数量的拉索汇集到塔顶，将使锚头拥挤，构造处理较困难；塔身承受较大的压力，且自由长度较大，塔身刚度应满足压曲稳定的要求；另外，拉索倾角不一，也使锚具垫座的制作与安装稍显复杂。

（2）竖琴式（平行式）。

这种索面形式的各拉索彼此平行，各拉索倾角相同。各对拉索分别连接在索塔的不同高度上，索与塔的连接构造易于处理；由于倾角相同，各拉索的锚固设备构造相同，塔中压力逐段向下加大，有利于塔的稳定性。但是这种索面形式的用钢量大；由于各对索力的差别，将在塔身各段产生较大的弯矩；由于拉索结构为几何可变体系，对内力及变形的分布较不利，不过可以用边跨内设置辅助墩的办法加以改善。

（3）扇式。

扇式是介于辐射式和竖琴式之间的一种索面形式，一般在塔上和梁上分别等间距布置。这种形式兼顾了以上两种形式的优点。近年来，一些具有代表性的大跨径斜拉桥多采用这种形式。

在实际中，还有将以上几种形式综合使用的例子，如边跨采用竖琴式而中跨采用扇式等。

3）拉索的索距选择

根据拉索在主梁上的间距，斜拉索有稀索和密索两类。早期的斜拉桥多采用稀索，目前则多采用密索。对于钢梁，稀索间距为 30~60 m；对于混凝土梁，稀索间距为 15~30 m。密索间距一般为 6~8 m。密索体系斜拉桥具有的优点：索间距较短，主梁弯矩减小；每束的拉力较小，锚固点的构造简单；伸臂施工时所需辅助支撑较少，每根拉索的截面较小，每索只用一根在工厂制造的外套 PE 保护管的钢索；拉索更换较容易。

4）拉索的构造

拉索必须用高强度的钢筋、钢丝或钢绞线制作，其构造主要有 4 种形式，如图 12-12 所示。

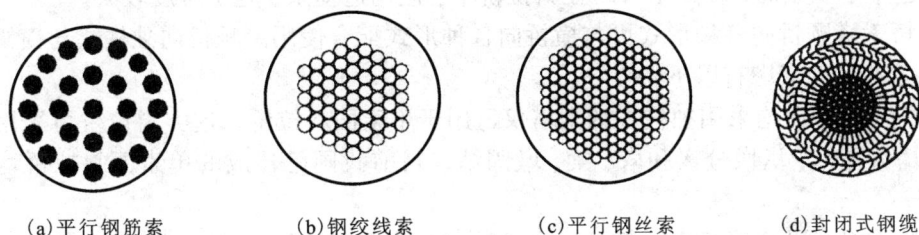

(a)平行钢筋索　　　(b)钢绞线索　　　(c)平行钢丝索　　　(d)封闭式钢缆

图 12-12　拉索的构造

2. 锚具

目前常用的拉索锚具和前面介绍的张拉锚具大致相同，即锥形锚具、镦头锚、夹片群锚，参见第 3 章。

3. 索塔

塔柱主要承受轴力，除柱底铰支的辐射式拉索布置外，也要承受弯矩。此外，制动力变化、温度变化、混凝土徐变与收缩等还会增加柱内弯矩。在采用悬臂法施工时，塔柱会受到相当大的不平衡弯矩。对于单面索的独塔情况，塔柱的抗风稳定性就成为突出的问题。必须指出，斜拉桥高耸的塔柱形式对全桥的景观效果是至关重要的，这就需要工程师与建筑师通力合作、精心比选来确定。

从桥梁的立面看，塔柱主要有独柱式、A 形和倒 Y 形 3 种，如图 12-13 所示。

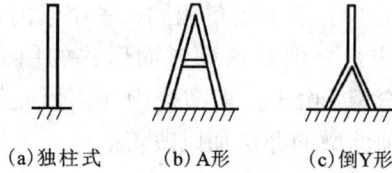

(a)独柱式　(b)A形　(c)倒Y形

图 12-13　索塔顺桥向结构形式

从桥梁的横断面看，塔柱主要形式有独柱式、双柱式、门形、H 形、梯形、A 形、倒 V 形、倒 Y 形、宝石花形等，如图 12-14 所示。

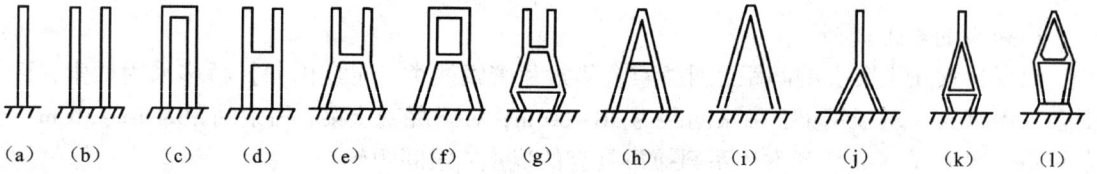

(a)　(b)　(c)　(d)　(e)　(f)　(g)　(h)　(i)　(j)　(k)　(l)

图 12-14　索塔横桥向结构形式

柱式塔柱构造简单，但承受横向水平荷载的能力较差。其中，独柱式都用于单索面，双柱式则用于双索面。门形索塔在两塔柱之间设有横梁，抵抗横向水平荷载的能力较强，一般用于桥面宽度不大的双索面斜拉桥。A 形、倒 Y 形、宝石花形索塔横向刚度大，既适用于单索面，也适用于双索面，多用于大跨径斜拉桥中，但构造复杂，施工难度较大。

斜拉桥索塔顺桥向各种形式可与横桥向各种形式配合使用。顺桥向独柱式与横桥向各种形式相配合的各种索塔有以下特点。

顺桥向、横桥向均采用独柱式的索塔仅适用于单索面斜拉桥。这类斜拉桥可采用两种结构体系：塔梁固结、塔墩分离和塔、梁、墩固结。目前我国已建成的单索面斜拉桥均采用独柱式索塔。

顺桥向为独柱式而横桥向为双柱式、门形、H 形、梯形的索塔适用于双索面斜拉桥。双柱形索塔的两个塔柱间无连接构件，外观轻巧，但对扭曲振动而言相对不利，特别是当两根塔柱的塔顶纵向水平位移相反时将增大主梁的扭曲振动振幅。在双柱式塔柱之间增加 1～2 根横梁，即形成门形、H 形或梯形索塔［图 12-14(c)～图 12-14(e)］。横梁的存在，增强了索塔抵抗扭曲振动的能力。门形索塔的优点是可利用塔顶吊机进行预制吊装和挂索施工等；H 形索塔因为无塔顶横梁，故较为轻巧且景观效果较好；梯形索塔在塔柱间有两根及以上横梁，其横向刚度大于门形及 H 形索塔，且塔柱的横向压屈自由长度较小。门形、H 形、梯形索塔既可采用直塔柱，也可采用斜塔柱，或仿照宝石花形索塔在桥面以下将塔柱向内收敛 [图 12-14(g)]，这样可减少基础尺寸。这一类索塔适用于中小跨径的斜拉桥。

顺桥向为单柱形而横桥向采用 A 形、倒 V 形、倒 Y 形和宝石花形索塔，因两塔柱在索塔上部交会，故不可能发生塔顶反向水平位移，增强了斜拉桥的整体抗扭刚度，常用于大跨径及特大跨径的斜拉桥。这类索塔的另一特点是既适用于单索面，又可用于双索面，当拉索布置成空间倾斜双索面时，两个索面与主梁形成一个封闭的稳定结构，抗扭刚度增大，有利于整个斜拉桥结构的抗风稳定性，并减小了活载偏心作用的影响，使主梁可采用抗扭刚度较小的双实体主梁。但是空间双索面布置的拉索锚固区构造复杂，并且为承受拉索的横桥向水平分力产生的塔柱弯矩需增大塔柱横向尺寸。当拉索布置成单索面时，A 形、倒 V 形索塔塔顶附近可锚固拉索的高度范围较小，仅适用于拉索上、下层数较少的斜拉桥，而倒 Y 形索塔 [图 12-14(j)]有一段竖直塔柱可容纳较多的单索面拉索。倒 Y 形索塔因其结构和拉索布置上的优越性，越来越多地为现代大跨径斜拉桥所采用。宝石花形索塔 [图 12-14(k)、图 12-14(l)]是对 A 形、倒 V 形、倒 Y 形索塔的改进，即在桥面以下将两塔柱向内倾斜，这样既可减小塔柱基础占用的空间，又使索塔造型更加优美。

4. 主梁

主梁也是斜拉桥的主要承重构件之一，它与其连接的桥面系共同承受车辆荷载。

斜拉桥常用的主梁形式，按静力体系可分为连续梁、悬臂梁和悬臂刚构等。连续梁刚度大，整体性好，对抗风、抗震都有利，且挠曲线平顺，有利于行车，所以一般宜首先考虑采用。但在设计时，应计及由于徐变、收缩和温度变化引起较大的纵向位移而使塔柱承受相当大的弯矩。早期修建的斜拉桥较多采用带挂梁的悬臂梁或刚构形式，这种主梁体系一般适用于软土地基，但对抗震较不利，目前已基本不用。

混凝土斜拉桥主梁常用截面形式如图 12-15 所示。图 12-15(a)为板式结构，它最简单，抗风性能也好，适用于双面密索且宽度不大的桥，当梁板较厚时，可做成圆孔或椭圆孔的空心板断面。图 12-15(b)为分离式双箱截面，两个箱梁用于承重及锚固拉索，桥道布置在箱梁之间。这种截面的箱梁部分虽然有较大的抗扭刚度，但全截面的抗扭刚度较差。其优点是用悬臂法分段拼装主梁后再安装桥面肋板，施工极为方便。图 12-15(c)为闭合箱形截面，具有极强的抗弯和抗扭能力，适用于双索面稀索体系和单平面索布置的斜拉桥，其缺点是节段质量大，且由于迎风面积大，风动力荷载影响较大。图 12-15(d)是经过风洞试验得到的

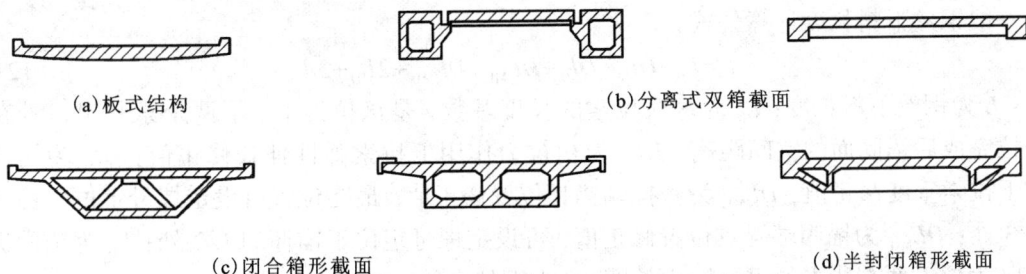

(a)板式结构　　　　　　　　　　　　　　(b)分离式双箱截面

(c)闭合箱形截面　　　　　　　　　　　　(d)半封闭箱形截面

图 12-15　混凝土斜拉桥主梁常用截面形式

一种风动力性能良好的半封闭箱形截面。此截面两侧为三角形封闭箱，端部加厚以锚固拉索。两个三角形间为整体桥面板，除个别需要的节段外，不设底板。在满足抗弯、抗扭刚度的要求的同时，有良好的空气动力学性能，特别适合索距较密的宽桥。采用这种断面形式的桥有美国的 Pasco-Kennewick 桥和我国的天津永和桥。

12.2　斜拉桥的施工

12.2.1　拉索的施工

1. 拉索的制作

1）制索工艺流程

制索工艺流程一般如下：钢丝除锈→调直→应力下料→防护漆→穿锚→镦头→浇锚→烘锚→拉索防护→超张拉→标定。

当采用高密度聚乙烯管作拉索防护时，应在钢丝成索后立即穿套聚乙烯管，然后穿锚。应力下料时，同索钢丝索须在同一温度下下料，防止温差过大影响钢丝长度的精度。

2）索长计算

索长计算是为得出制作拉索的钢丝下料长度。首先求出每一根拉索的长度基数 L_0，然后对这一基数进行若干修正，即可得到钢丝的下料长度 L（图 12-16）。

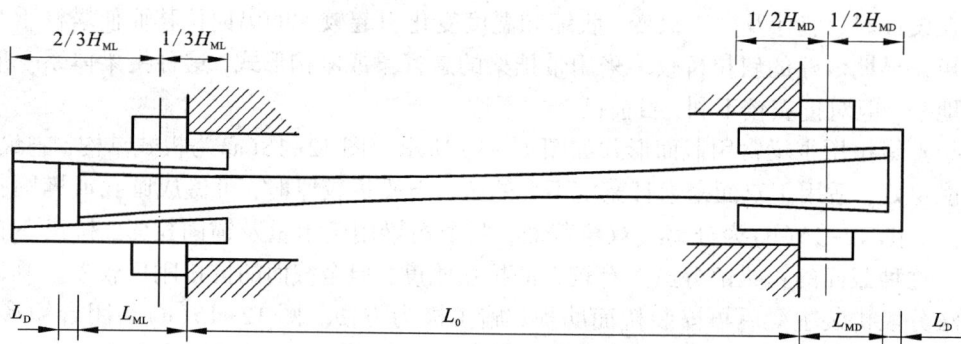

图 12-16　钢丝下料长度计算图

一般钢丝下料长度计算公式：

$$L = L_0 - DL_e + DL_f + DL_{ML} + DL_{MD} + 2L_D + 3d \qquad (12-1)$$

式中：L 为钢丝下料长度；L_0 为每根拉索的长度基数，是该拉索上、下两个索孔出口处在拉索张拉完成后锚固面的空间距离；DL_e 为初拉力作用下拉索弹性伸长修正值；DL_f 为初拉力作用下拉索垂度修正值；DL_{ML} 为张拉端锚具位置修正值，最终位置可设定螺母定位于锚杯的前 1/3 处；DL_{MD} 为锚固端锚具位置修正值，可设定螺母定位于锚杯的 1/2 处；L_D 为锚固板厚度；$3d$ 为拉索两端所需的钢丝镦头长度，d 为钢丝直径。

对于采用夹片群锚（也称拉丝式锚具）的拉索，下料长度不计入镦头长度，而应加上满足张拉千斤顶工作所需的拉索操作长度 DL_s。则式（12-1）变为：

$$L = L_0 - DL_e + DL_f + DL_{ML} + DL_{MD} + 2L_D + DL_s \tag{12-2}$$

弹性伸长修正 DL_e 和垂度修正值 DL_f 可分别按下式计算：

$$\Delta L_e = L_0 \frac{\sigma}{E} \tag{12-3}$$

$$\Delta L_f = \frac{m^2 L_x^2 L_0}{24T^2} \tag{12-4}$$

式中：E 为拉索弹性模量；m 为拉索每单位长度质量；L_x 为 L_0 的水平投影；L_0 为每根拉索长度基数；T 为拉索设计拉力。

如组成拉索的钢丝下料时的温度和桥梁设计中取定的标准温度不一致，则在下料时应加温度修正。如要用应力下料，则还应考虑应力下料修正。温度修正和应力下料修正可根据具体情况考虑决定。

对于大跨径斜拉桥，拉索的制作宜和挂索协调进行，随时注意上一阶段的挂索情况，根据反馈的信息，对下一阶段的拉索长度作出是否需调整的决定。

2. 挂索

挂索就是将拉索架设到索塔锚固点和主梁锚固点的位置上。由于斜拉桥的结构特性，挂索总是从短索到长索。

斜拉桥所用拉索，根据设计要求，可能是成品索或现制索，挂索的方式也各不相同。

1）成品索挂索

成品索无论是在专门工厂制造后成盘运输到工地的，还是在工地附近制成的，都可以直接利用吊机将拉索起吊，再借助卷扬机将拉索两端分别穿入主梁和索塔上的预留索孔，并初步固定在索孔端面的锚板上完成挂索，或者设置临时钢索作为导向缆绳，并用滑轮牵引完成挂索。

由于长索质量大、长度大，挂索时垂度大，需要吊机的牵引力也大，因此施工前应先计算出卷扬机的牵引力及连接杆的长度——常根据短索、中索、长索制定不同的挂索方案。挂索过程中还应校验计算值是否符合实际情况，并以先期挂索的实际情况对下一根较长牵引索的牵引力和连接杆长度及时进行调整。

对短索，可直接用塔顶吊机放盘，并将拉索张拉端与安置在索塔内的张拉千斤顶的牵引钢绞线连接（索塔处为张拉端时），并在桥面吊机的配合下，将拉索锚固端安装到主梁上。图 12-17 是由塔顶吊机直接牵引挂索的示意图。

对长、中索，可用在索塔内的卷扬机和滑轮组进行牵引，并与安置在索塔内的拉索张拉千斤顶的牵引钢绞线连接，完成挂索。

长索挂索仍可采用与索塔内拉索张拉千斤顶的牵引钢绞线连接的方法来完成挂索。但由于长索要求牵引力大，直接用卷扬机将锚具拉出洞口比较困难，为此，可先将张拉用的连接杆安装在拉索锚具上，再用卷扬机拉连接杆，使锚具露出洞口，用螺母固定成挂索。对于更长、质量更大的拉索，由于卷扬机的牵引力有限，连接杆的长度就要相应增长。较长的连接杆可以由几节组成，千斤顶拉出一节就卸去一节，以方便施工。

对特长和质量特大的拉索，为避免卷扬机牵引力不足及连接杆太长，可采用下述的方式挂索：先在索塔上的索孔中穿入一束由若干根钢绞线组成的柔性牵引索，并在索塔张拉千斤顶上附设一套钢绞线的牵引装置。卷扬机提升至连接杆，到达塔外索孔进口附近时，就可与

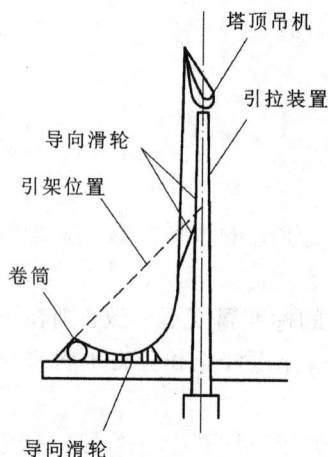

图 12-17　塔顶吊机直接牵引挂索

钢绞线束连接，并利用千斤顶的力量，将连接杆拉入索孔，完成挂索。

成品索除采用上述方法完成挂索外，还可在塔顶和主梁前端之间设置临时钢索，然后用若干根滑轮吊索来引拉预先已展开的拉索，滑轮吊索的下端将拉索吊起，上端则有滑轮可沿临时钢索向上滑行，直至拉索到达塔上索孔完成挂索。美国主跨 299 m 的 Pasco-Kennewick 桥就是用这种方法挂索的。这种方法挂索的缺点是随着主梁长度加大临时钢索需经常变换位置，挂索效率较低。

2）现制索挂索

现制索即拉索是在挂索过程中完成制索的。先在拉索上方设置一根粗大的钢缆作为导向索，将拉索的聚乙烯防护套管（或其他拉索防护套管）悬挂在导向索上，然后逐根穿入钢绞线（或高强钢筋），用单根张拉的小型千斤顶调整好每根钢绞线（或高强钢筋）的初应力，最后用群锚千斤顶整体张拉，完成制索、挂索和张拉全过程。

还有其他方式可用于现制索的制索挂索，如美国主跨 396.34 m 的达姆岬桥，拉索采用高强度平行钢筋索，配装迪维达格锚具，拉索防护采用钢套管，内压水泥浆。拉索施工即制索、挂索、张拉采用满布脚手架，脚手架由拆装式杆件组拼而成，沿两个索面布置，平行钢筋束的每根螺纹钢筋在钢套管以外的扩散部位都各自带有波纹套管，并分别用迪维达格千斤顶张拉后再用螺帽固定。

在长索挂索施工时，应尽可能避免发生钢丝绳旋转和扭曲现象。由于长索对牵引力要求高，必须经计算挂索设备满足要求后方可施工。在将拉索锚具引拉进入拉索预埋钢套管及拉出拉索套管时，均应将千斤顶严格对中，并应有导向装置来调整拉索以不同的角度进入管道，防止拉索锚具碰撞、损伤影响施工。

3. 拉索的张拉

拉索的张拉是拉索完成挂索施工后导入一定的拉力，使拉索开始受拉而参与工作。通过对拉索的张拉，可以对索力及桥面高程进行调整。所以拉索的张拉工艺、索力及高程的控制是斜拉桥施工的关键，应按设计单位的要求进行，并将施工控制的实际结果迅速反馈给设计单位，以便及时调整，并指导下一步的施工。由于每根拉索的张拉力很大，且伸长量也大，千斤顶和座架等均是大型的，因此，张拉位置选择在索塔一侧还是主梁一侧，应根据千斤顶所需的张拉空间和移动空间等决定。

为减少索塔和主梁承受的不平衡弯矩、扭矩及方便施工，应尽量采用索塔两侧平衡、对称、同步张拉或相差一个数量吨位差的张拉施工方法。必要时，也可考虑单边张拉，但必须经过仔细计算。

拉索的张拉包括悬臂架设时最外一根拉索的初次张拉、内侧紧邻一根拉索的二次张拉、主梁合龙后的最终张拉，以及施工中的调整张拉等。工作平台等的设置，要适应以上各种张拉情况。如在主梁一侧张拉时，则需要有能够在主梁下面自由移动的挂篮式工作平台。

通过张拉对索力进行调整，索力的大小由设计单位根据各个不同的工况，经过计算给出，张拉拉索时应准确控制索力。对于长索的非线性影响，大伸长量及相应的各种因素的影响，在设计与施工时都应充分考虑，并采取有效的技术措施。

1）拉索张拉方法（图 12-18）

（1）千斤顶直接张拉。

用千斤顶直接张拉即在拉索的主梁端或者索塔端的锚固点处，安装千斤顶直接张拉拉索。这种方法较简单直接，是普遍采用的方法，但在索塔内或主梁上需有足够的千斤顶张拉空间。

（2）用临时钢索将主梁前端拉起。

依靠主梁伸出前端的临时钢索，将主梁吊起，然后锚固拉索，再放松临时钢索使拉索产生张拉力。用此法张拉拉索虽然不需要大规模的机具设备，但由于只靠临时钢索有时不能满足主梁前端所需的上移量，最后还需用其他方法补充拉索索力，所以此法较少采用。

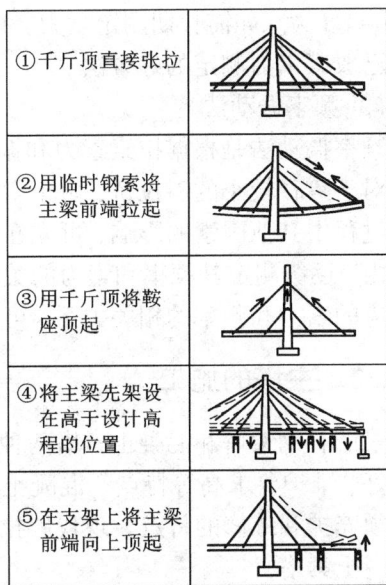

| ① 千斤顶直接张拉 |
| ② 用临时钢索将主梁前端拉起 |
| ③ 用千斤顶将鞍座顶起 |
| ④ 将主梁先架设在高于设计高程的位置 |
| ⑤ 在支架上将主梁前端向上顶起 |

图 12-18　拉索张拉方法

（3）在支架上将主梁前端向上顶起。

原理同（2），只是由向上拉改为向上顶。但这种方法仅适用于主梁可用支架来架设的斜拉桥。如果主梁前端在水面上时，也可采用浮吊将主梁前端吊起或利用驳船的浮力将主梁前端托起等。

我国一般采用液压千斤顶直接张拉拉索的施工工艺。

2）索力测量

要在施工中准确控制、调整索力，必须掌握测定索力的方法。由于测量数据会有一定的误差，要求反复、多次进行测定。测定索力的方法很多，这里主要介绍用千斤顶油压表、用测力传感器和频率振动法。

（1）用千斤顶油压表。

拉索用液压千斤顶张拉时，由于千斤顶张拉油缸中的液压和张拉力有直接的关系，所以只要测得油缸的液压就可求出索力。但张拉用的千斤顶油压表要用精密压力表事先标定，求得压力表的液压和千斤顶张拉力之间的关系。用此法测定索力的精度为 1%~2%。

也可用液压传感器测定千斤顶的液压。液压传感器感受液压后输出相应的电讯号,接收仪表收到讯号后即可显示压强或经换算后直接显示出张拉力。电讯号可由导线传入,因此能进行遥控,使用更方便。

由液压换算索力简单方便,因此这种方法是施工过程中控制索力最实用的一种方法。

(2)用测力传感器。

用测力传感器测定索力的原理:拉索张拉时,千斤顶的张拉力是由连接杆传到拉索锚具的,如果将一个穿心式测力传感器套在连接杆上,则张拉拉索时,处于千斤顶张拉活塞和连接杆螺母之间的传感器,在受压后输出电讯号,就可在配套的二次仪表上读出千斤顶的张拉力。这类测力传感器常需专门设计,由专业工厂生产,方可收到良好效果,其精度一般为 0.5%~1.0%。如需长期测定索力,只要将穿心式测力传感器放在锚具和索孔垫板之间。这是对已成索索力测定的好方法。

(3)频率振动法。

频率振动法是根据拉索索力和振动频率之间的关系求得索力。

对于跨径较小的斜拉桥,由于索力小,可用人工激振测得拉索频率。为消除由频率推算索力过程中其他因素的影响,可先在预拉台座上对每一种规格和长度的拉索,在指定的索力范围内,逐级测定其频率和索力的关系。在实际斜拉桥的索力测定时,根据实测的频率,对照相应的索力和频率的相关关系,可求得索力。

12.2.2 主塔的施工

索塔有钢索塔和混凝土索塔两种。相较而言,钢索塔具有造价高、施工精度要求高、抗震性好、维护要求高等特点。混凝土索塔则有价格低廉、整体刚度大、施工简便、成桥后一般无须养护和维修的特点。现代斜拉桥中,一般采用混凝土索塔。我国已修建的斜拉桥,均为混凝土索塔。

1)钢主塔施工

钢索塔一般采用预制拼装的施工办法,分为工厂分段预制加工和现场吊装安装两个大的施工阶段。钢索塔施工,应对垂直运输、吊装高度、起吊吨位等施工方法进行充分考虑。钢索塔应在工厂分段焊接加工,事先进行多段立体试拼装,合格后方可出厂。钢主塔在现场安装常常采用现场焊接、高强度螺栓连接、焊接和螺栓混合连接的方式进行安装。经过工厂加工制造和立体试拼装的钢索塔,在正式安装时应予以施工测量控制,并及时用填板或对螺栓孔进行扩孔来调整轴线和方位,防止加工误差、受力误差、安装误差、温度误差和测量误差的积累。

钢主塔的防锈蚀可以采用耐候钢材,也可采用喷锌层。但国内外绝大部分钢塔仍采用油漆涂料,一般可使用保持的年限为 10 年。油漆涂料常采用两层底漆、两层面漆,其中三层由加工厂涂装,最后一层面漆由施工安装单位最终完成。

2)混凝土主塔施工

混凝土索塔通常由基础、承台、下塔柱、下横梁、中塔柱、上横梁、上塔柱拉索锚固区段及塔顶建筑等部分组成。

混凝土索塔的塔柱分为下塔柱、中塔柱和上塔柱,一般可采用支架法、滑模法、爬模法分节段施工，常用的施工节段长短为 1~6 m。在塔柱内，常常设有劲性骨架。劲性骨架在加工厂加工，在现场分段超前拼接，精确定位。劲性骨架安装定位后，可供测量放样、立模、钢筋绑扎、拉索钢套管定位用，也可供施工受力用。劲性骨架在倾斜塔柱中，其功能作用很大，设计者应结合构件受力需要而设置。当塔柱为内倾或外倾布置时，应考虑每隔一定的高度设置受压支架（塔柱内倾）或受拉拉杆（塔柱外倾）来保证斜塔柱的受力、变形和稳定性。

混凝土索塔的下横梁、上横梁一般采用支架法现浇，一般为预应力混凝土结构。在高空中进行大跨度、大断面的高强度等级预应力混凝土横梁的浇筑，难度很大。施工时要考虑模板支撑不同的线膨胀系数影响，日照温差对混凝土、钢的不同时间差效应等产生的不均匀变形的影响，以及相应的变形调节措施。

索塔混凝土的浇筑可采用提升法输送混凝土，一次泵送混凝土高度可达 200 m。

3）索塔拉索锚固区塔柱施工

拉索在塔顶部的锚固形式主要有交叉锚固、钢梁锚固和箱形锚固等。箱形锚固的施工程序：架立劲性骨架，绑扎钢筋，安装套筒，套筒定位，安装预应力管道及钢束，安装模板，混凝土浇筑养护，施加预应力，压浆。

4）索塔施工测量控制

索塔在施工过程中，受施工偏差，混凝土收缩、徐变，基础沉降，风荷载和温度变化等因素影响，其几何尺寸及平面位置可能发生变化，对结构受力产生不利影响。因此，在施工的全过程中，应采取严格的施工测量控制措施和索塔施工进行定位指导和监控。除了应保证各部位的几何尺寸正确之外，还应该实现主塔局部测量系统与全桥总体测量系统接轨。

索塔局部测量常采用全站仪三维坐标法或天顶法进行。测量控制的时间一般应选择夜晚22:00~早上 7:00 的日照之前的时段，以减少日照对主塔造成的变形影响。此外，随着主塔高度的不断升高，也应选择在风力较小时进行测量，并对日照和风力影响予以修正。

5）索塔基础施工

斜拉桥索塔基础施工常采用的形式有扩大基础、沉井或沉箱基础、管柱基础和桩基础。

12.2.3　主梁的施工

斜拉桥主梁施工方法与前面讲的梁式桥大致相似，一般有顶推法、平转法、支架法、悬臂法 4 种。

现重点介绍悬臂法的长挂篮施工技术。

长挂篮施工除借用待浇筑梁段的永久索（也称牵索）作前支点外，仍保留普通斜拉式挂篮的三角形承重钢构架，并在其前端加设一根前吊杆，与挂篮前端的牵索共同作为前支点受力。浇筑节段混凝土时，悬挂模板平台的前、后吊杆和借用永久索的两根牵索共同承担节段混凝土的重力。由于模板平台在工作中始终处于简支支承状态，所以，平台长度仅为待浇筑梁段长度的 1.5 倍（即 12 m），为常规平台长度的一半，故把这种挂篮称为短平台复合型牵索挂篮。每个 8 m 长节段的施工周期为 7~10 d，长挂篮的施工步骤如图 12-19 所示。

斜拉桥与其他梁桥相比，主梁高跨比很小，梁体十分纤细，抗弯能力差。当采用悬臂施工时，如果仍采用应用于梁式桥的传统的挂篮施工方法，由于挂篮重力大，梁、塔和拉索将由施工内力控制设计，很不经济。所以考虑施工方法，必须充分利用斜拉桥结构本身的特点，在施工阶段充分发挥斜拉索的效用，尽量减轻施工荷载，使结构在施工阶段和运营阶段

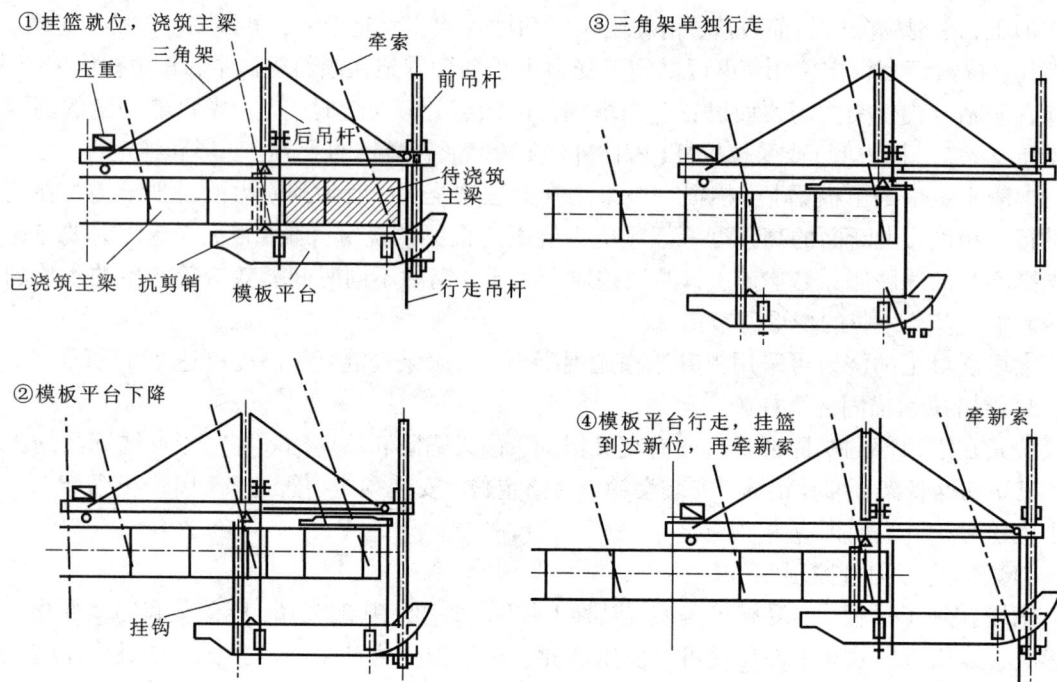

①挂篮就位，浇筑主梁
压重
三角架
牵索
前吊杆
后吊杆
待浇筑主梁
已浇筑主梁　抗剪销　模板平台　行走吊杆

③三角架单独行走

②模板平台下降
挂钩

④模板平台行走，挂篮到达新位，再牵新索
牵新索

图 12-19　长挂篮的施工步骤

的受力状态基本一致。

斜拉桥主梁在施工过程中要求采取临时固结措施，以抵抗因两侧梁体的荷载不同产生的倾覆力矩。一般临时固结分为加临时支座并锚固主梁和设临时支承两种方式。

12.3　斜拉桥施工的控制与调整

12.3.1　施工管理

施工控制贯穿于斜拉桥施工的全过程，与结构形成的过程紧密相连。它不仅仅是一个理论上的课题，其在施工控制中的作用同样应受到充分的重视。

（1）主梁恒载的误差对结构内力和变形的影响较为显著，应在技术上、管理上采取有效的措施将误差减小到最低程度。同时对施工荷载也要严加管理，因为它对结构内力和变形的影响同样不容忽视。

（2）及时完成各项施工测试任务，采集的数据应准确、可靠。它们是施工控制的主要依据。

（3）严格按规定的施工程序进行安装架设。施工中如果出现施工荷载或架设方案发生较大变更的情况，则应根据变更后的施工荷载或架设方案重新进行施工计算，以便获得与此相应的施工控制参数的理论值，从而保证实际施工过程与理论计算模式的一致。

工程实践表明,斜拉桥施工中理论值与实测值偏离的程度不仅与测量、千斤顶张拉误差,进行理论计算时所采用的弹性模量、徐变系数、结构自重、施工荷载等设计参数与实际工程不一致等随机因素有关,也与施工中是否严格按预定的施工顺序进行架设、施工临时荷载的控制、测量时机的选择等人为因素密切相关。管理控制的严格与否往往直接影响主梁线形和拉索索力偏离程度的大小。

1. 施工测量

施工测量是施工控制的重要组成部分。通过测试所获得的斜拉桥在施工各阶段中结构内力和变形的第一手资料是施工控制、调整的主要依据,也是监测施工、改进设计及确保结构施工安全的重要手段。施工测试的内容主要包括以下几个方面。

(1)变形测试。它主要观测主梁挠度、主梁轴线偏差和塔柱水平位移的变化情况,通常使用(精密)水准仪、经纬仪、倾角仪等测量仪器。

(2)应力测试。它主要测定斜拉索索力、支座反力和主梁、塔柱的应力在施工过程中的变化情况,一般使用千斤顶油压表、荷载传感器或激振法、随机振动法等测定斜拉索的索力,主梁塔柱应力的测试则使用各种应变仪(应变片)或测力计等。

(3)温度测试。它主要观测主梁、塔柱和斜拉索主梁挠度、塔柱位移等随气温和时间而变化的规律。斜拉桥的主梁为预制钢梁时,合龙段施工前的温度测试,对合龙温度的选择和合龙段预制钢梁长度的确定具有重要的指导作用。

2. 温度影响

温度变化,特别是日照所产生的温差的变化对斜拉桥结构内力和变形的影响是复杂的。在施工阶段,日照所产生的温差对大跨径斜拉桥主梁挠度和塔柱水平位移的影响尤其显著。温度变化将在一定程度上影响结构变形实测值的真实性。但是由于日照的时间、方位和强度在不断发生变化,而斜拉索结构各部分的受温性能又各不相同,要精确地、迅速地计算出实际温度变化所产生的结构变形是相当困难的。因此,一般应在斜拉桥的施工计算中对结构由于温度变化所产生的内力和变形作定性分析,并在施工中采取相应措施,最大限度地保证施工测试实测值的真实性。

通过理论计算不难发现:

(1)当斜拉桥整个结构均匀升温或降温时,温度变化对主梁挠度的影响较小。这与混凝土和钢的线膨胀系数相近有关。梁、塔、索在相同温度变化下所产生的变形基本相同,三者仍是吻合的。因此施工控制可不考虑季节温差对主梁线形的影响。

(2)日照所产生的温差对主梁挠度的影响要比季节温差的影响大得多。随着主梁悬臂施工长度的增加,日照所产生的温差的影响愈加显著。但是,如果要将日照所产生的温差所引起的结构变形从挠度实测值分离出来则是相当困难的,一般应在一天中日照所产生的温差对结构变形影响最小的时候即清晨日出之前进行测量。对于以高程控制斜拉索张拉或线形调整等与测量工作密切相关的施工操作,测量时机的选择是非常重要的。

12.3.2　施工控制的原则

一般说来,斜拉桥施工时,在主梁悬臂架设阶段确保主梁线形平顺、正确是第一位的,施工中以高程控制为主。二期恒载施工时,为保证结构的整体内力和变形处于理想的状态,拉索张拉时以索力控制为主。

所谓"高程控制为主"，并非只控制主梁的高程，而不顾及拉索索力的偏差。施工中应根据结构本身的特性和施工方法的不同，采取相应的控制策略。如果主梁刚度较小，斜拉索索力的微小变化将引起悬臂端挠度较大的变化，斜拉索张拉时应以高程测量进行控制。如果主梁刚度较大(或主梁与桥墩联结后结构刚度大为增加)，此时斜拉索索力变化较大而悬臂端挠度的变化却非常有限，则施工中应以拉索张拉吨位进行控制，然后根据高程的实测情况对索力作适当的调整。此时高程、线形的控制主要是通过混凝土浇筑前放样高程的调整(采用悬臂浇筑施工方法时)或预制块件间接缝转角的调整(采用悬臂拼装施工方法时)来实现的。

12.3.3　施工控制的方法

在斜拉桥施工的理论计算中，虽然可采用各种计算方法算出各施工阶段(步骤)的索力和相应的挠度、位移值，但是按理论计算所给出的索力进行施工时，结构的实际变形却未必能达到预期的结果。以国外修建的大跨度混凝土斜拉桥为例：美国 Pasco-Kennewick 桥跨度 299 m，合龙时差 17 cm；法国的 Brotone 桥跨度 320 m，用压重的方法才使大桥合龙。这主要是由于设计时所采用的诸如材料的弹性模量、构件自重、混凝土的收缩徐变系数、施工临时荷载的条件等设计参数，与实际工程中所表现出来的参数不完全一致。斜拉桥在施工中所表现出来的这种理论与实践的偏差具有积累性；如不加以有效控制和调整，随着主梁悬臂施工长度的增加，主梁高程最终将显著地偏离设计目标，造成合龙困难并影响成桥后的内力和线形。

对于偏差的处理和索力的调整，常用的方法有以下几种。

1)一次张拉法

在施工过程中每一根斜拉索张拉至设计索力后不再重复张拉。对于施工中出现的梁端挠度和塔顶水平位移偏差不用索力调整，或任其自由发展，或通过下一块件接缝转角进行调整，直至跨中合龙时因存在挠度偏差而采用压重等方法强迫合龙。一次张拉法简单易行、施工方便，但对构件的制作要求较高。因为对已完成的主梁高程和索力不予调整，主梁线形较难控制，跨中强迫合龙则扰乱了结构理想的恒载内力状态。

2)多次张拉法

在整个施工过程中对拉索进行分期、分批张拉，使施工各阶段结构的内力较为合理，梁塔的受力处于大致平衡的状态，即梁塔仅承受轴向力和数值不大的弯矩。主梁的线形主要是通过斜拉索索力在一定范围内的调整而加以控制的。

南浦大桥的施工就是采用这一控制方法。由于大桥建设的工期短，为满足施工进度的要求并同时保证架梁的质量，在每一节段的施工中，当发现架梁线形与设计线形发生一定偏离时，即调整正在安装节段或邻近节段上斜拉索的索力，对架梁线形进行局部调整。索力调整的幅度一般在设计值±300 kN 的范围内。考虑到桥面板与钢架形成叠合梁后主梁刚度增大，不仅线形调整的难度增加，而且索力调整将在刚形成叠合梁的桥面板混凝土中产生附加内力，此时主梁抵抗弯矩的能力较差，索力调整受到一定限制，因此线形调整一般在接缝混凝土浇筑前进行。接缝混凝土养护期间则对主梁线形进行一次全面观测。此外，安装新节段钢梁前，拼接点的高程应符合设计要求。这主要取决于接缝混凝土达到强度后，斜拉索进行第二次张拉，以及桥面吊机移位时的控制、调整。采用上述调整索力的方法后，南浦大桥主梁的线形得到了有效的控制。两岸主梁在未进行专门调索的状态下顺利合龙。合龙时，两岸上、下游 4 个主梁悬臂端点的高差最大为 15 mm(其余 3 点的最大高差为 3 mm)。

3)设计参数识别、修正法

该方法根据施工中结构的实测值对主要设计参数进行估计,然后将被修正过的设计参数反馈到控制计算中去,重新给出施工中索力和挠度的理论期望值,以消除理论值与实测值中不一致的部分。所选择的设计参数主要有混凝土的收缩徐变系数、主梁抗弯强度和构件自重等。宁波市甬江斜拉桥就是采用该法进行施工控制的。

12.4　斜拉桥主梁施工实例

广东西樵大桥,是一座双索独塔双跨式混凝土斜拉桥,跨径布置为 125 m+110 m,为梁、塔、墩固结转的刚构体系,利用边跨桥下高度较小及地形平坦的条件,在边跨布置了两个辅助墩。主梁采用实体双主梁截面,横截面由主梁、横梁和预制桥面板组成。在索塔两侧各 18.2 m 范围内,主梁横截面变为整体单箱四室梁以适应受力和构造上的要求,主梁横截面布置及各部分尺寸如图 12-20 所示(图中高程以 m 计,其余以 cm 计)。

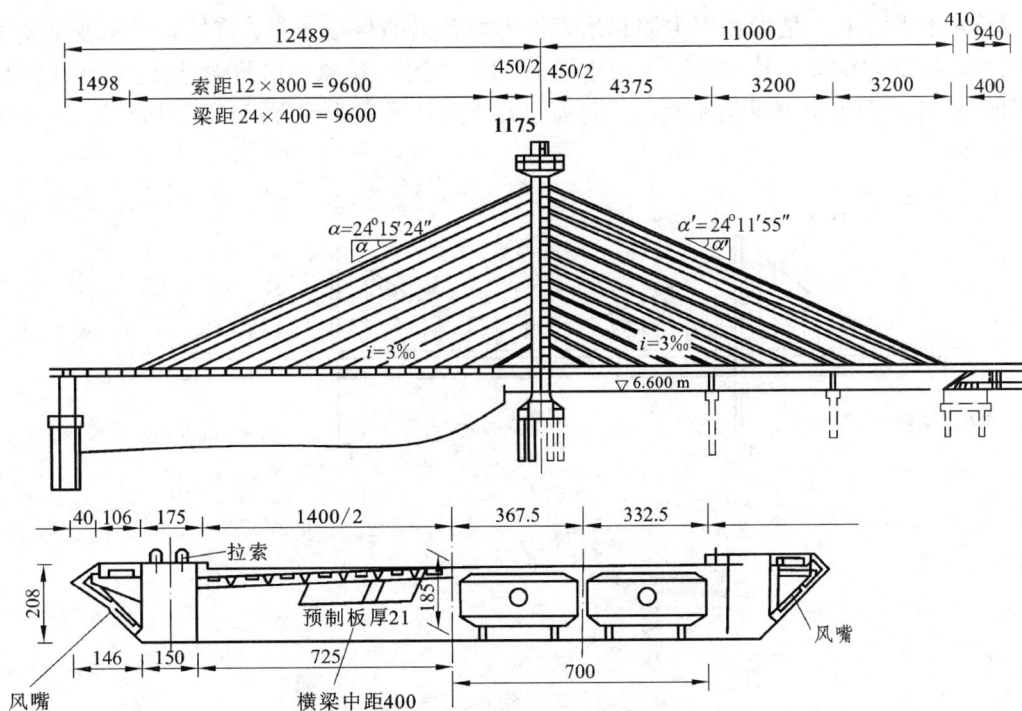

图 12-20　广东西樵大桥

拉索穿过主梁锚固在主梁底部,通过拉索预埋管道与浇筑在主梁内的劲性骨架电焊连接。

边跨主梁及墩顶梁段采用支架现浇施工,主跨采用悬臂浇筑法施工,每个浇筑节段长 8 m。边跨支架施工时,在施工顺序上要求超前主跨两个节段,超前节段间留有施工缝。为保证主跨悬臂施工时结构受力均衡，在与主跨对称的边跨施工节段上安设了平衡重移动车。

主跨主梁用挂篮与埋设在主梁中的劲性骨架相结合的悬臂浇筑法施工，每个节段的施工步骤如下。

(1)在挂篮的施工平台上安装劲性骨架、拉索、绑扎钢筋、立模并第 1 次张拉拉索。

(2)浇筑主梁、横梁混凝土，并在混凝土浇筑过程中按浇筑进度分级张拉拉索(总称为第 2 次张拉)。

(3)主、横梁混凝土强度超过 C30 后，铺设预制行车道板，浇筑桥面混凝土，第 3 次张拉拉索。

(4)主跨挂篮向前移动一节段，边跨平衡重小车也向前移一节段，第 4 次张拉拉索。

重复上述步骤施工，直至合龙。

12.5　悬索桥的分类及施工

12.5.1　悬索桥的分类

悬索桥也称吊桥，是指利用主缆和吊索作为加劲梁的悬挂体系，将桥跨所承受的荷载传递到桥塔、锚碇的桥梁。其主要结构由主缆、桥塔、锚碇、吊索、加劲梁组成，如图 12-21 所示。悬索桥的类型可根据悬吊跨数、主缆锚固方式及悬吊方式等方面加以划分。

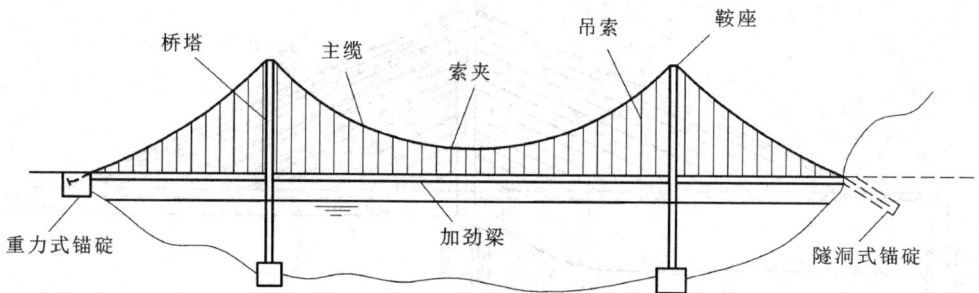

图 12-21　悬索桥概貌

1.按悬吊跨数分类

悬索桥按悬吊跨数可分为单跨悬索桥、三跨悬索桥、四跨悬索桥和五跨悬索桥,其结构形式如图 12-22 所示。其中单跨悬索桥和三跨悬索桥最为常用。

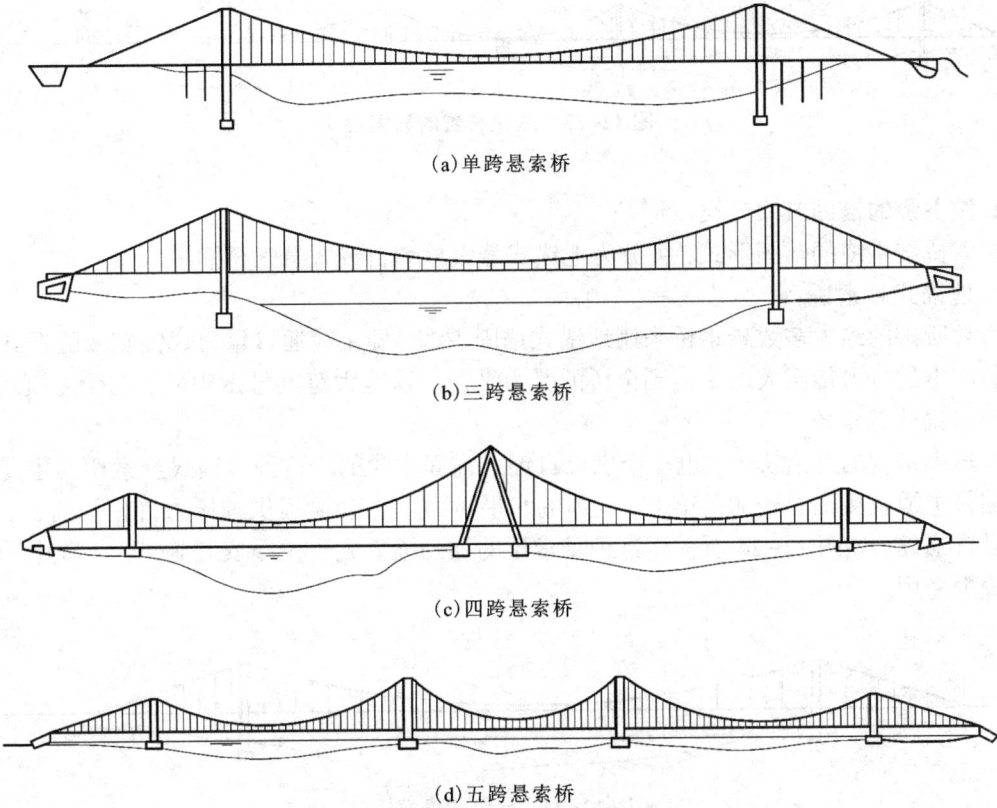

(a)单跨悬索桥

(b)三跨悬索桥

(c)四跨悬索桥

(d)五跨悬索桥

图 12-22　悬吊跨数不同的悬索桥

1)单跨悬索桥

单跨悬索桥常用于高山峡谷地区,因其两岸地势较高而采用桥墩支撑边跨更为经济,或者用于道路的接线受到限制,使得平面曲线布置不得不进入大桥边跨的情况。就结构特性而言,单跨悬索桥由于边跨主缆的垂度较小,主缆长度较短,对中跨荷载变形控制更为有利。

2)三跨悬索桥

三跨悬索桥是目前国际工程实例中应用最多的桥型,世界上大跨度悬索桥几乎全采用这种形式。这不仅是因其结构受力特征较为合理,同时也因其流畅对称的建筑造型更符合人们的审美观。

3)多跨悬索桥

相对于三跨悬索桥而言,四跨和五跨悬索桥又称为多跨悬索桥,这种桥型由于结构柔性大,固有振动频率较低,难以满足特大跨度悬索桥的使用及刚度需要。在建桥条件需要采用连续大跨布置时,可以用两个三跨悬索桥联袂布置,中间共用一座桥的锚碇锚固这两桥的主缆(图 12-23),美国的旧金山-奥克兰海湾大桥和日本本州四国联络线中的南北备赞大桥即采用此形式。当建桥条件特别适于作连续大跨布置而采用四跨悬索桥时,其中央主塔为满足全桥刚度要求通常需要做 A 形布置,如图 12-22(c)所示,相应的塔顶主缆须采取特殊锚固措施,以克服两侧较大的不平衡水平拉力。

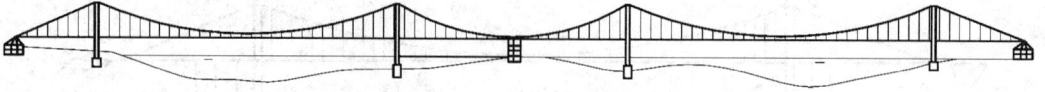

图 12-23　联袂布置的悬索桥

2. 按主缆的锚固方式分类

悬索桥按主缆的锚固形式,可分为地锚式悬索桥和自锚式悬索桥。

1)地锚式悬索桥

通常所讲的绝大多数悬索桥采用地锚式锚固主缆,即主缆通过重力式锚碇或隧洞式锚碇将荷载产生的拉力传至大地来达到全桥的受力平衡。这是大跨度悬索桥最佳的受力模式。

2)自锚式悬索桥

在较小跨度的悬索桥中,也有个别以自锚式锚固主缆的。这种自锚式悬索桥的主缆在边跨两端将主缆直接锚固于加劲梁上,主缆的水平拉力由加劲梁提供轴压力自相平衡,不需要另外设置锚碇,如图 12-24 所示。这种悬索桥的加劲梁要先于主缆安装施工,实践中因施工困难较少采用。

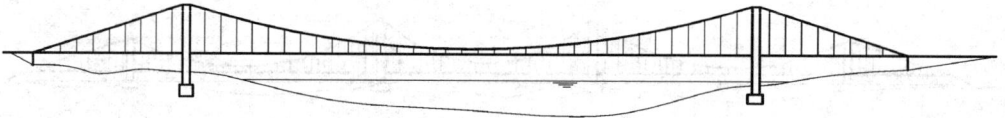

图 12-24　自锚式悬索桥

3. 按悬吊方式分类

(1)采用竖直吊索并以钢桁架作加劲梁的悬索桥如图 12-25 所示。

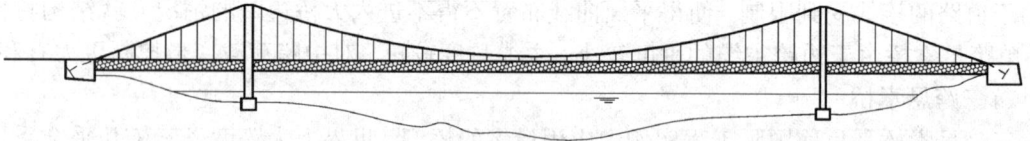

图 12-25　采用竖直吊索并以钢桁架作加劲梁的悬索桥

(2)采用三角布置的斜吊索并以扁平流线形钢箱作加劲梁的悬索桥如图 12-26 所示,也有呈交叉形布置的斜吊桥。

(3)混合式悬索桥,采用竖直吊索、斜吊索和流线形钢箱梁作加劲梁,除了有一般悬索桥的缆索体系外,还设有若干加强的斜拉索,如图 12-27 所示。

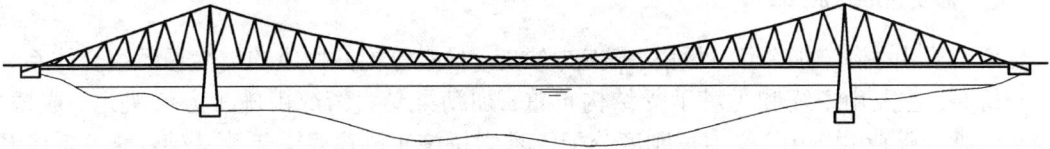

图 12-26　采用斜吊索并以钢箱作加劲梁的悬索桥

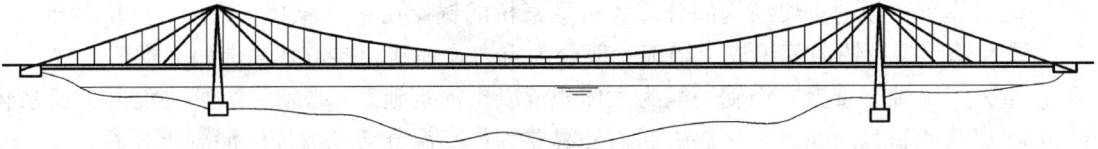

图 12-27　带斜拉索的悬索桥

4. 按支承结构分类

如果按加劲梁的支承结构来分,悬索桥又可分为单跨两铰加劲梁式悬索桥、三跨两铰加劲梁式悬索桥及三跨连续加劲梁式悬索桥等,如图 12-28 所示。

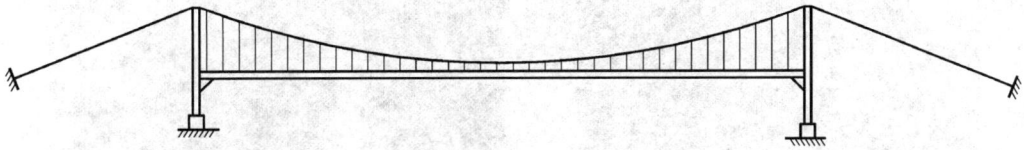

(a)单跨两铰加劲梁式

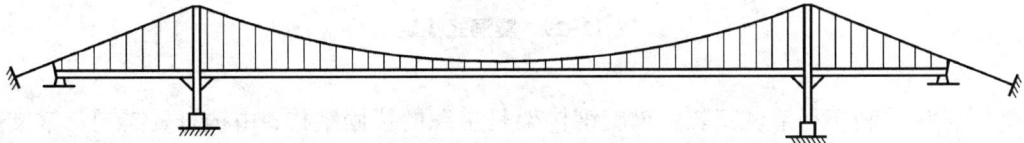

(b)三跨两铰加劲梁式

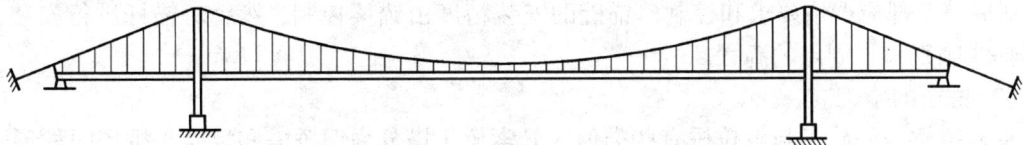

(c)三跨连续加劲梁式

图 12-28　按支承结构划分的悬索桥形式

12.5.2 悬索桥的施工

悬索桥是由主缆、加劲梁、桥塔、鞍座、锚碇、吊索等构件构成的柔性悬吊组合体系。悬索桥成桥时,主要由主缆和主塔承受结构自重,加劲梁受力情况由施工方法决定;成桥后,结构共同承受外荷载作用,受力按刚度分配。悬索桥施工顺序:锚碇及基础、悬索桥塔及基础、主缆和吊索的架设、加劲梁的工厂制作与工地安装架设、桥面及附属工程等。

1)锚碇和桥塔的施工

(1)锚碇的施工。

锚碇是支承主缆的重要结构部分。大跨悬索桥的锚碇由散索鞍墩、锚块、锚块基础、锚室、主缆和锚碇架及锚盖等组成。锚碇一般分为重力式锚碇和隧道式锚碇两大类。

①重力式锚碇。重力式锚碇一般为大体积混凝土浇筑施工,必须注意解决混凝土的水化热及分块浇筑的施工问题。水化热引起内外温差和最高温升会导致锚体混凝土开裂。

②隧道式锚碇。在岩体开挖过程中应注意爆破的药量,尽量保护岩石的整体性,使隧道式锚碇坚固可靠(图12-29)。

图12-29 隧洞式锚碇

③锚碇架的制作和架设安装。锚碇钢构架是主缆的锚固结构,由锚杆、锚梁及锚支架3部分组成。锚支架在施工中起支承锚杆及锚梁的重力和定位作用,主缆索股直接与锚杆连接,锚杆分为单束和双束两种,可采用A3或16 Mn钢板焊接而成。制造时对焊接质量、变形、制造精度都应严格要求和控制。锚碇的安装精度由锚梁控制,然后对锚杆进行安装,调整其轴线顺直和锚固点的高程。

(2)桥塔的施工。

悬索桥桥塔的施工与斜拉桥有些类似。悬索桥桥塔分为钢桥塔和混凝土桥塔两种形式。

①悬索桥钢桥塔的施工。依据其规模、类型、施工地点的地形条件并考虑经济适用性,悬索桥钢桥塔的施工主要有以下几种方法:浮式吊机施工法、塔式吊机施工法、爬升式吊机施工法。

②混凝土桥塔的施工。塔身和立柱常采用的施工方法:翻模法、滑模法、爬模法和提升支架法等。如英国Humber悬索桥桥塔为混凝土塔,采用滑模法施工,而我国厦门海沧大桥东桥塔采用翻模法施工等。

346

(3) 锚碇和桥塔基础的施工。

悬索桥的桥塔基础和锚碇基础为沉井、沉箱、明挖扩大基础或桩基础。

2) 主缆架设

(1) 主缆架设的准备工作。

主缆架设前，应先安装索鞍(包括主、副索鞍，展束锚固索鞍等)，安装塔顶吊机或吊架以及各种牵引设施和配套设备，然后依次进行导索、拽拉索、施工步道的架设，为主缆架设做好准备。

(2) 导索及牵引索(拽拉索)架设。

①海底拽拉法。较早时期的导索架设用的办法是将导索从一岸塔底临时锚固，然后将装有导索索盘的船只驶往彼塔，并随时将导索放入水底，然后封闭航道，用两端塔顶的提升设备将导索提升至塔顶，置入导轮组中，并引至两端锚碇，再将导索的一端引入卷扬机筒上，另一端与拽拉索(主索引索或副牵引索或无端牵引绳)相连，接着开动卷扬机，通过导索拽拉索引过河。

②浮子法。其具体办法为将导索每隔一定距离装一浮子，在将导索拽拉过河时，其不会沉入水底。其他方面与海底拽拉法无大差别。

以上两法仅适于潮流较缓、无突出岩礁等障碍时采用。

③空中渡海法。当水流较急时，一般采用空中渡海法，即在一端锚碇附近连续松放导索，经塔顶后固定于拽拉船上，随着拽拉船前行，导索相应放松，因此一般不会使导索落入水中，导索至另一岸索塔处时，往往从另一端锚碇附近将牵引索引出，并吊上索塔后沿另一侧放下，再与拽拉船上的导索头相连接，即可开动卷扬机，收紧导索，从而带动牵引索过河。

④直升机牵引法。明石海峡大桥采用直升机空中牵引架设导索的方法获得了成功。

(3) 施工步道架设。

施工步道相当于一临时轻型索桥，其作用是在主缆架设期间提供一个空中工作平台。它由施工步道承重索、施工步道面板系统及横向天桥和抗风索等组成，一般为 3~5 m，每主缆下设一个，为方便工人操作，施工步道面层距主缆中心线的高度一般为 1.3~1.5 m，且一般沿主缆中心线对称布置。

施工步道索在初期用与先期的导索架设相类似的方法架设，与前述同样的理由，现多在一端塔顶(或锚碇)起吊施工步道索一端，与拽拉器相连后牵引至另一端头，然后将其一端入锚，另一端用卷扬机或手动葫芦等设施牵拉入锚并调整其垂度，最后将其两端的锚头锁定。施工步道索矢度调整就绪后即可铺设施工步道面板，一般是先将横木和面材分段预制，成卷提升至塔顶，沿施工步道索逐节释放，并随之把各段间相连，然后将横木固定在承重索上，并在横木端部安装栏杆立柱以及扶手索等。横向天桥可在施工步道架完后随其一起铺设。

此外，若架设主缆的拽拉系统用门架支承和导向时，还必须在施工步道上每隔一定距离架设施工步道门架。

(4) 主缆架设。

主缆的架设方法一般有两种，即空中编缆法(AS 法)和预制丝股法(PS 法)。

所谓空中编缆法，就是先在施工步道上将单根钢丝编制成主缆丝股，多束丝股再组成主缆。其施工程序如下。

将待架的钢丝卷入专用卷筒运至悬索桥一端锚碇旁，并将其一头抽出，暂时固定在一梨形蹄铁上，此头称为"死头"，然后将钢丝继续外抽，套于送丝轮的槽路中，而送丝轮则连接于牵引索上，当卷扬机开动时，牵引索将带动送丝轮将钢丝送至对岸，同样套于设在锚碇处的一个梨形蹄铁上，再让送丝轮带动其返回始端，如此循环多次则可按要求数量将一束丝股捆扎成束，如图12-30所示。

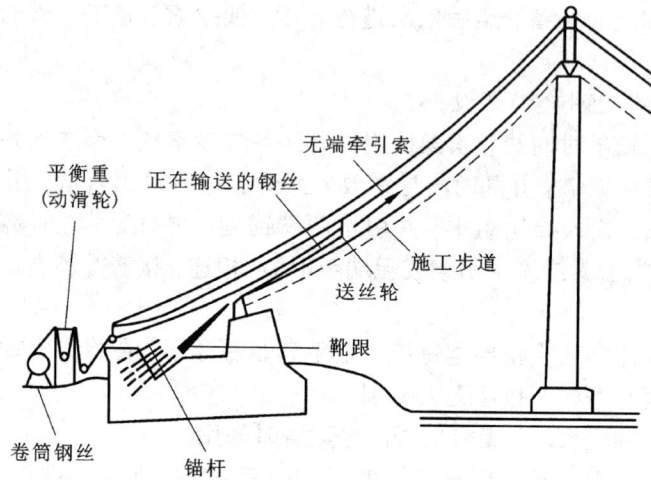

图12-30 送丝工艺示意图

这里，不断从卷筒中放钢丝的一头称"活头"，其中一束丝股牵引完成后，就将钢丝"活头"剪断，并与先前临时固定的"死头"用特制的钢丝连接器相互连接。在环形牵引索上，可同时固定两个送丝轮，每个送丝轮的槽路可以是一条，也可以是两条或更多，目前已有4条槽路者。对每一束丝股，按每次送丝根数为一组，不足一组的再单独牵引一次。需要指出的是，每次送丝轮上的槽路越多，每次送丝数量就越大，但牵引索及送丝轮等的受力相应增大，所需牵引动力也就增大。

此外，编缆前，应先放一根基准丝来确定第一批丝股的高程。基准丝为自由悬挂状态，其仅承受自重荷载，所呈线形为悬链线。基准丝应在下半夜温度稳定情况下测量设定。此后牵引的每根钢线均需调整成与基准丝相同的跨度和垂度，则其所受拉力、线形及总长应与基准丝一样。成股钢丝束应梳理调整后，用手动液压千斤顶将其挤成圆形，并每隔2~5 m用薄钢带捆扎。

钢丝束编股有鞍外编股和就鞍编股两种，由于鞍外编股之后还需将丝股移入主鞍座槽路之内，故现已多用就鞍编股。

调股：为使每束丝股符合设计要求，在调丝后依靠在梨形蹄铁处所设的千斤顶调整整束丝股的垂度，并随即在梨形蹄铁处填塞销片，将丝股整束落于索鞍，使千斤顶回油。调股同样应在温度稳定的夜间进行。

所谓预制丝股法，就是在工厂或桥址旁的预制场事先将钢丝预制成平行丝股，然后利用拽拉设施将其通过猫道拽拉架设。其主要工序为：丝股牵引架设，测调垂度，锚跨拉力调整。其与AS法比较，由于每次牵拉上猫道的是丝股而不是单根钢丝，故重力要大数倍，所需牵引能力也要大得多，故常采用全液压无级调速卷扬机，牵引方式则有门架支承的拽拉器和轨道小车两种，如图 12-31 所示。

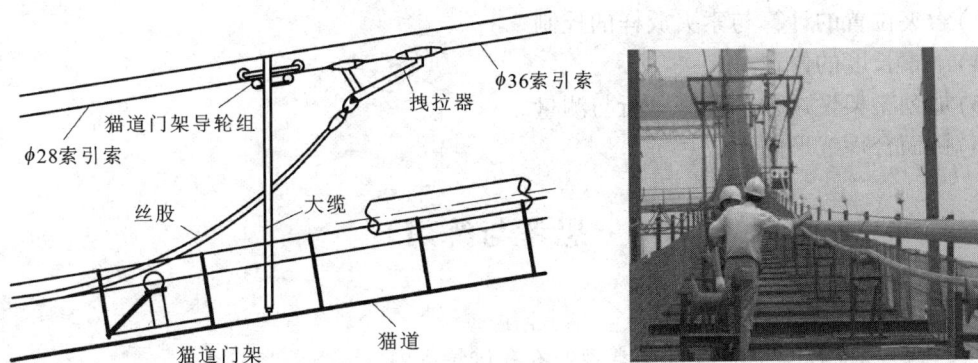

图 12-31　门架式拽拉器牵引方式

　　不管是 AS 法，还是 PS 法，在主边跨丝股垂度调整后，都必须调整锚跨内丝股的拉力，具体方法如下：用液压千斤顶拉紧丝股，并在锚梁与锚具支承面间插入支承垫板，即可通过丝股的伸长导入拉力。实际控制时，采用位移(伸长量)和拉力"双控"。

　　在各丝股调整好垂度并置入索鞍后，即用紧缆机将大缆挤压成圆形。紧缆机一般是由在一可开闭的环形刚性钢架内沿径向设置的多台千斤顶和辅助设施构成。为使两侧主缆能从两端对称作业，每桥一般配置 4 台紧缆机同时对称紧缆。紧缆一般是从主跨跨中向两侧进行，边挤边用木槌敲打密实，再用钢带或钢丝捆扎。紧缆和捆扎的距离一般为 1 m 左右。

　　紧缆挤圆之后，在索夹、吊索及加劲梁等大部分恒载已加于主缆时，即可缠丝。缠丝之前先在主缆表面涂铅丹膏，然后用缠丝机缠丝，并随时刮去挤出表面的铅丹膏。缠丝之后在大缆表面涂漆防护。

　　3) 加劲梁的架设

　　在加劲梁架设之前，应进行索夹和吊索的安装。悬索桥加劲梁的架设方法一般分为两种：一种为先从主塔附近的节段吊装架设开始而逐渐向跨中及桥台推进；另一种为先从跨中节段开始向两侧桥塔方向推进。具体施工中，应注意主缆变形对加劲梁线形的影响。

　　4) 施工控制

　　主缆和加劲梁的架设是悬索桥施工的关键环节。主缆和加劲梁的架设过程中，桥塔和缆上的荷载不断变化着，主缆的线形也随之变化。为使悬索桥建成后其加劲梁和主缆都能达到设计线形，就需要在整个施工中进行严格的监测和控制。大跨度悬索桥按照理论计算值进行施工，在施工测量精度范围内，确保实际线形与设计要求的线形相符合。大跨度悬索桥的结构线形主要受主缆线形与吊索长度控制，主缆一旦架设完成，其线形不能进行调整。

　　施工监控主要有：对主缆的施工控制，即要求主缆内各钢丝均匀受力；主缆调股的控制，即将股缆在主跨和边跨的矢度调到要求的位置；主缆架设中长度的控制；对塔上主鞍座位置的控制，即在主缆架设时，应该让鞍座的空间位置具有一个靠岸的偏移量；加劲梁段架设中的施工控制。

　　以厦门海沧大桥悬索桥上部结构的线形施工控制为例，大跨度悬索桥施工监控主要考虑以下几个方面。

（1）初始参数的收集与整理分析，这些参数包括跨度、高程、施工步道影响等。

（2）鞍座预偏量与基准丝股线形的计算和架设监测。

（3）索夹位置的计算与索夹放样的控制。

（4）吊索长度的修正。

（5）加劲梁架设过程的计算分析与测量。

（6）桥面合理线形的形成。

思考与练习

12-1　简述斜拉桥的分类。

12-2　斜拉桥拉索索面有哪些类型？各有何特点？

12-3　混凝土斜拉桥主梁常用的截面形式有哪些？各有何特点？

12-4　试述拉索的张拉方法。

12-5　斜拉桥主梁常用的施工方法有哪些？各有何特点？

12-6　简述斜拉桥的施工控制原则及施工控制的方法。

12-7　主缆架设要进行的准备工作有哪些？为什么要进行这些准备工作？

12-8　施工步道的作用是什么？施工步道是如何进行架设的？

12-9　比较主缆架设施工的空中编缆法（AS法）和预制丝股法（PS法）的异同。

12-10　空中编缆法（AS法）是如何确定丝股的位置的？

第13章
涵洞施工

【知识目标】

1. 概述涵洞的常见类型；
2. 辨析各涵洞施工方法和注意事项。

【能力目标】

提升学生处理工程实际问题的能力。

【素养目标】

培养学生细致认真的工匠精神。

13.1 涵洞的构造

13.1.1 涵洞的分类

1. 按建筑材料分

1)石涵

石涵是以石料为主要材料建造的涵洞。这是公路上常见的涵洞类型。

石涵按力学性能不同可分为石盖板涵、石拱涵等类型；按构成涵洞的砌体有无砂浆可分为浆砌和干砌两种类型。

2)混凝土涵

混凝土涵是以混凝土为主要材料建造的涵洞。按力学性能不同，混凝土涵洞又有四铰管涵、混凝土圆管涵、混凝土盖板涵、混凝土拱涵之分。

砖、石料和混凝土材料在工程结构物中以承受压力为主，统称圬工材料，由这些材料组成的涵洞叫圬工涵洞。

3)钢筋混凝土涵

钢筋混凝土涵是以钢筋混凝土为主要材料建造的涵洞，如图 13-1 所示。由于钢筋混凝土材料坚固耐用、力学性能好，高等级公路上涵洞常采用此材料。

4)其他材料组成的涵洞

对于下孔径涵洞，有时也可以采用其他材料建造，如砖、陶瓷、铸铁、钢波纹管、石灰三

(a)圆管涵　　　　　　　　(b)盖板涵

图 13-1　钢筋混凝土涵

合土等。这类涵洞有砖涵、陶瓷管涵、波纹管涵、石灰三合土涵等。

2. 按构造形式分

按构造形式的不同，涵洞可以分为管涵(通常为圆管涵)、盖板涵、拱涵、箱涵、倒虹吸等。下面对各种类型的涵洞作简要介绍。

1)圆管涵

圆管涵主要由管身、基础、接缝及防水层组成，各部分构造如图 13-2 所示。

2)盖板涵

盖板涵主要由盖板、涵台、基础、洞身铺底、伸缩缝及防水层等部分组成，如图 13-3 所示。

3)拱涵

拱涵主要由拱圈、护拱、拱上测圈、涵台、基础、铺底、沉降缝及排水设施等组成。

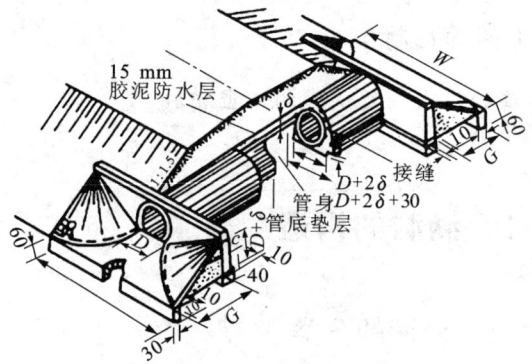

图 13-2　圆管涵各组成部分

4)箱涵

箱涵主要由钢筋混凝土涵身、翼墙、基础、变形缝等部分组成。因箱涵为整体闭合式钢筋混凝土框架结构，所以具有良好的整体性及抗震性。但由于箱涵施工较困难，造价高，一般仅在软土地基上采用。

3. 按涵洞顶填土高度分

1)暗涵

当涵洞洞顶填土高度大于或等于 0.5 m 时叫暗涵，一般用在填方路段。

2)明涵

当涵洞洞顶填土高度小于 0.5 m 时叫明涵，常用在低填方或挖方路段。当涵洞洞顶填土高度小于 0.5 m 时，必须按明涵设计。

4. 按水力性质分

水流通过涵洞的深度不同，直接影响涵洞过水的水力状态，从而产生不同涵洞水力计算的图式。因此，按涵洞过水的水力性质不同，涵洞可分为无压力式、半压力式和压力式 3 种，如图 13-4 所示。

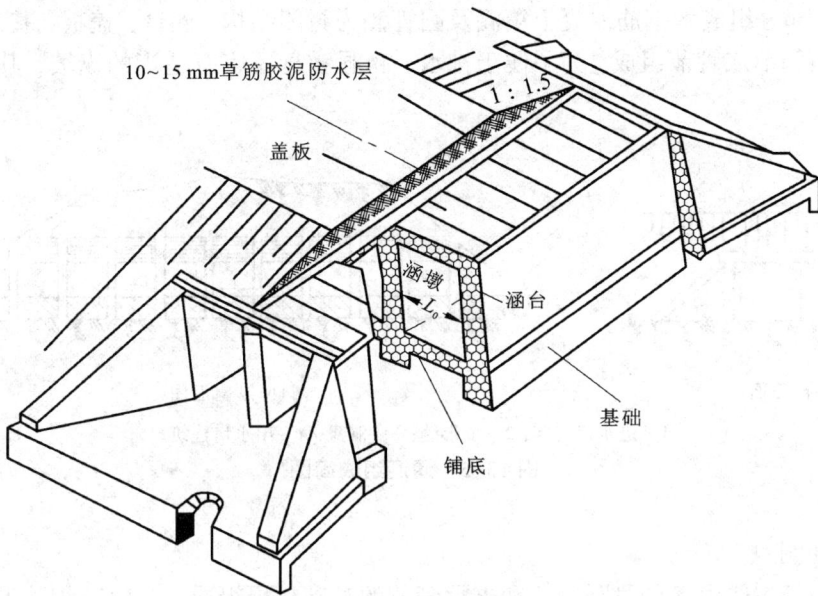

图 13-3　盖板涵各组成部分

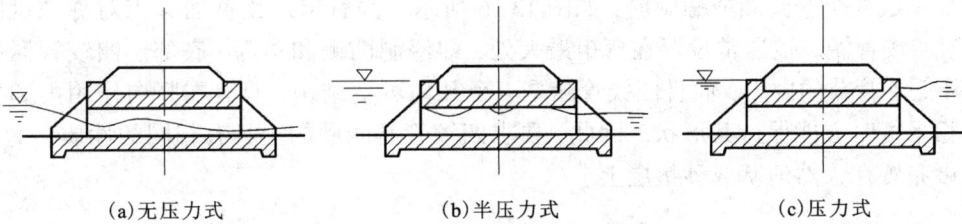

　　（a）无压力式　　　　　　（b）半压力式　　　　　　（c）压力式

图 13-4　按水力性质划分涵洞

　　1）无压力式涵洞

　　无压力式涵洞即入口水流深度小于洞口高度，并在洞身全长范围内水面都不触及洞顶，洞内具有自由水面的涵洞。

　　2）半压力式涵洞

　　半压力式涵洞即入口水流深度大于洞口高度，水流充满洞口，但在洞身全长范围内（进水口处除外）都具有自由水面的涵洞。

　　3）压力式涵洞

　　压力式涵洞即入口水流深度大于洞口高度，并在洞身全长范围内都充满水流且无自由水面的涵洞。

13.1.2　洞身构造及洞口建筑

1. 洞身构造

　　洞身是形成过水孔道的主体（图 13-5），它应具有保证设计流量通过的必要孔径，同时要求本身坚固而稳定。洞身的作用：一方面保证水流通过；另一方面直接承受荷载压力和填土压力，并将其传递给地基。洞身通常由承重结构（如拱圈、盖板等）、涵台、基础以及防水层、伸缩缝等部分组成。钢筋混凝土箱涵及圆管涵为封闭结构，涵台、盖板、基础连成整体，其涵身断面由箱节或管节组成，为了便于排水，涵洞涵身还应有适当的纵坡，其最小坡度为0.4%。

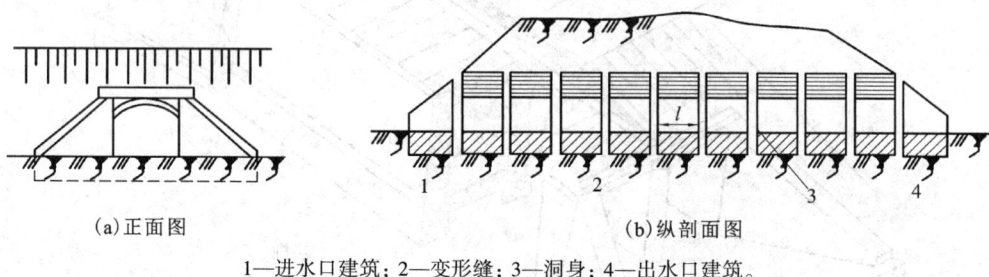

(a)正面图　　　　　　　　　　　(b)纵剖面图

1—进水口建筑；2—变形缝；3—洞身；4—出水口建筑。

图 13-5　涵洞组成简图

1）圆管涵洞身

圆管涵洞身主要由各分段圆管节和支承管节的基础垫层组成。当整节钢筋混凝土圆管涵无铰时，称为刚性管涵。刚性管涵在横断面上是一个刚性圆环。管壁内钢筋有内、外两层，钢筋可加工成一个个圆圈或螺旋筋，如图 13-6 所示。当管节沿横截面圆周对称加设四个铰时，称为四铰管涵。铰通常设置在弯矩最大处，即涵洞两侧和顶部、底部。四铰管涵有铰的作用，降低了管节的内力，而且四铰管涵是一个几何可变结构，只有在竖向作用力和横向作用力互相平衡时方能保持其形状。因此，要求四铰管涵四周的土具有相同的性质。为此，四铰管涵可布置在天然地基或砂垫层上。

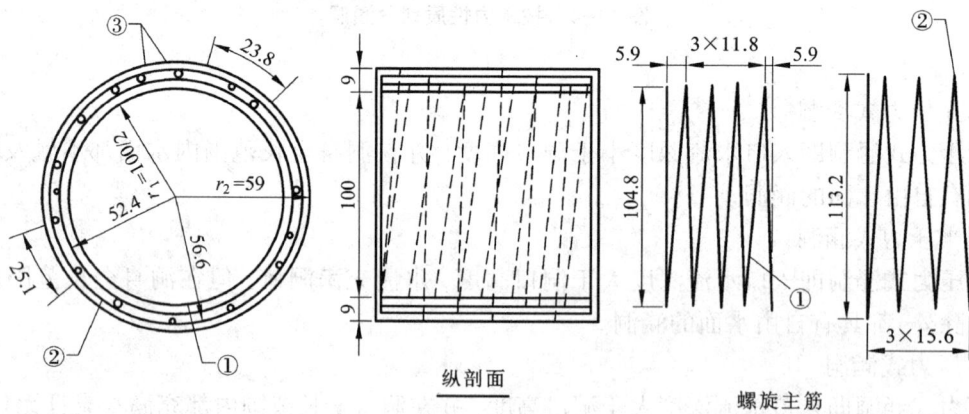

纵剖面　　　　　　　　螺旋主筋

图 13-6　钢筋混凝土圆管涵（单位：cm）

圆管涵常用孔径为 75 cm、100 cm、125 cm、150 cm、200 cm，对应的管壁厚度分别为 8 cm、10 cm、12 cm、14 cm、15 cm。基础垫层厚度 t 根据基底土质确定：当为卵石、砾石、粗中砂及整体岩石地基时，$t=0$ cm；当为亚砂土、黏土及破碎岩层地基时，$t=15$ cm；当为干燥地区的黏土、亚黏土、亚砂土及细黏土的地基时，$t=30$ cm。

2)盖板涵洞身

盖板涵洞身由涵台(墩)、基础和盖板组成(图 13-7)。盖板有石盖板及钢筋混凝土盖板等。

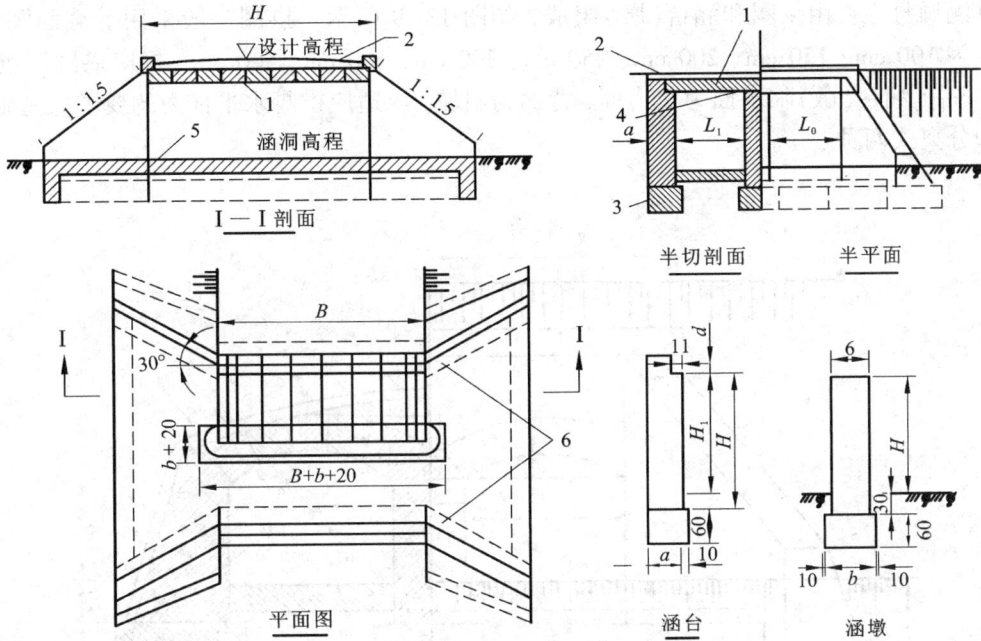

1—盖板；2—路面；3—基础；4—砂浆垫平；5—铺砌层；6—八字墙。

图 13-7　盖板涵构造(单位：cm)

钢筋混凝土盖板涵跨径 L 为 150 cm、200 cm、250 cm、300 cm、400 cm，相应的盖板厚度 d 为 15~22 cm。圬工涵台(墩)的临水面一般采用垂直面，背面采用垂直面或斜坡面，涵台(墩)顶面可做成平面，也可做成 L 形，借助盖板的支撑作用来加强涵台的稳定；同时在台(墩)帽内预埋栓钉，使盖板与台(墩)加强连接。

基础有分离式(即涵台基础与河底铺砌分离，如图 13-8 所示)和整体式(即涵台基础与

图 13-8　钢筋混凝土盖板分离式基础

河底连成整体)两种,前者适用于地基较好的情况,后者适用于地基较差的情况。当基础采用分离式时,涵底铺砌层下应垫 10 cm 厚的砂垫,并在涵台(墩)基础与涵底间设纵向沉降缝;为加强涵台的稳定,基础顶面间设置支撑梁数道。

3)拱涵洞身

拱涵洞身主要由拱圈和涵台(墩)组成,如图 13-9 所示。拱圈一般采用等截面圆弧拱。跨径 L 为 100 cm、150 cm、200 cm、250 cm、300 cm、400 cm、500 cm,相应拱圈厚度 d 为 25~35 cm。涵台(墩)临水面为竖直面,背面为斜坡,以适应拱脚水平推力的要求。基础有整体式和分离式两种。

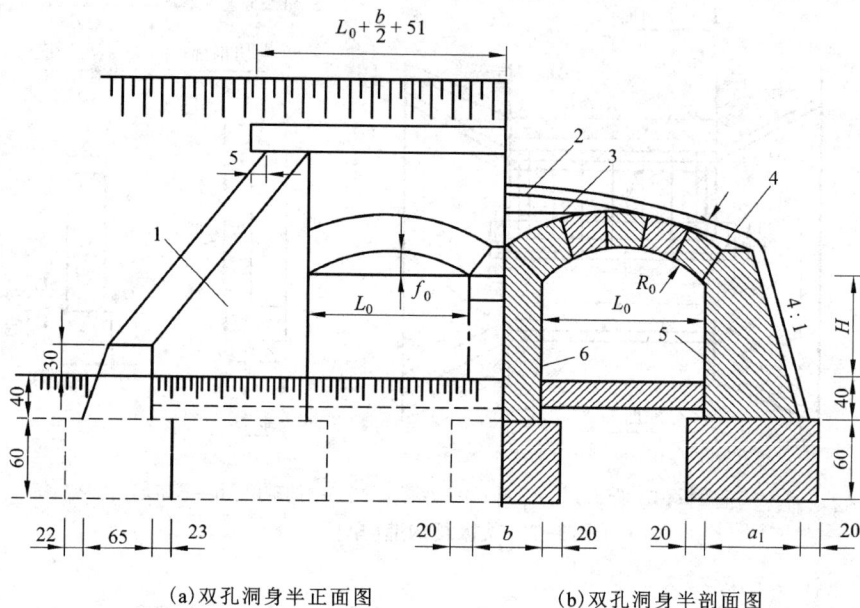

(a)双孔洞身半正面图   (b)双孔洞身半剖面图

1—八字竖墙;2—胶泥防水层;3—拱圈;4—护拱;5—台身;6—墩身。

图 13-9 拱涵构造(单位:cm)

2. 洞口建筑

洞口是洞身、路基、河道三者的连接构造物。洞口建筑由进水口、出水口和沟床加固 3 部分组成。洞口的作用:一方面使涵洞与河道顺接,使水流进出顺畅;另一方面确保路基边坡稳定,使之免受水流冲刷。为使水流安全顺畅地通过涵洞,减小水流对涵底的冲刷,需对涵洞洞身底面及进、出口底面进行加固铺砌,必要时还需在进、出口前后设置调治构造物,进行沟床加固。

常用的洞口形式有端墙式、八字式、走廊式和平头式 4 种。无论采用何种形式,河床必须铺砌。

1)正交涵洞的洞口建筑

(1)端墙式:端墙式洞口由一道垂直于涵洞轴线的竖直端墙以及盖于其上的帽石和设在其下的基础组成[图 13-10(a)]。这种洞口构造简单,但泄水能力小,适用于流速较小的人工渠道或不易受冲刷影响的岩石河上。

（2）八字式：八字式洞口是在洞口两侧设张开成八字形的翼墙[图 13-10（b）]。为缩短翼墙长度并便于施工，可将其端部建成平行于路线的矮墙。八字翼墙与涵洞轴线的夹角，按水力条件最适宜的角度设置，但习惯上按 30°设置。这种洞口工程量小、水力性能好、施工简单、造价较低，因而是最常用的洞口形式。

（3）走廊式：走廊式洞口建筑是由两道平行的翼墙在前端展开成八字形或成曲线形构成的[图 13-10（c）]。这种洞口使涵前雍水水位在洞口部分提前收缩跌落，可以降低涵的设计高度，提高涵洞的宣泄能力；但是由于施工困难，目前较少采用。

（4）平头式：又称领圈式，常用于混凝土圆管涵[图 13-10（d）]。这种洞口因为需要制作特殊的洞口管节，所以模板耗用较多。但它较八字式洞口可节省 45%～85%材料，而宣泄能力仅减少 8%～10%。

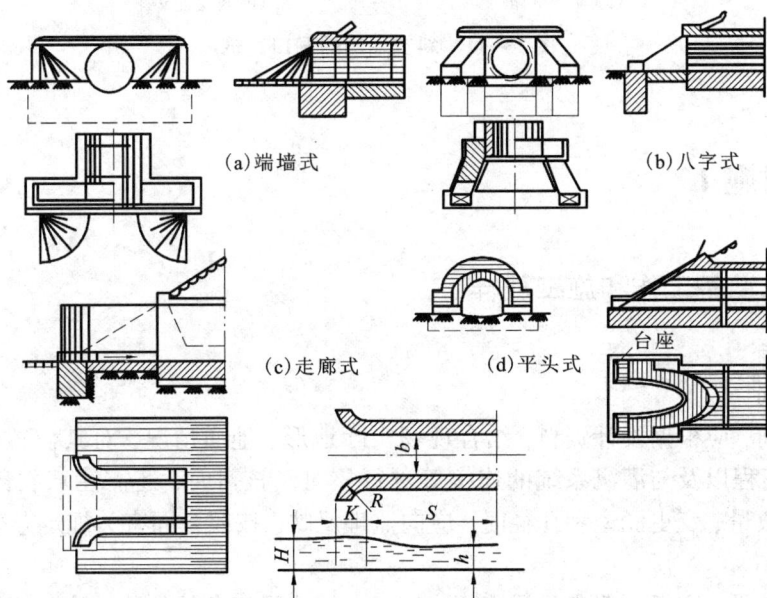

图 13-10　正交涵洞的洞口建筑

2）斜交涵洞的洞口建筑

（1）斜交斜做[图 13-11（a）]：即涵洞洞身端部与路线平行，此法用工较多，但外形美观且适应水流，较常采用。

（2）斜交正做[图 13-11（b）]：涵洞洞口与涵洞纵轴线垂直，即与正交时完全相同，此做法构造简单。

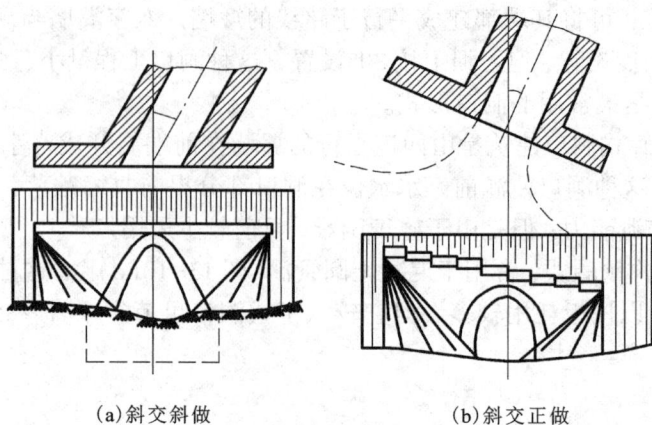

(a)斜交斜做   (b)斜交正做

图13-11　斜交涵洞的洞口建筑

13.2　涵洞施工

13.2.1　施工准备工作和施工放样

1. 准备工作

1)现场核对

涵洞开工前,应根据设计资料,结合现场实际地形、地质情况,对其位置、方向、孔径、长度、出入口高程以及与灌溉系统的连接等进行核对。核对时,还需注意农田灌溉的要求,需要增减涵洞数量、变更涵型和孔径时,应向监理反映,按照合同有关规定办理。

2)施工详图

若原设计文件、图纸不能满足施工要求时,例如地形复杂处的陡峻沟谷涵洞、斜交涵洞、平曲线或大纵坡上的涵洞、地质情况与原设计资料不符处的涵洞等,应先绘出施工详图或变更设计图,然后依图放样施工。

2. 施工放样

涵洞施工设计图是施工放样的依据,根据设计中心里程,在地面上标定位置并设置涵洞纵向轴线。当涵洞位于路线的直线部分时,其中心应根据线路控制桩的方向和附近百米桩里程测定;位于曲线部分时,应按曲线测设方法测定。正交涵洞的轴线垂直于路线中线,斜交涵洞的轴线与路线中线前进方向的右侧成斜交角 q,q 与 $90°$ 之差称为斜度 j(图13-12)。涵洞轴线确定后量出上、下游涵长,考虑进、出口是否顺畅,当无须改善时,用小木桩标定涵端,用大木桩控制涵洞轴线,并以轴线为基准测定基坑和基础在平面上的所有尺寸,用水桩标出(图13-13)。

测量放样时,应注意涵洞长度、涵底高程的正确性。对位于曲线和陡坡上的涵洞,应考虑加宽、超高和纵坡的影响。涵洞各个细部的高程,均用水准仪测定。对基础面的纵坡,当涵洞填土高度在 2 m 以上时,应预留拱度,以便路堤下沉后仍能保持涵洞应有的坡度,此种

358

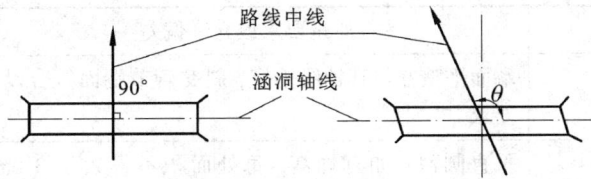

图 13-12 正交与斜交涵洞

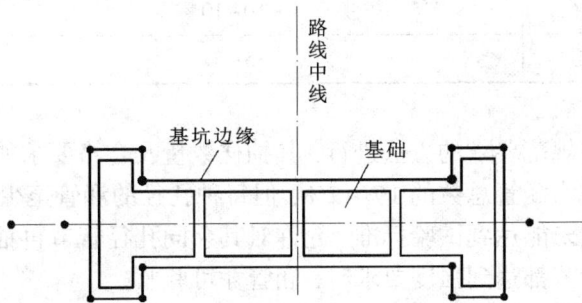

图 13-13 涵洞基础放样

拱度最好做成弧形，其数值可按表 13-1 所列进行计算，但应使进水口高程高于涵洞中心高程，以防积水。基础建成后，安装管节或砌筑涵身时均以涵洞轴线为基准详细放样。

表 13-1 涵洞填土高度在 2 m 以上时的预留拱度值

基底土种类	涵洞建筑拱度
卵石土、砾类土、砂类土	$H/80$
粉质土、黏质土、细黏质土及黄土	$H/50$

注：H 为线路中心处涵洞水槽面到中期设计高的填土高度。

13.2.2 各种类型涵洞的施工技术

1. 管涵

公路工程中的管涵有混凝土管涵和钢筋混凝土管涵，目前我国公路工程中多采用钢筋混凝土管涵。公路管涵的施工多是预制成管节，每节长度多为 1 m，然后运往现场安装。

1) 涵管的预制和运输

预制混凝土圆管可采用振动制管法、离心法、悬辊法和立式挤压法。鉴于公路工程中涵管一般为外购，故对涵管预制不再进行详细说明，但涵管进场后必须对其质量进行检验。

管节成品的质量检验分为管节尺寸检验和管节强度检验。混凝土管涵质量要求及尺寸允许偏差见表 13-2。

表 13-2　混凝土管节成品质量要求和尺寸允许偏差

项目		质量要求或允许偏差	检查方法和数量
管节形状		端面平整并与其轴线垂直，斜交管节端面符合设计要求	目测，用锤心吊线
管节内外侧表面		平直圆滑；如有蜂窝，每处面积不得大于 3 cm×3 cm，深度不得超过 1 cm，其总面积不得超过全部面积的 1%，并不得露筋，修补完善后方准使用	目测，用钢尺丈量
管节尺寸允许偏差 /mm	管节长度	0~10	两端各检查 4 处
	内(外)直径	-10~10	两端各检查 4 处
	管壁厚度	-5~5	两端各检查 4 处

涵管强度试验应按规范要求的方法进行，其抽样数量及合格要求如下：

①涵管试验数量应为涵管总数的 1%~2%，但每种孔径的涵管至少要试验 1 个。

②如首次抽样试验未能达到试验标准，允许对其余同孔径管节再抽选 2 个重新试验。只有当 2 个重复试验的管节都达到强度要求时，涵管才可验收。

③在进行大量涵管检验性试验时，以试验荷载大于或等于裂缝荷载(0.2 mm)时还没有出现裂缝者为达到标准。

在北方冬季寒冷冰冻地区，混凝土涵管还应进行吸水率试验，要求钢筋混凝土和无筋混凝土涵管的吸水率不得超过干管质量的 6%。

管节运输与装卸过程中，应注意下列问题：

①待运的管节各项质量应符合前述的质量标准，应特别注意检查待运管节设计涵顶填土高度是否符合设计要求，防止错装、错运。

②运输管节的工具，可根据道路情况和设备条件采用汽车、拖拉机拖车，不通公路地段可采用马车。

③管节的装卸可根据工地条件，使用各种起重设备如龙门吊机、汽车吊和小型起重工具滑车、链滑车等。

④在装卸和运输过程中，应小心谨慎。运输途中每个管节底面宜铺以稻草，用圆木楔紧，并用绳索捆绑固定，防止管节滚动、相互碰撞破坏。管节运输固定方法如图 13-14 所示。

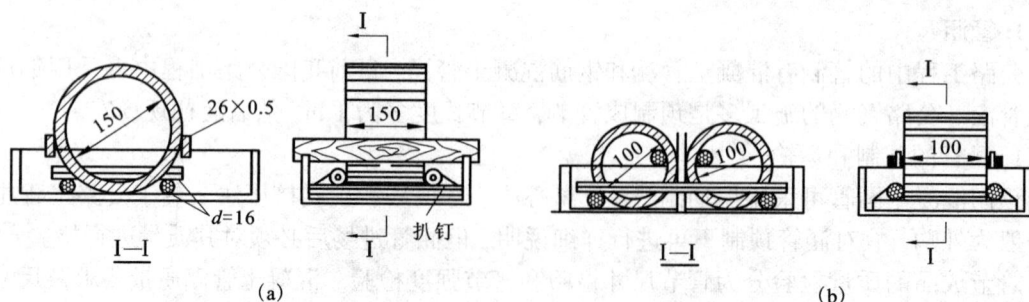

图 13-14　管节运输固定方法

⑤从车上卸下管节时，应采用起重设备。严禁将管节从汽车上滚下，否则易造成管节破裂。

2）管涵的施工程序

管涵可分为单孔、双孔的有坞工基础和无坞工基础管涵。各自的施工程序见下。

（1）单孔有坞工基础管涵，其施工程序（图 13-15）：

①挖基坑并准备修筑管涵基础的材料。

②砌筑坞工基础或浇筑混凝土基础。

③安装涵洞管节，修筑涵管出入口端墙、翼墙及涵底（端墙外涵底铺装）。

④铺设管涵防水层及修整。

⑤铺设管涵顶部防水黏土（设计需要时），填筑涵洞缺口填土及修建加固工程。

图 13-15　单孔有坞工基础管涵施工程序

（2）单孔无坞工基础管涵，其洞身安装程序如图 13-16 所示。

①挖基与备料与图 13-15 同，图 13-16 中未示出。

②在捣固夯实的天然土表层或砂砾垫层上，修筑截面为圆弧状的管座，其深度等于管壁的厚度。

③在圆弧管座上铺设垫层的防水层，然后安装管节，管节间接缝宜留 1 cm 宽。缝中填防水材料。

④在管节的下侧再用天然土或砂砾垫层材料做填料，捣实至设计高程（图 13-16），并切实保证培填料与管节密贴。再将防水层向上包裹管节，防水层外再铺设黏质土，水平径线以下的部分，应立即填筑，以免管节下面的砂砾垫层松散，并保证其与管节密贴。在严寒地区

这部分填土必须特别填筑不冻胀土料。

　　⑤修筑管涵出入口端墙、翼墙及两端涵底并进行整修工作(图中未示出)。

断面 I—I

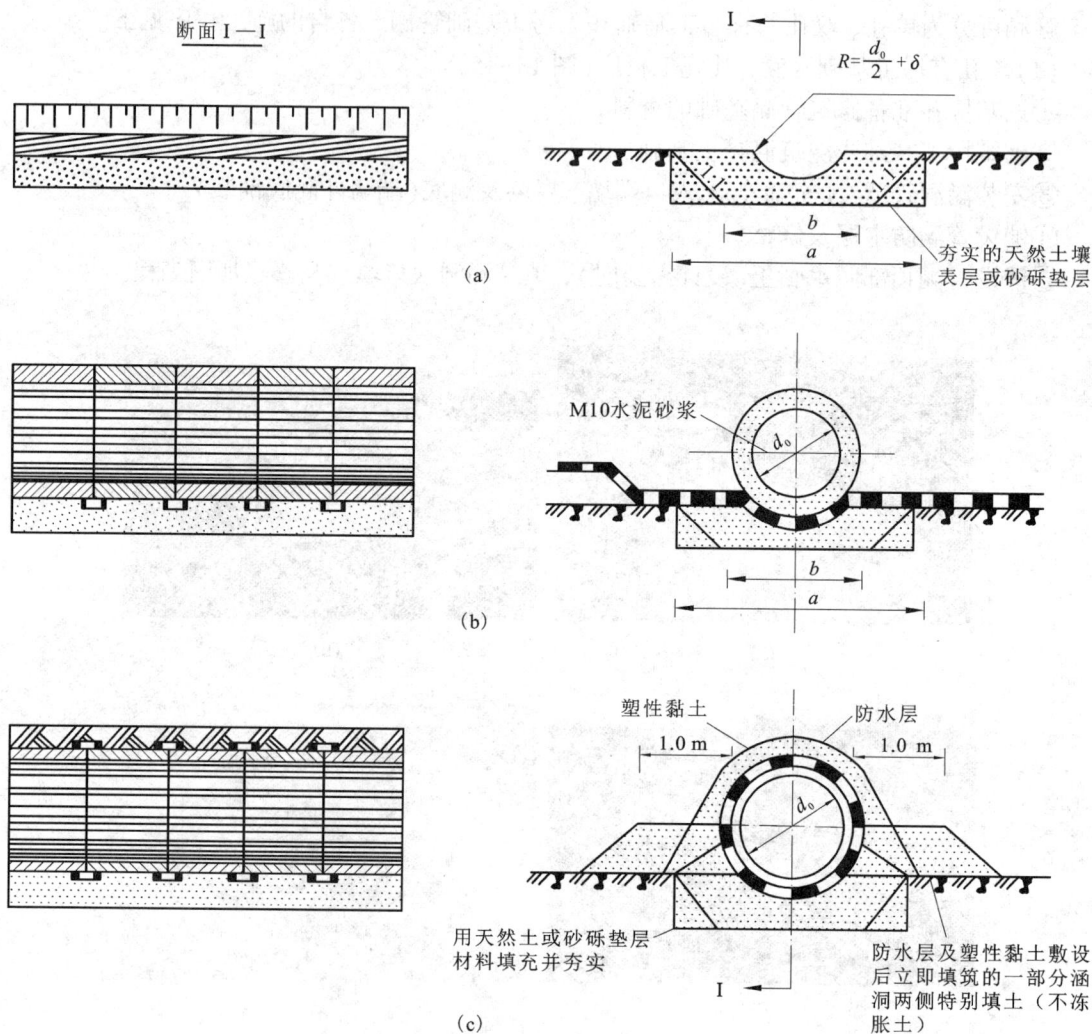

$$R=\frac{d_0}{2}+\delta$$

夯实的天然土壤表层或砂砾垫层

(a)

M10水泥砂浆

d_0

(b)

塑性黏土　　　防水层
1.0 m　　　　　1.0 m
d_0

用天然土或砂砾垫层材料填充并夯实

防水层及塑性黏土敷设后立即填筑的一部分涵洞两侧特别填土(不冻胀土)

(c)

注：砂砾垫层底宽，非严重冰冻地区为 b，严重冰冻地区为 a，即上、下同宽。

图 13-16　单孔无圬工基础管涵洞身安装程序

　　(3)双孔无圬工基础管涵，其洞身施工程序如图 13-17 所示。

　　①挖基、备料与前同(图 13-17 未示出)。

　　②在捣固夯实的天然土表层或砂砾垫层上修筑圆弧状管座，其深度等于管壁的厚度。

　　③按图 13-17 的程序，先安装右边管并铺设防水层，在左边一孔管节未安装前，在砂砾垫层上先铺设垫底的防水层，然后按同样的方法安装管节。管节间接缝尽量抵紧，管节内、外接缝均以强度 10 MPa 的水泥砂浆填塞。

　　④在管节下侧用天然土或砂砾垫层材料做填料，夯实至设计高程处(图 13-17)，并切实保证与管节密贴。左侧防水层铺设完后，用贫混凝土填充管节间的上部空腔，再铺设软塑状黏土。

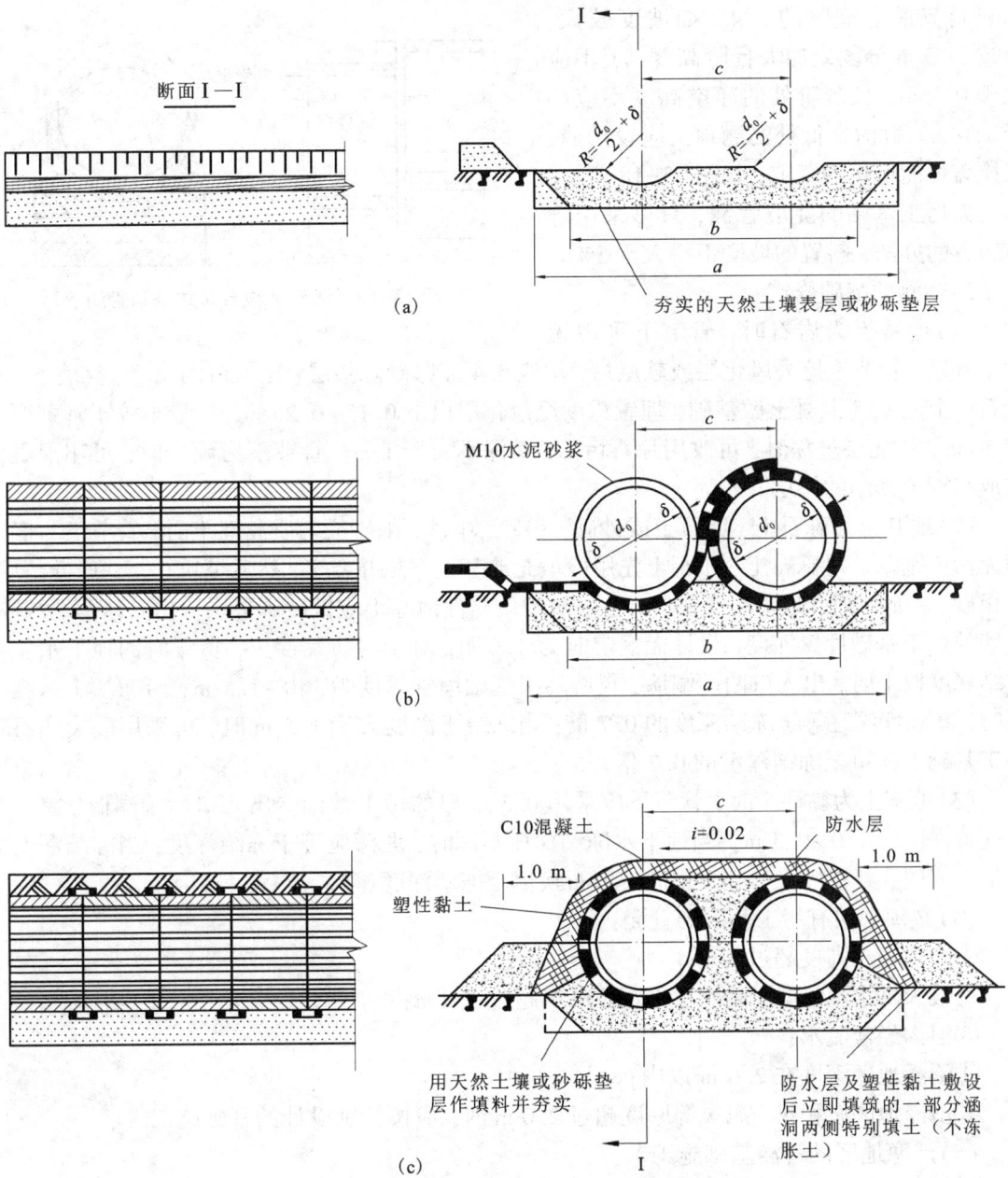

断面 I—I

(a)

(b)

(c)

图 13-17　双孔无圬工基础管涵洞身施工程序

　　防水层及黏土铺设后，涵管两侧水平直径线以下的一部分填土应立即填筑，以免管节下面砂砾垫层松散。在严寒地区此部分填土必须填筑不冻胀土料。

　　⑤修筑管涵出入口两端端墙、翼墙及涵底并进行整修工作。

　　(4)涵底陡坡台阶式基础管涵。

　　沟底纵坡很陡时，为防止涵洞基础和管节向下滑移，可采用管节为台阶式的管涵，每段长度一般为 3~5 m，台阶高差一般不超过相邻涵节最小壁厚的 3/4。如坡度较大，可按 2~3 m 分段或加大台阶高度，但不应大于 0.7 m，且台阶处的净空高度不应小于 1.0 m。此时在低处的涵顶上应设挡墙，以掩盖可能产生的缝隙，如图 13-18 所示。

无圬工基础的陡坡管涵，只可采用管节斜置的办法，斜置的坡度不得大于 5%。

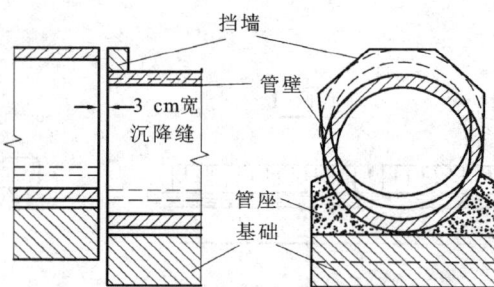

图 13-18　涵底陡坡台阶式基础管涵

3）管涵的基础修筑

（1）地基土为岩石时，管节下采用无圬工基础，管节下挖去风化层或软层后，填筑 0.4 m 厚砂砾垫层；出入口两端墙、翼墙下，在岩石层上用 C15 混凝土做基础，埋置深度至风化层以下 0.15~0.25 m，且最小等于管壁厚度加 5 cm。风化层过深时，可改用片石圬工，最深不大于 1 m。管节下为硬岩时，可用混凝土抹成与管节密贴的垫层。

（2）地基土为砾石土、卵石土或砂砾、粗砂、中砂、细砂或匀质黏性土时，管节下一般采用无圬工基础。对砾石土、卵石土先用砂填充地基土空隙并夯实，然后填筑 0.4 m 厚砂垫层；对粗砂、中砂、细砂地基土表层应夯实；对匀质黏性地基土应做砂砾垫层。出入口两端端墙、翼墙的圬工基础埋置深度，设计无规定时为 1.0 m；对于匀质黏性土，负温时的地下水位在冻结深度以上时，出入口两端端墙、翼墙圬工基础埋置深度为 1.0~1.5 m；当冻结土深度不深时，基础埋深宜等于冻结深度的 0.7 倍；当冻结土深度大于 1.5 m 时，可采用砂夹卵石在圬工基础下换填至冻结深度的 0.7 倍。

（3）地基土为黏性土时，管节下应采用 0.5 m 厚的圬工基础。出入口两端端墙、翼墙基础埋置深度为 1.0~0.5 m。当地下水冻结深度不深时，埋深应等于冻结深度；当冻结深度大于 1.5 m 时，可在圬工基础下用砂夹卵石换填至冻结深度。

（4）必须采用有圬工基础的管涵：

①管顶填土高度超过 5 m；

②最大洪水流量时，涵前壅水水位高度超过 2.5 m；

③河沟经常流水；

④沼泽地区深度在 2.0 m 以内；

⑤沼泽地区淤积物、泥炭等厚度超过 2.0 m 时，应按特别设计的基础施工。

（5）严寒地区的管涵基础施工。

常年最冷月份平均气温低于 -15 ℃ 的地区称严寒地区，这些地区管涵的施工应注意：

①匀质黏性土和一般黏性土的基础均须采用圬工基础。

②出入口两端端墙、翼墙基础应埋置在冻结线以下 0.25 m。

③一般黏性土地区的地下水位在冻结深度以上时，管节下埋置深度应为 $H/8$（H 为涵底至路面填土高度），但不小于 0.5 m，也不得超过 1.5 m。

（6）基础砂砾垫层材料，可采用砂、砾石或碎石，但必须注意清除基底耕作层。为避免管节承受冒尖石料的集中应力，当使用碎石、卵石做垫层时，要有一定级配或掺入一定数量的砂，并夯捣密实。

364

（7）软土地区管涵地基处理。

管涵地基土如遇到软土，应按软土层厚度分别进行处理。当软土层厚度小于 2.0 m 时，可采取换填土法处理，即将软土层全部挖除，换填当地碎石、卵石、砂夹石、土夹石、砾砂、粗砂、中砂等材料并碾压密实，压实度要求 94%~97%。如采用灰土（石灰土、粉煤灰土）换填，压实度要求 93%~95%，换填土的干密度宜用重型击实试验法确定。碎石或卵石的干密度可取 2.2~2.4 t/m³。换填层上面再砌筑 0.5 m 厚的圬工基础。

当软土层超过 2 m 时，应按软土层厚度、路堤高度、软土性质作特殊设计处理。

4）管节安装

可根据地形及设备条件采用下列各种方法。

（1）滚动安装法。

如图 13-19 所示，管节在垫板上滚动至安装位置前，转动 90° 使其与涵管方向一致，略偏一侧。在管节后端用木撬棍拨动至设计位置，然后将管节向侧面推开，取出垫板再滚回原位。

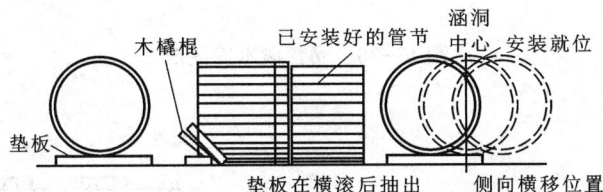

图 13-19　涵管滚动安装法

（2）滚木安装法。

先将管节沿基础滚至安装位置前 1 m 处，旋转 90°，使与涵管方向一致，如图 13-20（a）、图 13-20（b）所示。把薄铁板放在管节前的基础上，摆上圆滚木 6 根，在管节两端放入半圆形承托木架，把杉木杆插入管内，用力将前端撬起，垫入圆滚木，如图 13-20（c）~图 13-20（e）所示，再滚动管节至安装位置将管节侧向推开，取出滚木及铁板，再滚回来并以木撬棍（用硬木护木承垫）仔细调整。

（3）压绳下管法。

当涵洞基坑较深，需沿基坑边坡侧向将管滚入基坑时，可采用压绳下管法，如图 13-21 所示。压绳下管法是侧向下管的方法之一，下管前，应在涵管基坑外 3~5 m 处埋设木桩，木桩直径不小于 25 cm，长 2.5 m，埋深最少为 1 m。桩为缠绳用。在管两端各套一根长绳，绳一端紧固于桩上，另一端在桩上缠两圈后，绳端分别用两组人或两盘绞车拉紧。下管时由专人指挥，两端徐徐松绳，管渐渐由边坡滚入基坑内。大绳用优质麻制成，直径 50 mm，绳长应满足下管要求。下管前应检查管质量及绳子、绳扣是否牢固，下管时基坑内严禁站人。管节滚入基坑后，再用滚动安装法或滚木安装法将管节准确安装于设计位置。

（4）龙门架安装法。

龙门架安装法如图 13-22 所示。这种方法适用于孔径较大管节的安装，移动龙门架时，可在柱脚下放 3 根滚托用木撬棍拨移。

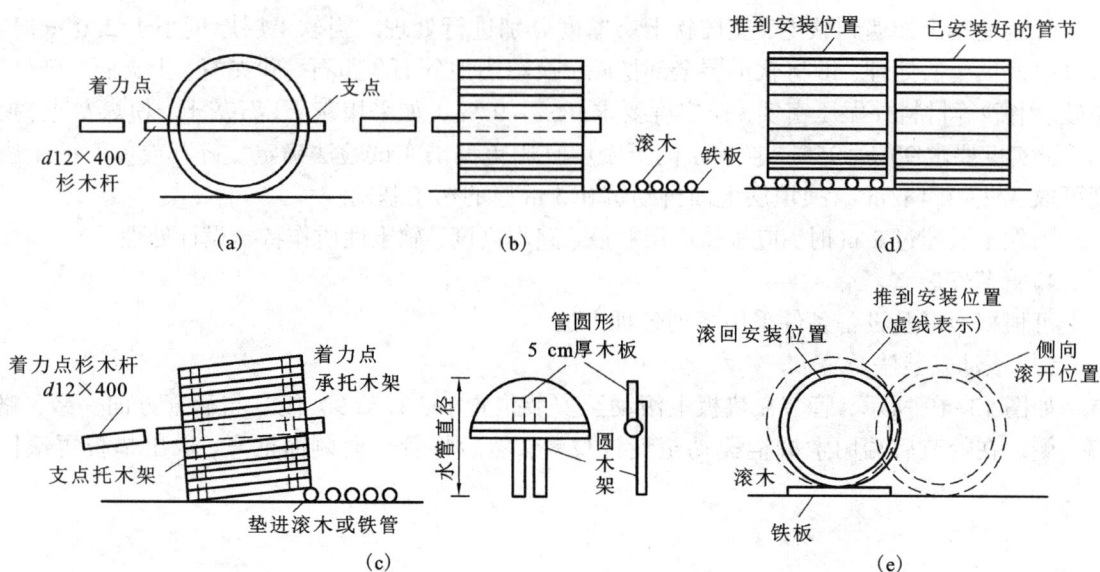

图 13-20　涵管滚木安装法

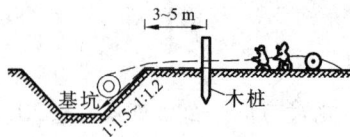

图 13-21　管涵压绳下管法

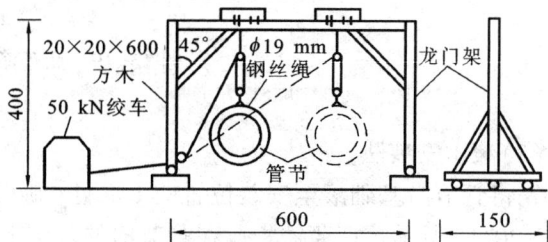

图 13-22　管涵龙门架安装法(单位：cm)

5)管涵施工注意事项

(1)有圬工基础的管座混凝土浇筑时应与管座紧密相贴,浆砌块石基础应加做一层混凝土管座,使圆管受力均匀;无圬工基础的圆管基底应夯填密实,并做好弧形管座。

(2)无企口的管节接头采用顶头接缝,应尽量顶紧,缝宽不得大于 1 cm,严禁因涵身长度不够而将所有接缝宽度加大来凑合涵身长度。管身周围无防水层设计的接缝,应用沥青麻絮或其他具有弹性的不透水材料从内、外侧仔细填塞。设计规定管身外围做防水层的,按前述施工程序施工。

(3)长度较大的管涵设计有沉降缝的,管身沉降缝应与圬工基础的沉降缝位置一致。缝宽为 2~3 cm,应用沥青麻絮或其他具有弹性的不透水材料从内、外侧仔细填塞。

(4)长度较大、填土较高的管涵应设预拱度。预拱度大小应按设计规定设置。

(5)各管节设预拱度后,管内底面应呈平顺圆滑曲线,不得有逆坡。相邻管节如因管壁厚度不一致(在允许偏差内)产生台阶时,应凿平后用水泥环氧砂浆抹补。

366

2. 拱涵、盖板涵和箱涵

混凝土和钢筋混凝土拱涵、盖板涵、箱涵的施工分为现场浇筑和在工地预制安装两大类。

1) 现场浇筑的拱涵和盖板涵

(1) 支架和拱架。

① 钢拱架和木拱架。

钢拱架是用角钢、钢板和钢轨等材料在工厂(场)制成装配式构件组合而成,在工地拼装使用。图 13-23 是用钢轨制成的跨径 1.5~3.0 m 拱涵的钢拱架。

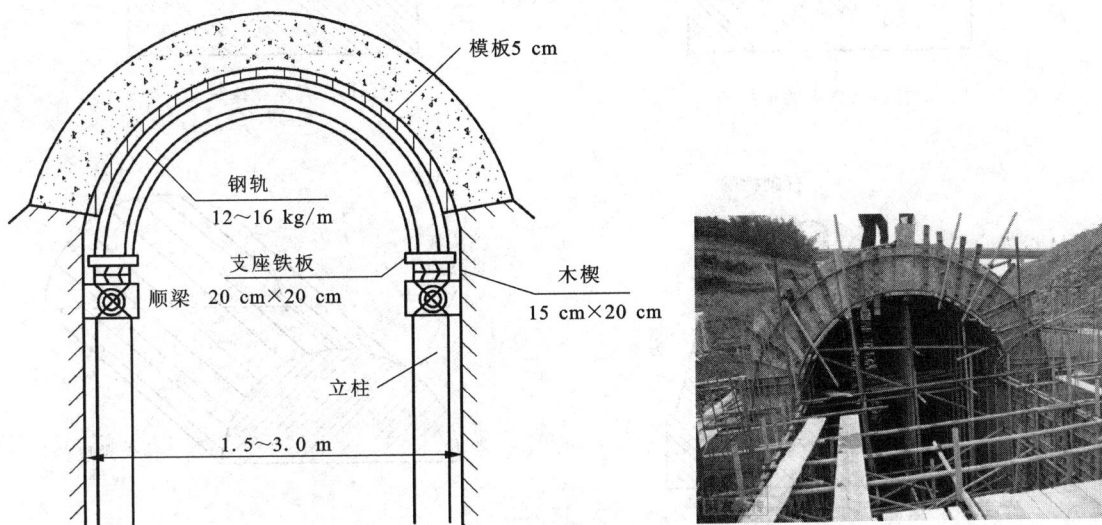

图 13-23　拱涵钢拱架

木拱架主要是由木材组合而成,拆装比较方便,但这种拱架浪费木材,应尽量不使用。

② 土牛拱胎(土模)。

在水流不大的情况下,小桥涵施工可以用土牛拱胎代替拱架,这种方法既能节省木料,又有经济、安全的特点。

根据河流水流情况,土牛拱胎分为设有透水盲沟的土拱胎、三角木架土拱胎、全填土拱胎、木排架土拱胎等形式(图 13-24)。

(2) 拱涵与盖板涵基础、涵台、拱圈、盖板的施工。

上述构件施工时应按相关要求进行。

① 涵洞基础施工。

无论是圬工基础或砂垫层基础,施工前必须先对下卧层地基土进行检查验收,当地基土承载力或密实度符合设计要求时,才可进行基础施工。对于软土地基,应按照设计规定进行加固处理,符合要求后,才可进行基础施工。

对孔径较宽的拱涵、盖板涵兼作行人和车辆通道时,其底面应按照设计用圬工加固,以承受行人和车辆荷载及磨损。

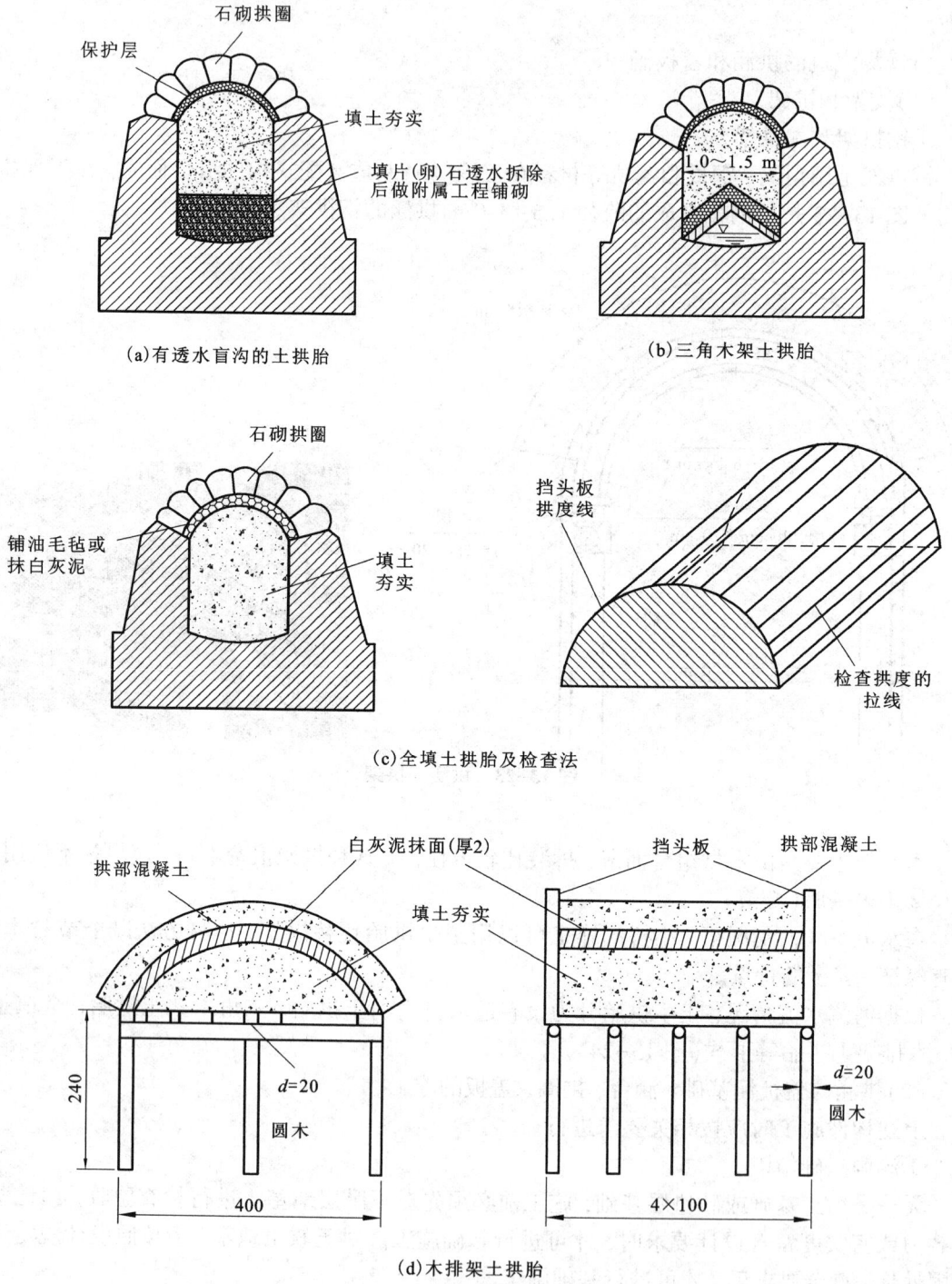

（a)有透水盲沟的土拱胎

（b)三角木架土拱胎

（c)全填土拱胎及检查法

（d)木排架土拱胎

图 13-24 土牛拱胎的形式(单位: cm)

②坞工基础施工。

坞工基础的施工工艺和技术要求可参照本书坞工结构部分有关要求进行。

③砂垫层基础施工。

砂垫层基础的施工工艺和技术要求可参照本节管涵基础部分进行。

④涵洞台、墩施工。

涵洞台、墩的施工工艺和技术要求可参照本书桥梁墩台部分的有关要求进行。

⑤涵洞拱圈和钢筋混凝土盖板。

拱圈和盖板浇筑或砌筑施工应注意：拱圈和端墙的施工，应由两侧拱脚向拱顶同时对称进行；拱圈和盖板混凝土的现场浇筑施工，应连续进行，尽量避免施工缝；当涵身较长时，可沿涵长方向分段进行，每段应连续一次浇筑完成；施工缝应设在涵身沉降缝处。

（3）拱架和支架的安装和拆卸。

①安装的一般要求。

拱架和支架支立牢固，拆卸方便（可用木楔做支垫），纵向连接应稳定，拱架外弧应平顺。拱架不得超越拱模位置，拱模不得侵入坞工断面。

拱架和支架安装完毕后，应对其位置、顶部高程、节点联系的纵、横向稳定性进行检查，不符合要求者，立即进行纠正。

②拆卸的一般要求。

拱架和支架的拆除及拱顶填土，在具备下列条件之一时方可进行：

a. 拱圈坞工强度达到设计值的 70%时，即可拆除拱架，但必须达到设计值后方可填土。

b. 当拱架未拆除，拱圈强度达到设计值的 70%时，可进行拱顶填土，但应在拱圈达到强度设计值时，方可拆除拱架。

c. 拱涵拆除拱架可用木楔，木楔用比较坚硬的木料斜角对剖制成，并将剖面刨光。两块木楔接触面的斜度为 1:10~1:6。在垫楔时，应使上面一块的楔尖伸出下面一块的楔尾，这样在拆架时敲击木楔比较方便。木楔垫好后将两端钉牢。

d. 拆卸拱架时，应沿桥涵整个宽度方向将拱架同时均匀降落，并从跨径中点开始，逐步向两边拆除。

2）就地浇筑的箱涵

箱涵又称矩形涵，它与盖板涵的区别如下：盖板涵的台身与盖板是分开浇筑的，台身还可以采用砌石坞工，成为简支结构。而箱涵是上、下顶板、底板与左、右墙身连续浇筑的，为刚性结构，如图 13-25 所示。

（1）箱涵基础：

涵身基础分为有坞工基础和无坞工基础两种。两种基础的构造及尺寸如图 13-25 所示。

（2）箱涵身和底板混凝土的浇筑：

箱涵身的支架、模板可参照现浇混凝土拱涵和盖板涵的支架、模板制造安装。浇筑混凝土时的注意事项与浇筑拱涵和盖板涵相同。

3）装配式拱涵、盖板涵和箱涵

（1）预制构件结构的要求。

①拱圈、盖板、箱涵等构件的预制长度，应根据起重设备和运输能力决定，但应保证结构的稳定性和刚性，一般不小于 1 m，但也不宜太长。

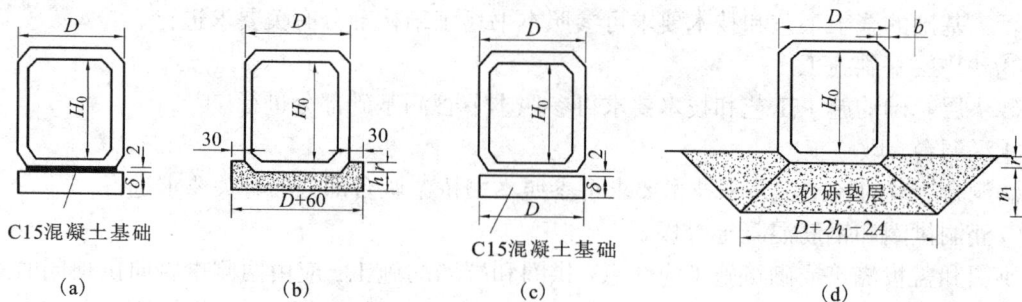

图 13-25　箱形涵洞基础类型(单位：cm)

②拱圈构件上应设吊装孔，以便起吊。吊孔应考虑平吊及立吊两种，安装后可用砂浆将吊孔填塞。箱涵节、盖板和半环节等构件，可设吊孔，也可于顶面设立吊环。吊环位置、孔径大小和制环用钢筋应符合设计要求，并要求吊钩伸入吊环内和吊装时吊环筋不断裂。安装完毕后，吊环筋应锯掉或割掉。

③若采用钢丝绳捆绑起吊可不设吊孔或吊环。

（2）预制构件的模板。

预制构件的模板有木模、土模、钢丝网水泥模板、拼装式模板等。无论采用何种模板都应保证满足规范要求。尤其是有预埋件时，应采取措施，确保预埋件的位置正确。

（3）构件运输。

构件必须在达到设计强度后，经检查使质量和大小符合要求时才能进行搬运。搬运时应注意吊点或支承点的设置，务必使构件在搬运过程中保持平衡、受力合理，确保搬运过程中的安全。根据搬运距离的远近选择不同的运输方法。

（4）施工和安装。

①基础：与就地浇筑的涵洞基础施工方法相同。

②拱涵和盖板涵的涵台身：涵台身大都采用砌筑结构，在按照就地浇筑的涵台身施工方法施工时，如采用装配式结构时，可按照装配式墩台相关的要求施工。

③上部构件即拱圈、盖板、箱涵节的安装，技术要求如下：

a. 安装之前应检查构件尺寸、涵台尺寸和涵台间距离并核对其高程，调整构件大小位置使与沉降缝重合。

b. 拱座接触面及拱圈两边均应凿毛(沉降缝处除外)，并浇水湿润，用灰浆砌筑；灰浆坍落度宜小一些，以免流失。

c. 构件砌缝宽度一般为 1 cm，拼装每段的砌缝应与设计沉降缝重合。

d. 构件可用扒杆、链滑车或汽车吊进行吊装。

3. 涵洞附属工程施工

1）防水层

涵洞的钢筋混凝土结构设置防水层的作用是防止水分侵入混凝土内，使钢筋锈蚀，缩短结构寿命。北方严寒地区的无筋混凝土结构需要设置防水层，防止侵入混凝土内的水分冻胀造成结构破坏。

370

防水层的材料多种多样。公路涵洞使用的主要防水材料是沥青，有些部位可使用黏土，以节省工料费用。

（1）防水层的设置部位。

①各式钢筋混凝土涵洞（不包括圆管涵）的洞身及端墙在基础以上被土掩埋的部分，均需涂热沥青两道，每道厚 1~1.5 mm，不另抹砂浆。

②混凝土及石砌涵洞的洞身、端墙和翼墙的被土掩埋部分，只需将圬工表面凿平，无凹入存水部分，可不设防水层。但北方严寒地区的混凝土结构仍需设防水层。

③钢筋混凝土圆管涵的防水层可按图 13-16 或图 13-17 敷设。敷设时，管节接头采用平头对接，接缝中用麻絮浸以热沥青塞满，管节上半部从外往内填塞；下半部从管内向外填塞。管外靠接缝处裹以热沥青浸透的防水纸 8 层，宽度 15~20 cm。包裹方法如下：在现场用热沥青逐层黏合在管外壁上接缝处，外面于全长管外裹以塑性黏土。

在交通量小的县、乡公路上，可用质量好的软塑状黏质土掺以碎麻，沿全管敷设 20 cm 厚，代替沥青防水层（接缝处理仍照前述施工）。

④钢筋混凝土盖板明涵的盖板部分表面可先涂抹热沥青两次，再于其上设 2 cm 厚的防水水泥砂浆或 4~6 cm 厚的防水混凝土。其上可按照设计铺设路面。涵台身防水层按照上述方法办理。

⑤砖、石、混凝土拱涵的上部结构防水层敷设，可参见拱上附属工程相关内容。

（2）沥青的敷设。

沥青可用锅、铁桶等容器以火熬制，或使用电热设备。铁桶装的沥青，应打开桶口小盖，将桶横倒搁置在火炉上，用温火使沥青熔化后，从开口流入熬制用的铁锅或大口铁桶中。熬制用的铁锅或铁桶必须有盖，以便在沥青飞溅或着火时，用以覆盖。熬制处应设在工地下风向，与一般工作人员、料堆、房屋等保持一定距离，锅内沥青不得超过锅容积的 2/3。熬制中应不断搅拌至沥青全部为液态。熔化后的沥青应继续加温至 175 ℃（不得超过 190 ℃）。熬好的沥青盛在小铁桶中送至工点使用。使用时的热沥青温度宜低于 150 ℃。涂敷热沥青的圬工表面应先用刷子扫净，消除粉屑污泥。涂敷工作宜在空气干燥且温度不低于 5 ℃ 的天气进行。

（3）沥青麻絮、油毡、防水纸的浸制方法和质量要求。

沥青麻絮（沥青麻布）可采用工厂浸制的成品或在工地用麻絮以热沥青浸制。浸制后的麻絮，表面应呈淡黑色，无孔眼、无破裂和褶皱，撕裂断面上应呈黑色，不应有显示未浸透的布层。

油毡是将一种特制的纸胎（或其他纤维胎）用软化点低的沥青浸透制成。浸渍石油沥青的称石油毡，浸渍焦油沥青的称焦油沥青油毡。为了防止在储存过程中相互黏着，油毡表面应撒一层云母粉、滑石粉或石棉粉。

防水纸（油纸）是用低软化点的沥青材料浸透原纸做成的，除沥青层较薄，没有撒防黏层外，其他性质与油毡相同。

油毡和防水纸可以从市场上采购，其外观质量应符合以下要求：

①油毡和防水纸外表不应有孔眼、断裂、叠皱及边缘撕裂等现象，油毡的表面防黏层应均匀地撒布在油毡表面上。

②毡胎或原纸应吸足油量，表面油质均匀，撕开的断面应是黑色的，无未浸透的空白纸层或杂质，浸水后不起泡、不翘曲。

③气温在 25 ℃以下时，把油毡卷在 2 cm 直径的圆棍上弯曲，不应发生裂缝和防黏层剥落等现象。

④将油毡加热至 80 ℃时，不应有防黏层剥落、膨胀及表面层损坏等现象。夏季在高温下不应黏在一起。

铺设油毡和防水纸所用粘贴沥青应和油毡、防水纸有同样的性能。煤沥青油毡和防水纸必须用煤沥青粘贴。同样，石油沥青油毡及防水纸，也一定要用石油沥青来粘贴。否则，过一段时间油毡和防水纸就会分离。

2）沉降缝

（1）沉降缝设置的目的。

结构物设置沉降缝的目的是避免结构物因荷载或地基承载力不均匀而发生不均匀沉陷，产生不规则的多处裂缝，而使结构物破坏。设置沉降缝后，可限定结构物发生整齐、位置固定的裂缝，并可事先对沉降缝处予以处理；如有不均匀沉降，则将其限制在沉降缝处，有利于结构物的安全、稳定和防渗（防止管内水流渗入涵洞基底或路基内，造成土质浸泡松软）。

（2）沉降缝设置的位置和方向。

涵洞洞身、洞身与端墙、翼墙、进出水口急流槽交接处必须设置沉降缝，但无圬工基础的圆管涵仅于交接处设置沉降缝，洞身不设。具体设置位置视结构物和地基土的情况而定。

①洞身沉降缝：一般每隔 4~6 m 设置 1 处，但无基础涵洞仅在洞身涵节与出入口涵节间设置，缝宽一般为 3 cm。两端与附属工程连接处也各设置 1 处。

②其他沉降缝：凡地基土质发生变化，基础埋置深度不一，基础对地基的荷载发生较大变化处，基础填挖交界处，采用填石垫高基础交界处，均应设置沉降缝。

③岩石地基上的涵洞：凡置于岩石地基上的涵洞，不设沉降缝。

④斜交涵洞：斜交涵洞洞口正做时，其沉降缝应与涵洞中心线垂直；斜交涵洞洞口斜做时，沉降缝与路基中心线平行；拱涵与管涵的沉降缝，一律与涵洞轴线垂直。

（3）沉降缝的施工方法。

沉降缝的施工，要求做到使缝两边的构造物能自由沉降，又能严密防止水分渗漏，故沉降缝必须贯穿整个断面（包括基础）。沉降缝具体施工方法见下。

①基础部分：可将原基础施工时嵌入的沥青木板或沥青砂板留下，作为防水用。如基础施工时不用木板，也可用黏土填入捣实，并在流水面边缘以 1∶3 的水泥砂浆填塞，深度约为 15 cm。

②涵身部分：缝外侧以热沥青浸制的麻筋填塞，深度约为 5 cm，内侧以 1∶3 水泥砂浆填塞，深度约为 15 cm，视沉降缝处圬工的厚薄而定。缝内可以用沥青麻筋与水泥砂浆填满；如太厚，亦可将中间部分先填以黏土。

③沉降缝的施工质量要求：沉降缝端面应整齐、方正，基础和涵身上、下不得交错，应贯通，嵌塞物应紧密填实。

④保护层：各式有圬工基础涵洞的基础襟边以上，均顺沉降缝周围设置黏土保护层，厚约 20 cm，顶宽约 20 cm。对无圬工基础涵洞，保护层宜使用沥青混凝土或沥青胶砂，厚度为 10~20 cm。

涵洞沉降缝构造如图 13-26 所示。

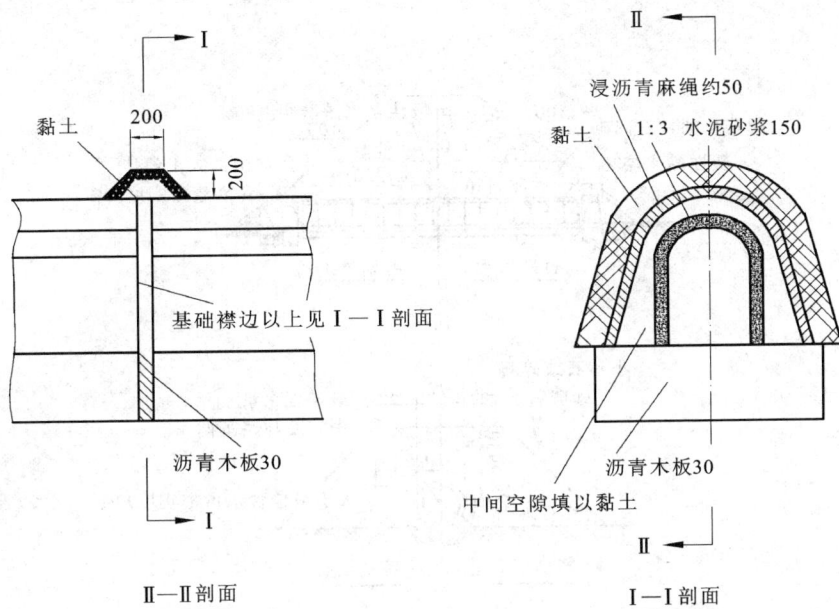

图 13-26　涵洞沉降缝构造(单位：cm)

3) 涵洞进出水口

涵洞进出水口工程是指涵洞端墙、翼墙(包括八字墙、锥坡、平行廊墙)以外的部分，如沟底铺砌和其他进出水口处理工程。

(1) 平原区的处理工程。

涵洞出入口的沟床应整理顺直，与上、下排水系统(天沟、路基边沟、排水沟、取土坑等)的连接应圆顺、稳固，保证流水顺畅，避免排水损害路堤、村舍、农田、道路等。

(2) 山丘区的处理工程。

当山丘区的涵洞底纵坡超过 5% 时，除进行上述整理外，还应对沟床进行干砌或浆砌片石防护。当翼墙以外的沟床坡度较大时，也应铺砌防护。防护长度和砌石宽度、厚度、形状等，应按设计图纸施工。如设计图纸漏列，应按合同规定向业主提出，由业主指定单位作出补充设计。

4) 涵洞缺口填土

(1) 建成的涵管、圬工达到设计要求的强度后，应及时回填。回填土要切实注意质量，严格按照有关施工规定和设计要求办理。若是拱涵，回填土时，应按照施工部分有关规定施工。

(2) 填土路堤在涵洞每侧不小于 2 倍孔径的宽度及高出洞顶 1 m 范围内，应采用非膨胀的土从两侧分层仔细夯实，每层厚度为 10~20 cm，如图 13-27 所示。特殊情况亦可用与路堤填料相同的土填筑。管节两侧夯填土的密实度标准：高速公路和一级公路为 95%；其他公路为 93%。管节顶部宽度等于管节外径的中间部分填土，其密实度要求与该处路基相同。如为填石路堤，则在管顶以上 1.0 m 的范围内应分 3 层填筑：下层为 20 cm 厚的黏土；中层为

50 cm 厚的砂卵石；上层为 30 cm 厚的小片石或碎石。在两端的上述范围及两侧每侧宽度不小于孔径的 2 倍范围内，码填片石。

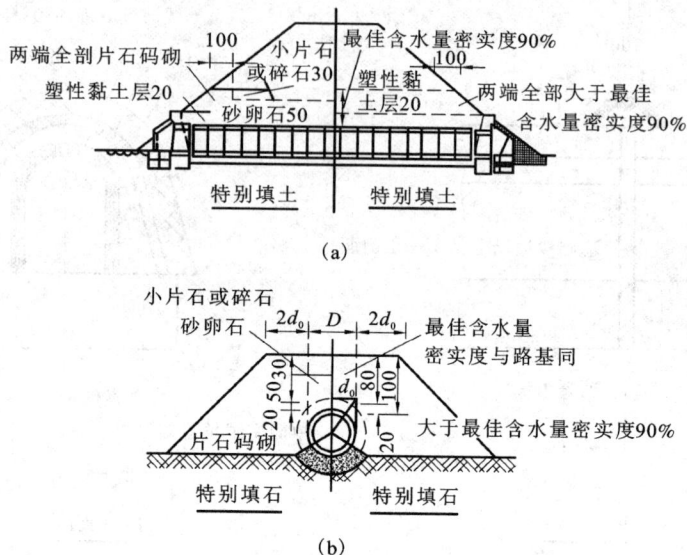

(a)

(b)

图 13-27　涵洞缺口填土(单位：cm)

对于其他各类涵洞的特别填土要求，应分别按照有关的设计要求办理。

(3)用机械填筑涵洞缺口时，须待涵洞圬工达到容许强度后，涵身两侧用人工或小型机具对称夯填，高出涵顶至少 1 m，然后用机械填筑。不得从单侧偏推、偏填，使涵洞承受偏压。

(4)冬季施工时，涵洞缺口路堤、涵身两侧及涵顶 1 m 内，应用未冻结土填筑。

(5)回填缺口时，应将已成路堤土方挖出台阶。

思考与练习

13-1　试述单孔有圬工基础管涵的施工程序。

13-2　简述管涵施工的注意事项。

13-3　简述软土地区管涵地基处理办法。

13-4　试述涵洞防水层的作用及设计部位。

13-5　涵洞为何要设置沉降缝？如何设置？

374

参考文献

［1］中华人民共和国交通运输部. 公路桥涵施工技术规范：JTG/T 3650—2020［S］. 2020.

［2］中华人民共和国交通运输部. 公路桥涵设计通用规范：JTG D60—2015［S］. 2015.

［3］中华人民共和国交通运输部. 公路钢筋混凝土及预应力混凝土桥涵设计规范：JTG 3362—2018［S］. 2018.

［4］范立础. 桥梁工程［M］. 北京：人民交通出版社，2001.

［5］姚玲森. 桥梁工程：公路与城市道路工程专业用［M］. 北京：人民交通出版社，2000.

［6］邵旭东. 桥梁工程［M］. 北京：人民交通出版社，2004.

［7］顾安邦. 桥梁工程［M］. 北京：人民交通出版社，2002.

［8］房贞政. 桥梁工程［M］. 北京：中国建筑工业出版社，2004.

［9］毛瑞祥，程翔云. 公路桥涵设计手册：基本资料［M］. 北京：人民交通出版社，1993.

［10］范立础. 桥梁工程［M］. 2 版. 北京：人民交通出版社，1987.

［11］河北省交通规划设计院. 公路小桥涵手册［M］. 北京：人民交通出版社，1982.

［12］交通部第一公路工程局. 公路施工手册·桥涵：上、下册［M］. 北京：人民交通出版社，2000.

［13］杨文渊，徐犇边. 桥涵施工工程师手册［M］. 北京：人民交通出版社，1998.

［14］王常才. 桥涵施工技术［M］. 北京：人民交通出版社，2002.

［15］李辅元. 桥梁工程［M］. 北京：人民交通出版社，2005.

［16］陈明宪. 斜拉桥建造技术［M］. 北京：人民交通出版社，2003.

［17］周昌栋，谭永高，宋官保. 悬索桥上部结构施工［M］. 北京：人民交通出版社，2003.

［18］中华人民共和国交通部. 公路圬工桥涵设计规范（附条文说明）：JTG D61—2005［S］. 2005.

［19］中华人民共和国交通运输部. 公路桥涵养护规范：JTG 5120—2021［S］. 2021.

图书在版编目(CIP)数据

桥涵结构施工 / 李振, 曹守江, 刘昀主编. —长沙:
中南大学出版社, 2023.8
ISBN 978-7-5487-5364-3

Ⅰ. ①桥… Ⅱ. ①李… ②曹… ③刘… Ⅲ. ①桥涵
工程－工程结构－工程施工 Ⅳ. ①U44

中国国家版本馆 CIP 数据核字(2023)第 078375 号

桥涵结构施工

李振 曹守江 刘昀 主编

□出 版 人	吴湘华
□策划组稿	谭 平
□责任编辑	谭 平
□责任印制	李月腾
□出版发行	中南大学出版社
	社址:长沙市麓山南路 　　邮编:410083
	发行科电话:0731-88876770 　传真:0731-88710482
□印 　　装	长沙印通印刷有限公司

□开 　　本	787 mm×1092 mm 1/16	□印张 24.25	□字数 616 千字
□互联网+图书 二维码内容 　3 个 VR
□版 　　次	2023 年 8 月第 1 版		□印次 2023 年 8 月第 1 次印刷
□书 　　号	ISBN 978-7-5487-5364-3
□定 　　价	58.00 元